房屋建筑混凝土结构设计

（第2版）

杨维国　贾英杰　编

国家开放大学出版社·北京

图书在版编目（CIP）数据

房屋建筑混凝土结构设计/杨维国，贾英杰编．--
2 版．--北京：国家开放大学出版社，2020.8（2023.5 重印）
ISBN 978 - 7 - 304 - 10306 - 4

Ⅰ．①房…　Ⅱ．①杨…②贾…　Ⅲ．①混凝土结构-
房屋结构-结构设计-开放教育-教材　Ⅳ．①TU370.4

中国版本图书馆 CIP 数据核字（2020）第 093799 号

房屋建筑混凝土结构设计（第 2 版）

FANGWU JIANZHU HUNNINGTU JIEGOU SHEJI

杨维国　贾英杰　编

出版·发行：国家开放大学出版社
电话：营销中心 010 - 68180820　　　　　总编室 010 - 68182524
网址：http://www.crtvup.com.cn
地址：北京市海淀区西四环中路 45 号　　　　邮编：100039
经销：新华书店北京发行所

策划编辑：王东红　　　　　　　　　版式设计：赵　洋
责任编辑：王东红　　　　　　　　　责任校对：朱翔月
责任印制：武　鹏　马　严

印刷：唐山嘉德印刷有限公司
版本：2020 年 8 月第 2 版　　　　　2023 年 5 月第 5 次印刷
开本：787 mm×1092 mm　1/16　　　印张：21.25　　字数：470 千字

书号：ISBN 978 - 7 - 304 - 10306 - 4
定价：38.00 元

意见及建议：OUCP_ KFJY@ ouchn.edu.cn

　　庚子之初，疫情肆虐。在应对新型冠状病毒肺炎疫情的战斗中，我们作为普通的科技工作者，深刻感受到科技的不断创新为人们带来的力量。正确运用科学技术指导工程实践，及时将最新的科研成果反映到工程实践中，是我们一线工作者义不容辞的责任。

　　作为建筑结构工程建设的指导性规范，《建筑结构可靠性设计统一标准》（GB 50068—2018）于2018年底进行了修订，2019年4月1日起实施，与《工程结构可靠性设计统一标准》（GB 50153—2008）进行了全面协调。该标准调整了建筑结构安全度的设置水平，对作用在建筑结构上相关作用的分项系数进行了提高，给建筑结构各种构件设计带来整体性的变化。

　　本书第1版自2016年7月面世以来，在培养建筑工程类科技人才和指导工程设计人员的工程实践方面发挥了其应有的作用。本次修订仍然遵循服务一线工程设计和施工人员、帮助厘清混凝土建筑结构设计基本概念和流程的目的，除了将相关作用分项系数的调整进行全面修改外，还对部分内容进行了更为合理的编排，如增加楼盖结构设计例题两方向尺寸的差异化表示、强调结构合理布置基础上的杆件尺寸选择、加强对框架结构梁柱节点承载力验算的重视等。

　　本书各章节内容的修改与完善仍由第1版主笔的各位老师负责，全稿由杨维国、贾英杰老师统一定稿。

　　真诚希望我们的工程技术人员，在保证结构安全要求的前提下，理解结构设计各环节的意义，做到结构布置合理、内力分析可靠、构件验算准确，并将实践过程中应用本书的心得及时反馈给我们，让我们一起进步。

编　　者

2020年5月

第1版前言

　　建立基本的结构体系概念是培养土木工程专业人员的重要环节。对以结构体系的基本构件类型、构件布置方式、传力路径选择、荷载作用形式、内力分析方法、构件受力特点、截面配筋计算及截面设计构造等知识节点串联而成的结构设计基本程序的认知是掌握结构体系概念的有效途径。

　　本书介绍了多层房屋建筑工程中混凝土结构的设计方法，包括混凝土结构的设计程序、混凝土楼盖、楼梯及雨篷、多层建筑框架结构、单层厂房排架结构设计等内容，对从水平受力体系到竖向受力体系的整体设计方法进行了基本的阐述。本书可与《混凝土结构设计原理》第 3 版（中央广播电视大学出版社，2015 年 2 月）一书配套使用。本书是国家开放大学土木工程专业本科生的主干课程教材，亦可作为其他高校相关专业学生的教学用书，并可供从事实际工作的建筑结构设计人员参考使用。

　　结构设计的基本程序主要包括下列内容：选择合理的结构方案和受力体系，进行结构布置；统计荷载、建立结构计算简图，选用合适的结构分析方法；计算作用（荷载）效应，并进行效应组合；构件截面设计及构件间的连接构造等。其中，结构方案的确定是以扎实的力学知识和大量的设计实践经验为基础的，本书通过理论分析和设计实例来加深对基本结构体系受力特点的认识。确定结构上的荷载及作用是建立结构计算简图的重要环节，本书通过楼屋面活荷载、风荷载、地震作用的描述及实践题目来建立综合的荷载统计及作用计算的概念。同时，本书对结构近似分析方法的介绍，可培养读者对结构体系受力特点的概念性认知，使读者能对计算机辅助设计给出的内力、位移等计算结果做出基本的判断。掌握近似分析方法，对培养读者把握全局、掌握问题的关键以及培养创新能力等均有帮助。

　　本书着重于理论与实践相结合，力求对基本概念论述清楚，使读者通过对有关内容的学习，熟练地掌握结构分析方法；本书对各主要结构体系均设置了完整的工程设计实例，有利于初学者对基本概念的理解和设计方法的掌握。同时，每章设置了章节前的学习目标，章节后的小结、思考题和习题等内容，便于读者厘清知识要点、理顺知识体系、提高学习效率、深入学习目标等。

　　本书由北京交通大学土木建筑工程学院的杨维国教授（第 1 章）、孙静副教授（第 2 章）、袁泉副教授（第 3 章）、贾英杰副教授（第 4 章理论部分）和国家开放大学的王卓副教授（第 4 章实践部分）共同编写，由杨维国、贾英杰共同担任主编，对全书统一修改定稿。

　　本书在编写过程中参考了大量国内外文献，引用了一些学者的资料。国家开放大学工学院对本书的编写工作给予了大力支持。中央广播电视大学出版社为本书的顺利出版提供了很大帮助。在此，表示衷心的感谢。

　　希望本书能为读者的学习和工作提供帮助。鉴于编者水平有限，书中难免有纰漏和不足之处，敬请读者批评指正。

编　　者

2016 年 5 月

目　录

第1章　混凝土结构的设计流程和分析方法

学习目标

1. 了解多层建筑混凝土结构的主要形式及特点。
2. 理解混凝土结构方案设计的主要内容，掌握建筑高度、结构高度、结构计算高度、上部结构的嵌固部位、建筑层与结构层、建筑标高与结构标高、基础埋置深度等基本概念。
3. 理解结构分析与计算的相关内容，掌握结构验算准则、主要设计指标及其控制方法。
4. 理解混凝土建筑结构分析的基本原则、分析模型、各种分析方法及分析软件。
5. 掌握结构施工图的内容及设计深度。

1.1　概　　述

混凝土结构是由基础、柱（墙）、梁（板、壳）等混凝土基本构件组成的一个空间骨架受力系统，如图 1-1 所示。其主要功能是形成建（构）筑物所需的空间骨架，并能长期、安全、可靠地承受使用期间可能出现的各种直接作用（荷载）和间接作用（如温度、变形等）、环境介质长期作用（如锈蚀、碳化等），以及可能出现的各种意外事件（如火灾、地震和爆炸等）的影响。混凝土结构设计，就是根据建筑功能或生产要求，依据一定的力学原理，选用合理的结构形式，并确定各组成构件的尺寸、材料和构造方法的过程。

1.1.1　混凝土结构的主要形式

混凝土结构的主要形式通常有梁板结构、框架结构、剪力墙结构、框架-剪力墙结构、筒体结构等，当用于装配式单层工业厂房时多为排架结构。

此外，通常将一个结构的自然地面或首层室内地面 ±0.000 以上部分称为上部结构，±0.000 以下部分称为下部结构，下部结构主要包括地下室和基础。基础可以分为柱下独立基础、墙下和柱下条形基础、筏形基础、箱形基础和桩基础等。

混凝土结构体系按其受力特点和所起的主要作用不同，大致可分为水平结构体系和竖向结构体系。

水平结构体系是指建筑物的楼盖和屋盖结构，一般由梁、板及拉压杆等构件组成。例如，梁板结构体系、屋架（屋面梁）-屋面板结构体系等。其作用为：

①承受竖向荷载作用，并将荷载传递给竖向结构体系。

②把作用在结构上的水平力传递或分配给竖向结构体系。

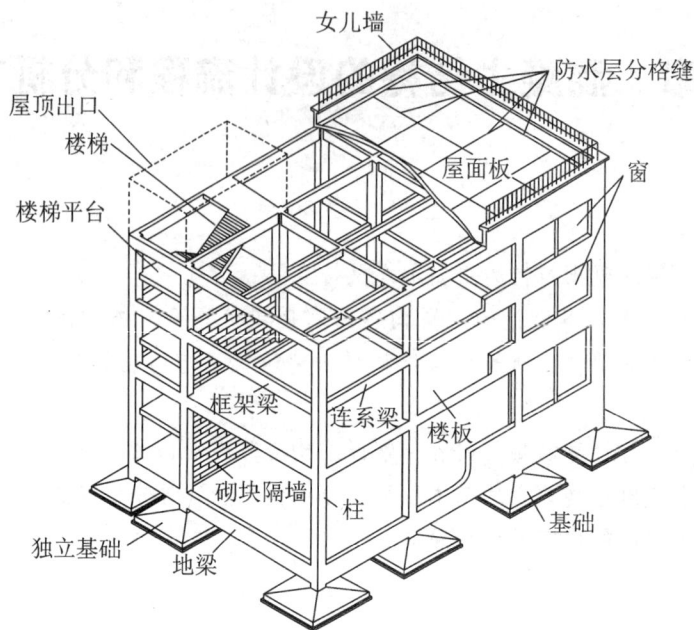

图 1-1　混凝土结构简图

③作为竖向结构体系的组成部分，与竖向构件形成整体结构，提高整体结构的抗侧刚度和承载力。

竖向结构体系是指建筑物的竖向承重结构，一般由（框架）柱、（剪力）墙、筒体等组成，如框架（框架-支撑）结构体系、剪力墙结构体系和筒体结构体系。其作用为：

①将水平结构体系传来的竖向荷载传递给基础。

②与水平结构体系共同作用抵抗水平力（风荷载与地震作用）。

竖向结构体系是整体结构的关键，通常整体结构体系以竖向结构体系划分。

不同的水平结构体系和竖向结构体系组成了各种结构体系。每一种结构体系通常对应一种结构计算简图和相应的计算理论、计算方法及相关的施工技术。

1. 梁板结构体系

梁板结构体系是混凝土结构中最常用的水平结构体系，被广泛用于建筑中的楼、屋盖结构，基础底板结构等。建筑工程中的梁板结构，主要承担楼（屋）面上的使用荷载，并将荷载传至竖向承重结构，再由竖向承重结构传至基础和地基。

2. 框架结构体系

框架结构体系由梁和柱连接而成。梁和柱的连接一般为刚性连接，有时为了便于施工或由于其他构造要求，也可以将部分节点做成铰接节点或半铰接节点；柱支座一般为固定支座，如图 1-2 所示。

框架结构为高次超静定结构，既承受竖向荷载，又承受侧向水平力（风荷载或水平地震荷载等）。为有利于结构受力，框架梁宜拉通、对直，框架柱宜纵横对齐、上下对中，梁

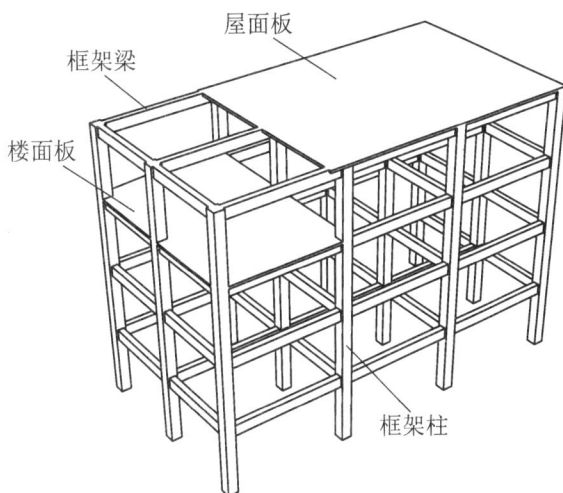

图 1-2　框架结构体系

柱轴线宜在同一竖向平面内。

框架结构的建筑平面布置灵活，可以形成较大的使用空间，易于满足建筑多功能的使用要求。但框架结构抗侧刚度较小，设计不当时，在地震作用下易产生较大侧移，使填充墙产生裂缝，会引起建筑装修、玻璃幕墙等非结构构件的损坏。因此，框架结构体系用于地震区时，应进行合理的抗震设计。

3. 剪力墙结构体系

剪力墙是指利用建筑外墙和内隔墙位置布置的钢筋混凝土结构墙。剪力墙结构体系是指由剪力墙同时承受竖向荷载和侧向水平力的结构。竖向荷载在墙体内主要产生向下的压力，侧向水平力在墙体内产生水平剪力和弯矩。因这类墙体具有较大的承受水平剪力的能力，故被称为剪力墙。在地震区，侧向力主要来源于水平地震作用，因此，剪力墙有时也被称为抗震墙。剪力墙结构体系如图 1-3 所示。

在剪力墙结构体系房屋中，剪力墙一般沿建筑物纵向、横向正交布置或沿多轴线斜交布置，它与水平布置的楼盖结构组成一个具有很多竖向和水平交叉横隔的空间结构，因而具有刚度大、整体性强、侧向位移小、抗震性能好等优点。因此，剪力墙结构体系适合在十几层到几十层的高层建筑中使用。

4. 框架 - 剪力墙结构体系

将框架结构中的部分跨间布置剪力墙或把剪力墙结构的部分剪力墙抽掉而改为框架承重，即成为框架 - 剪力墙结构体系。它既保留了框架结构建筑布置灵活、使用方便的优点，又具有剪力墙抗侧刚度大，抗震性能好的优点，同时还可以充分发挥材料的强度作用，具有很好的技术经济指标，因而被广泛地应用于高层办公楼建筑和旅馆建筑中。框架 - 剪力墙结构体系如图 1-4 所示。

3

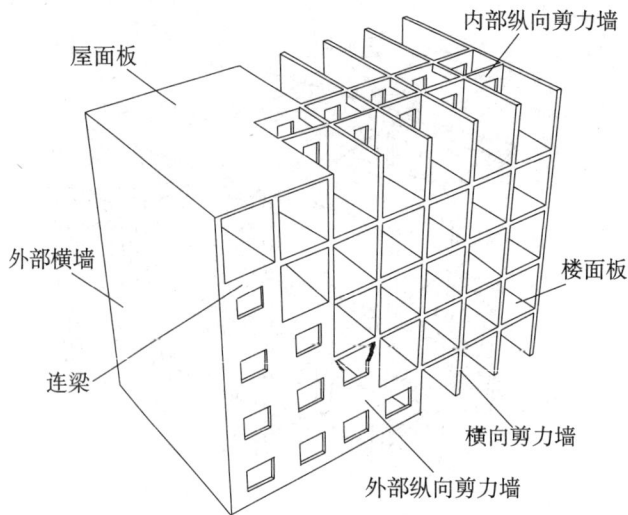

图 1-3 剪力墙结构体系

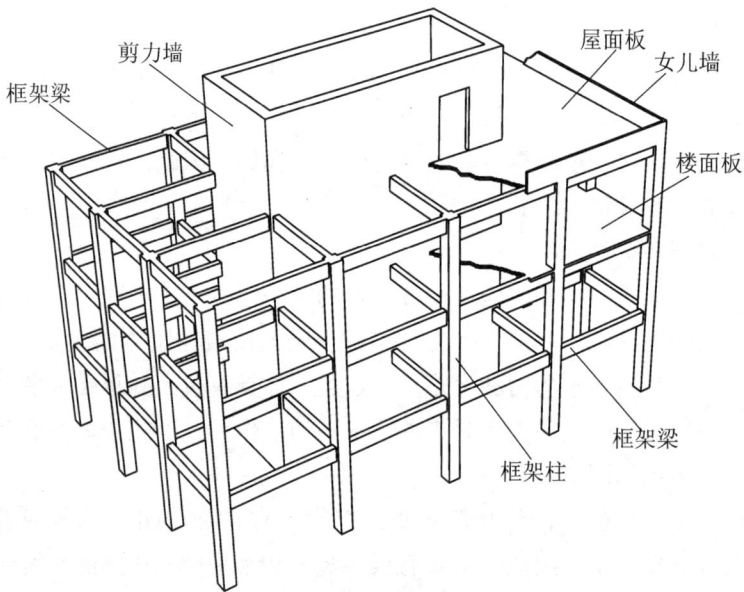

图 1-4 框架－剪力墙结构体系

框架－剪力墙结构的使用范围很广，10～40 层的高层建筑均可采用这类结构体系。当建筑物较低时，仅布置少量的剪力墙即可满足结构的抗侧刚度要求；当建筑物较高时，则要有较多的剪力墙，并通过合理的布置使整个结构具有较大的抗侧刚度和较好的整体抗震性能。

5. 排架结构体系

对于单层工业厂房，由于其生产特点和工艺布置要求，需要较大的跨度和净空，且其主要生产活动在地面进行，此时可采用排架结构体系，具体要求见本书第 4 章的学习内容。

1.1.2　混凝土结构设计的内容和流程

混凝土结构设计就是根据建筑功能或生产要求，选择合理的结构体系，承受各种荷载（作用）并将各种荷载（作用）效应以最简捷并满足力学原理的方式传递至基础及地基。

混凝土结构设计需要解决的问题有：结构形式；结构材料；结构的安全性、适用性和耐久性；结构的连接构造和施工方法等。

结构设计的原则是安全适用、经济合理、技术先进、施工方便。其目的是根据建筑及工艺布置、荷载大小，选择结构体系和结构布置方案，并确定各部分的尺寸、材料和构造方法，同时体现结构设计原则。

结构设计的内容包括基础结构设计、上部结构设计和构造细部设计。结构设计一般可分为三个阶段，即方案阶段、结构分析与计算阶段及施工图设计阶段，结构设计的主要流程如图 1－5 所示。

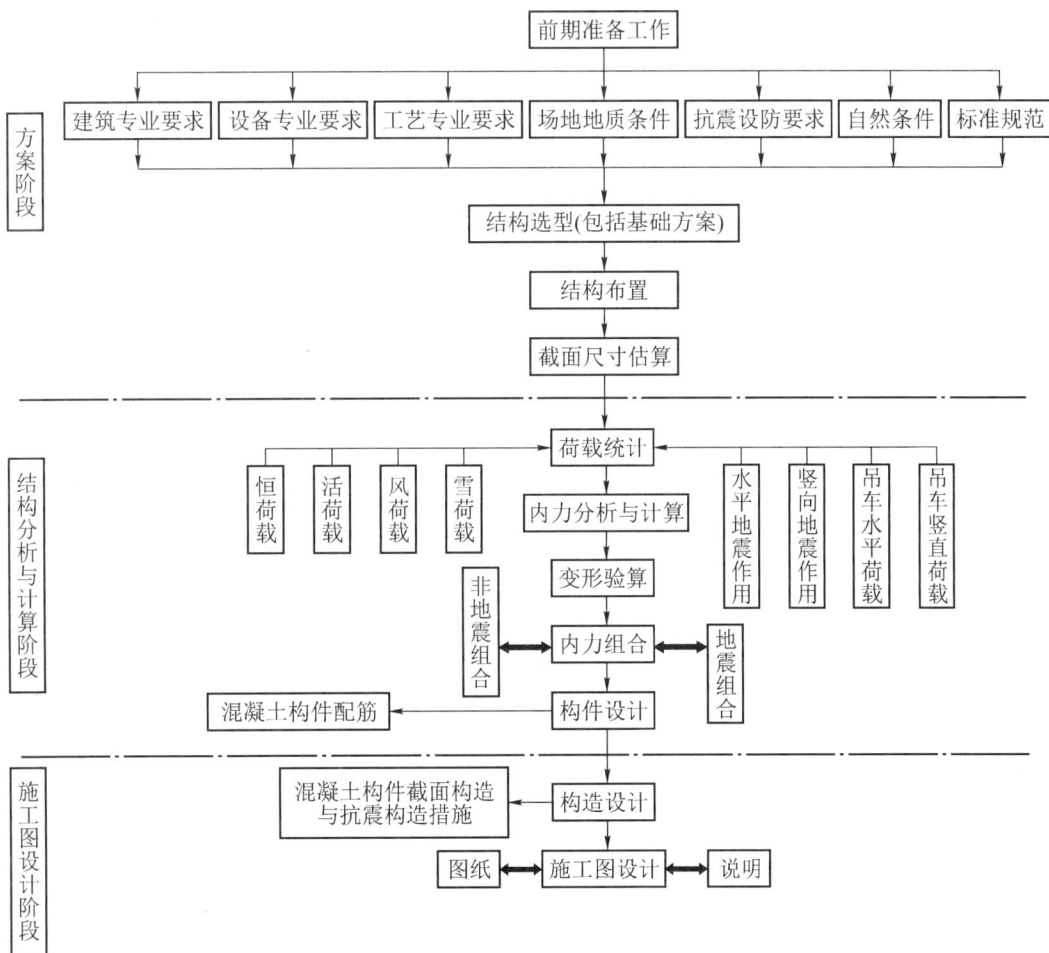

图 1－5　结构设计的主要流程

5

1.2 混凝土结构方案设计

混凝土结构方案设计是结构设计中最重要的一项工作，也是结构设计成败的关键。在规范的限定条件下，结构方案应满足使用要求，受力合理，在技术上可行，并应尽可能满足先进的综合经济技术指标。

混凝土结构方案设计包括结构选型、结构布置与构件截面尺寸估算等。结构方案设计合理与否，将直接影响房屋结构的可靠性、经济性和技术合理性，设计时需要慎重对待。

1.2.1 结构选型

结构选型的主要目的是为建筑物选择安全经济的受力体系，主要包括结构体系的选择及结构材料的确定等。结构体系的选择应考虑建筑功能要求、建筑的重要性、建筑所在场地的抗震设防烈度、地基主要持力层及其承载力、建筑场地的类别及建筑的高度和层数等。结构材料则应根据荷载水平、承载力要求及建筑物所在地区的材料供应条件确定适宜的混凝土和钢筋强度等级。

设计工作是各相关专业集体智慧的结晶。一个好的设计，不仅要使本专业的设计合理，更重要的是要保证建筑物整体的协调与统一。结构作为建筑的骨架，受其他专业（建筑、工艺、设备等专业）的制约和影响很大，因此结构设计必须与各专业密切配合，结构设计人员应详细了解各专业对结构专业的要求，并采用与建筑空间功能要求相适应的结构形式，将合理的结构形式与使用要求和美观需要尽可能地统一起来。

按用途分类，建筑物可分为民用建筑、工业建筑、园林建筑、其他建筑（含构筑物）四类，民用建筑根据使用功能又可分为居住建筑和公共建筑。不同用途的建筑有不同的功能要求，这往往对房屋的跨度、柱距、层高提出相应要求，需要对梁、柱、墙的截面及布置加以控制。例如，公共建筑往往需要较大空间，因而层高通常较高，柱网尺寸也较大；居住建筑上下层厕所、楼梯间、电梯间要对齐，有时也用异型柱代替传统的矩形柱等。

1.2.2 结构布置与构件截面尺寸估算

结构体系选定后，结构设计人员要进行结构布置。结构布置主要包括定位轴线、构件布置和变形缝的设置。结构布置是否合理，不仅影响建筑物使用，而且影响结构受力、施工、造价等。结构布置应满足以下原则：

①在满足使用要求的前提下，结构的平面布置和竖向布置应尽可能简单、规则、均匀、对称，避免发生突变。

②荷载传递路线要明确、快捷，结构计算简图简单并易于确定。

③结构的整体性好，受力可靠。

④施工简便、经济合理。

　　定位轴线一般为正交轴网，用于确定构件的平面位置，构件的竖向位置由标高确定。根据建筑结构的受力特点和抗震设防要求，结构设计人员希望房屋的平面规则、体型简单，避免凹凸曲折和高低错落。当生产工艺或建筑功能要求采用复杂的平面和体型时，结构设计人员可通过变形缝（温度缝、沉降缝或防震缝）将其划分为平面规则、体型简单、受力明确的独立结构单元，但必须与建筑专业协调，处理好变形缝。

　　水平构件（梁、板等）的截面尺寸一般根据刚度和稳定性要求，利用经验公式确定；竖向构件的截面尺寸一般根据侧移（或侧移刚度）、稳定性和轴压比等要求确定。

1.2.3　结构方案设计前应进行的准备工作

　　在确定具体工程的结构方案之前，结构设计人员只有掌握了建筑场地的地质条件与自然条件、所在地区的抗震参数、荷载条件、当地的施工技术条件及该工程所执行的规范（规程）标准等，才能得出正确的总体结构方案。

　　1. 设计标准

　　为保证结构的安全性和经济性，结构设计必须遵循一定的设计标准。

　　（1）国家、地方及行业规范（规程）

　　规范（规程）是结构设计的主要依据，它是国家及当地建筑方针和技术政策在结构工程实践中的具体体现，具有法律效力，结构设计人员必须遵照执行。目前，建筑结构设计中常用的结构设计规范有：

　　《建筑结构可靠性设计统一标准》（GB 50068—2018）；

　　《建筑工程抗震设防分类标准》（GB 50223—2008）；

　　《建筑抗震设计规范》（GB 50011—2010，以下简称《抗震规范》）；

　　《混凝土结构设计规范》（GB 50010—2010，以下简称《混凝土规范》）；

　　《砌体结构设计规范》（GB 50003—2011，以下简称《砌体规范》）；

　　《建筑结构荷载规范》（GB 50009—2012，以下简称《荷载规范》）；

　　《建筑地基基础设计规范》（GB 50007—2011，以下简称《地基规范》）；

　　《建筑桩基技术规范》（JGJ 94—2008，以下简称《桩基规范》）；

　　《高层建筑混凝土结构技术规程》（JGJ 3—2010，以下简称《高规》）等。

　　（2）国家、地方及行业标准图集

　　标准图集是依据规范制定的国家或地方统一的设计标准和施工构造做法，可以简化结构设计、加快施工进度，建筑单位能取得较好的经济效益。标准图集的种类很多，编制条件各有特点，在选用标准图集时，结构设计人员一定要根据具体工程的实际情况酌情考虑，并应说明选用的图集号和页面号，必要时可进行局部修改。除标准图集外，尚有将各类构件及节点常用设计要求统一表述的设计、计算和施工手册，供不同的专业人员使用。

　　2. 工程地质条件

　　先勘察、后设计、再施工，是工程建设必须遵守的程序。场地地质条件直接影响基础（甚至上部结构）选型的合理性和经济性。因此，工程地质勘察报告也是结构设计的重要依据。

（1）工程地质勘察报告的主要内容

工程地质勘察的任务是查明场地或地区的工程地质条件，为规划、设计、施工提供必需的地质资料。工程地质勘察报告一般包括文字说明和图纸两部分。

文字说明部分通常描述：建筑场地的地形地貌、地质构造、地层特征、不良地质现象、地下水位、冻结深度及所在地区的地震烈度等；各个地层岩土的物理力学性质、室内和野外试验结果（一般列表说明）；地基承载力特征值、压缩模量、桩端土的极限端阻力标准值（或特征值）、桩周土的极限侧阻力标准值（或特征值）必须有明确的数据；对建筑场地的稳定性、基础形式、地基处理方法、地下水对基础材料（混凝土，混凝土中的钢筋、钢材）的腐蚀性、施工降水方案等做出评价。

图纸部分包括勘探点平面布置图，钻孔地质柱状图，工程地质剖面图，荷载试验、静力触探试验、标准贯入试验等原位测试成果。

（2）工程地质勘察报告成果的使用

①工程地质剖面图可以使结构设计人员对地层构造一目了然，包括土壤的分层标高、物理力学性能、地下水位等，可以用来选择地基持力层，了解下卧层，确定基础埋置深度和桩端入土深度。同时应注意是否有不良地质现象，如滑坡、断层、夹层、溶洞、裂隙等，以便采取必要措施。

②地基承载力特征值用于验算基底持力层和下卧层，确定基底的形状和面积，验算基础强度并计算配筋等。

③压缩系数和压缩模量用于判定土的压缩性质，计算基础的最终沉降量、相对沉降差和整体倾斜等。

通过阅读工程地质勘察报告，结构设计人员能够对场地土层的分布和性质有清楚的了解，对于报告中提出的基础方案、地基处理的意见及建议，在采纳之前应分析其依据是否合理充分，勘察方法是否可靠，对本工程是否适用。若有矛盾或疑问，应设法查明或要求进行补充勘察，以保证工程质量。

3. 抗震参数

地震是建筑结构承受的主要作用之一。地震作用的随机性和巨大的破坏性会给人们的生命财产造成严重损失，抗震参数的确定对结构设计至关重要，关系到安全使用和建造成本，它对结构选型、结构平面布置、材料选用、构造措施、结构计算、施工技术等都有相应的要求，因此，抗震参数的确定对结构设计具有重要的指导意义。

（1）抗震设防烈度

一个地区的抗震设防烈度，一般情况下可采用中国地震动参数区划图的地震基本烈度（或与《抗震规范》规定的设计基本地震加速度值对应的烈度值）。对已编制抗震设防区划的城市，可按批准的抗震设防烈度或设计地震动参数进行抗震设防。

对我国主要城镇（县级及县级以上城镇）中心地区的抗震设防烈度、设计基本地震加速度值和所属的设计地震分组，可查阅《抗震规范》。

（2）场地特征周期

除设计基本地震加速度、设计地震分组外，表征地震影响的参数还有场地类别及场地特征周期。《抗震规范》中，场地特征周期是综合考虑建筑物所在地区的地震环境，根据建筑物所在地的设计地震分组和场地类别而确定的。

（3）建筑重要性分类及其抗震设防标准

由于建筑物的使用性质各不相同，地震破坏造成的后果也不相同，因而其抗震设防的要求应根据破坏后果的严重程度加以区别对待。在进行结构设计时，应根据建筑的不同重要性，采取不同的抗震设防标准。

4. 自然条件

自然条件包括年最高温度、最低温度、季节温差和昼夜温差，基本雪压，基本风压及其主导风向，最大冰冻深度等。

温差作用是建筑物结构的主要间接作用，设计中须进行计算或采取相应的构造措施；基本雪压和基本风压是作用在结构上的主要荷载；最大冰冻深度用于确定地基处理方案、基础结构方案、基础埋置深度等。

5. 荷载条件

常规荷载可根据《荷载规范》的规定采用，设备荷载及其土建参数应由相应的设备样本提供。这些是结构布置和结构分析的必要数据。

6. 施工技术条件

施工技术条件包括施工队伍的素质、技术水平，建筑材料、建筑构配件及半成品供应条件，施工机械设备及大型工具供应条件，场地施工及运输条件，水、电和动力供应条件等。

1.2.4　几个基本概念

对结构设计的初学者而言，以下几个概念是非常重要的。

1. 高度的定义

建筑物的高度主要包括建筑高度、结构高度和结构计算高度。一般来说，这三种高度是不相等的，如图 1-6 所示。

（1）建筑高度

建筑高度是指建筑物室外地面到其檐口或女儿墙顶部的高度，屋顶上的水箱间、电梯机房、排烟机房和楼梯间等的高度不计入建筑高度。建筑高度的作用是：区分建筑的属性和类别（多层建筑、一类高层建筑、二类高层建筑），并依据其属性和类别确定消防要求及相应对策。

（2）结构高度

结构高度是指建筑物室外地面到其主屋面板板顶或檐口的高度，突出屋面的水箱间、电梯机房、排烟机房和楼梯间等的高度不计入结构高度。结构高度的作用是：区分建筑结构的类别（多层建筑结构、高层建筑结构），并依此确定其适用的规范和应采取的抗震措施。

（3）结构计算高度

结构计算高度是指结构底部嵌固端至屋面板顶面的高度，包括突出屋面的水箱间、电梯机房、排烟机房和楼梯间等的高度。结构计算高度的作用是：

①准确计算风荷载及地震作用。

②确定结构首层层高，估计首层竖向构件（柱、剪力墙）的截面尺寸等。

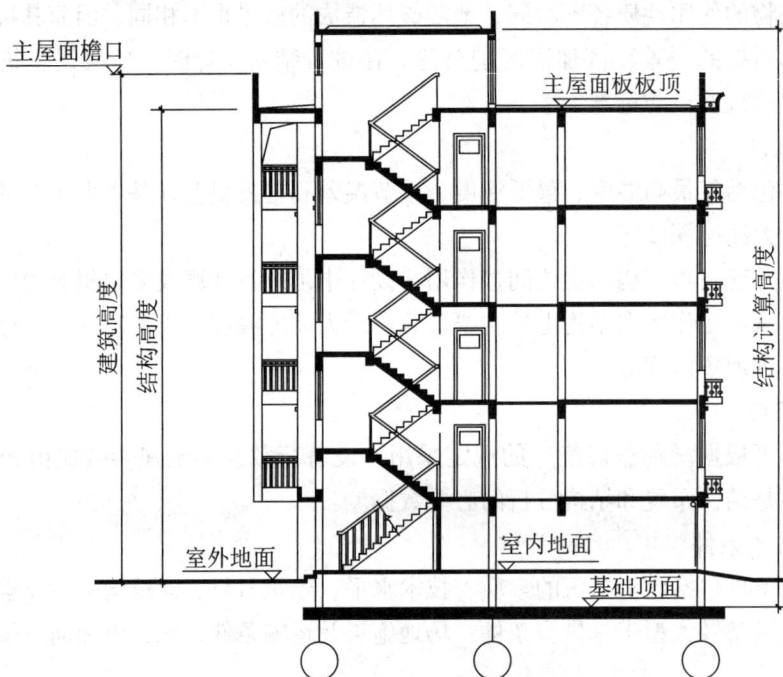

图1-6　建筑物的高度定义

2. 结构的嵌固部位

上部结构的嵌固部位，理论上应能限制结构在两个水平方向的平动位移和绕竖轴的转角位移，并将上部结构的剪力全部传递给地下室结构或基础。结构的嵌固部位用于确定首层的计算高度及整体结构计算高度，一般按下述原则确定：

①无地下室的结构，上部结构的嵌固部位可取基础顶面（混凝土结构）或室外地面下500 mm（砌体结构）。

②带地下室的多层、高层混凝土结构，当地下室结构的楼层侧向刚度不小于相邻上部结构楼层侧向刚度的2倍时，地下室顶板可作为上部结构的嵌固部位，但设计时应满足相应的构造措施（详见《抗震规范》及《高规》）。不满足上述要求时，地下一层应计入上部结构内。

③带地下室的多层砌体结构，半地下室从地下室室内地面算起，全地下室和嵌固条件好的半地下室可以从室外地面算起（详见《抗震规范》）。

④多层及高层钢结构，应依据结构底部的嵌固条件确定。

3. 建筑层与结构层

在结构设计中，存在建筑学概念上的楼层与结构概念上的楼层不一致的矛盾。建筑层是平面概念，某层建筑平面图是指将建筑物在该层窗台标高稍上处做水平剖切得到的俯视图；结构层是空间概念，一个结构层是指从该层底部至本层楼盖顶面处的所有构件，包括水平布置的梁、板，以及空间布置的柱、剪力墙、斜柱、支撑构件等，如图 1-7 所示。

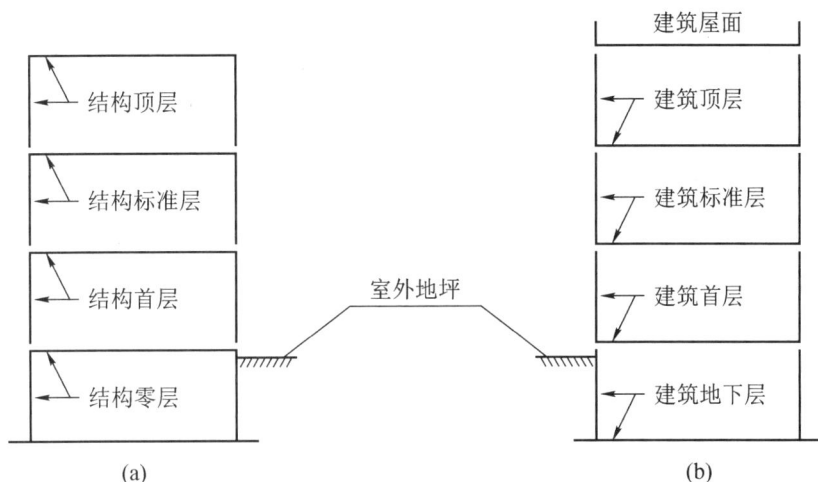

图 1-7　结构层与建筑层

（a）结构层；（b）建筑层

在图纸表示上，结构首层的梁、板布置是依据建筑二层的平面布置得到的，其中包括自结构底部嵌固部位算起的柱、剪力墙等竖向构件，以上各层依此类推；地下室顶板的梁、板布置是依据建筑首层的平面布置得到的，在结构上通常称为零层板。

4. 建筑标高与结构标高

一般来说，建筑标高是指楼层、屋面及檐口完成面相对于建筑首层地面的高度。对于屋面，考虑到屋面排水坡度、屋面构造做法厚度不是渐变性的，一般屋面建筑标高取结构板顶标高，即建筑标高等于结构标高。

对楼面而言，考虑到建筑装修层的构造做法，其结构标高应比建筑标高低，而且由于不同功能区的装修层构造做法不同，建筑标高相同的区域，其结构标高也不一定相同；装修层构造做法厚度相差较多时，将引起结构板配筋的不连续。

例如，卫生间楼面建筑标高一般比楼面标高低 20 mm，但由于卫生间的防水要求、地面排水坡度的要求，卫生间板面结构标高比楼板面结构标高要低 100~200 mm，楼板配筋与其周边相邻板不连续。

考虑人防要求时，人防地下室顶板上要求的覆土厚度使结构零层板顶面结构标高比首层地面建筑标高降低更多。

5. 基础埋置深度

基础埋置深度的确定对建筑物的安全、正常使用、施工工期及基础造价影响很大。大量的中小型建筑物一般都采用浅埋基础。在工程实践中，对于土质地基上的基础，考虑到基础的稳定性、基础大放脚的要求、动植物活动的影响、耕土层的厚度及习惯做法等因素，其埋置深度一般不宜小于 0.5 m；对于岩石地基，则可不受此限制。

建筑物基础埋置深度，应根据以下因素确定：

①建筑物本身的特点（如使用要求、结构形式等）。

②荷载的类型、大小和性质。

③建筑物周边条件（如地质条件、相邻建筑物基础埋置深度的影响）等。必要时，还应通过多方案综合比较来确定。

确定基础埋置深度时，首先应满足地基持力层承载力和变形的要求，其次要求基础底面位于冰冻线以下，以防地基土冻胀对基础的不利影响。同时，基础埋置深度的确定还应考虑管线埋设及与室外管网的连接问题。基础埋置深度 H 一般从建筑首层室内地面算起，如图 1-8 所示，可近似按式（1-1）估算，并应达到地基持力层深度。

$$H = \Delta + d + D + h + 100 \qquad (1-1)$$

式中：Δ——室内外高差，mm；

d——自室外地面算起的冰冻深度，mm；

D——地下管线管道直径，mm；

h——预估的基础高度，mm。

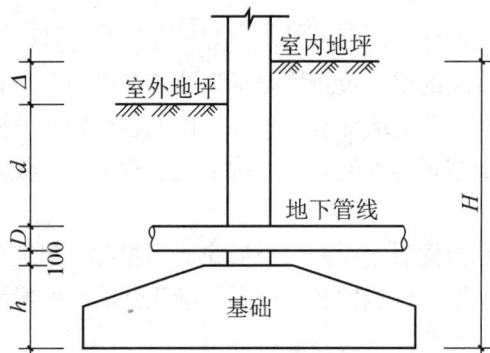

图 1-8　基础埋置深度

1.3　结构分析与计算

1.3.1　结构分析与计算内容

结构分析与计算是根据已确定的结构体系、结构布置、构件截面尺寸和材料性能等，确定合理的计算简图和分析方法，进行荷载计算，采用力学方法求解结构在各种荷载作用下的内力、变形等作用效应，并根据计算结果进行构件截面设计、采取可靠的构造措施等。

结构分析与计算包括以下内容：

（1）荷载计算

根据相关规范的规定、工艺设备样本要求及建筑构造做法计算。

（2）内力分析与计算

根据荷载值初步确定构件截面尺寸和计算简图；按适当的理论方法进行构件内力的计算，包括弯矩、剪力、扭矩、轴力等。

（3）变形验算

根据结构内力验算变形（裂缝宽度、挠度和水平侧移等）是否满足正常使用极限状态和耐久性极限状态的要求，如果不满足要求，则要调整构件的截面尺寸或结构布置，直到满足要求为止。

（4）内力组合

在满足变形验算的前提下，根据各类荷载作用效应组合原则进行不同工况下的内力组合计算，求解构件的最不利组合内力。

（5）构件截面设计

根据构件内力设计截面配筋，并验算结构的相关项目（如混凝土构件的轴压比、剪跨比等，钢构件的强度、稳定性、长细比等）是否满足规范规定和要求。如果不满足要求，则要调整构件的截面尺寸或布置，直到满足要求为止。

1.3.2　结构验算准则

根据《建筑结构可靠性设计统一标准》（GB 50068—2018）的规定，结构在规定的设计使用年限内应具有足够的可靠度，即应具有足够的强度安全储备和充分的侧向刚度，以满足承载力极限状态、正常使用极限状态和耐久性极限状态的要求。

1. 承载力极限状态

结构构件的承载力应大于作用于该构件的最不利荷载作用效应。构件截面验算应满足下列要求。

无地震作用组合时：

$$\gamma_0 S \leqslant R \qquad\qquad [1-2（a）]$$

有地震作用组合时：

$$S_{\mathrm{E}} \leqslant R/\gamma_{\mathrm{RE}} \qquad\qquad [1-2（b）]$$

式中：γ_0——结构重要性系数，对安全等级为一级或设计使用年限为 100 年及以上的结构构件，不应小于 1.1；对安全等级为二级或设计使用年限为 50 年的结构构件，不应小于 1.0。

S、S_{E}——无地震作用时、有地震作用时荷载作用效应基本组合的设计值。

R——构件承载力设计值。

γ_{RE}——构件承载力抗震调整系数，钢筋混凝土构件的承载力抗震调整系数见表 1-1。

表 1-1　钢筋混凝土构件的承载力抗震调整系数 γ_{RE}

构件	梁及轴压比 <0.15 的柱	轴压比≥0.15 的柱	剪力墙		各类构件
受力状态	受弯、偏压	偏压	偏压	局部承压	受剪、偏拉
γ_{RE}	0.75	0.80	0.85	1.0	0.85

注：当仅计算竖向地震作用时，γ_{RE} 均取 1.0。

2. 正常使用极限状态和耐久性极限状态

正常使用极限状态和耐久性极限状态下的结构验算包括结构整体变形（如水平侧向位移）、构件挠度、裂缝宽度等验算，对某些高层建筑还可能需要验算舒适度要求。

（1）正常使用极限状态下水平侧向位移的限制

为保证混凝土结构的正常工作，必须对正常使用极限状态下的混凝土结构水平侧向位移进行限制。一方面，水平侧向位移过大，会引起主体结构的开裂甚至破坏，导致建筑装修与隔墙的损坏，造成电梯运行困难，还会使居住者感觉不适。另一方面，水平侧向位移过大，竖向荷载将会产生显著的附加弯矩（$P-\Delta$ 效应），使结构内力增大。

在正常使用条件下，建筑物水平侧向位移控制主要包括建筑物的层间位移 Δu。限制水平侧向位移就是要控制 $\Delta u/h$ 参数，其中 h 为建筑物层高。表 1-2 为《高规》对建筑物弹性分析时水平侧向位移的限制值，即结构在低于本地区设防烈度的多遇地震作用下或在按 50 年一遇确定的风荷载标准值作用下，按弹性分析方法计算所得的层间位移 Δu 与 h 之比应小于表 1-2 中的限值。

表 1-2　弹性层间位移角限值

结构类型	$\Delta u/h$
框架	1/550
框架 - 剪力墙、框架 - 核心筒、板柱 - 剪力墙	1/800
筒中筒、剪力墙	1/1 000

（2）正常使用极限状态和耐久性极限状态下构件挠度和裂缝宽度要求

《混凝土规范》规定，受弯构件的挠度限值见表 1-3。结构构件的裂缝控制等级及最大裂缝宽度限值见表 1-4。

表 1-3　受弯构件的挠度限值

构件类型	挠度限值
吊车梁：手动吊车	$l_0/500$
电动吊车	$l_0/600$
屋盖、楼盖及楼梯构件：	
当 $l_0 < 7$ m 时	$l_0/200$（$l_0/250$）
当 7 m≤l_0≤9 m 时	$l_0/250$（$l_0/300$）
当 $l_0 > 9$ m 时	$l_0/300$（$l_0/400$）

注：①表中 l_0 为构件的计算跨度；计算悬臂构件的挠度限值时，其计算跨度 l_0 按实际悬臂长度的 2 倍取用。
②表中括号内的数值适用于使用上对挠度有较高要求的构件。
③如果制作构件时预先起拱，且使用上也允许，则在验算挠度时可将计算所得的挠度值减去起拱值；对预应力混凝土构件，尚可减去预加力所产生的反拱值。
④制作构件时的起拱值和预加力所产生的反拱值，不宜超过构件在相应荷载组合作用下的计算挠度值。

表 1-4　结构构件的裂缝控制等级及最大裂缝宽度限值

环境类别	钢筋混凝土结构		预应力混凝土结构	
	裂缝控制等级	w_{lim}/mm	裂缝控制等级	w_{lim}/mm
一	三级	0.3（0.40）	三级	0.20
二 a				0.10
二 b		0.20	二级	—
三 a、三 b			一级	—

注：①对处于年平均相对湿度小于60%的地区一类环境下的受弯构件，其最大裂缝宽度限值可采用括号内的数值。
②在一类环境下，对钢筋混凝土屋架、托架及需做疲劳验算的吊车梁，其最大裂缝宽度限值应取为 0.2 mm；对钢筋混凝土屋面梁和托梁，其最大裂缝宽度限值应取为 0.3 mm。
③在一类环境下，对预应力混凝土屋架、托架及双向板体系，应按二级裂缝控制等级进行验算；对一类环境下的预应力混凝土屋面梁、托梁、单向板，应按表中二 a 级环境的要求进行验算；在一类和二 a 类环境下，需做疲劳验算的预应力混凝土吊车梁，应按裂缝控制等级不低于二级的构件进行验算。
④表中规定的预应力混凝土构件的裂缝控制等级和最大裂缝宽度限值仅适用于正截面的验算；预应力混凝土构件的斜截面裂缝控制验算应符合《混凝土规范》中的相关要求。
⑤对于处于四类、五类环境下的结构构件，其裂缝控制要求应符合专门标准的有关规定。
⑥表中的最大裂缝宽度限值用于验算荷载作用引起的最大裂缝宽度。

（3）罕遇地震作用下抗震变形验算

为了实现"大震不倒"的设计目标，对于下列结构，应进行罕遇地震作用下抗震变形验算：

①7~9 度抗震设防的、楼层屈服强度系数 ζ_y 小于 0.5 的钢筋混凝土框架结构和框排架结构。ζ_y 为按构件实际配筋和材料强度标准值计算的楼层受剪承载力和按罕遇地震作用标准值计算的楼层弹性地震剪力的比值；对排架柱，是指按实际配筋面积、材料强度标准值和轴向计算的正截面受弯承载力与按罕遇地震作用标准值计算的弹性地震弯矩的比值。

②甲类建筑和 9 度抗震设防的乙类建筑结构。

③采用隔震和消能减震设计的建筑结构。

④房屋高度大于 150 m 的结构。

⑤8 度Ⅲ类、Ⅳ类场地和 9 度时，高大的单层钢筋混凝土柱厂房的横向排架。

对于刚度沿高度方向分布较为均匀的结构，一般可取底层作为结构薄弱层，否则应算出结构各层的 ζ_y 值后，取 ζ_y 较小的 2~3 个楼层作为薄弱层。

变形验算时，应求出罕遇地震作用下结构薄弱层的层间弹塑性位移 Δu_p，使之小于规范限制值（框架结构为 $h/50$，h 为层高）。结构层间弹塑性位移 Δu_p 可由时程分析法计算得到。对于不超过 12 层且刚度分布比较均匀的框架结构，结构层间弹塑性位移 Δu_p 也可按弹性分析法求得在罕遇地震作用下的层间位移 Δu_e 乘以弹塑性层间位移增大系数 η_p 后得到。详见《抗震规范》或《高规》。

1.3.3　结构分析的基本原则

进行混凝土结构分析时，结构设计人员应遵守以下基本原则：

①结构按承载力极限状态计算和按正常使用极限状态验算时，结构设计人员应按我国

《荷载规范》及《抗震规范》等国家标准规定的荷载及其组合，对结构的整体进行荷载效应分析。必要时，还应对结构中的重要部位、形状突变部位，以及内力和变形有异常变化的部位（如较大孔洞周围、节点及其附近、支座和集中荷载附近等）进行更详细的结构分析。

②结构在施工和使用期的不同阶段（制作、运输和安装阶段，以及施工期、检修期和使用期等）有多种受力状况时，应分别进行结构分析，并确定其最不利的荷载效应组合。当结构可能遭遇火灾、爆炸、撞击等偶然作用时，还应按国家现行有关标准的要求进行相应的结构分析。

③结构分析所需的各种几何尺寸，以及所采用的计算图形、边界条件、荷载的取值与组合、材料性能的计算指标、初始应力和变形状况等，应符合结构的实际工作状况，并应具有相应的构造措施。例如，固定端和刚节点的承受弯矩能力和对变形的限制，塑性铰的充分转动能力等，应能得到保证。

结构分析时应根据结构或构件的受力特点，采用具有理论或试验依据的一些近似简化和假定。对计算结果还应进行校核和修正，其准确程度应符合工程设计的要求。

④所有结构分析方法的建立都基于三类基本方程，即力学平衡方程、变形协调（几何）方程和材料本构（物理）方程。其中，结构整体或其中任何一部分的力学平衡条件都必须满足结构的变形协调条件，包括边界条件、支座和节点的约束条件、截面变形条件等，若难以严格地满足，应在不同的程度上予以满足；结构设计人员尚应合理选取材料的本构关系和计算单元的类型，使其尽可能符合或接近钢筋混凝土构件的实际性能。

⑤混凝土结构宜根据结构类型、构件布置、材料性能和受力特点选择合理的分析方法。

上述分析方法又各有多种具体的计算方法，如解析法或数值解法、精确解法或近似解法。结构设计人员在结构设计时，应根据结构的重要性和使用要求、结构体系的特点、荷载状况、要求的计算精度等进行选择；计算方法的选取还取决于已有的分析手段，如计算程序、手册、图表等。

⑥采用计算机作为辅助手段进行结构分析，是今后结构设计的发展方向。为了确保计算结果的正确性，结构分析所采用的电算程序应经考核和验证，其技术条件应符合国家规范和有关标准的要求；电算结果应经判断和校核，在确认其合理、有效后，方可用于工程设计。

1.3.4　结构分析模型

建筑结构的基本受力构件可分为梁、柱、支撑、墙、板等，根据具体情况，这些构件可简化为一维单元（杆元、梁元）、二维单元（膜元、板元、壳元）或三维单元（实体单元）。进行建筑结构分析时，结构设计人员可假定楼板在其自身平面内为无限刚性，相应的设计应采取必要措施以保证楼板平面内的整体刚度。当楼板或局部楼板产生较明显的面内变形时，应考虑对楼板的面内变形进行结构分析，或对采用楼板面内无限刚性假定的分析结果进行适当调整。

结构分析模型是基于结构的实际形状和尺寸、杆件或单元的受力和变形特点、构件间的连接构造和支承条件等的合理简化而得出的计算简图。杆件的轴线宜取为截面几何中心的连线；杆件的节点和支座视其构造对相对变形的约束程度取为刚接或铰接，钢筋混凝土现浇式和装配整体式结构的梁柱节点、柱与基础连接处等可作为刚接，梁、板与其支承构件非整体浇筑时可作为铰接；杆件的计算跨度（或高度）宜按其两端支承构件的中心距或净距确定，并根据支承节点的连接刚度或支承反力的位置加以修正；杆件间连接部分的刚度远大于杆件中间截面刚度时，可作为刚域插入计算图形。对于现浇楼面和有现浇面层的装配整体式结构，可近似采用增加梁翼缘计算宽度的方式考虑楼板作为翼缘对梁刚度和承载力的贡献。建筑结构楼面梁受扭计算中应考虑楼盖对梁的约束作用；当计算中未考虑楼盖对梁扭转的约束作用时，可对梁的计算扭矩乘以折减系数予以降低；梁扭矩折减系数应根据梁周围楼盖的情况确定，一般可取 $0.4 \sim 1.0$。在对带地下室的建筑结构进行分析时，宜适当考虑回填土对结构水平位移的约束作用；当地下室结构的楼层侧向刚度不小于相邻上部结构楼层侧向刚度的 2 倍时，可将地下室顶板作为上部结构水平位移的嵌固部位；当地基 – 基础相互作用对结构的内力与变形有重要影响时，应考虑土的性能及其与结构相互作用的影响。

对杆系结构中杆件的截面刚度，混凝土的弹性模量应按《混凝土规范》的规定采用；对截面惯性矩可按匀质的混凝土全截面计算，既不计钢筋的换算面积，也不扣除预应力钢筋孔道等的面积；对 T 形截面杆件的截面惯性矩，宜考虑翼缘的有效宽度进行计算，也可由截面矩形部分面积的惯性矩乘以某个大于 1 的系数来计算；对端部加腋的杆件，应考虑其刚度变化对结构分析的影响；考虑到混凝土开裂和塑性变形的影响，可对结构的不同受力状态杆件（如梁和柱）的截面刚度值分别予以折减。

结构分析中应合理考虑各类作用的特性。对建筑结构进行重力荷载效应分析时，若施工过程对结构受力影响较大，宜考虑施工过程的影响。当楼面活荷载较大时，应考虑楼面活荷载不利布置引起的梁、板弯矩和挠度的增大。对一般的房屋建筑混凝土结构进行风荷载效应分析时，对正、反两个方向的风荷载可按较大值采用；对体型复杂的空旷、大跨或高层建筑，宜考虑正、反两个方向风荷载的不同影响。对于地震、人防等的荷载效应分析，应按有关标准、规范的具体规定考虑。

1.3.5　结构分析方法

目前，工程设计中常用的结构分析方法，按其力学原理和受力阶段可分为以下五类：线弹性分析方法、考虑塑性内力重分布的分析方法、塑性极限分析方法、非线性分析方法及试验分析方法。

1. 线弹性分析方法

线弹性分析方法假定结构材料为理想的弹性体，是最基本和最成熟的结构分析方法，也是其他分析方法的基础和特例，可用于结构的承载力极限状态及正常使用极限状态下荷载效应的分析。按照所分析构件的体型不同，构件结构可分为杆系结构（一维）、板结构（二维）和实体结构（三维）。杆系结构是指由长度大于 3 倍截面高度的构件所组成的结构，如建筑结构中的连续梁、由梁和柱组成的框架等。混凝土杆系结构一般为高次超静定体系，结构设计人员宜按空间体系进行结构整体分析，并宜考虑杆件的弯曲、轴向、剪切和扭转变形对结构内力及变形的影响。但在一般情况下，为方便计算，可做一定程度的简化。

对体型规则的空间杆系结构，可沿柱列或墙轴线分解为不同方向的平面结构，分别进行分析，但宜考虑平面结构的空间协同工作；杆件的轴向、剪切和扭转变形对结构内力及变形的影响不大时，可不予考虑；结构或杆件的变形对其内力及侧移的二阶效应影响不大时，可不予考虑或通过局部修正加以反映。杆系结构可采用解析法、有限元法或差分法等准确分析方法，编制计算机程序进行计算；对体型规则的结构，可根据其受力特点和作用（荷载）类型采用有效的简化分析方法，如力矩分配法、迭代法、分层法、反弯点法和 D 值法等。内力求出后，与支承构件整体浇筑的梁端或板端，可取支座边缘处梁或板截面的内力值进行设计。

钢筋混凝土薄板长向和短向的跨度比值小于 2 时，应按双向板进行设计。各种支承条件（嵌固、简支、自由等）的双向板，在各种荷载作用下均可采用线弹性分析方法进行荷载效应分析。一般可采用有限元方法进行计算机分析，对于形状规则、支承条件和荷载形式简单的双向板，可采用解析法求解或利用已编制的图表进行计算。

非杆系的二维或三维结构可采用弹性理论分析、有限元分析或试验方法求解。这些结构的分析都是假定结构为完全匀质材料，即不考虑钢筋的存在、混凝土开裂及塑性变形的影响；利用最简单的材料各向同性本构关系，即只需要弹性模量和泊松比两个物理常数。结构分析后所得结果为其弹性正应力和剪应力分布，经转换可求得主应力，根据主拉应力图形面积确定所需的配筋量和布置方式，并按多轴应力状态验算混凝土的强度。

结构按承载力极限状态计算时，其荷载和材料性能指标可取为设计值；按正常使用极限状态验算时，材料性能指标可取为标准值。荷载可根据验算指标的不同取标准组合、频遇组合或准永久组合。

2. 考虑塑性内力重分布的分析方法

混凝土结构在一定条件下可以采用考虑塑性内力重分布的分析方法，该方法具有充分发挥结构潜力、节约材料、简化设计和方便施工等优点。弯矩调幅法是钢筋混凝土超静定结构考虑塑性内力重分布分析方法中的一种，该方法计算简便，已在我国广泛应用多年。

房屋建筑中的钢筋混凝土连续梁和连续单向板，宜采用考虑塑性内力重分布的分析方法，其内力值可由弯矩调幅法确定。框架、框架 – 剪力墙结构及双向板等，经过弹性分析求得内力后，也可对支座或节点弯矩进行调幅，并确定相应的跨中弯矩。

按考虑塑性内力重分布的分析方法设计的结构和构件，尚应满足正常使用极限状态的要求或采取有效的构造措施。对于直接承受动力荷载的结构，以及要求不出现裂缝或处于严重侵蚀环境等情况下的结构，不应采用考虑塑性内力重分布的分析方法。

3. 塑性极限分析方法

混凝土结构（板、连续梁、框架等）的承载力极限状态设计可采用塑性极限分析方法。

特别是承受均布荷载周边支承的双向矩形板，可采用塑性铰线法或条带法等塑性极限分析方法进行设计。工程设计和使用实践经验证明，按此法进行计算和构造设计，简便易行，可保证安全。但此法仍应满足正常使用极限状态的要求。

承受均布荷载的板柱体系，根据结构布置和荷载特点，可采用弯矩系数法或等代框架法计算承载力极限状态的内力设计值。

4. 非线性分析方法

非线性分析方法以钢筋混凝土的实际力学性能为依据，引入相应的非线性本构关系，可准确地分析结构受力全过程的各种荷载效应，详尽地描述结构受力－破坏各个阶段的内力、变形和裂缝发展，该方法适用于任意形式和受力复杂的结构分析。

对特别重要的或受力状况特殊的大型杆系结构，以及二维、三维结构，必要时应对结构的整体或其部分进行受力全过程的非线性分析，这是目前一种较为先进的结构分析方法，已在国内外一些重要结构的设计中被采用。但由于这种分析方法比较复杂，计算工作量大，且各种非线性本构关系尚不够完善和统一，其应用范围仍然有限，主要应用于重大结构工程的结构分析和地震作用下的结构分析。

结构的非线性分析可根据结构的类型和形状、要求的计算精度等，选择合理的计算方法，应根据具体情况采用不同的离散尺度，确定相应的本构关系。例如：对钢筋混凝土杆系结构，以梁、柱等杆件作为离散单元，根据材料的应力－应变关系建立杆件截面的弯矩－曲率关系和杆件的内力－变形关系，采用杆的有限元方法求解；对钢筋混凝土二维、三维结构，将结构离散化为多个计算单元，根据材料的应力－应变关系建立不同形状有限单元的本构关系，采用平面问题和空间问题的有限元方法求解。结构的非线性分析均需编制电算程序，利用计算机来完成大量烦琐的数值运算并求解。

在进行结构的非线性分析时，结构形状、尺寸和边界条件，以及所用材料的强度等级和主要配筋量等应预先设定；材料的性能指标宜取平均值；材料、截面、构件或各种计算单元的非线性本构关系宜通过试验测定，也可采用经过验证的数学模型，其参数值应经过标定或有可靠依据，《混凝土规范》附录中给出了混凝土的单轴应力－应变关系、多轴强度和破坏准则，可供计算时采用；必要时还应考虑结构的几何非线性对荷载效应的不利影响。

5. 试验分析方法

体型复杂或受力状况特殊的结构或其部分，如不规则的空间壳体、异型框架等，或采用了新型的材料及构造，对现有结构分析方法的计算结果没有充分把握，可采用试验分析方法对结构的正常使用极限状态和承载力极限状态进行分析或复核。

混凝土结构的试验应经专门的设计。对试件的形状、尺寸和数量，材料的品种和性能指标，支承和边界条件，加载的方式和过程、量测的项目和测点布置等，结构设计人员应做出周密的考虑，以确保试验结果的有效性和准确性。在试验过程中，其应及时地观察试件的宏观作用效应，如混凝土开裂、裂缝的发展、钢筋的屈服、黏结破坏和滑移等，量测和记录的各种数据应及时整理。试验结束后，结构设计人员对试件的各项性能指标和所需的设计常数应进行分析和计算，并对试验的准确度做出估计，得出合理的结论。

1.3.6　结构分析软件

目前，在我国建筑行业，使用结构分析软件已经成为必需的设计手段，其极大地提高了设计效率和水平。比较成熟、应用较广的结构设计和分析软件有：ETABS、Midas/Gen、SAP、ANSYS 等通用分析软件，以及 Midas/Building、PKPM 系列等建筑结构专用分析软件。

通用分析软件功能强大，但用于建筑结构时较为烦琐，且计算结果的输出格式一般不便于直接用于施工图设计；建筑结构专用分析软件专门针对建筑结构的特点，应用较为方便。目前国内建筑结构专用分析软件不仅包括力学分析，还包括符合我国现行规范规定的荷载分布图形、荷载效应组合和截面设计计算、构造规定等，甚至可以自动生成施工图，大大减轻了结构设计人员繁重的手工劳动。

对复杂的结构设计，结构设计人员一般先用建筑结构专用计算程序进行结构整体分析，然后用通用计算程序进行局部应力分析，作为补充。

但是，结构设计人员必须意识到以下几点。

①分析软件是设计的辅助手段，一些计算参数必须由结构设计人员根据结构的实际情况和计算模型的适用条件确定。因此，仅仅关心"怎样"使用分析软件是不够的，了解"为什么"这样设计才是关键。

②现代建筑工程具有复杂的理论细节，不可能存在一种全能的智慧软件能够完全适应各种形式的建筑结构。而且分析软件种类繁多，其计算模型及方法各异，计算结果的表达式也各不相同。因此，在进行结构分析时，结构设计人员不仅要选择可信度高、经过实际应用考验的分析软件，并且必须了解所使用软件的技术细节、适用范围及计算所依据的理论和假设，还要判断由此形成的结构计算简图是否符合结构的实际情况，而不是依靠过分的简化来适应已购买的商业软件。

③在结构工程实践中，结构设计人员必须重视手工求解的原理、基本原则和模型的提炼，尊重工程实践经验，对计算结果应持批评态度，以甄别计算结果中的错误，判断计算结果的合理性、有效性。此外，结构布置的合理与否、结构体系的创新等，也要靠结构设计人员用最简单的概念设计方法做出符合力学规律的判断与选择。

④由分析软件的 CAD 辅助设计系统生成的施工图是不完善的，必须由结构设计人员进行审核、补充、修改、完善，还要根据施工的可行性和难易程度进行调整。

总之，在应用各类结构分析软件前，结构设计人员应仔细阅读其用户手册和技术条件，分析其技术条件是否符合国家现行规范和有关标准的要求，并应对分析结果进行判断和校核，在确认其合理、有效后方可应用于工程设计。

1.4　结构施工图的内容及设计深度

结构施工图是全部设计工作的最后成果，是进行施工的主要依据，是设计意图的最准确、最完整的体现，是保证工程质量的重要环节。结构施工图设计的主要工作就是将结构方案设计、结构计算分析后的结果调整、归并，用具体的图形和文字说明表达出来，形成施工图文件。施工图文件是结构主体施工时的主要依据，是结构设计人员的语言。

结构施工图编号前一般冠以"结施"字样，绘制时要做到"横平、竖直、按比例"，其表述的内容必须满足施工条件，图例及表示方法遵守《建筑结构制图标准》（GB/T 50105—2010）的规定。在实际工程设计中，目前大多数的混凝土结构施工图是按国标图集《混凝土结构施工图平面整体表示方法制图规则和构造详图》（16G101—1、2、3）采用平面表示方法绘制梁、柱、板、楼梯等，其绘制应遵守一般的制图规定和要求，结构设计人员应注意以下事项：

①对图纸应按以下内容和顺序编号：图纸目录、结构设计总说明、基础平面图及剖面图、楼盖平面图、屋盖平面图、梁和柱等构件详图、楼梯平剖面图。

②结构设计总说明，一般是说明图纸中一些共同的问题和要求，以及难以表达的内容，如材料质量要求、施工注意事项和主要质量标准等；对局部问题的说明，可分别放在有关图纸的边角处。

③对基础平面图的内容和要求基本同楼盖平面图，应绘制基础剖面大样及注明基底标高，对钢筋混凝土基础应画出模板图及配筋图。

④对楼盖、屋盖结构平面图应分层绘制，应准确标明各构件关系及轴线或柱网尺寸、孔洞及埋件的位置和尺寸；应准确标注梁、柱、剪力墙、楼梯等与纵横轴线的位置关系，以及板的规格、数量和布置方法，同时应表示出墙厚及圈梁的位置和其构造做法；构件代号一般应以构件名称的汉语拼音的第一个大写字母作为标志；如果选用标准构件，其构件代号应与标准图一致，并注明标准图集的编号和页码。

⑤对梁、板、柱、剪力墙等构件施工详图，应分类集中绘制，应将各构件中的钢筋规格、形状、位置、数量表示清楚，钢筋编号不能重复，用料规格应用文字说明，对标高尺寸应逐个构件标明，对预制构件应标明数量、所选用标准图集的编号；对复杂外形的构件，应绘出模板图，并标注预埋件、预留洞等；大样图可索引标准图集。

⑥计算结果和构造规定是绘图的依据，结构设计人员应充分发挥创造性，力求简明清楚，图纸数量少，且图纸不能与计算结果和构造规定相抵触。

小　结

1. 混凝土结构形式通常包含梁板结构、框架结构、剪力墙结构、框架－剪力墙结构、筒体结构等。混凝土结构设计的内容包括基础结构设计、上部结构设计和构造细部设计。结构设计一般可分为三个阶段，即方案阶段、结构分析与计算阶段和施工图设计阶段。

2. 混凝土结构方案设计的主要内容包括：结构选型（结构体系的确定）、结构布置与构件截面尺寸的估算等。在确定具体工程的结构方案之前，结构设计人员应掌握建筑场地的地质条件与自然条件、所在地区的抗震参数、荷载条件、当地的施工技术条件及该工程所执行的规范（规程）标准等。同时结构设计人员需理解掌握建筑高度、结构高度、结构计算高度，上部结构的嵌固部位，建筑层与结构层，建筑标高与结构标高，基础埋置深度等基本概念。

3. 结构分析与计算主要包括荷载计算、内力分析与计算、变形验算、内力组合、构件截面设计等。结构分析计算时须掌握结构验算准则、主要设计指标及其控制方法。要理解混凝土建筑结构分析的基本原则、分析模型、各种分析方法及分析软件。

4. 结构施工图是全部设计工作的最后成果，是进行施工的主要依据，是结构设计人员的语言。实际工程设计中，目前大多数的混凝土结构施工图是按国标图集《混凝土结构施工图平面整体表示方法制图规则和构造详图》（16G101—1、2、3）采用平面表示方法绘制梁、板、柱、墙、楼梯等，其绘制应遵守一般的制图规定和要求。

思 考 题

1.1 混凝土结构设计的内容包括哪些？

1.2 简述结构设计的设计阶段和主要流程。

1.3 如何确定混凝土上部结构的嵌固部位？

1.4 建筑层与结构层的概念有何异同？

1.5 如何确定基础埋置深度？

1.6 进行结构分析时，遵循的原则有哪些？

1.7 如何将实际结构简化为结构分析模型？

1.8 简述结构施工图的内容及设计深度。

第2章 混凝土楼盖、楼梯及雨篷

学习目标

1. 了解单向板肋梁楼盖的结构组成、结构布置及承重方案的选择，掌握其传力模式。
2. 掌握单向板肋梁楼盖按弹性理论的设计计算，熟悉活荷载不利布置原则。
3. 理解塑性铰和塑性内力重分布现象，掌握考虑塑性内力重分布的设计计算方法。
4. 掌握双向板按弹性理论和塑性理论的设计计算方法及构造措施。
5. 了解其他形式楼盖的设计计算方法。
6. 了解楼梯及雨篷的结构类型，掌握其典型构件的设计计算方法。

本章的教学重点：楼盖结构的布置原则；连续梁、板按弹性理论的内力计算；活荷载最不利位置；考虑塑性内力重分布的计算原理；弯矩调幅及塑性内力计算方法；双向板的受力特征及破坏特征；双向板按弹性理论的设计方法；双向板按塑性理论的内力计算。教学难点：塑性内力重分布的概念及其设计计算方法。

2.1 楼盖体系的分类和选型

梁板结构是结构工程中最常用的水平结构体系，被广泛应用于建筑中的楼、屋盖结构，基础底板结构，桥梁中的桥面结构中，如图 2 - 1 所示。此外，挡土墙也是梁板结构，只是荷载为作用于板面的水平土压力。各种钢筋混凝土梁板结构的受力分析和设计基本相同，本章主要以建筑工程中的楼、屋盖结构为例进行介绍。

楼、屋盖是建筑结构的重要组成部分。楼盖也称为楼层，通常由建筑面层、结构层和顶棚组成。屋盖也称为屋顶，通常由防水层、结构层和保温层组成。根据结构布置形式的不同，楼、屋盖中的梁板结构可分为肋梁楼盖、密肋楼盖、井式楼盖、无梁楼盖等，如图 2 - 2 所示。

肋梁楼盖由梁和板组成，梁的网格将楼板划分为逐个的矩形板块，每个板块由周边的梁支承，即楼面荷载由板块传递到梁，再由梁传递到柱或墙等竖向承重构件（竖向结构体系），梁对板起到"肋"的作用。按照梁格划分形式，肋梁楼盖又分为单向板肋梁楼盖和双向板肋梁楼盖 ［见图 2 - 2 （a）和图 2 - 2 （b）］。单向板肋梁楼盖中每个板块的长宽比大于 2.0，双向板肋梁楼盖中每个板块的长宽比小于 2.0。肋梁楼盖是应用最多的楼、屋盖结构形式，其受力明确、经济指标好，但支模较复杂。本章以肋梁楼盖中的单向板和双向板为例进行讲解。

密肋楼盖 ［见图 2 - 2 （c）］由薄板和间距较小的肋梁组成，密肋可以单向布置，也可以双向布置，肋距一般为 0.9 ~ 1.5 m。该类楼盖多用于跨度大而梁高受限的情况。密肋

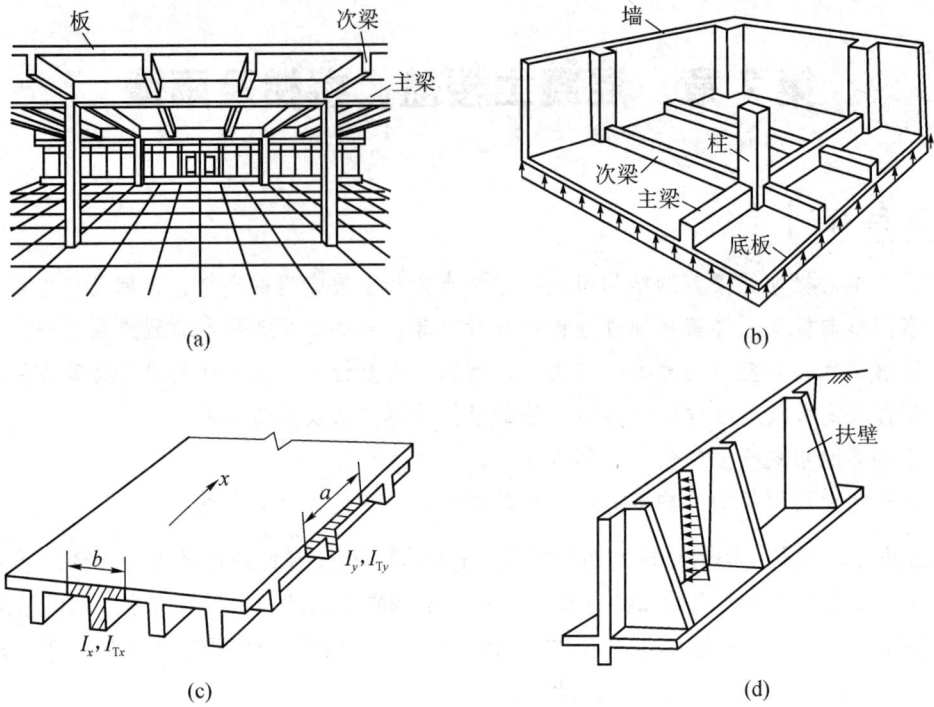

图 2－1 梁板结构

（a）楼、屋盖；（b）基础底板；（c）桥面结构；（d）挡土墙

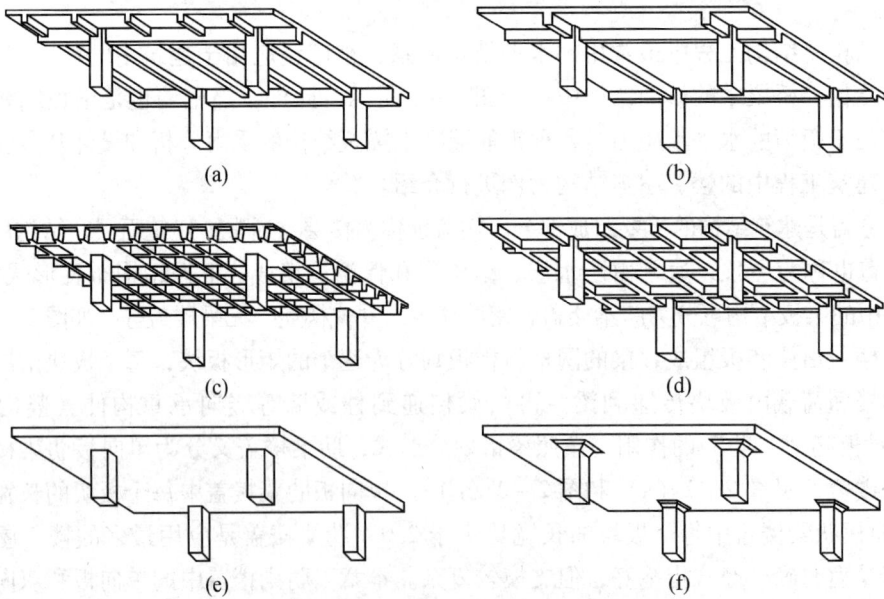

图 2－2 楼、屋盖的主要结构布置形式

（a）单向板肋梁楼盖；（b）双向板肋梁楼盖；（c）密肋楼盖；（d）井式楼盖；

（e）无梁楼盖；（f）有柱帽无梁楼盖

楼盖具有省材料、自重轻、高度小等优点。其缺点是顶棚不美观，往往需要吊顶处理或用塑料模壳作为模板，并在施工后永久性代替吊顶装修。

井式楼盖［见图 2 - 2（d）］中两个方向的梁截面相同，且梁的网格划分基本接近正方形，即板块均为双向板，梁则将荷载传递至结构周边的墙或柱，中部一般不设柱支承（平面尺寸很大时也设柱，但两个方向的柱网尺寸相同），因此，其跨越的平面空间较大。

无梁楼盖［见图 2 - 2（e）］是板直接支承于柱上，荷载由板直接传给柱或墙，柱网尺寸一般接近方形。无梁楼盖结构高度小，楼板底面平整，支模简单，但楼板厚度大、用钢量较大，柱间无梁，结构抗水平荷载能力较差，需要设置剪力墙而形成抗侧力体系，即板柱 - 抗震墙结构。此外，因为楼板直接支承于柱上，板柱节点受力复杂，柱的反力对楼板来说相当于集中力，容易导致楼板产生冲切破坏。因此，当柱网尺寸较大时，柱顶一般设置柱帽以提高板的抗冲切能力［见图 2 - 2（f）］。

当无梁楼盖的板厚度较大时，为克服其自重较大的不利影响，或避免常规密肋楼盖支模、拆模造成的模板费用和人工费用，可在楼盖厚度的中间部位设置空心腔体或其他轻质复合箱体等填充体，作为现浇混凝土的内部模板并免于拆卸。此种楼板可称为密肋复合楼盖或密肋空心楼盖。填充体的上下表面可另做结构层，也可直接将填充体上下表面设计成承载面层。

近年来，压型钢板 - 混凝土组合楼盖和钢梁 - 混凝土组合楼盖也在工程中有较多的应用，如图 2 - 3 所示。

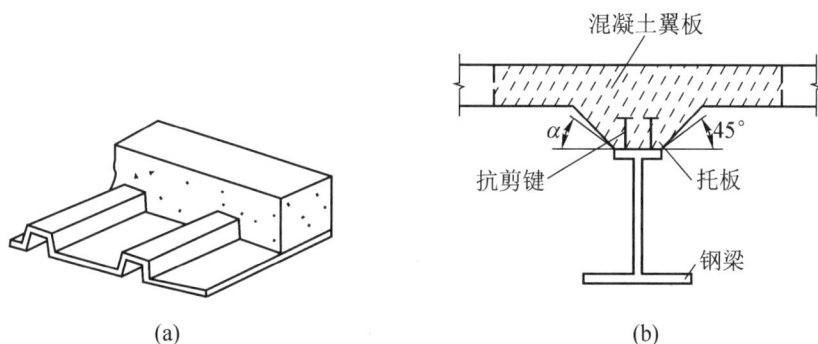

图 2 - 3　组合楼盖

（a）压型钢板 - 混凝土组合楼盖；（b）钢梁 - 混凝土组合楼盖

根据施工方法不同，可将楼盖分为现浇式楼盖、装配式楼盖和装配整体式楼盖。

现浇式楼盖的整体性好、刚度大，结构布置灵活，有利于抗震，对不规则平面适应性强，开洞方便，但其缺点是需要模板量大、施工工期长，受天气等因素影响较多。随着商品混凝土、泵送混凝土、工具式模板的广泛采用，以及对结构抗震和整体性的要求，目前建筑工程中大多采用现浇式楼盖。

装配式楼盖施工速度快，但整体刚度受限，在地震区使用时需采取专门措施。非地震区的房屋建筑多采用预应力圆孔板作为楼盖的水平传力构件。

装配整体式楼盖是在预制梁板上现浇一叠合层而将整个楼盖连成整体，可有效降低模板用量，缩短工期，兼有现浇式和装配式楼盖的优点，抗震性能较好。在工业化建筑体系中，多采用桁架钢筋混凝土叠合板、预应力混凝土双 T 板、PK 板等作为装配整体式楼盖的预制部分。随着装配式建筑结构的发展，装配整体式楼盖的应用也越来越广泛。

根据是否对楼盖施加预应力，可以将混凝土楼盖分为钢筋混凝土楼盖和预应力混凝土楼盖。钢筋混凝土楼盖施工简便，但刚度和抗裂性能不如预应力混凝土楼盖好。无黏结预应力混凝土楼盖、缓黏结预应力混凝土楼盖主要用于楼盖总长度较长或梁板跨度较大且构件高度受到限制的情况，其优点是可以抵抗温度应力、降低结构层高。

2.2 单向板肋梁楼盖的设计和构造

2.2.1 单向板肋梁楼盖的设计

1. 荷载传递原则

在跨中集中荷载 P 作用下的十字交叉梁（见图 2－4）的四个支座均为简支，则集中荷载沿两根梁的跨度方向传递。设两个方向梁的跨度分别为 L_1 和 L_2，抗弯刚度分别为 EI_1 和 EI_2，承担的集中荷载分别为 P_1 和 P_2，两个方向梁的跨中挠度分别为 f_1 和 f_2。根据跨中变形协调条件有：

$$f_1 = \frac{1}{48} \frac{P_1 L_1^3}{EI_1} = f_2 = \frac{1}{48} \frac{P_2 L_2^3}{EI_2} \qquad (2-1)$$

由此可得：

$$\frac{P_1}{P_2} = \frac{L_2^3}{L_1^3} \cdot \frac{EI_1}{EI_2} \qquad (2-2)$$

代入跨中位置平衡方程 $P = P_1 + P_2$，可以得到：

$$\frac{P_1}{P} = \frac{L_2^3 \cdot EI_1}{L_1^3 \cdot EI_2 + L_2^3 \cdot EI_1} \qquad (2-3)$$

$$\frac{P_2}{P} = \frac{L_1^3 \cdot EI_2}{L_1^3 \cdot EI_2 + L_2^3 \cdot EI_1} \qquad (2-4)$$

若假定 $EI_1 = EI_2$，则 P_1/P_2 随 L_2/L_1 的增加而增加，当 $L_2/L_1 = 3$ 时，$P_1/P_2 = 27$，此时长跨方向的 L_2 梁承受的荷载 P_2 已很小，即荷载沿长跨方向的传递可以忽略不计，可以近似仅按短跨方向的 L_1 梁进行受力分析，这就是荷载按最短路径传递原则。

若假定 $L_1 = L_2$，则 P_1/P_2 随 EI_1/EI_2 的增加而增加，即荷载沿刚度大的方向传递大于沿刚度小的方向传递，这就是荷载按刚度分配原则。

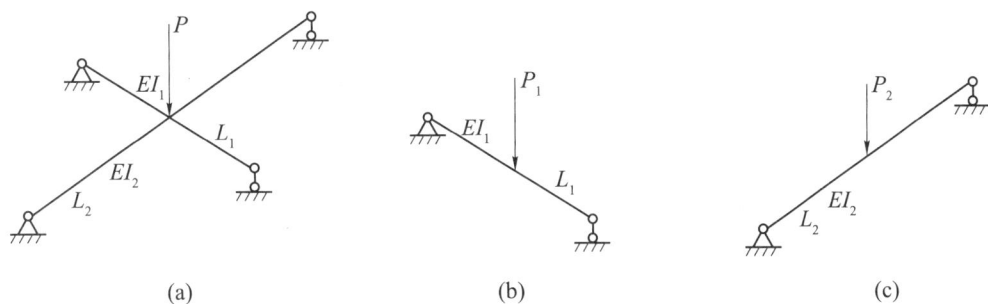

图 2 - 4　交叉梁的荷载传递

（a）集中荷载下的交叉梁；（b）短向 L_1 梁的受力；（c）长向 L_2 梁的受力

2. 单向板和双向板

如图 2 - 5 （a）所示的两对边简支矩形板，在板面均布荷载作用下，板的弯曲形状如图 2 - 5 （b）所示。两支座间所有板带的弯曲形状相同，如取各板带宽度相同（通常取为单位宽度），则各板带的弯矩也相等；平行于支座方向的板带没有弯曲，则板带也没有弯矩。因此，从板中沿支座正交方向取出的矩形板单元，只有一个方向受弯，称为单向板。对于单向板的设计计算，可仅取一个单位宽度的板带，按梁计算即可。

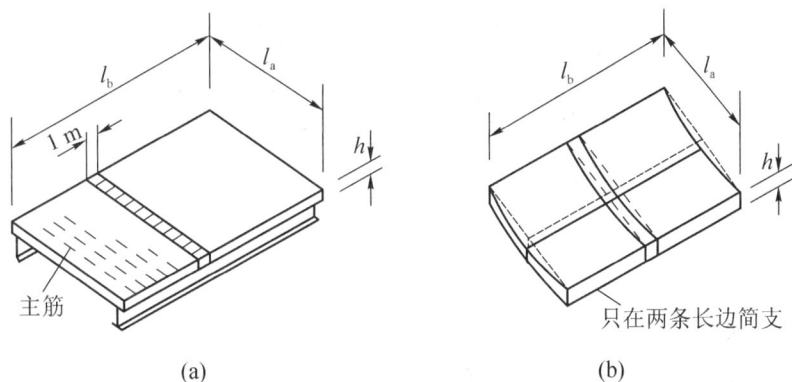

图 2 - 5　承受均布荷载的两对边简支矩形板

（a）两对边简支矩形板；（b）两对边简支矩形板的弯曲变形

如果肋梁楼盖中每个区格板的四边有梁或墙支承，形成四边支承板，由于梁或墙的刚度比板大很多，所以在分析板的受力时，可近似将周边梁或墙作为板的不动支座。四边支承板在板面均布荷载作用下，当两个方向的跨度相近时，通常为双向弯曲，如图 2 - 6 （a）所示，即荷载沿两个方向传递到周边支座，故四边支承板称为双向板。根据上述荷载传递原则，板面荷载沿板短跨方向的传递程度要大于沿长跨方向的传递程度，当板的长跨 l_2 与短跨 l_1 之比大于 3 时，板面荷载沿长跨方向的传递可以忽略，可按沿短跨方向传递考虑。此时，除四个板角和短边支座附近，板的大部分区域呈现单向弯曲，如图 2 - 6 （b）所示。

因此，在设计中对四边支承 $l_2/l_1 \leqslant 2$ 的板按双向板计算；对 $l_2/l_1 \geqslant 3$ 的板按单向板计

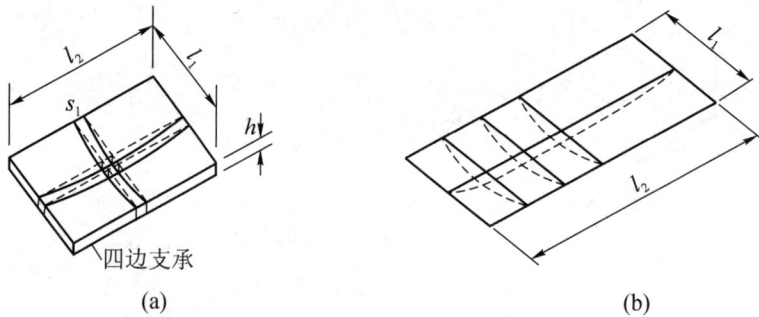

图 2-6　双向板与单向板

（a）四边支承的双向板；（b）四边支承的单向板

算，而忽略长跨方向的弯矩，仅通过长跨方向配置必要的构造钢筋予以考虑；当 $2 < l_2/l_1 < 3$ 时，宜按双向板计算，如按单向板计算，则须注意在长跨方向配置足够的构造钢筋。

根据上述荷载传递原则，在肋梁楼盖设计中，对于双向板，一般近似按如图 2-7（a）所示的 45°线划分，将板面均布荷载传给邻近的周边支承梁。对于单向板，通常沿板跨中将板面均布荷载传给板两长边的支承梁或墙，而忽略均布荷载传给板两短边的支承梁或墙，如图 2-7（b）所示。

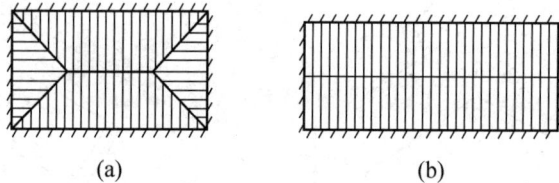

图 2-7　均布荷载下单向板与双向板板面荷载的传递

（a）双向板；（b）单向板

3. 结构平面布置

单向板肋梁楼盖由板、次梁和主梁组成。其中，次梁的间距决定了板的跨度；主梁的间距决定了次梁的跨度；柱或墙的间距决定了主梁的跨度。构件的跨度过大或过小，均会对房屋使用、构件受力和体系的经济性产生影响。工程实践表明，单向板、次梁和主梁的常用跨度如下：

单向板短向跨度：≤4 m，荷载较大时取小值。

次梁：4~6 m。

主梁：5~8 m。

在进行楼盖的结构平面布置时，应注意以下问题：

①受力合理。根据荷载大小调整柱距或次梁间距以获得较轻的结构自重和经济的楼板区格尺寸；梁的设置应使荷载传递简捷、明确，将竖向荷载在最短路径内传至竖向支承构件；楼板上开设有较大尺寸洞口时，应在洞口周边设置加强梁。有抗侧力需求时，梁截面高度尚应满足水平抗侧刚度的需要。

②满足建筑要求。例如，梁高的设置要满足建筑功能对净空及美观等的要求；不封闭的阳台、卫生间等板面在完成建筑面层后的标高宜低于其他楼面 30 ~ 50 mm，以免积水时漫延。

③方便施工。梁的截面种类不宜过多，梁的布置尽可能规则，梁截面尺寸宜满足模数要求，以方便模板的支设。小板块局部区域降低标高时，可适当扩大降板范围，再按建筑要求回填，减少次梁在小区格内的设置并节省构造钢筋。

4. 主梁和次梁

从楼盖结构中取出一个柱间，其平面布置如图 2 - 8 所示。根据构件刚度形成的荷载传递路径，梁可分为主梁和次梁。在图 2 - 8 中，AB 为次梁，直接承受板传来的荷载，并通过自身的受弯将荷载传至主梁 CD 上；主梁 CD 再将荷载传至柱或墙。一般将主梁的断面尺寸比次梁大，以便有足够的抗弯刚度，使主梁能近似作为次梁的不动支座。

在现浇式楼盖中，柱、主梁、次梁和楼板浇筑成一个整体，板厚与梁高重叠，即板厚也是梁高的一部分。因此，现浇式肋梁楼盖的主、次梁截面的形状大多数是 T 形的，计算主、次梁的跨中截面受弯承载力时，翼缘位于受压区，可以按 T 形截面计算；支座由于一般承受负弯矩，T 形截面的翼缘在受拉区，故按矩形截面计算。

5. 计算简图

（1）计算模型

根据前述荷载传递原则，对于单向板肋梁楼盖，其楼面荷载的传递路径为：单向板—→次梁—→主梁或框架梁—→柱或墙，如图 2 - 9 所示；对于双向板肋梁楼盖，其楼面荷载的传递路径为：双向板—→周边支承梁或墙—→柱或墙。

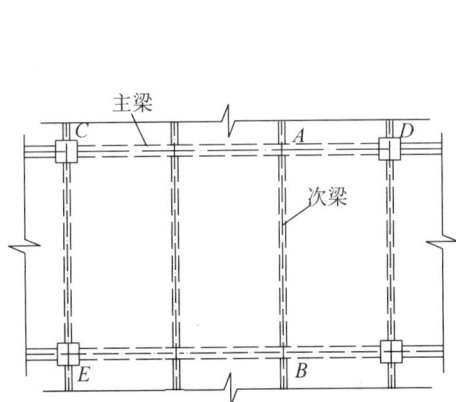

图 2 - 8　楼盖结构柱间平面布置

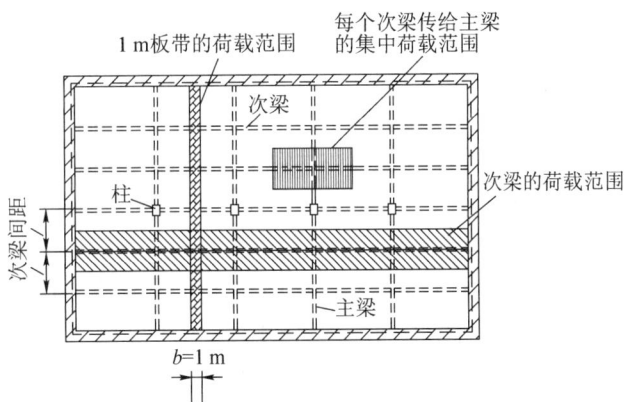

图 2 - 9　单向板肋梁楼盖的荷载传递

对于单向板，可取单位板宽（1 m）作为计算单元进行设计计算。通常板的刚度远小于次梁的刚度，次梁可以作为单位板宽板带的不动铰支座，故单位板宽板带可以简化为连续梁计算。

对于次梁和主梁组成的交叉梁系，忽略各自的抗扭刚度，当主、次梁的线刚度比大于 8 时，主梁可作为次梁的不动铰支座，次梁可以简化为支承于主梁和墙上的连续梁。

当主梁与柱整体浇筑时，一般应考虑柱对主梁的转动约束，但当主梁线刚度与柱线刚度之比大于5时，柱对主梁的转动约束可以忽略不计。由于柱的受压变形很小，故柱可以简化为主梁的不动铰支座，主梁也可以作为连续梁进行计算。

等跨连续梁，当其跨数超过5跨时，中间各跨的内力与第3跨非常接近，为了减少计算工作量，所有中间跨的内力和配筋都可以按照第3跨处理。对于非等跨，且跨度相差不超过10%的连续梁，也可借用等跨连续梁的内力系数表（见附录A）以简化计算。如图2-10所示。

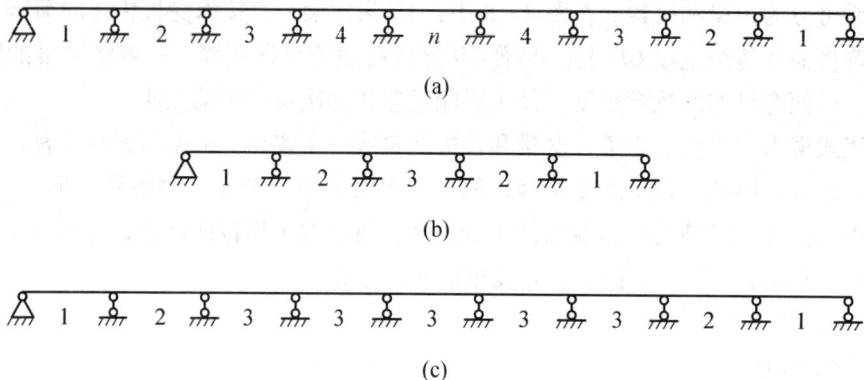

图2-10 多跨连续梁、板的计算跨数

（a）实际简图；（b）计算简图；（c）配筋构造简图

（2）计算跨度

对于整体浇筑的钢筋混凝土楼、屋盖，上述各连续梁、板计算简图中的计算跨度 l_0 尚应考虑支座实际尺寸和受力情况的影响。从理论上讲，计算跨度 l_0 是两端支座处转动点之间的距离，但精确确定此距离比较困难，因此，梁、板的计算跨度只能取近似值。图2-11给出了按弹性理论和塑性理论分别计算连续梁及连续板内力时计算跨度 l_0 的确定方法。其中，当按塑性理论计算时，假定构件塑性转动发生在支座边缘。

（3）荷载取值

在上述将单向板和次梁简化为连续梁的计算模型中，支座均为理想铰接，梁在支座上可自由转动［见图2-12（a）］。当连续梁（板）简单放置在砖墙上时，此假定基本正确。但对于现浇式梁板结构［见图2-12（b）］，支座假定为理想铰接与实际不完全相符。如图2-12（c）所示为理想铰支座的连续梁计算模型，当某一跨作用活荷载时，因忽略了实际支座次梁或主梁抗扭刚度的影响，其支座转角 θ 大于实际支座转角 θ'［见图2-12（c）、图2-12（d）］，并且导致跨中正弯矩计算值大于实际值。为减少计算模型与实际情况的差别所带来的影响，在计算简图中采用折算荷载方法近似处理。折算荷载方法是通过适当增加恒荷载和相应减小活荷载的办法，并保持总荷载不变，使按计算模型计算得到的支座转角和内力值与实际情况接近。根据次梁抗扭刚度对单向板的影响程度，以及主梁抗扭刚度对次梁的影响程度分析，折算荷载计算如下：

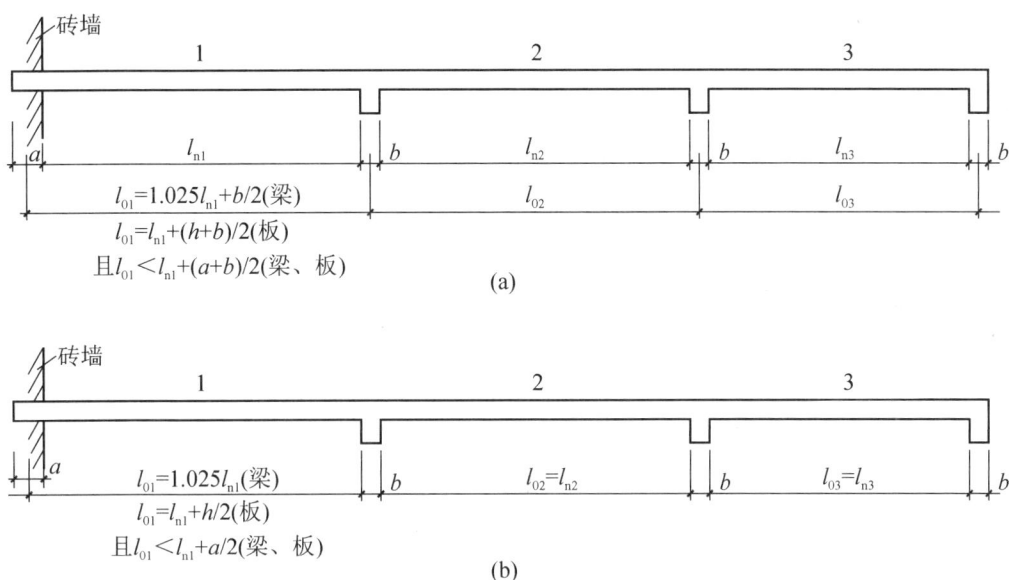

$l_{01}=1.025l_{n1}+b/2(梁)$

$l_{01}=l_{n1}+(h+b)/2(板)$

且$l_{01}<l_{n1}+(a+b)/2(梁、板)$

(a)

$l_{01}=1.025l_{n1}(梁)$

$l_{01}=l_{n1}+h/2(板)$

且$l_{01}<l_{n1}+a/2(梁、板)$

(b)

图 2-11　连续梁及连续板的计算跨度

（a）按弹性理论的计算跨度；（b）按塑性理论的计算跨度

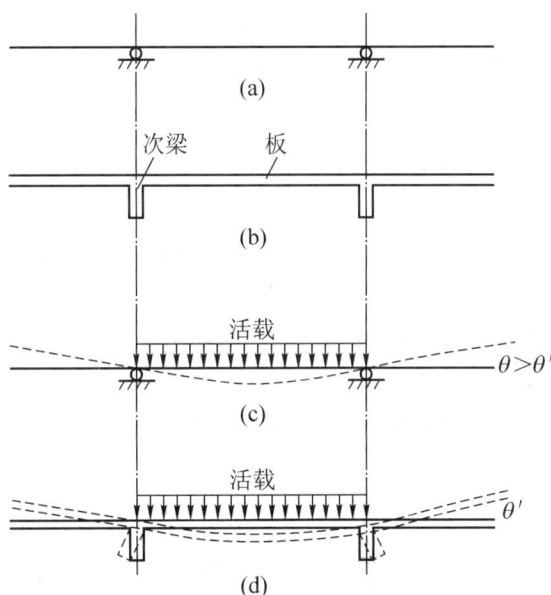

图 2-12　支座抗扭刚度的影响

（a）支座为理想铰的连续梁模型；（b）现浇式梁板结构的支座关系；

（c）理想铰支座模型时单跨活荷载作用下的梁端转角；

（d）单跨活荷载作用下板受梁支座约束时的端部转角

连续板：折算恒荷载 $g' = g + \dfrac{1}{2}q$，折算活荷载 $q' = \dfrac{1}{2}q$

连续梁：折算恒荷载 $g' = g + \dfrac{1}{4}q$，折算活荷载 $q' = \dfrac{3}{4}q$

式中：g、q——单位长度上恒荷载、活荷载设计值；

g'、q'——单位长度上折算恒荷载、折算活荷载设计值。

当板或梁搁置在砌体或钢结构上时，荷载不做折算调整。

6. 单向板肋梁楼盖按弹性理论分析内力

（1）活荷载的最不利布置

连续梁及连续板所承受的荷载包括恒荷载和活荷载。恒荷载保持不变，而活荷载由于其空间位置的随机性，在各跨的布置具有不确定性。为确定各跨各个截面可能产生的最大内力，需要确定针对某一指定截面内力的活荷载最不利布置，并与恒荷载作用下产生的内力进行组合，从而得到该截面的内力设计值。

如图 2 - 13 所示的 5 跨连续梁，当活荷载仅布置在某一跨时，将在该跨跨中产生 $+M$，在相邻跨跨中产生 $-M$，然后其余跨正、负弯矩一一交替，且弯矩值逐渐减小。例如，在第 1 跨布置活荷载时，将使第 1 跨的跨中及隔跨（3、5 跨）跨中产生 $+M$；3、5 跨也布置活荷载时，第 1 跨跨中的 $+M$ 将增大；2、4 跨布置活荷载使第 1 跨产生负弯矩，即使 $+M$ 减小。由此可见，当求 1、3、5 跨跨中最大正弯矩时，活荷载应布置在 1、3、5 跨［见图 2 - 14（a）］；当求 2、4 跨跨中最大正弯矩或 1、3、5 跨跨中最小弯矩（或负弯矩绝对值最大）时，活荷载应布置在 2、4 跨［见图 2 - 14（b）］；当求 B 支座最大负弯矩及支座最大剪力时，活荷载应布置在 1、2、4 跨［见图 2 - 14（c）］。

活荷载的最不利布置规律如下：

①当求某一跨跨中最大正弯矩时，除将活荷载布置在该跨以外，应每隔一跨布置活荷载。

②当求某一支座截面最大负弯矩时，除该支座两侧应布置活荷载外，应每隔一跨布置活荷载。

③当求某一支座截面（左侧或右侧）最大剪力时，活荷载布置与求该截面最大负弯矩时的布置相同。

④当求某一跨跨中最小正弯矩（或负弯矩绝对值最大）时，该跨应不布置活荷载，而在其相邻两跨布置活荷载，然后每隔一跨布置活荷载。

（2）等跨梁、板的内力计算

按弹性理论计算连续梁、板的内力可采用结构力学方法。对于工程中经常遇到的 2 ~ 5 跨等跨连续梁，在不同荷载布置下的内力已编制成表格供查用，见附录 A。5 跨以上的等跨连续梁可简化为 5 跨计算，即所有中间跨的内力均取与第 3 跨相同。

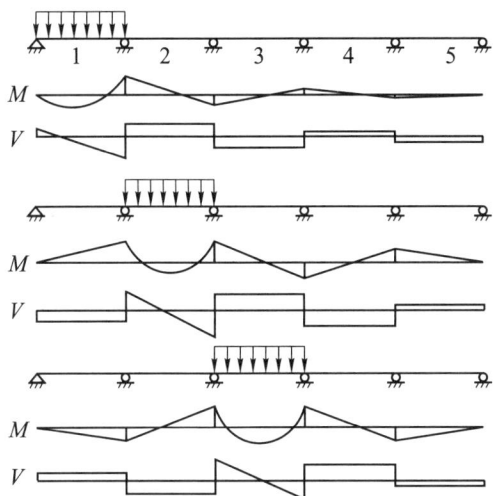

图 2 - 13　活荷载作用在不同跨间时的内力图

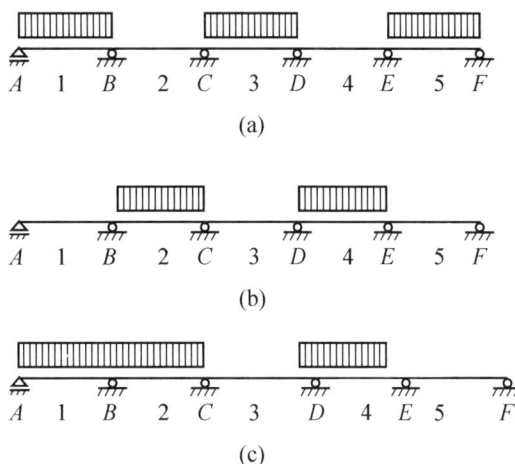

图 2 - 14　5 跨连续梁的活荷载最不利布置
（a）1、3、5 跨跨中最大正弯矩的活荷载布置；
（b）2、4 跨跨中最大正弯矩的活荷载布置；
（c）B 支座最大负弯矩和最大剪力的活荷载布置

（3）内力包络图

内力包络图包括弯矩（M）包络图和剪力（V）包络图。作内力包络图的目的是求出梁各截面可能出现的最不利内力，并以此进行截面配筋计算和钢筋的布置。

如图 2 - 15 所示，集中荷载作用下的两跨连续梁，如图 2 - 15（a）所示为中间支座最大负弯矩的最不利活荷载布置图；如图 2 - 15（b）所示为第 1 跨跨中最大正弯矩的最不利活荷载布置图；如图 2 - 15（c）所示为第 2 跨跨中最大正弯矩的最不利活荷载布置图。将这三个弯矩图画在一起，其外包线即弯矩包络图，如图 2 - 15（d）所示。

（4）支座边缘截面的内力值

按弹性理论计算内力时，计算跨度取支承中心线间的距离，计算出的支座最大负弯矩和剪力将处于支座中心。在与支座整体浇筑的梁、板中，由于支座中心处的截面高度较高，其并不是最危险的截面，而支座边缘截面高度比支座中心线处的截面高度小得多，弯矩和剪力又比较大，所以计算控制截面应取支座边缘截面，如图 2 - 16 所示。

支座边缘截面的计算弯矩值近似取：

$$M_{\mathrm{b}} = M - V_0 \frac{b}{2}$$

支座边缘截面的计算剪力值近似取：

均布荷载时：

$$V_{\mathrm{b}} = V - (g + q) \frac{b}{2}$$

(a)

(b)

(c)

(d)

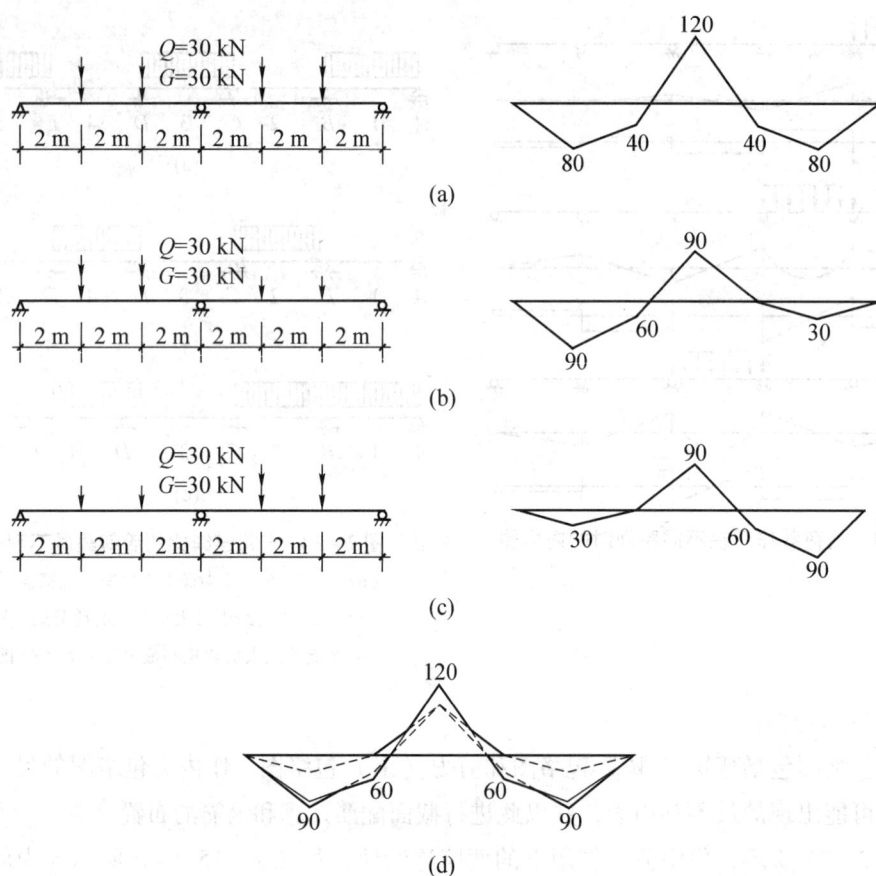

图 2 – 15 弯矩包络图的确定

（a）活荷载在两跨均布置时的弯矩图；（b）活荷载仅在左跨布置时的弯矩图；

（c）活荷载仅在右跨布置时的弯矩图；（d）弯矩包络图

集中荷载时：

$$V_b = V$$

式中：M、V ——支座中心处弯矩、剪力设计值；

V_0 ——按简支梁计算的支座中心处的剪力设计值；

g、q ——均布恒荷载和活荷载设计值；

b ——支座宽度。

7. 单向板肋梁楼盖按塑性内力重分布分析内力

（1）塑性内力重分布的基本原理

超静定结构的内力不仅与荷载有关，而且与结构各部分刚度有关。如果结构刚度改变，内力分布规律会相应变化。按弹性理论计算连续梁内力时，假定连续梁在加载过程中刚度保持不变，则内力分布规律保持不变，但此假设与钢筋混

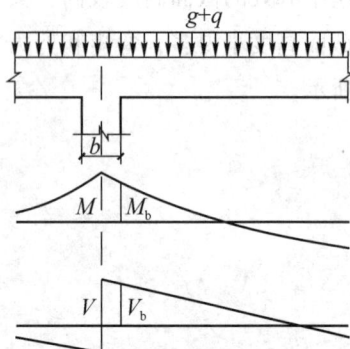

图 2 – 16 支座边缘截面的内力

凝土结构的受力性能不符。事实上，由于钢筋混凝土截面配筋计算按承载力极限状态进行，当接近极限荷载时，梁中控制截面已明显进入塑性阶段，其截面抗弯刚度比初始刚度显著降低，而其他部位的刚度也随所承受弯矩增大相应降低。因此，钢筋混凝土连续梁在整个受力过程中，各个截面的抗弯刚度随荷载的增加而不断变化，与弹性内力计算时截面刚度不变的假定并非一致，某个截面达到承载力极限状态时连续梁中的内力分布与按弹性理论计算得到的内力分布也不一致。这种不一致现象主要是由钢筋混凝土受弯构件各截面的塑性发展引起的，称为塑性内力重分布。

1）钢筋混凝土塑性铰

如图 2 - 17 所示为一简支适筋梁，在跨中集中荷载作用下，当跨中截面达到屈服弯矩后，在荷载增加不多、控制截面达到极限弯矩前，在跨中"屈服后"截面区域形成了一个集中的可小范围持续转动变形的"铰"，称为"塑性铰"。

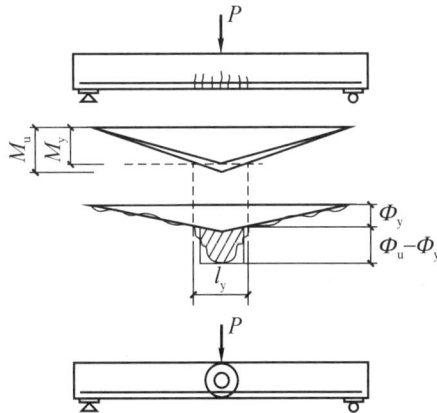

图 2 - 17　简支适筋梁塑性铰

"塑性铰"与结构力学中的"理想铰"的区别如下：

①塑性铰不是集中于一点，而是形成在一个局部变形很大的区域，图 2 - 17 中的塑性铰长度为 l_y。

②塑性铰处能承受一定弯矩，介于屈服弯矩 M_y 与极限弯矩 M_u 之间。

③对于单筋梁，塑性铰是单向铰，只能沿弯矩作用方向转动，且转动幅度有限。

在静定结构中，当某截面出现塑性铰后，荷载增加不多即达到极限弯矩，结构就变为一个几何可变体系，整个结构被破坏。但是，对于存在多余约束的超静定结构，某一截面出现塑性铰后，该截面的弯矩不再显著增加，只是转角继续增大，这相当于使超静定结构减少了一个多余约束，结构仍然可以继续承受荷载，只不过在荷载作用下的内力分布规律发生了显著的改变。随着荷载的增加，结构上将不断有新的塑性铰出现，其内力分布规律随之发生变化。当结构出现了足够多的塑性铰使其整体或局部变成几何可变体系时，结构将最终丧失承载力。

2）超静定结构的内力重分布

对于如图2-15所示的两跨连续梁，假定该梁按考虑活荷载不利布置的内力包络图进行配筋。由于各控制截面的弯矩值由不同的工况（活荷载布置）引起，各截面不可能同时达到其极限弯矩。当活荷载在两跨均布置、荷载总值增加到接近60 kN时，中间支座的弯矩约为120 kN·m，截面进入屈服，形成塑性铰，而此时跨中的最大弯矩为80 kN·m，小于其极限弯矩90 kN·m，因此，整个结构由原来的两跨连续梁转化为两个独立的"简支梁"，如图2-18（b）所示。此时继续加载，新增弯矩仅在跨中增加，当荷载达到65 kN时，跨中最大弯矩达到90 kN·m，也形成塑性铰，如图2-18（c）所示，此时整个梁因形成破坏机构而无法继续加载，因此，结构最终的承载力为 $P_u = 65$ kN。

由以上分析可知，当梁的配筋按图2-15弹性理论的弯矩包络图进行设计，某控制截面达到屈服后，系统仍可继续承担更多的荷载；当活荷载在两跨均有布置时，其实际承力 $P_u = 65$ kN大于设计荷载 $P = 60$ kN。同理，当两跨均作用恒荷载30 kN，仅一跨作用活荷载，跨中弯矩接近90 kN·m时，会先出现塑性铰；继续加载，跨中弯矩增加不大，但中间支座弯矩继续增加，最后达到系统的极限承载力，单跨作用的活荷载也会大于30 kN。

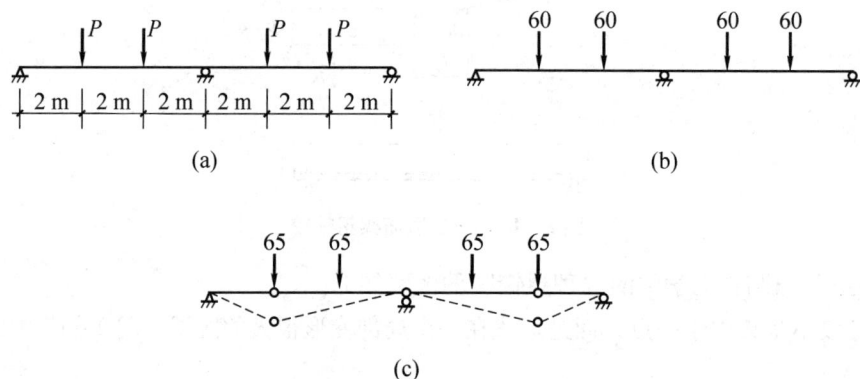

图2-18　钢筋混凝土连续梁的塑性内力重分布
（a）荷载布置图；（b）支座出现塑性铰时的荷载值；（c）出现多个塑性铰形成机构时的荷载值

由于弹性分析方法中活荷载不利布置引起的控制截面弯矩最终不可能同时达到最大值，出于经济考虑，如果结构的极限承载力目标仍为 $P = 60$ kN，根据上述塑性内力重分布的概念，则中间支座的配筋可不必按120 kN·m，而按较低的弯矩值进行设计，即人为将中间支座的设计弯矩调低，充分利用跨中截面的承载力。设将支座弯矩调整为90 kN·m，如图2-19（a）所示，则当荷载 P 接近45 kN时，中间支座屈服，弯矩接近极限弯矩90 kN·m，中间支座形成塑性铰。此时，跨中的最大弯矩是60 kN·m，还没有达到其屈服弯矩，因此，可以继续承受荷载。当荷载达到60 kN时，跨中弯矩达到90 kN·m，形成塑性铰，如图 2 – 19（b）所示，整个连续梁形成机构而达到其极限承载力。

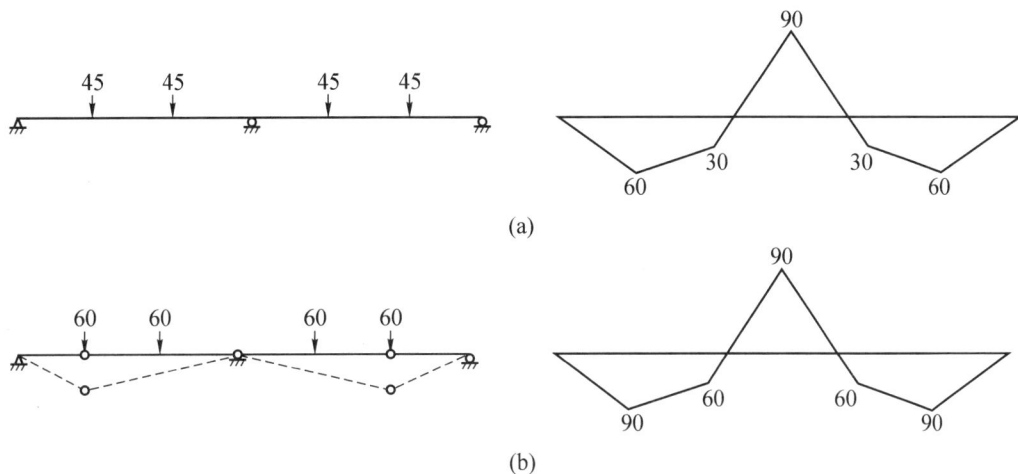

(a)

(b)

图 2 – 19　调整弯矩后支座配筋减少引起的塑性内力重分布
（a）支座出现塑性铰时的荷载值及弯矩分布；（b）出现多个塑性铰形成机构时的荷载值及弯矩分布

从上例可以看出，为使结构承载力 $P = 60$ kN，按弹性方法计算，中间支座截面配筋应该按弯矩为 120 kN·m 来考虑；按塑性方法计算时，跨中支座截面配筋可按照弯矩为 90 kN·m 来考虑，而其他截面的配筋并不增加，节省了钢筋，并且由于支座弯矩降低，减少了支座配筋的密集程度，有利于施工。但人为调整设计弯矩不是随意进行的，因为调整幅度越大，支座塑性铰就越早出现，达到极限承载力时所需要的塑性铰转动也越大，如果这个转动需求超过塑性铰的转动能力，则塑性内力重分布就无法实现。塑性内力重分布以形成塑性铰为前提，因此，下列情况不宜采用塑性内力重分布的方法：

①在使用阶段不允许出现裂缝或对裂缝开展有较严格限制的结构，如水池池壁、自防水屋面，以及处于侵蚀性环境中的结构。

②直接承受动力和重复荷载的结构。

③要求有较高安全储备的结构。

（2）连续梁、板按调幅法的内力计算

1）调幅法的基本概念

在以上例子中，按塑性计算的支座弯矩比按弹性计算的支座弯矩调低了（120 – 90）/120 = 25%，此值可以称为调幅值。调幅法是考虑塑性内力重分布计算超静定结构的一种实用的设计方法，它把连续梁、板按弹性理论计算的弯矩值和剪力值进行适当的调整，通常是对那些弯矩绝对值较大的截面弯矩进行调整，然后按调整后的内力进行截面设计。

调幅后，支座负弯矩降低，而跨中正弯矩增加。综合考虑影响内力重分布的影响因素后，提出下列设计原则：

①一般情况下，钢筋混凝土梁支座或节点边缘截面的负弯矩调幅值不宜大于 25%；钢筋混凝土板的负弯矩调幅值不宜大于 20%。

②为保证结构的安全，应使调整后的各跨弯矩遵循梁的弯矩分布规律，使两端支座弯矩绝对值的平均值与跨中弯矩之和，不小于单跨简支梁跨中弯矩的 1.02 倍，即：

$$\frac{M_{支A} + M_{支B}}{2} + M_{跨中C} \geq 1.02M_0$$

③受力钢筋宜采用 HRB335 级、HRB400 级热轧钢筋，混凝土强度等级宜为 C20 ~ C45。塑性铰的转动能力与该截面的配筋率 ρ 有关。配筋率 ρ 越大，则相对受压区高度 ξ 越大，塑性铰转动能力越小，故要求弯矩调整后的受压区高度 $\xi \leq 0.35$；但考虑到截面配筋率 ρ 较小时，调整弯矩有可能增加结构在使用阶段的裂缝宽度，故要求受压区高度 ξ 也应不小于 0.10。此外，配置受压钢筋可以提高截面的塑性转动能力。因此，在计算截面的受压区高度 ξ 时，可考虑受压钢筋的作用。

④采用弯矩调幅法设计梁时，要想实现预期的塑性内力重分布，其前提条件之一是在塑性铰形成前，不能发生因斜截面承载力不足而引起的破坏，否则将阻碍塑性内力重分布的实现。

2）均布荷载作用下等跨连续梁及连续板的内力计算

在前述考虑折算荷载及活荷载不利布置进行连续梁及连续板弹性内力分析的基础上，按调幅法进行内力重分布的塑性设计，可推导出等跨连续次梁及连续板在均布荷载作用下（$q/g > 0.3$）的内力计算公式，设计时可直接按下列公式计算内力：

$$M = \alpha(g + q)l_0^2$$
$$V = \beta(g + q)l_n$$

式中：α、β——弯矩系数和剪力系数，如图 2 - 20 所示；

l_0、l_n——计算跨度及净跨。

2.2.2 单向板肋梁楼盖的截面计算和构造要求

1. 板的配筋计算和构造要求

（1）板的计算要点

①支承在次梁或砖墙上的连续板，一般按塑性内力重分布的方法计算内力。

②板一般均能满足斜截面承载力要求，设计时可不进行抗剪承载力计算。

③板的内拱作用：当板的四周与梁整体连接时，在竖向荷载作用下，板内可形成内拱作用，如图 2 - 21 所示，内拱可将部分荷载直接传递给支座，使板的计算弯矩减小，考虑到内拱的有利影响，对四周与梁整体连接的板，其中间跨中截面及中间支座截面的计算弯矩可减少 20%，其他截面（如板的角区格、边跨的跨中截面、楼盖边缘算起的第二支座截面及长跨支座截面）的计算弯矩则不予降低。

(a)

(b)

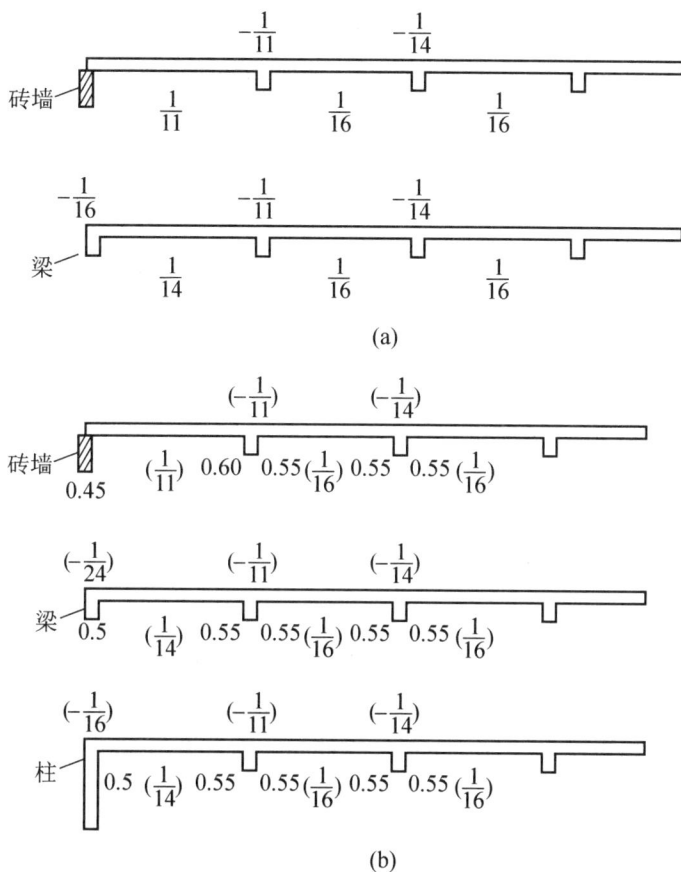

图 2 - 20 弯矩系数和剪力系数

（a）板的弯矩系数 α；（b）次梁的弯矩系数 α（括号内数值）和剪力系数 β

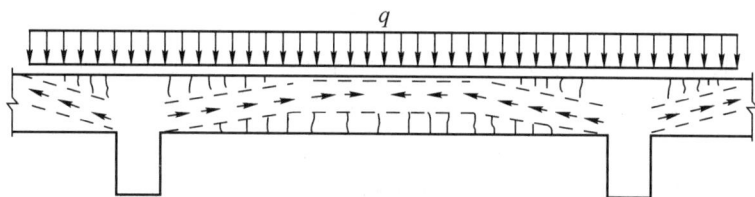

图 2 - 21 板的内拱作用

（2）板的构造要求

1）板的支承长度

板在砖墙上的支承长度应大于等于 120 mm，并大于板厚 h。

2）板的厚度

现浇式钢筋混凝土单向板的厚度 h 除应满足建筑隔声等功能外，为保证竖向刚度，还应符合表 2 - 1 的规定。因为板的混凝土用量占整个楼盖的 50% 以上，所以在满足上述条件的前提下，板厚应尽量薄些。板的配筋率一般为 0.3% ~ 0.8%。

表 2-1　钢筋混凝土板、梁截面尺寸的建议值

构件种类		截面高度 h 与跨度 l 的比值	备注
板	悬臂板 单向板（简支） 单向板（连续） 双向板	$h/l \geqslant 1/12$ $h/l \geqslant 1/30$ $h/l \geqslant 1/40$ $h/l \geqslant 1/40$	单向板 h 不小于下列值： 一般屋面 60 mm 民用建筑楼面 60 mm 工业建筑楼面 70 mm 行车道下的楼板 80 mm 双向板板厚不应小于 80 mm 有预埋暗管时不小于 100 mm
梁	悬臂梁 多跨连续次梁 多跨连续主梁 单跨简支梁	$h/l \geqslant 1/6 \sim 1/5$ $h/l \geqslant 1/18 \sim 1/12$ $h/l \geqslant 1/15 \sim 1/10$ $h/l \geqslant 1/14 \sim 1/8$	梁的高宽比（h/b）一般取 2.0 ~ 3.0，梁高及梁宽一般以 50 mm 为模数，梁高大于 700 mm 时，以 100 mm 为模数

3）板内受力钢筋

①钢筋直径：由计算确定的受力钢筋分为承受负弯矩的板面负钢筋和承受正弯矩的板底正钢筋两种。常用的钢筋直径为 6 ~ 12 mm。正钢筋采用 HPB300 级钢筋时，端部采用 180°弯钩，负钢筋端部应做成直钩支撑在底模上。为了施工中不易被踩下，负钢筋直径一般不小于 8 mm。

②钢筋的间距：当板厚 $h \leqslant 150$ mm 时，钢筋间距不宜大于 200 mm；当板厚 $h > 150$ mm 时，钢筋间距不宜大于 $1.5h$，且不宜大于 250 mm。另外，钢筋间距也不宜小于 70 mm。在简支梁支座处或连续板端支座及中间支座处，下部正钢筋伸入支座的长度不应小于 $5d$（d 为钢筋直径）。

为了施工方便，选择板中正、负钢筋时，一般宜使它们的间距相同，钢筋直径不宜多于两种。

③受力钢筋的形式：有分离式配筋和弯起式配筋两种，如图 2-22 所示，分离式配筋对于设计时选择钢筋和施工备料都较简便，但其锚固稍差，耗钢量略高，适用于不受振动的楼板；弯起式配筋形式较复杂，但其整体性能好，适用于受振动的楼板。弯起式配筋一般采用隔一弯一的形式，弯起角度一般为 30°，当板厚 $h \geqslant 120$ mm 时，可采用 45°的弯起角度。弯起式配筋的钢筋锚固较好，节省材料，但施工较复杂。

连续单向板板内受力钢筋的弯起和截断，应满足钢筋的锚固长度和延伸长度要求，但精确确定此长度较为困难，一般可按图 2-22 确定。图中支座负钢筋的延伸长度 a 按下列规定取值：

当 $q/g \leqslant 3$ 时，$a = \dfrac{1}{4}l_n$

当 $q/g > 3$ 时，$a = \dfrac{1}{3}l_n$

式中：g、q——板单位长度恒荷载、活荷载设计值；

l_n——板的净跨。

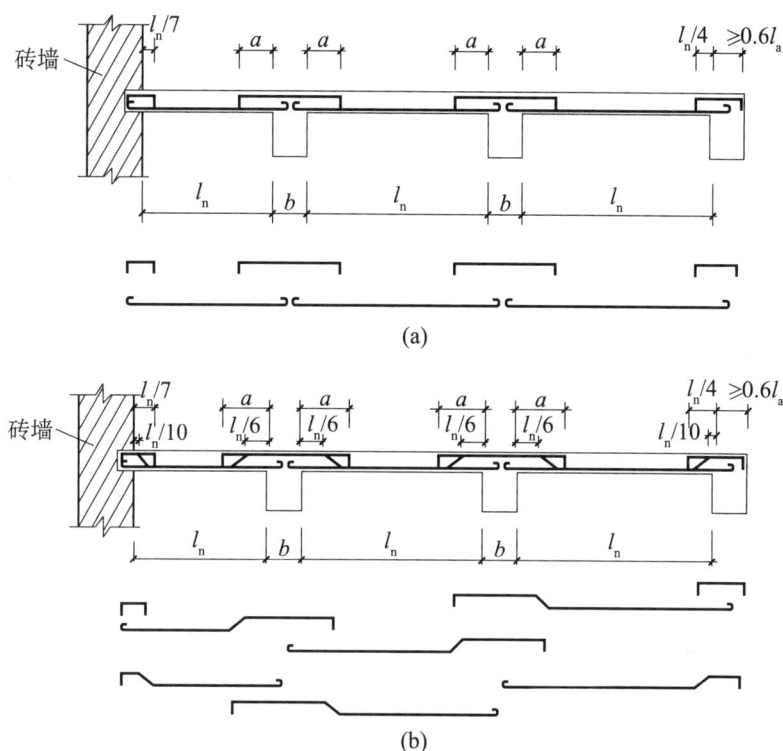

(a)

(b)

图 2 - 22 连续板的配筋形式

（a）分离式配筋；（b）弯起式配筋

4）板内构造钢筋

①分布钢筋：当按单向板设计时，除沿受力方向布置受力钢筋外，还应在垂直受力方向布置分布钢筋，分布钢筋应布置在受力钢筋的内侧，如图 2 - 23 所示。它的作用是：与受力钢筋组成钢筋网，便于施工中固定受力钢筋的位置；承受由于温度变化和混凝土收缩产生的内力；承受并传递板上局部荷载产生的内力；对四边支承板，可承受在计算中未计及但实际存在的长跨方向的弯矩。

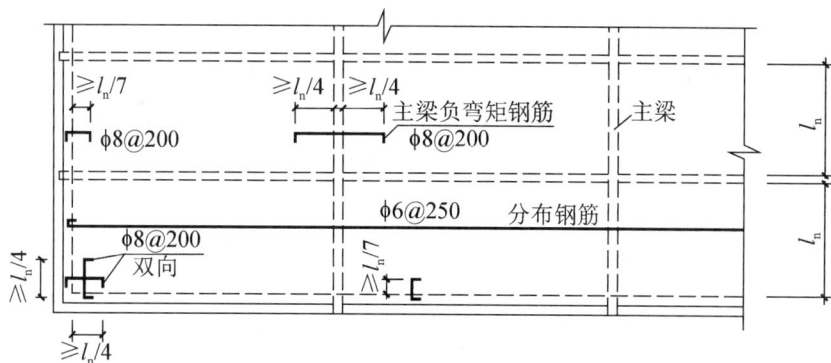

图 2 - 23 单向板板内构造钢筋

《混凝土规范》规定：单位宽度上分布钢筋的截面面积不宜小于单位宽度上受力钢筋截面面积的 15%，且不宜小于该方向板截面面积的 0.15%；分布钢筋的间距不宜大于 250 mm，直径不宜小于 6 mm；对集中荷载较大或温度变化较大的情况，分布钢筋的截面面积应适当增加，其间距不宜大于 200 mm。

②嵌入承重墙内的板：在确定计算简图时，将承重墙作为板的不动铰支座。实际上，承重墙对板的转动有一定的约束作用，使板的上部产生拉应力，有时会引起板沿墙边缘的裂缝或板角的斜向裂缝。因此，应沿墙边设置板面附加钢筋，如图 2-23 所示，钢筋的直径不小于 8 mm，间距不大于 200 mm，伸出墙边长度大于或等于 $l_n/7$。

③垂直于主梁的板面附加钢筋：在单向板设计中，可以认为主梁不直接承受板上传来的荷载，但实际上在主梁附近的板上荷载将直接传递给主梁，使主梁边缘处的板面产生支座负弯矩，导致板面产生裂缝。因此，必须在主梁上部的板面配置附加短钢筋，其数量不小于 $\phi8@200$，且沿主梁单位长度内的总截面面积不小于板中单位宽度内主受力钢筋截面面积的1/3，伸入板中的长度从主梁梁肋边算起不小于板短边净跨度的1/4，如图 2-23 所示。

④钢筋从混凝土梁边、柱边、墙边伸入板内的长度不宜小于 $l_n/4$。

⑤板角附加短钢筋：两边嵌入砌体墙内的板角部分，应在板面双向配置附加的短负钢筋。其中，沿受力方向配置的负钢筋截面面积不宜小于该方向跨中受力钢筋截面面积的1/3，并一般不小于 $5\phi8$；另一方向的负钢筋一般不小于 $5\phi8$。每一方向伸出墙边长度大于等于 $l_n/4$，如图 2-23 所示。

2. 次梁的配筋计算和构造要求

（1）次梁的计算要点

①支承在主梁或砖墙上的连续次梁，可按塑性内力重分布的方法计算内力，但不考虑内拱作用。

②由于次梁与板整体浇筑在一起，在进行配筋时，对于跨中截面按 T 形截面考虑，翼缘计算宽度 b_f' 按表 2-2 取值，对于支座截面则按矩形截面考虑。

③按斜截面受剪承载力确定腹筋，当荷载、跨度较小时，一般只利用箍筋抗剪；当荷载、跨度较大时，宜在支座附近设置弯起钢筋，以减少箍筋用量。

④考虑弯矩调幅时，应适当加强连续梁的斜截面受剪承载力，在下列区段内应将计算所需的箍筋面积增大 20%：对集中荷载，取支座边至最近一个集中荷载之间的区段；对均布荷载，取支座边至距支座边为 $1.05h_0$ 的区段，其中 h_0 为梁截面有效高度。此外，箍筋的配箍率 ρ_{sv} 不应小于 $0.3f_t/f_{yv}$。

⑤当次梁的截面尺寸满足表 2-1 的要求时，一般荷载下不必进行使用阶段的挠度和裂缝宽度验算。

表 2-2　T 形、I 形及倒 L 形截面受弯构件的翼缘计算宽度

项次	情　况		T 形、I 形截面		倒 L 形截面
			肋形梁（板）	独立梁	肋形梁（板）
1	按跨度 l_0 考虑		$l_0/3$	$l_0/3$	$l_0/6$
2	按梁（纵肋）净距 s_n 考虑		$b+s_n$	—	$b+s_n/2$
3	按翼缘高度 h'_f 考虑	$\dfrac{h'_f}{h_0} \geqslant 0.1$	—	$b+12h'_f$	—
		$0.1 > \dfrac{h'_f}{h_0} \geqslant 0.05$	$b+12h'_f$	$b+6h'_f$	$b+5h'_f$
		$\dfrac{h'_f}{h_0} < 0.05$	$b+12h'_f$	b	$b+5h'_f$

注：①b 为梁的腹板宽度。

②如果肋形梁在梁跨内设有间距小于纵肋间距的横肋时，则可不遵守表中项次 3 的规定。

③对有加腋的 T 形、I 形和倒 L 形截面，当受压区加腋的高度 h_h 不小于 h_f，且加腋的宽度 $b_h \leqslant 3h_h$ 时，则其翼缘计算宽度可按表中项次 3 的规定分别增加 $2b_h$（T 形、I 形截面）和 b_h（倒 L 形截面）。

④独立梁受压区的翼缘板在荷载作用下经验算沿纵肋方向可能产生裂缝时，其计算宽度应取用腹板宽度 b。

⑤T 形及倒 L 形截面受弯构件位于受压区的翼缘计算宽度按本表所列情况中的最小值采用。

（2）次梁的构造要求

①截面尺寸：次梁的跨度一般取 $l = 4\sim 6$ m，截面尺寸见表 2-1 中的建议值，纵向钢筋的配筋率一般为 0.6% ~1.5%。

②次梁在砌体墙上的支承长度 $a \geqslant 240$ mm。

③当连续次梁的跨度相等或相差不超过 20%，且活荷载与恒荷载之比 $q/g \leqslant 3$ 时，梁内纵向钢筋的弯起及截断可不必按弯矩包络图绘制，按图 2-24 进行即可。

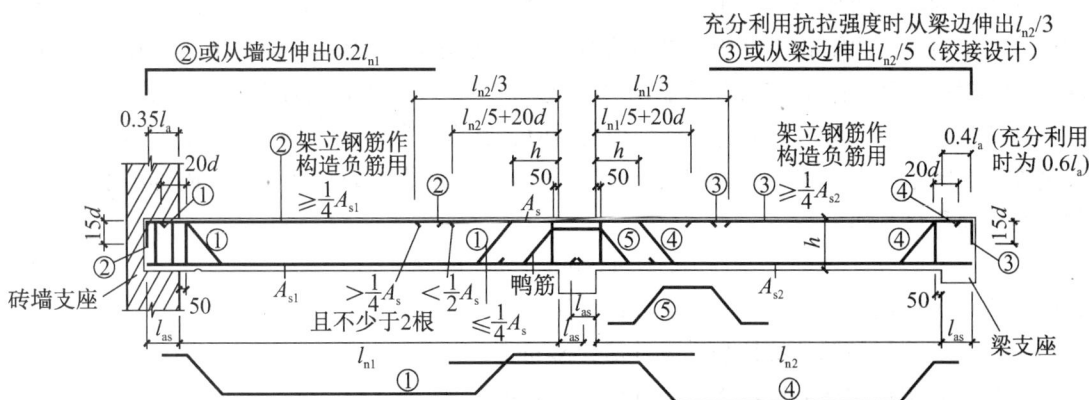

图 2-24　不必按弯矩包络图绘制时的次梁钢筋布置

3. 主梁的配筋计算和构造要求

（1）主梁的计算要点

①主梁是房屋结构中的主要承重构件，承受次梁传来的集中荷载，对变形及裂缝的要求较高，故应按弹性理论方法计算结构内力，并根据内力包络图配筋。

②主梁在进行截面配筋计算时，截面形式与次梁相同。

③当主梁的截面尺寸满足表2-1的要求时，一般荷载下不必进行使用阶段的挠度和裂缝宽度验算。

（2）主梁的构造要求

①截面有效高度：在支座处，板、次梁、主梁中的支座负弯矩钢筋相互垂直交叉，如图2-25所示，且主梁负钢筋位于板和次梁的负钢筋之下，因此，主梁支座截面的有效高度减小。在计算主梁支座截面上部纵筋时，截面有效高度 h_0 可取为：

当负弯矩纵筋为一排时，$h_0 = h - (50 \sim 60)\text{mm}$；

当负弯矩纵筋为二排时，$h_0 = h - (70 \sim 80)\text{mm}$。

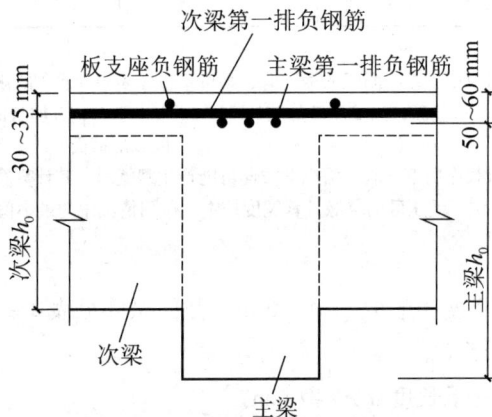

图2-25 主梁支座处的截面有效高度

②主梁的横向附加钢筋：在主、次梁相交处，次梁的集中荷载有可能使主梁下部开裂，因此，应在主梁与次梁相交处设置横向附加钢筋，以承担次梁的集中荷载，防止局部被破坏。横向附加钢筋有附加箍筋及吊筋两种（见图2-26），横向附加钢筋宜优先采用箍筋，当集中荷载较大时，可增设吊筋。当采用吊筋时，其弯起段应伸至梁上边缘，且末端水平段长度在受拉区不应小于 $20d$，在受压区不应小于 $10d$，此处 d 为吊筋直径。附加箍筋和吊筋的总截面面积计算如下：

$$F_l \leq 2f_y A_{sb}\sin\alpha + m \cdot n f_{yv} A_{sv1} \qquad (2-5)$$

式中：F_l ——由次梁传递的集中力设计值，N；

f_y ——附加吊筋的抗拉强度设计值，N/mm²；

f_{yv} ——附加箍筋的抗拉强度设计值，N/mm²；

A_{sb} ——单侧附加吊筋的总截面面积，mm²；

A_{sv1}——附加箍筋单肢的截面面积，mm^2；

n——在同一截面内附加箍筋的肢数；

m——附加箍筋的排数；

α——附加吊筋与梁轴线间的夹角，一般为 $45°$；当梁高 $h > 800$ mm 时，其夹角为 $60°$。

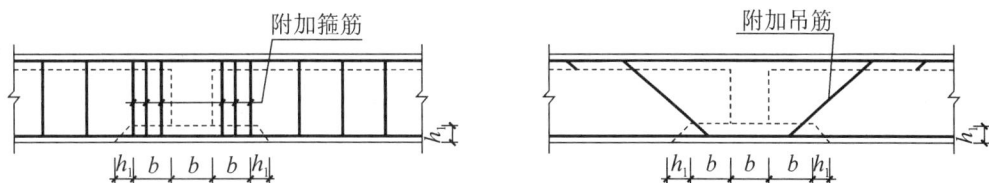

图 2 - 26 横向附加钢筋的布置

在设计中，不允许用布置在集中荷载影响区内的受剪箍筋代替横向附加钢筋。此外，当传入集中荷载的次梁宽度 b 过大时，宜适当减小由 $s = 2h_1 + 3b$ 确定的横向附加钢筋布置宽度。当主、次梁的高度差 h_1 过小时，宜适当增大横向附加钢筋的布置宽度。当主、次梁均承担由上部墙、柱传来的竖向荷载时，横向附加钢筋宜在本规定的基础上适当增大。

2.2.3 整体式单向板肋梁楼盖设计实践

整体式单向板肋梁楼盖的设计步骤及设计方法可通过例 2 - 1 来掌握。

【例 2 - 1】整体式单向板肋梁楼盖设计例题。

1. 设计资料

某商店为外部砖墙、内部框架结构体系，楼盖为钢筋混凝土楼盖，设计使用年限为 50 年，环境类别为一类，最大裂缝宽度限值为 0.3 mm。楼盖结构平面布置图如图 2 - 27 所示。

①楼面建筑面层做法：用 20 mm 厚花岗石板（重度 $\gamma = 28$ kN/m^3），30 mm 厚干硬性水泥砂浆（重度 $\gamma = 20$ kN/m^3），40 mm 厚 C20 细石混凝土找平层磨平（重度 $\gamma = 24$ kN/m^3），20 mm 厚混合砂浆天棚抹灰（重度 $\gamma = 17$ kN/m^3）。

②活荷载：标准值为 3.5 kN/m^2，组合值系数 $\psi_c = 0.7$，准永久值系数 $\psi_q = 0.6$。

③材料选用：混凝土强度等级采用 C25，梁内受力纵筋采用 HRB400，其他钢筋采用 HPB300。

板伸入砖墙内 120 mm，次梁伸入砖墙内 240 mm，主梁伸入砖墙内 370 mm；柱截面尺寸为 400 mm × 400 mm。

2. 楼盖的结构平面布置

板的长边与短边长度之比：$\dfrac{l_2}{l_1} = \dfrac{6\,900}{2\,200} > 3$，故按单向板设计。

板的厚度需满足最小厚度要求，并按单向板短边长度对应的跨高比确定：

$$h > \frac{l}{30} \approx \frac{2\,200}{30} = 73.3\,(\text{mm})，取\ h = 80\ \text{mm}$$

次梁的截面高度亦按常用跨高比为 12 ~ 18 确定，此时次梁的跨度为 6 900 mm，即次梁高度 $h = \left(\dfrac{1}{18} \sim \dfrac{1}{12}\right)l_0 = \left(\dfrac{1}{18} \sim \dfrac{1}{12}\right) \times 6\,900 = 383 \sim 575$（mm），取 $h = 500$ mm。

次梁宽度可取次梁梁高的 $\dfrac{1}{3} \sim \dfrac{1}{2}$，即 $b = \left(\dfrac{1}{3} \sim \dfrac{1}{2}\right)h = \left(\dfrac{1}{3} \sim \dfrac{1}{2}\right) \times 500 = 167 \sim 250$（mm），取 $b = 200$ mm。

同理，主梁的截面高度按主梁跨度和常用跨高比确定，此时主梁的跨度为 6 600 mm，即主梁高度 $h = \left(\dfrac{1}{15} \sim \dfrac{1}{10}\right)l_0 = 440 \sim 660$（mm），取 $h = 650$ mm，主梁宽度 $b = \left(\dfrac{1}{3} \sim \dfrac{1}{2}\right)h = 217 \sim 325$（mm），取 $b = 300$ mm。

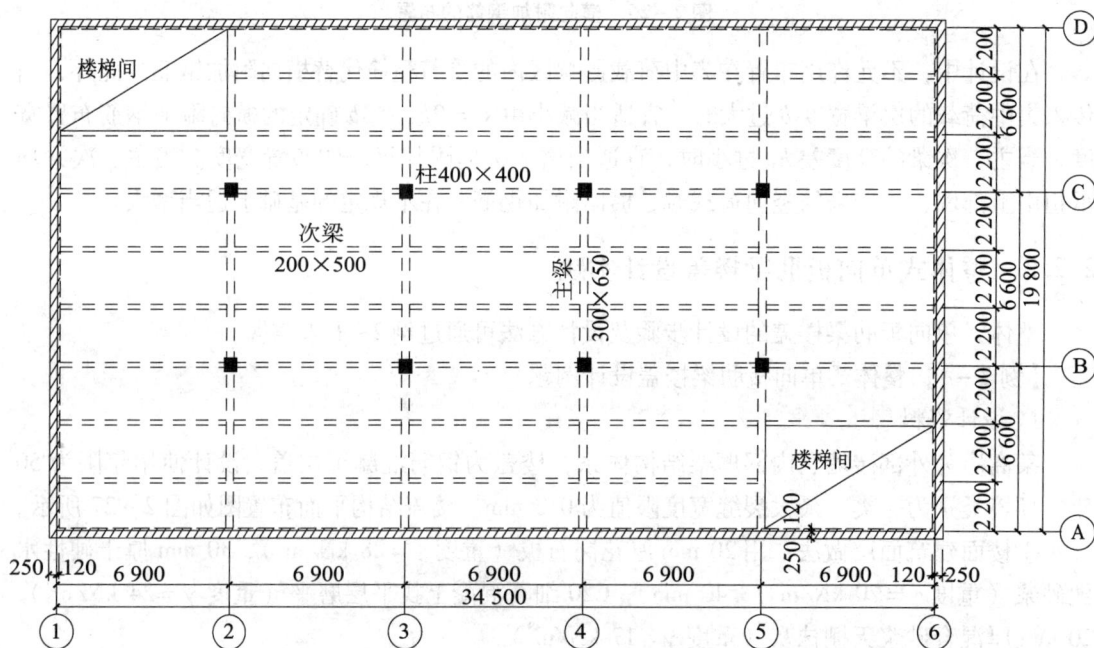

图 2 – 27　楼盖结构平面布置图

3. 板的设计

板按考虑塑性内力重分布的方法进行设计。

（1）荷载计算

板的永久荷载标准值（面荷载 = 材料厚度 × 材料重度）：

20 mm 厚花岗石板	$0.02 \times 28 = 0.56$（kN/m²）
30 mm 厚干硬性水泥砂浆	$0.03 \times 20 = 0.60$（kN/m²）
40 mm 厚 C20 细石混凝土找平层磨平	$0.04 \times 24 = 0.96$（kN/m²）
80 mm 钢筋混凝土板	$0.08 \times 25 = 2.00$（kN/m²）
20 mm 混合砂浆天棚抹灰	$0.02 \times 17 = 0.34$（kN/m²）

永久荷载标准值：ᅠ $g_k = 4.46\ \text{kN/m}^2$

可得到作用在板面上的各类荷载设计值：

永久荷载设计值 $g = \gamma_G g_k = 1.3 \times 4.46 = 5.80(\text{kN/m}^2)$

可变荷载设计值 $q = \gamma_Q q_k = 1.5 \times 3.5 = 5.25(\text{kN/m}^2)$

总荷载设计值为：

$$q_{总} = \gamma_G g_k + \gamma_Q q_k = 1.3 \times 4.46 + 1.5 \times 3.5 = 11.05(\text{kN/m}^2)$$

若取 1 m 宽的板带进行设计，则作用在板上的线荷载设计值为 $g + q = 11.05$（kN/m），如图 2 - 28 所示。

（2）板的计算简图

由于次梁截面尺寸为 $200\ \text{mm} \times 500\ \text{mm}$（$b \times h$），板在砖墙上的支承长度为 120 mm，根据如图 2 - 11 所示的连续板计算跨度的确定方法，边跨计算跨度为：$l_{01} = l_n + \dfrac{1}{2}h = (2\,200 -$

$100 - 120) + \dfrac{80}{2} = 2\,020(\text{mm}) \leqslant l_n + \dfrac{1}{2}a = 1\,980 + \dfrac{120}{2} = 2\,040(\text{mm})$，取 $l_{01} = 2\,020\ \text{mm}$。

中间跨计算跨度为 $l_{02} = l_n = 2\,200 - 200 = 2\,000(\text{mm})$。其中，$l_n$ 为次梁支座间的板净跨度，h 为板的厚度。

边跨跨度和中间跨跨度的差小于 10%，可按等跨连续板计算，则板的计算简图如图 2 - 28 所示。

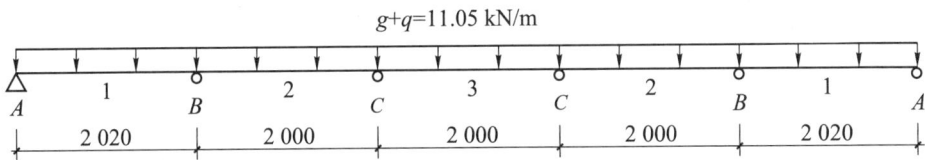

图 2 - 28　板的计算简图

（3）弯矩设计值

根据图 2 - 20 中边支座为砖墙的板各控制截面弯矩系数，可得板弯矩设计值见表 2 - 3。

表 2 - 3　板弯矩设计值的计算

截面位置	1 边跨跨中	B 离端第二支座	2 中间跨跨中	C 中间支座
弯矩系数 α	1/11	-1/11	1/16	-1/14
计算跨度 l_0 /m	2.02	2.02	2.0	2.0
$M = \alpha(g + q)l_0^2 /$（kN·m）	4.10	-4.10	2.76	-3.16

（4）正截面受弯承载力计算

由于环境类别为一类，且混凝土强度等级为 C25，则板的混凝土保护层厚度 $c = 20\ \text{mm}$，板的截面有效高度取 $h_0 = h - a_s = 80 - 25 = 55 \, (\text{mm})$，板宽 $b = 1\,000 \, \text{mm}$。对于 C25 混凝土，$\alpha_1 = 1.0$，$f_c = 11.9 \, \text{N/mm}^2$，$f_t = 1.27 \, \text{N/mm}^2$。采用 HPB300 钢筋，则 $f_y = 270 \, \text{N/mm}^2$。板配筋的计算见表 2 - 4。

表 2 - 4　板配筋的计算

截面		1	B	2	C
$M / (\text{kN} \cdot \text{m})$		4.10	-4.10	2.76（2.76 × 0.8 = 2.21）	-3.16（-3.16 × 0.8 = -2.53）
$\alpha_s = \dfrac{\|M\|}{\alpha_1 f_c b h_0^2}$		0.114	0.114	0.077（0.061）	0.088（0.070）
相对受压区高度 $\xi = 1 - \sqrt{1 - 2\alpha_s}$		0.121	0.121	0.08（0.063）	0.092（0.073）
轴线 ①~② ⑤~⑥	计算配筋 $A_s = \dfrac{\xi b h_0 \alpha_1 f_c}{f_y} / \text{mm}^2$	293	293	194	223
	实际配筋 A_s / mm^2	φ8@150 $A_s = 335$	φ8@150 $A_s = 335$	φ8@200 $A_s = 251$	φ8@200 $A_s = 251$
中间 轴线 ②~⑤	计算配筋 $A_s = \dfrac{\xi b h_0 \alpha_1 f_c}{f_y} / \text{mm}^2$	293	293	154	177
	实际配筋 A_s / mm^2	φ8@150 $A_s = 335$	φ8@150 $A_s = 335$	φ8@200 $A_s = 251$	φ8@200 $A_s = 251$

注：括号内数值适用于轴线②~⑤板带中间板块的跨中和支座截面。

计算结果表明：相对受压区高度 ξ 均小于 0.35，符合实现塑性内力重分布的条件；板的全截面配筋率 $\dfrac{A_s}{bh} = \dfrac{251}{1\,000 \times 80} = 0.31\%$，其大于 $0.45 \dfrac{f_t}{f_y} = 0.45 \times \dfrac{1.27}{270} = 0.21\%$，同时大于 0.2%，满足受弯构件最小配筋率的要求。

（5）板的裂缝宽度验算

板的裂缝宽度验算属于正常使用极限状态，采用荷载效应的准永久组合。正常使用时，由于弯矩较小，截面一般未达到其极限状态，不考虑其发生塑性内力重分布，各截面弯矩按弹性方法并考虑活荷载的准永久值部分与恒荷载一样全跨布置。

板所受的等效永久荷载为 $g_k + \psi_q q_k = 4.46 + 0.6 \times 3.5 = 6.56 (\text{kN/m}^2)$；混凝土保护层厚度 $c = 20 \, \text{mm}$；构件受力特征系数 $\alpha_{cr} = 1.9$，$f_{tk} = 1.78 \, \text{N/mm}^2$，$E_s = 2.1 \times 10^5 \, \text{N/mm}^2$。板的裂缝宽度计算见表 2 - 5，其中 α_g 为五跨连续梁满布荷载下相应截面的弯矩系数，见附表 A - 4。l_0 为弹性计算时板的计算跨度，中跨时为 2.2 m，边跨时为 2.12 m。

表 2-5　板的裂缝宽度计算

截面位置	1 边跨跨中	B 离端第二支座	2 第二跨跨中	C 中间支座	3 中间跨跨中
$M_q = \alpha_g (g_k + \psi_q q_k) l_0^2 /$ $(kN \cdot m)$	$0.078 \times 6.56 \times$ $2.12^2 = 2.30^①$	$-0.105 \times 6.56 \times$ $2.2^2 = -3.33$	$0.033 \times 6.56 \times$ $2.2^2 = 1.05$	$-0.079 \times 6.56 \times$ $2.2^2 = -2.51$	$0.046 \times 6.56 \times$ $2.2^2 = 1.46$
A_s / mm^2	335	335	251	251	251
$d_{eq} = \dfrac{\sum n_i d_i^2}{\sum n_i \nu_i d_i} / mm$	11.4	11.4	11.4	11.4	11.4
$A_{te} = 0.5bh / mm^2$	40 000	40 000	40 000	40 000	40 000
$\sigma_s = \dfrac{\|M_q\|}{0.87 A_s h_0} /$ $(N \cdot mm^{-2})$	143.5	208.0	87.2	208.8	121.6
$\rho_{te} = \dfrac{A_s}{A_{te}}$	0.008 < 0.01 取 0.01	0.008 < 0.01 取 0.01	0.006 < 0.01 取 0.01	0.006 < 0.01 取 0.01	0.006 < 0.01 取 0.01
$\psi = 1.1 - \dfrac{0.65 f_{tk}}{\rho_{te} \sigma_s}$	0.29	0.54	0.20	0.55	0.20
$l_{cr} = 1.9 c_s + 0.08 \dfrac{d_{eq}}{\rho_{te}} /$ $mm\ (c_s = 20\ mm)$	129.2	129.2	129.2	129.2	129.2
$w_{max} = 1.9 \psi \dfrac{\sigma_s}{E_s} l_{cr} / mm$	0.05	0.13	0.02	0.13	0.03

由表 2-5 可见，最大裂缝宽度小于 0.3 mm，符合裂缝宽度限值要求。板挠度验算在此处略去。板的配筋图如图 2-29 所示。

4. 次梁的设计

次梁按考虑塑性内力重分布的方法进行设计。根据楼盖的实际情况，楼盖次梁和主梁的可变荷载均不考虑梁从属面积的活荷载折减。根据图 2-27，次梁间轴线距离为 2 200 mm，梁间净距 $s_n = 2 000$ mm。

（1）荷载计算

永久荷载标准值：

板传来的荷载　　　　　　　　　　　　$4.46 \times 2.2 = 9.81$（kN/m）

次梁自重　　　　　　　　　$0.2 \times (0.5 - 0.08) \times 25 = 2.10$（kN/m）

---

① 例题内数值在计算过程中考虑了多位有效数字，此处仅显示了表中所示位数，对其中数值进行复核时可考虑多位有效位数对累积误差的减少。

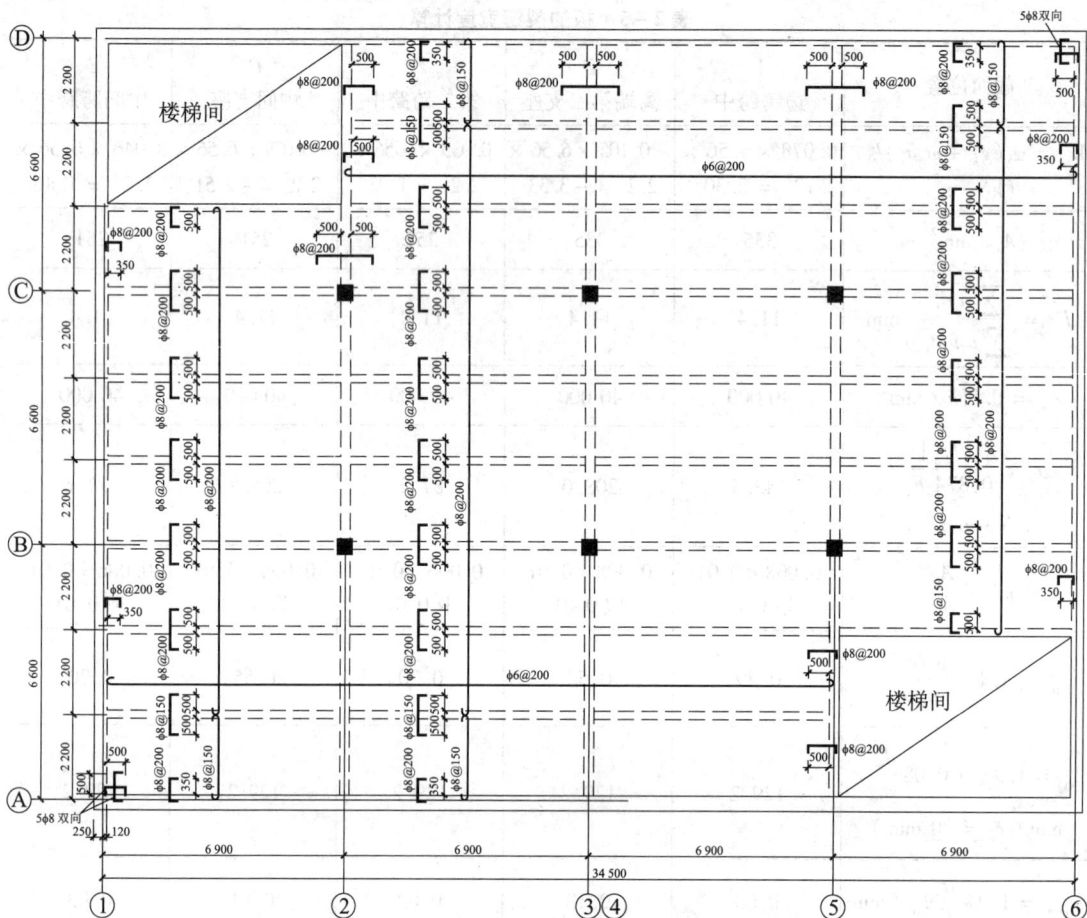

图 2 - 29　板的配筋图

| 次梁粉刷 | $0.02 \times (0.5 - 0.08) \times 2 \times 17 = 0.28$（kN/m） |

小　　计：$\qquad g_k = 12.19 \text{ kN/m}$

永久荷载设计值：$\qquad g = \gamma_G g_k = 1.3 \times 12.19 = 15.85 \text{（kN/m）}$

可变荷载标准值：$\qquad q_k = 3.5 \times 2.2 = 7.7 \text{（kN/m）}$

可变荷载设计值：$\qquad q = \gamma_Q q_k = 1.5 \times 7.7 = 11.55 \text{（kN/m）}$

荷载总设计值：$\qquad g + q = 15.85 + 11.55 = 27.40 \text{（kN/m）}$

（2）计算简图

次梁在砖墙上的支承长度为 $a = 240 \text{ mm}$，主梁截面为 $300 \text{ mm} \times 650 \text{ mm}$，根据如图 2 - 11 所示的连续梁计算跨度的确定方法，次梁计算跨度为：

边跨计算跨度 $l_{01} = 1.025 l_n = 6\ 796 \text{（mm）} > l_n + \dfrac{1}{2}a = \left(6\ 900 - 120 - \dfrac{300}{2}\right) + \dfrac{240}{2} = 6\ 750 \text{（mm）}$，取 $l_{01} = 6\ 750$ mm。

中间跨计算跨度 $l_{02} = l_n = 6\ 900 - 300 = 6\ 600 \text{（mm）}$。

边跨和中间跨跨度的差小于 10% ，可按等跨连续梁计算，则次梁计算简图如图 2 - 30 所示。

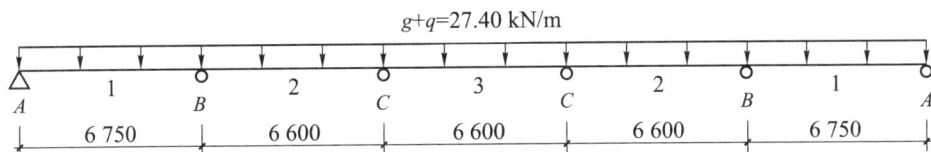

图 2 - 30　次梁的计算简图

（3）内力计算

根据图 2 - 20 中边支座为砖墙的梁各控制截面弯矩系数和剪力系数，可得次梁的弯矩设计值（见表 2 - 6）及次梁的剪力设计值（见表 2 - 7）。

表 2 - 6　次梁的弯矩设计值计算

截面位置	1 边跨跨中	B 离端第二支座	2 中间跨跨中	C 中间支座
弯矩系数 α	1/11	- 1/11	1/16	- 1/14
计算跨度 l_0 /m	6. 75	6. 75	6. 60	6. 60
$M = \alpha(g + q)l_0^2 /$ （kN · m）	113. 5	- 113. 5	74. 6	- 85. 3

表 2 - 7　次梁的剪力设计值计算

截面位置	A 边支座	B（左） 离端第二支座	B（右） 离端第二支座	C 中间支座
剪力系数 β	0. 45	0. 6	0. 55	0. 55
净跨度 l_n /m	6. 63	6. 63	6. 60	6. 60
$V = \beta(g + q)l_n$ /kN	81. 7	109. 0	99. 5	99. 5

（4）承载力计算

①正截面受弯承载力计算。根据梁不同位置处的弯矩特征，梁的支座处截面配筋按矩形截面设计，梁跨内截面按 T 形截面设计。由于板厚 $h'_f = 80$ mm 与次梁截面有效高度 h_0 的比值 $h'_f/h_0 > 0.1$ ，故 T 形截面翼缘宽度 b'_f 可取 $l_0/3$ 和 $b + s_n$ 两者中的较小值。其中，b 为次梁宽度，s_n 为次梁间净距。混凝土采用 C25，次梁纵筋采用 HRB400 级钢筋，箍筋采用 HPB300 级钢筋。

由于 $l_0/3 = 6\,750/3 = 2\,250$（mm），$b + s_n = 200 + 2\,000 = 2\,200$（mm），故取 $b'_f = 2\,200$ mm。钢筋均按布置一排考虑，次梁截面有效高度 $h_0 = h - a_s = 500 - 40 = 460$（mm）。

经表 2 - 8 计算判断，各跨中截面的受压区高度均小于翼缘厚度，属于第一类 T 形截面。次梁的正截面配筋计算见表 2 - 8。

表 2-8　次梁的正截面配筋计算

截面	1	B	2	C
$M / (\text{kN} \cdot \text{m})$	113.5	-113.5	74.6	-85.3
$\alpha_s = \dfrac{|M|}{\alpha_1 f_c b h_0^2}$（支座）或 $\alpha_s = \dfrac{|M|}{\alpha_1 f_c b_f' h_0^2}$（跨中）	0.02	0.225	0.013	0.17
$\xi = 1 - \sqrt{1 - 2\alpha_s}$	0.02	0.258	0.013	0.188
计算配筋 / mm^2 $A_s = \dfrac{\xi b h_0 \alpha_1 f_c}{f_y}$（支座）或 $A_s = \dfrac{\xi b_f' h_0 \alpha_1 f_c}{f_y}$（跨中）	669	785	435	572
配筋方案及实际面积 A_s / mm^2	3 ⌀ 18 = 763	4 ⌀ 16 = 804	2 ⌀ 18 = 509	3 ⌀ 16 = 603

计算结果表明：支座截面处的相对受压区高度 ξ 均小于 0.35，符合实现塑性内力重分布的要求，受拉区钢筋的全截面配筋率 $\dfrac{A_s}{bh} = \dfrac{509}{200 \times 500} = 0.509\%$ ，其大于 $\rho_{\min} = 0.45 \dfrac{f_t}{f_y} = 0.45 \times \dfrac{1.27}{360} = 0.159\%$ ，同时也大于 0.2%，满足受弯构件最小配筋率的要求。

②斜截面受剪承载力计算。为防止斜压破坏，验算次梁截面尺寸。

次梁腹板高度 $h_w = h_0 - h_f' = 460 - 80 = 380 (\text{mm})$ ，因 $h_w / b = 380 / 200 = 1.9 < 4$ ，截面尺寸为 $0.25\beta_c f_c b h_0 = 0.25 \times 1 \times 11.9 \times 200 \times 460 = 273.7 (\text{kN}) > V_{\max} = 109.0 (\text{kN})$ ，故截面尺寸满足要求。

腹筋计算：次梁截面仅按构造配置箍筋的最大剪力限值为 $0.7 f_t b h_0 = 0.7 \times 1.27 \times 200 \times 460 = 81.8 (\text{kN})$ ，对比各截面的剪力效应设计值，除了 A 截面按照构造配箍筋外，其余各截面应按计算配置腹筋。

计算所需腹筋：采用直径 $\phi 6$ 的双肢箍筋，对于支座 B 左侧截面，$V_{Bl} = 109.0 (\text{kN})$ ，由 $V_{cs} = 0.7 f_t b h_0 + f_{yv} \dfrac{A_{sv}}{s} h_0$ ，可得箍筋间距：

$$s = \frac{f_{yv} A_{sv} h_0}{V_{Bl} - 0.7 f_t b h_0} = \frac{270 \times 56.6 \times 460}{109.0 \times 10^3 - 0.7 \times 1.27 \times 200 \times 460} = 258 (\text{mm})$$

为保证弯矩调幅的顺利实现，支座截面处受剪承载力应予以加强，可将梁局部范围内计算的箍筋面积增加 20% 或箍筋间距减小 20%，现调整箍筋间距，则 $s = 0.8 \times 258 = 206 (\text{mm})$ ，为了满足最小配箍率的要求，最后取箍筋间距 $s = 150 \text{ mm}$ ，为了方便施工，间距沿梁长保持不变。

正截面承载力按弯矩调幅进行设计时，要求调幅截面处的配箍率不小于：$0.3 \dfrac{f_t}{f_{yv}} = 0.3 \times$

$\dfrac{1.27}{270} = 0.14\%$，实际配箍率 $\rho_{sv} = \dfrac{A_{sv}}{bs} = \dfrac{56.6}{200 \times 150} = 0.19\% > 0.14\%$，满足要求。

（5）次梁的裂缝宽度验算

次梁所受的等效永久荷载值为 $g_k + \psi_q q_k = 12.19 + 0.6 \times 7.70 = 16.81 (\text{kN/m})$，混凝土保护层厚度 $c = 25\,\text{mm}$；构件受力特征系数 $\alpha_{cr} = 1.9$，$f_{tk} = 1.78\,\text{N/mm}^2$，$E_s = 2.0 \times 10^5\,\text{N/mm}^2$。次梁的裂缝宽度计算见表 2-9。其中，$\alpha_g$ 为五跨连续梁满布荷载下相应截面的弯矩系数，见附表 A-4。l_0 为弹性计算时次梁的计算跨度，中跨及边跨计算跨度均为 6.9 m。

表 2-9　次梁的裂缝宽度计算表

截面位置	1 边跨跨中	B 离端第二支座	2 第二跨跨中	C 中间支座	3 中间跨跨中
$M_q = \alpha_g (g_k + \psi_q q_k) l_0^2$ / $(\text{kN} \cdot \text{m})$	$0.078 \times 16.81 \times$ $6.9^2 = 62.43$	$-0.105 \times 16.81 \times$ $6.9^2 = -84.03$	$0.033 \times 16.81 \times$ $6.9^2 = 26.49$	$-0.079 \times 16.81 \times$ $6.9^2 = -63.23$	$0.046 \times 16.81 \times$ $6.9^2 = 36.81$
A_s / mm^2	763	804	509	603	509
$d_{eq} = \dfrac{\sum n_i d_i^2}{\sum n_i \nu_i d_i}$ /mm	18	16	18	16	18
$A_{te} = 0.5bh$ / mm^2	50 000		50 000		50 000
$A_{te} = 0.5bh +$ $(b_f' - b) h_f'$ / mm^2		210 000		210 000	
$\sigma_s = \dfrac{\|M_q\|}{0.87 A_s h_0}$ / $(\text{N} \cdot \text{mm}^{-2})$	204.5	261.1	129.7	262.0	180.7
$\rho_{te} = \dfrac{A_s}{A_{te}}$	0.015	0.003 8 < 0.01 取 0.01	0.01	0.002 9 < 0.01 取 0.01	0.01
$\psi = 1.1 - \dfrac{0.65 f_{tk}}{\rho_{te} \sigma_s}$	0.72	0.66	0.21	0.66	0.46
$l_{cr} = 1.9 c_s + 0.08 \dfrac{d_{eq}}{\rho_{te}}$ / mm（$c_s = 30\,\text{mm}$）	153	185	201	185	201
$w_{max} = 1.9 \psi \dfrac{\sigma_s}{E_s} l_{cr}$ /mm	0.21	0.30	0.05	0.30	0.16

裂缝宽度满足 0.3 mm 宽度限值的要求。次梁挠度计算略。次梁的配筋图如图 2-31 所

示，支座第一批钢筋截断点离支座边距离为 $l_n/5 + 20d = 6\,600/5 + 360 = 1\,680(\text{mm})$，取 $1\,700\,\text{mm}$；第二批钢筋截断点离支座边距离为 $l_n/3 = 6\,600/3 = 2\,200(\text{mm})$。

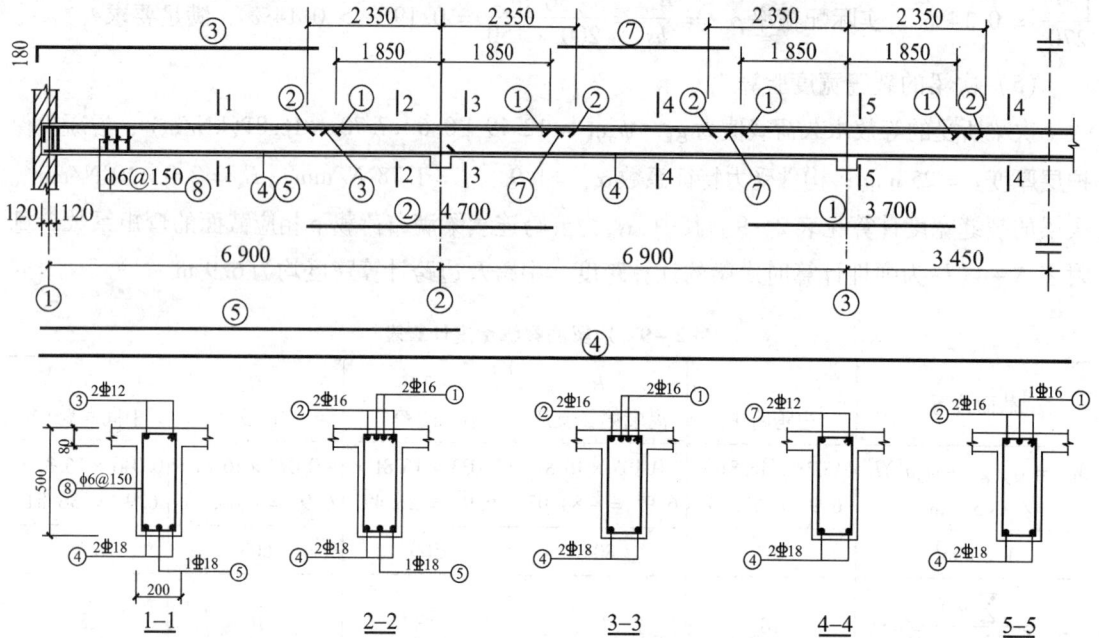

图 2-31 次梁的配筋图

5. 主梁的设计

主梁按弹性方法进行设计。

（1）荷载计算（将主梁自重等效为次梁位置处的集中荷载）

次梁传来的永久荷载设计值 $15.85 \times 6.9 = 109.37\,(\text{kN})$

主梁自重（含粉刷）等效的集中荷载 $1.3 \times [(0.65 - 0.08) \times 0.3 \times 2.2 \times 25 + 2 \times (0.65 - 0.08) \times 0.02 \times 2.2 \times 17] = 13.33\,(\text{kN})$

永久荷载：	$G = 109.37 + 13.33 = 122.70\,(\text{kN})$	取 $G = 123\,\text{kN}$
可变荷载：	$Q = 11.55 \times 6.9 = 79.70\,(\text{kN})$	取 $Q = 80\,\text{kN}$

（2）计算简图

主梁按连续梁计算，端部支承在砖墙上，支承长度为 $a = 370\,\text{mm}$，中间与 $400\,\text{mm} \times 400\,\text{mm}$ 的混凝土柱整浇，假定主梁线刚度与柱的线刚度之比大于5，主梁可视为铰支在柱顶上的连续梁。

主梁的计算跨度：边跨净跨度为 $l_n = 6\,600 - 200 - 120 = 6\,280(\text{mm})$，因 $0.025l_n = 157(\text{mm}) < a/2 = 185(\text{mm})$，取边跨计算跨度 $l_{01} = 1.025l_n + b/2 = 1.025 \times 6\,280 + 400/2 = 6\,637(\text{mm})$，近似取 $l_{01} = 6\,640\,\text{mm}$；中间跨计算跨度为 $l_0 = 6\,600\,\text{mm}$。

主梁的计算简图如图 2-32 所示。

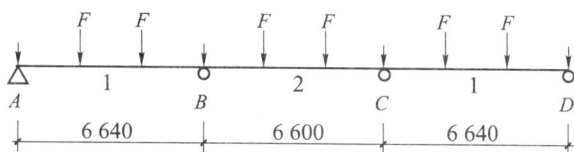

图 2-32 主梁的计算简图

（3）内力计算

①弯矩设计值：在各种不同分布荷载作用下的内力计算可采用等跨连续梁的内力系数表进行，并考虑活荷载的不利布置，跨内和支座截面的最大弯矩计算如下：

$$M = kGl_0 + kQl_0$$

其中，k 可由书中附录 A 查取；l_0 为计算跨度，对于 B 支座，计算跨度可取相邻两跨的平均值。主梁的弯矩计算见表 2-10。将这几种最不利荷载组合下的弯矩图叠画在同一个坐标图上，即可得主梁的弯矩包络图，如图 2-33 所示。

表 2-10 主梁的弯矩计算

项次	计算简图	k/M_1	k/M_B	k/M_2	k/M_C
①		$\dfrac{0.244}{199.3}$	$\dfrac{-0.267}{-217.4}$	$\dfrac{0.067}{54.3}$	$\dfrac{-0.267}{-217.4}$
②		$\dfrac{0.289}{153.5}$	$\dfrac{-0.133}{-70.4}$	$\dfrac{-0.133}{-70.4}$	$\dfrac{-0.133}{-70.4}$
③		$\dfrac{-0.044}{-23.5}$	$\dfrac{-0.133}{-70.4}$	$\dfrac{0.200}{105.6}$	$\dfrac{-0.133}{-70.4}$

续表

项次	计算简图	k/M_1	k/M_B	k/M_2	k/M_C
④		$\dfrac{0.229}{121.6}$	$\dfrac{-0.311}{-164.7}$	$\dfrac{0.170}{89.8}$	$\dfrac{-0.089}{-47.1}$

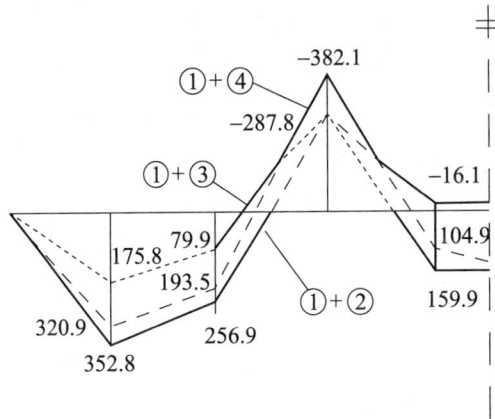

图 2-33 主梁的弯矩包络图

②剪力设计值：在各种不同分布的荷载作用下的内力计算可采用等跨连续梁的内力系数表进行，支座截面的最大剪力计算如下：

$$V = kG + kQ$$

其中，k 可由书中附录 A 查取。主课的剪力计算见表 2-11。将这几种最不利荷载组合下的剪力图叠画在同一个坐标图上，即可得主梁的剪力包络图，如图 2-34 所示。

表 2-11 主梁的剪力计算

项次	计算简图	k/V_A	$k/V_{B左}$	$k/V_{B右}$
①		$\dfrac{0.733}{90.1}$	$\dfrac{-1.267}{-155.9}$	$\dfrac{1.00}{123}$
②		$\dfrac{0.866}{69.3}$	$\dfrac{-1.134}{-90.7}$	$\dfrac{0}{0}$

续表

项次	计算简图	k/V_A	$k/V_{B左}$	$k/V_{B右}$
④		$\dfrac{0.689}{55.1}$	$\dfrac{-1.311}{-104.9}$	$\dfrac{1.222}{97.8}$

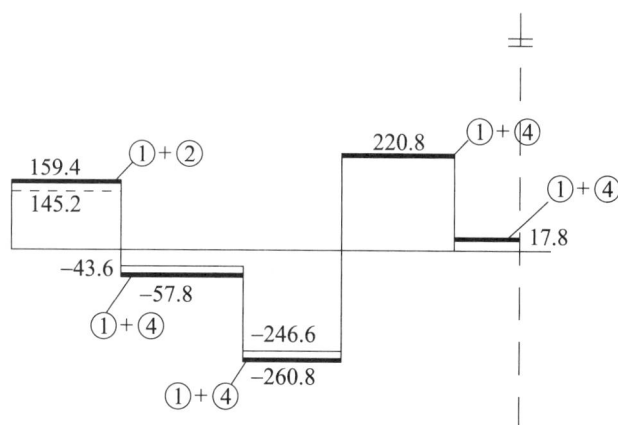

图 2-34　主梁的剪力包络图

（4）主梁的正截面承载力计算

与次梁正截面设计类似，主梁的支座按矩形截面设计，跨中按 T 形截面设计。由于主梁跨中布置有横向的次梁，则 T 形截面的翼缘宽度 b'_f 取 $l_0/3$ 和 $b + s_n$ 两者中的较小值，由于 $\dfrac{1}{3}l_0 = \dfrac{1}{3} \times 6\,600 = 2\,200(\text{mm})$，$b + s_n = 6\,900(\text{mm})$，故取 $b'_f = 2\,200$（mm）。主梁跨中底部按布置一排筋考虑。

①主梁跨中截面有效高度 $h_0 = h - a_s = 650 - 45 = 605$（mm）。

翼缘厚：$h'_f = 80$ mm。

判定 T 形截面类型：$\alpha_1 f_c b'_f h'_f (h_0 - \dfrac{h'_f}{2}) = 1.0 \times 11.9 \times 2\,200 \times 80 \times (605 - \dfrac{80}{2}) = 1\,183.3 \times 10^6 (\text{N·mm}) = 1\,183.3$ kN·m > 352.8 kN·m，故各跨中截面均属于第一类 T 形截面。

②支座截面按矩形截面计算，离端第二支座 B 截面上部按布置两排纵向钢筋考虑，取 $h_0 = h - a_s = 650 - 85 = 565$（mm）。主梁的正截面配筋计算见表 2-12。

表 2 - 12　主梁的正截面配筋计算

截　　面	1	B	2	
弯矩 M /（kN·m）	352.8	-382.1	159.9	-16.1
$-V_0 b/2$ /（kN·m）		（123 + 80）× 0.4/2 = 40.6		
主梁柱边截面处弯矩 $M - \frac{1}{2}V_0 b$ /（kN·m）		-341.5		
$\alpha_s = \dfrac{\|M\|}{\alpha_1 f_c b h_0^2}$ 或 $\alpha_s = \dfrac{\|M\|}{\alpha_1 f_c b'_f h_0^2}$	0.037	0.30	0.017	0.012
$\xi = 1 - \sqrt{1 - 2\alpha_s}$ （$\leqslant \xi_b = 0.550$）	0.038	0.368	0.017	0.012
$A_s = \dfrac{\alpha_1 f_c b \xi h_0}{f_y}$ 或 $A_s = \dfrac{\alpha_1 f_c b'_f \xi h_0}{f_y}$ /mm²	1 672	2 062	748	72
选用钢筋	2 ⏀25 + 2 ⏀22（弯）	2 ⏀22 + 2 ⏀20 2 ⏀22（弯）	2 ⏀25	2 ⏀22
实际钢筋截面面积 /mm²	1 742	2 148	982	760

（5）主梁的斜截面承载力计算

主梁的斜截面配筋计算见表 2 - 13。

表 2 - 13　主梁的斜截面配筋计算

截　　面	A	$B_左$	$B_右$
V /kN	159.4	260.8	220.8
h_0 /mm	605	565	565
	$\dfrac{h_w}{b} = \dfrac{605}{300} = 2.02 < 4$，截面尺寸按下式验算	$\dfrac{h_w}{b} = \dfrac{565}{300} = 1.9 < 4$，截面尺寸按下式验算	$\dfrac{h_w}{b} = \dfrac{565}{300} = 1.9 < 4$，截面尺寸按下式验算
$0.25\beta_c f_c b h_0$ /kN	540 > V 截面满足要求	504.3 > V 截面满足要求	504.3 > V 截面满足要求
$V_c = 0.7 f_t b h_0$ /kN	161.4 > V 需按构造配箍筋	150.7 < V 需计算配箍筋	150.7 < V 需计算配箍筋
箍筋肢数、直径	2⏀8	2⏀8	2⏀8
$A_{sv} = n A_{sv1}$ /mm²	100.6	100.6	100.6
$s = f_{yv} A_{sv} h_0 /(V - V_c)$ /mm	—	139	219
实配箍筋间距 /mm	按构造取 250	取 130	取 130
验算最小配箍率	$\rho_{sv} = \dfrac{A_{sv}}{bs} = \dfrac{100.6}{300 \times 250} = 0.134\% > 0.24\dfrac{f_t}{f_{yv}} = 0.113\%$，满足要求		

（6）次梁两侧附加横向钢筋的计算

次梁传来的集中力：$F_1 = 109.37 + 80 = 189.37$（kN），选用附加双肢箍筋 φ8@50。需要箍筋的排数：$m = \dfrac{F_1}{nf_{yv}A_{sv1}} = \dfrac{189.37 \times 10^3}{2 \times 270 \times 50.3} = 7$，考虑到附加箍筋要在次梁两侧对称布置，因此两边各配置 4 道箍筋，不需配置吊筋。

（7）主梁的裂缝宽度验算

次梁位置处集中恒荷载标准值 $G_k = 123 \div 1.3 = 94.6$（kN），活荷载准永久值 $\psi_q Q_k = 0.6 \times (80 \div 1.5) = 32$（kN），主梁的裂缝宽度计算见表 2 – 14。

表 2 – 14　主梁的裂缝宽度计算

截面位置	1 边跨跨中	B 离端第二支座柱边	2 中间跨跨中
$M_q = k_1(G_k + \psi_q Q_k)l_0 /$ （kN·m）	$0.244 \times (94.6 + 32) \times 6.64 = 205.1$	$-0.267 \times (94.6 + 32) \times 6.64 + 0.4/2 \times (94.6 + 32) = -199.1$	$0.067 \times (94.6 + 32) \times 6.60 = 56.0$
A_s / mm^2	1 742	2 148	982
$d_{eq} = \dfrac{\sum n_i d_i^2}{\sum n_i \nu_i d_i} / \mathrm{mm}$	23.6	21.3	25
$A_{te} = 0.5bh / \mathrm{mm}^2$	97 500		97 500
$A_{te} = 0.5bh + (b_f' - b)h_f' / \mathrm{mm}^2$		249 500	
$\sigma_s = \dfrac{|M_q|}{0.87A_s h_0} /$（N·mm^{-2}）	223.7	188.6	108.3
$\rho_{te} = A_s/A_{te}$	0.018	0.01	0.01
$\psi = 1.1 - \dfrac{0.65f_{tk}}{\rho_{te}\sigma_s}$	0.81	0.49	0.20
$l_m = 1.9c_s + 0.08\dfrac{d_{eq}}{\rho_{te}} / \mathrm{mm}$ （$c_s = c + d_v \approx 35$ mm）	171.4	256.0（$c_s = 45$ mm）	266.5
$w_{max} = 1.9\psi\dfrac{\sigma_s}{E_s}l_m / \mathrm{mm}$	0.30	0.22	0.05

    裂缝宽度满足不大于 0.3 mm 的宽度要求。主梁的配筋图如图 2 - 35 所示，l_a 按 40d 考虑。

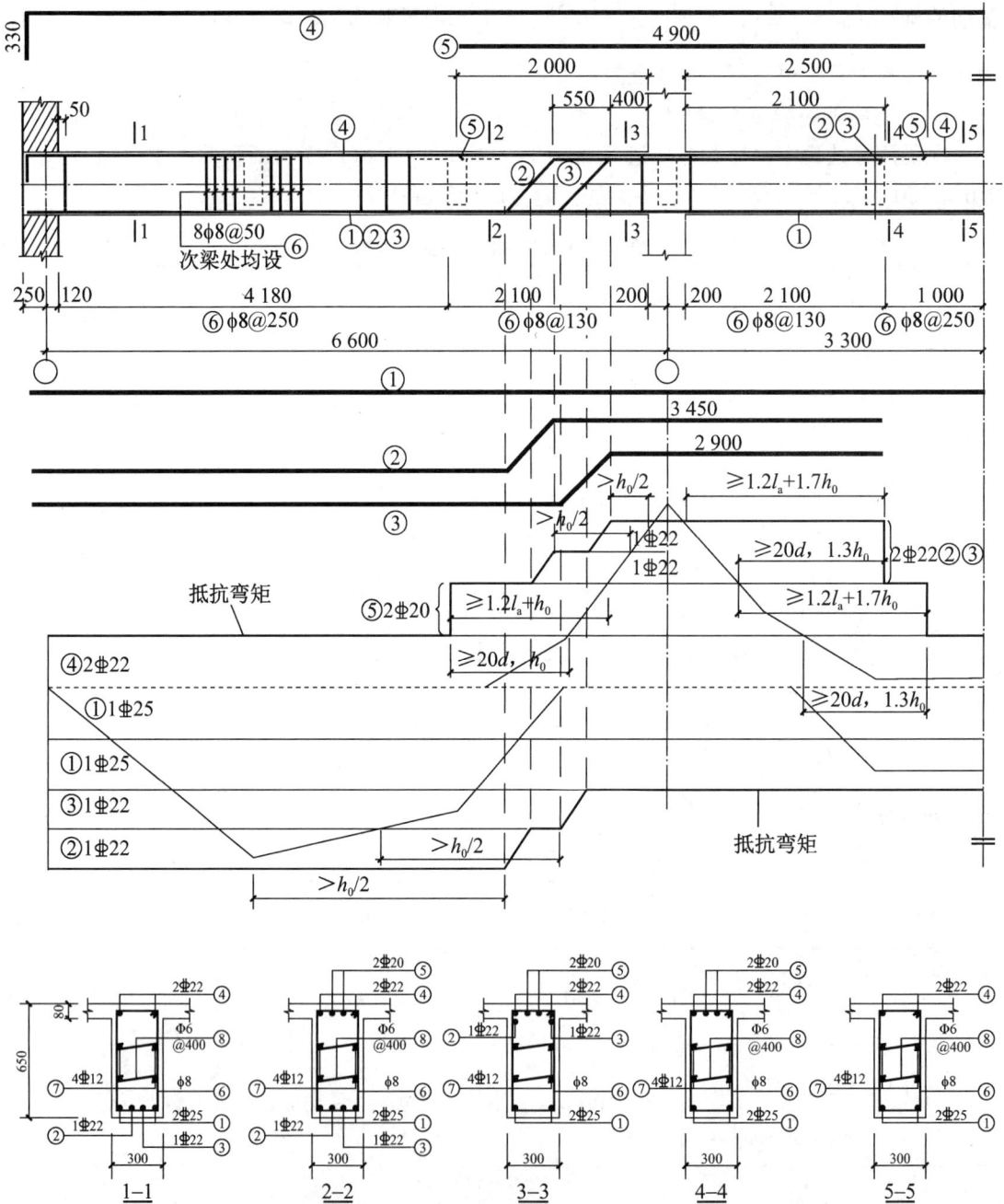

图 2 - 35 主梁的配筋图

2.3　双向板肋梁楼盖的设计和构造

2.3.1　双向板肋梁楼盖的设计

在荷载作用下沿两个正交方向受力并且都不可忽略的板称为双向板。

双向板可以分为四边支承板、三边支承板或两邻边支承板。肋梁楼盖中大部分板块的四边一般均有梁或墙支承，为四边支承板，板上的荷载主要通过板的受弯作用传到四边支承的构件上。

双向板的内力计算有两种方法：一种是按弹性理论计算；另一种是按塑性理论计算。按弹性理论计算双向板内力的方法简单，一般采用计算表格进行计算；按塑性理论计算双向板内力的数值结果配筋，可节省钢筋，便于施工。

1. 双向板肋梁楼盖按弹性理论分析内力

（1）单块双向板的内力计算

单区格板根据其四周支承条件的不同，可划分为 6 种不同边界条件的双向板，分别是：

①四边简支。

②一边固定，三边简支。

③两对边固定，两对边简支。

④四边固定。

⑤两邻边固定，两邻边简支。

⑥三边固定，一边简支。

在均布荷载作用下，根据弹性力学，可计算出每一种板的内力及变形。在实际工程设计中，只需要得到板的跨中弯矩、支座弯矩，即可进行截面配筋计算。为方便设计，工程中已有现成表格，见附录 B。计算时，只需根据双向板支承情况及短跨与长跨跨度的比值，直接查出弯矩系数，即可算得截面弯矩：

$$M = 表中系数 \times q l_x^2$$

式中：M——跨中或支座单位板宽内的弯矩设计值，kN·m/m；

q——在板上作用的均布荷载设计值，kN/m²；

l_x——短跨方向的计算跨度，m，计算方法与单向板的计算相同。

（2）连续双向板的内力计算

多跨连续双向板的内力精确计算较为复杂，设计中通常采用近似方法，其基本假定为：支承梁的抗弯刚度很大，忽略梁的竖向变形；支承梁的抗扭刚度很小，忽略梁对板的转动约束作用。根据上述基本假定，支承梁可以看成板的不动铰支座，从而使计算简化。

在确定活荷载的最不利作用位置时，采用了既接近实际情况，又便于利用单区格板计算表的布置方案：当求支座负弯矩时，楼盖各区格板均满布活荷载；当求跨中正弯矩时，在该区格及其前后左右每隔一区格布置活荷载，一般称此种布置为棋盘式布置，如图 2 - 36 所示。当连续双向板在同一方向相邻跨的最大跨度差不大于 20% 时，考虑活荷载不利布置的内力计算可按下述方法进行。

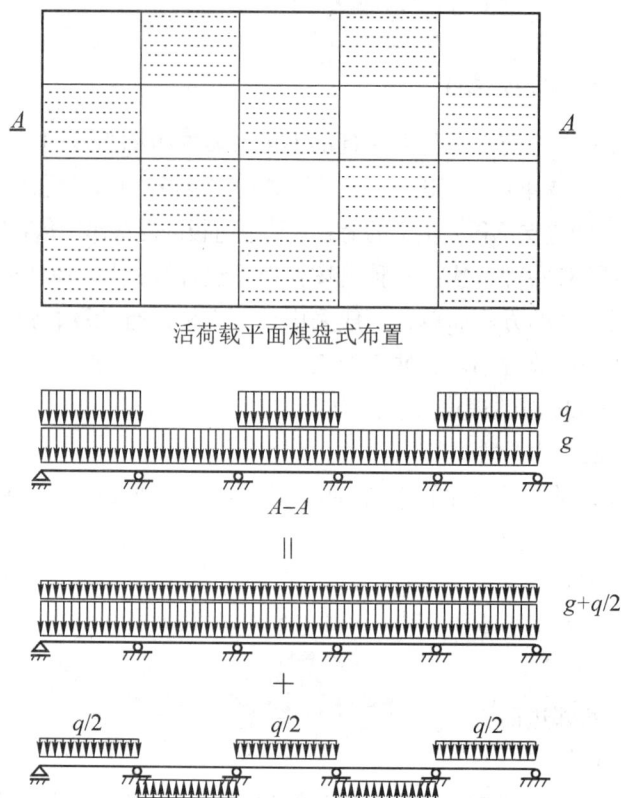

活荷载平面棋盘式布置

图 2-36　双向板跨中弯矩的最不利活荷载布置

1）求跨中最大弯矩的计算

求算连续板各跨跨中的最大弯矩时，恒荷载（g）仍是满布的，活荷载（q）应按棋盘式布置，如图 2-36 中阴影部分所示。因此，可以把荷载布置看作满布荷载（$g + q/2$）和间隔荷载（$q/2$、$-q/2$）两种情况的叠加。对于中间区格，计算满布荷载下的内力时，可以将板视为四边固定的双向板；计算间隔布置荷载下板的内力时，可以将其视为四边简支的双向板。对于楼盖周边的边区格板或角区格板，应按实际情况确定边缘的支承条件。

将各区格板在两种荷载作用下求出的跨中弯矩叠加，即可得到各区格板的跨中最大弯矩。

2）求支座最大弯矩的计算

求支座最大弯矩时，为了简化计算，假定永久荷载和可变荷载都满布连续双向板所有区格，中间支座均视为固定支座，内区格板均可按四边固定的双向板计算其支座弯矩。对于边、角区格，外边界条件应按实际情况考虑。对中间支座，当相邻两个区格求出的支座弯矩值不相等时，可近似取平均值进行配筋计算。

3）双向板支承梁的计算

支承梁的受荷载范围可按如图 2-37 所示取用，板传至长跨支承梁的荷载为梯形荷载；板传至短跨支承梁的荷载为三角形荷载。支承梁按钢筋混凝土连续梁计算截面的弯矩及剪力，并进行配筋。

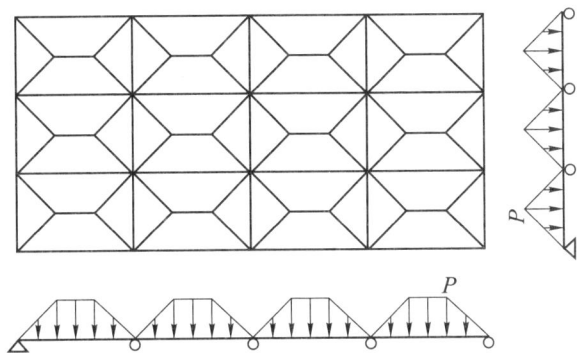

图 2-37 双向板支承梁的荷载

【例 2-2】 已知某双向板肋梁楼盖，板区格的尺寸为 4.0 m × 5.0 m，如图 2-38 所示，板厚 120 mm，水泥砂浆面层厚 20 mm，石灰砂浆板底抹灰厚 15 mm。板面均布活荷载标准值 $q_k = 3.0$ kN/m^2。试用弹性方法分析该双向板内力。

解： 板的恒荷载标准值（面荷载 = 材料厚度 × 材料重度）：

120 mm 厚钢筋混凝土板	$0.12 \times 25 = 3.0$（kN/m^2）
20 mm 厚水泥砂浆面层	$0.02 \times 20 = 0.4$（kN/m^2）
15 mm 厚石灰砂浆抹底	$0.015 \times 17 = 0.255$（kN/m^2）

恒荷载标准值： $g_k = 3.655$ kN/m^2

活荷载标准值： $q_k = 3$ kN/m^2

当求各区格跨中最大弯矩时，活荷载应按棋盘式布置，它可简化为当内支座固定时 $p' = g + q/2$ 作用下的跨中弯矩值与当内支座铰接时 $p'' = \pm q/2$ 作用下的跨中弯矩之和，即：

$$p' = g + q/2 = 1.3g_k + \frac{1.5q_k}{2} = 1.3 \times 3.655 + 1.5 \times 3.0/2 = 7.0 \,(\text{kN/m}^2)$$

$$p'' = q/2 = 1.5 \times 3.0/2 = 2.25 \,(\text{kN/m}^2)$$

支座最大负弯矩可近似按满布活荷载求得，即内支座固定时 $g + q$ 作用下的支座弯矩。此时总荷载设计值：

$$p = 1.3g_k + 1.5q_k = 1.3 \times 3.655 + 1.5 \times 3.0 = 9.25 \,(\text{kN/m}^2)$$

短边计算跨度 $l_x = 4.0$ m，长边计算跨度 $l_y = 5.0$ m，$l_x/l_y = 4.0/5.0 = 0.8$。

查附录 B，得：

$$M_x = (\text{弯矩系数} \times p' + \text{弯矩系数} \times p'')l_x^2$$
$$= (0.0271 \times 7.0 + 0.0561 \times 2.25) \times 4.0^2 = 5.05(\text{kN} \cdot \text{m/m})$$

$$M_y = (弯矩系数 \times p' + 弯矩系数 \times p'')l_x^2$$
$$= (0.0144 \times 7.0 + 0.0334 \times 2.25) \times 4.0^2 = 2.82 \ (kN \cdot m/m)$$

考虑到混凝土的泊松比 $\upsilon_c = 0.2$，有：

$$M_x^\upsilon = M_x + \upsilon_c M_y = 5.05 + 0.2 \times 2.82 = 5.61(kN \cdot m/m)$$

$$M_y^\upsilon = M_y + \upsilon_c M_x = 2.82 + 0.2 \times 5.05 = 3.83(kN \cdot m/m)$$

支座 $M_x^0 = 弯矩系数 \times pl_x^2 = -0.0664 \times 9.25 \times 4.0^2 = -9.83 \ (kN \cdot m/m)$

支座 $M_y^0 = 弯矩系数 \times pl_x^2 = -0.0559 \times 9.25 \times 4.0^2 = -8.27 \ (kN \cdot m/m)$

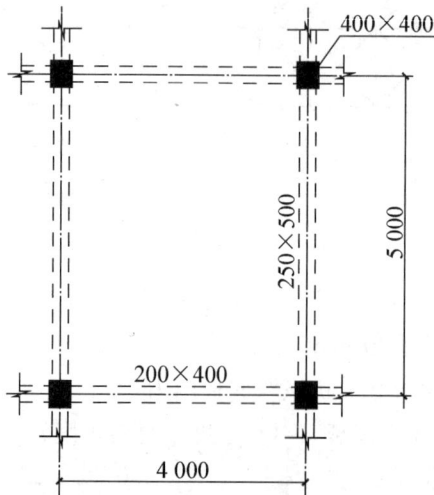

图 2 – 38　某双向板中间区格板

2. 双向板肋梁楼盖按塑性理论分析内力

（1）极限平衡法（塑性铰线法）

四边简支的单跨钢筋混凝土矩形板，在均布荷载作用下，随荷载增加，在板底中部出现与长边平行的裂缝，并在靠近短边约 1/2 长度处，裂缝沿 45°角向板角部展开，如图 2 – 39（d）所示。在最大裂缝线上，受拉钢筋达到屈服强度时，其承受的内力矩即屈服弯矩或极限弯矩，同时此裂缝线具有较强的转动能力，常称为塑性铰线。跨中截面的受拉钢筋一旦屈服，便形成塑性铰线，导致板的破坏。由于钢筋混凝土双向板的破坏具有一定的塑性特征，可采用塑性理论的内力重分布概念进行设计，并可以节省钢筋，易于施工。双向板为高次超静定结构，按塑性理论精确计算其内力比较困难，一般只能按塑性理论计算其上限解和下限解。常用的计算方法有极限平衡法和能量法（亦称虚功法和机动法）等，目前应用范围较广的计算方法为极限平衡法。

1）极限平衡法的基本假定

①双向板达到承载力极限状态时，在荷载作用下的最大弯矩处形成塑性铰线，将整体板分割成若干板块，并形成几何可变体系。

②双向板在均布荷载作用下的塑性铰线是直线。塑性铰线的位置与板的形状、尺寸、边

界条件、荷载形式、配筋位置及数量等有关。通常板的负塑性铰线发生在板上部的固定边界处，板的正塑性铰线发生在板下部的正弯矩处，正塑性铰线通过相邻板块转动轴的交点，如图 2－39 所示。

③塑性铰线之间的板块处于弹性阶段，与塑性铰线的塑性变形相比很小，各板块可以视为刚体。

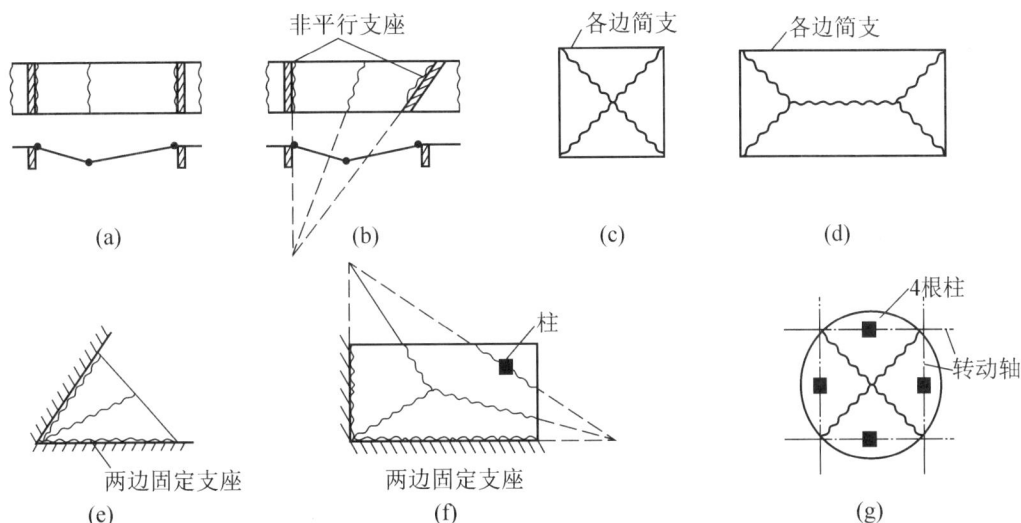

图 2－39　板的塑性铰线

（a）两对边平行连续支座 ；（b）两对边非平行连续支座；（c）正方形四边简支支座 ；
（d）矩形四边简支支座；（e）两非正交邻边固定支座；（f）两正交邻边与局部柱支座；（g）四柱支座

2）极限平衡法的基本方程

下面以如图 2－40 所示的均布荷载作用下的典型四边固定支承双向板为例，讨论其极限承载力的计算。设双向板沿短向 l_x 和沿长向 l_y 的单位板宽内的板底纵向配筋分别为 A_{sx} 和 A_{sy}，并全部伸入支座可靠锚固，则通过正塑性铰线上的屈服（极限）弯矩 m 在 x 和 y 方向的分量分别为：

短向配筋屈服时，$m_x = A_{sx} f_y \gamma_s h_{0x}$；

长向配筋屈服时，$m_y = A_{sy} f_y \gamma_s h_{0y}$。

设支座的负弯矩钢筋也是均匀布置，短跨及长跨方向支座的单位板宽极限弯矩分别为 m'_x 和 m''_x，m'_y 和 m''_y。

$$m'_x = m''_x = A'_{sx} f_y \gamma_s h'_{0x} = A''_{sx} f_y \gamma_s h''_{0x}$$

$$m'_y = m''_y = A'_{sy} f_y \gamma_s h'_{0y} = A''_{sy} f_y \gamma_s h''_{0y}$$

沿板跨内塑性铰线上 l_x 及 l_y 方向的总极限正弯矩分别为 $M_x = l_y m_x$，$M_y = l_x m_y$；沿板支座塑性铰线上 l_x 及 l_y 方向的总极限负弯矩分别为 $M'_x = l_y m'_x$，$M''_x = l_y m''_x$，$M'_y = l_x m'_y$，$M''_y = l_x m''_y$。

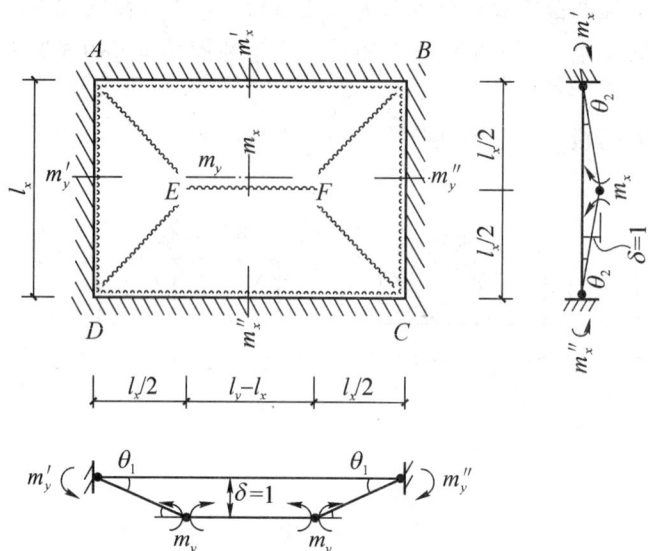

图 2 - 40　四边固定支承双向板极限平衡法的计算模式

现取图 2 - 40 中的梯形 *ABFE* 板块为脱离体，对板支座塑性铰线 *AB* 取矩，根据脱离体力矩极限平衡条件得：

$$l_y m_x + l_y m'_x = p(l_y - l_x)\frac{l_x}{2} \times \frac{l_x}{4} + p \times 2 \times \frac{1}{2}\left(\frac{l_x}{2}\right)^2 \times \frac{1}{3} \times \frac{l_x}{2} = pl_x^2\left(\frac{l_y}{8} - \frac{l_x}{12}\right)$$

即：

$$M_x + M'_x = pl_x^2\left(\frac{l_y}{8} - \frac{l_x}{12}\right) \tag{2-6}$$

同理，对于 *CDEF* 板块：

$$M_x + M''_x = pl_x^2\left(\frac{l_y}{8} - \frac{l_x}{12}\right) \tag{2-7}$$

又取三角形 *ADE* 板块为脱离体，根据脱离体力矩极限平衡条件得：

$$l_x m_y + l_x m'_y = p\frac{1}{2} \times \frac{l_x}{2}l_x \times \frac{1}{3} \times \frac{l_x}{2} = \frac{pl_x^3}{24}$$

即：

$$M_y + M'_y = \frac{pl_x^3}{24} \tag{2-8}$$

同理，对于 *BCF* 板块：

$$M_y + M''_y = \frac{pl_x^3}{24} \tag{2-9}$$

将式（2 - 6）~式（2 - 9）四式相加即得四边固定支承时均布荷载作用下双向板总弯矩极限平衡方程：

$$2M_x + 2M_y + M'_x + M''_x + M'_y + M''_y = \frac{pl_x^2}{12}(3l_y - l_x) \qquad (2-10)$$

若为四边简支双向板时，由于 $M'_x = M''_x = M'_y = M''_y = 0$，根据式（2-10）可以得出四边简支双向板总弯矩极限平衡方程：

$$M_x + M_y = \frac{pl_x^2}{24}(3l_y - l_x) \qquad (2-11)$$

（2）双向板按塑性计算的设计公式

1）单区格双向板的计算

设计双向板时，通常已知板面均布荷载设计值 p 和板跨 l_x 及 l_y，要求确定板中设计弯矩和配筋，此时未知数有四个，即 m_x、m_y、$m'_x = m''_x$ 和 $m'_y = m''_y$，而方程只有一个。根据弹性分析结果和控制弯矩调幅值不宜过大的原则，可按 $\alpha = \dfrac{m_y}{m_x}$ 及 $\beta = \dfrac{m'_x}{m_x} = \dfrac{m''_x}{m_x} = \dfrac{m'_y}{m_y} = \dfrac{m''_y}{m_y}$ 选定这些设计弯矩之间的比值，通常取 $\alpha = \dfrac{m_y}{m_x} = \left(\dfrac{l_x}{l_y}\right)^2 = \dfrac{1}{n^2}$，$\beta$ 根据经验可以取 1.5 ~ 2.5。这样上述四个未知数都可以用 m_x 表示，代入式（2-10）或式（2-11）即可求出板底部钢筋无弯起时的 m_x：

$$m_x = \frac{3n-1}{n + n\beta + \alpha + \alpha\beta} \cdot \frac{p}{24} l_x^2$$

由此，根据弯矩比值 α 和 β 求出 m_y、$m'_x = m''_x$ 和 $m'_y = m''_y$，并进行相应的配筋计算。

2）多跨连续双向板的计算

在计算连续双向板时，内区格板可以按照四边固定支承的单区格板进行计算，边区格板或角区格板可按边界实际支承情况的单区格板进行计算。计算时首先从中间区格板开始，将中间区格板算得的各支座弯矩值作为计算相邻区格板支座的已知弯矩，这样依次由内向外直至外区格板，可一一求解。

【例 2-3】已知条件同［例 2-2］。当板底部钢筋在跨内通长布置，无弯起和截断时，试用塑性方法分析该双向板的内力。

解：计算跨度（取板净跨）：

短边计算跨度 $l_x = l_0 - b = 4.0 - 0.25 = 3.75$（m），长边计算跨度 $l_y = 5.0 - 0.2 = 4.8$（m），则长短边跨度之比 $n = \dfrac{l_y}{l_x} = \dfrac{4.8}{3.75} = 1.28$

$\alpha = \left(\dfrac{1}{n}\right)^2 = 0.61$，$\beta = \dfrac{m'_x}{m_x} = \dfrac{m''_x}{m_x} = \dfrac{m'_y}{m_y} = \dfrac{m''_y}{m_y}$，$\beta$ 取为 2，则：

$$m_x = \frac{3n-1}{n + n\beta + \alpha + \alpha\beta} \cdot \frac{p}{24} l_x^2 = \frac{3 \times 1.28 - 1}{1.28 + 1.28 \times 2 + 0.61 + 0.61 \times 2} \times \frac{9.25}{24} \times 3.75^2$$
$$= 2.71 (\text{kN} \cdot \text{m/m})$$

$$m_y = \alpha m_x = 0.61 \times 2.71 = 1.65 (\text{kN} \cdot \text{m/m})$$

$$m_x' = m_x'' = \beta m_x = -2 \times 2.71 = -5.42 (\text{kN} \cdot \text{m/m})$$
$$m_y' = m_y'' = \beta m_y = -2 \times 1.65 = -3.30 (\text{kN} \cdot \text{m/m})$$

2.3.2 双向板肋梁楼盖的截面计算和构造要求

1. 截面设计要点

（1）双向板厚度

一般荷载水平时，不做刚度验算的板最小厚度 $h = (1/50 \sim 1/40)l$（l 为双向板的短向跨度），且应满足 $h \geqslant 80$ mm。当双向板平面尺寸较大时，双向板除了进行结构承载力计算外，还应进行刚度、裂缝控制的验算；必要时还要考虑动荷载作用下的振动问题。

（2）板的截面有效高度

由于双向板短向板带弯矩值比长向板带弯矩值大，故短向钢筋应放在长向钢筋的外侧，对于一类环境类别，混凝土强度大于 C25 时，截面有效高度 h_0 可取为：

短边方向 $h_0 = (h - 20)$mm；

长边方向 $h_0 = (h - 30)$mm。

求双向板配筋时，内力臂系数可以近似取 $\gamma_s = 0.9 \sim 0.95$。

（3）板的空间内拱作用

多区格连续双向板在荷载作用下，由于四边支承梁的约束作用，与多跨连续单向板相似，双向板也存在空间内拱作用，使板的支座及跨中截面弯矩值均减小。因此，周边与梁整体连接的双向板，其截面弯矩计算值按下述情况予以减小。

①中间区格板的支座及跨中截面弯矩计算值减小 20%。

②边区格板的跨中截面及第一内支座截面：当 $l_b/l < 1.5$ 时，弯矩计算值减小 20%；当 $1.5 \leqslant l_b/l \leqslant 2$ 时，弯矩计算值减小 10%。其中，l_b 表示沿板边缘方向的计算跨度；l 表示垂直板边缘方向的计算跨度。

③角区格板截面弯矩不予折减。

2. 钢筋布置

双向板的受力钢筋一般沿板的两个方向布置，即平行于短边和长边的方向布置。配筋方式类似于单向板，有弯起式和分离式两种，为方便施工，目前在工程中多采用分离式配筋。

按弹性理论计算时，板跨内截面配筋数量是根据中央板带最大正弯矩确定的，而靠近两边的板带跨内截面正弯矩值向两边逐渐减小，故配筋数量亦应向两边逐渐减小。当双向板短边方向跨度 $l_x \geqslant 2.5$ m 时，考虑施工方便，可以将板在两个方向上各划分成三个板带，即边区板带和中间板带，如图 2－41 所示。板的中间板带跨中截面按最大正弯矩配筋；边区板带配筋数量可减少一半，且每米宽度内不得少于 3 根钢筋。当 $l_x < 2.5$ m 时，可以不划分板带，统一按中间板带配置钢筋。在同样配筋率时，采用直径较小的钢筋对抑制混凝土裂缝开展有利。

对于多区格连续板支座截面负弯矩配筋，在支座宽度范围内均匀设置。

按塑性理论计算时，其配筋应符合内力计算的假定，板的跨内正弯矩钢筋及支座上的负弯矩钢筋通常均匀设置。

受力钢筋的直径、间距和弯起点、切断点的位置，以及沿墙边、墙角处的构造均与单向板肋梁楼盖的有关规定相同。

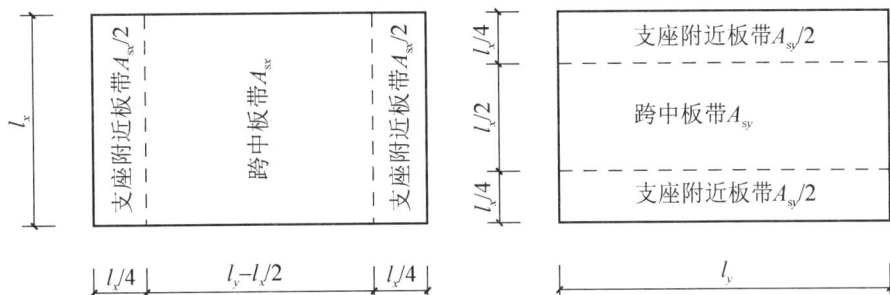

图 2-41　双向板配筋时板带的划分

2.4　无梁楼盖的设计和构造

2.4.1　无梁楼盖的受力特点

无梁楼盖是将钢筋混凝土板直接支承于柱上，不设置主梁和次梁，其楼面荷载直接由板传给柱及柱下基础。无梁楼盖的结构高度小，净空大，通风采光条件好，支模简单，但用钢量较大，常用于厂房、仓库、商场等建筑及矩形水池的池顶和池底等结构。

无梁楼盖一般采用正交的柱网布置，两向柱距接近，通常采用 5~7 m，形成正方形柱网或矩形柱网，以正方形柱网最为经济。

无梁楼盖按结构形式可以分为平板式无梁楼盖和双向密肋式无梁楼盖，有时也可以布置成空心楼盖；按有无柱帽可以分为无柱帽轻型无梁楼盖和有柱帽无梁楼盖；按施工程序分为现浇整体式无梁楼盖和装配整体式无梁楼盖。本书着重介绍现浇整体式无梁楼盖。

如图 2-42 所示为有柱帽无梁楼盖在破坏时的裂缝分布。在试验中观察到，在均布荷载作用下，第一批裂缝出现在柱帽顶面负弯矩区；继续加载，于板顶沿柱列轴线出现裂缝。随着荷载的不断增加，顶板裂缝不断发展，在板底跨内正弯矩区成批出现互相垂直且平行于柱列轴线的裂缝，并不断发展。当结构即将达到承载力极限状态时，在柱帽顶面上和柱列轴线的顶板及跨中板底的裂缝中出现了一些特别大的主裂缝。在这些裂缝处，受拉钢筋达到屈服，受压区混凝土被压碎，此时楼板破坏。

无梁楼盖可按柱网划分成若干区格，可将其视为由支承在柱上的"柱上板带"和弹性支承于柱上板带的跨中板带组成的水平结构，如图 2-43 所示。柱中心线两侧各 1/4 跨度范围内的板带称为柱上板带；柱上板带之间的部分是跨中板带，其宽度是跨度的 1/2。其中，某一方向的柱上板带对另一方向的跨中板带起支座的作用。考虑到钢筋混凝土板具有内力重分布的能力，可以假

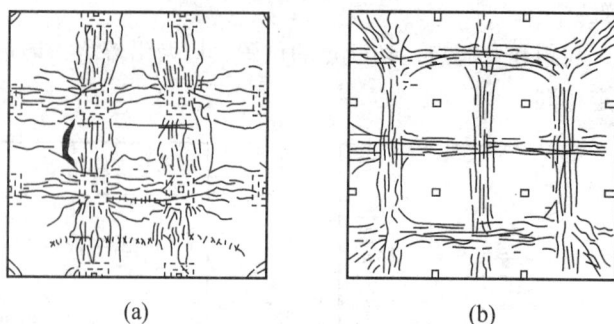

图 2-42 有柱帽无梁楼盖在破坏时的裂缝分布

（a）板顶裂缝；（b）板底裂缝

定在同一种板带宽度内，内力的数值是均匀的，钢筋也可以均匀布置。

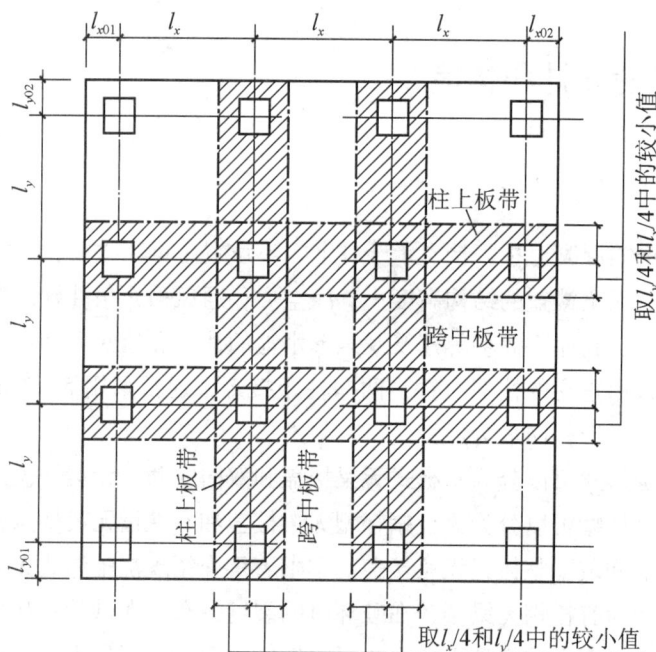

图 2-43 无梁楼盖的柱上板带和跨中板带

2.4.2 无梁楼盖的内力分析

无梁楼盖既可按弹性理论计算，也可按塑性理论计算。按弹性理论计算一般采用两种近似方法，即经验系数法和等代框架法。这两种方法仅在无梁楼盖具有较规则柱网的情况下才能应用。

1. 经验系数法

经验系数法又称为总弯矩法或直接设计法。该方法先计算出两个方向的截面总弯矩，再将截面总弯矩分配给同一方向的柱上板带和跨中板带。

（1）经验系数法的应用条件

为了使各截面的弯矩设计值适应各种活荷载的不利布置，应用经验系数法时，无梁楼盖的布置应该满足下列条件：

①楼盖每个方向至少有三跨连续板。

②同方向相邻跨度的差值不超过较长边跨度的 1/3。

③任一区格板的长边与短边之比 $l_y/l_x < 2$。

④个别柱偏离轴线的距离不大于偏心方向跨度的 10% 。

⑤楼盖承受的荷载为均布荷载，且可变荷载标准值不大于永久荷载标准值的两倍。

用经验系数法计算时，只考虑全部均布荷载，不考虑活荷载的不利布置。

（2）经验系数法的计算步骤

①每个区格两个方向的截面总弯矩设计值如下。

x 方向：
$$M_{0x} = \frac{1}{8}(g + q)l_y \left(l_x - \frac{2}{3}c\right)^2$$

y 方向：
$$M_{0y} = \frac{1}{8}(g + q)l_x \left(l_y - \frac{2}{3}c\right)^2$$

式中：g、q——板面永久荷载和可变荷载设计值，kN/m^2；

　　　l_x、l_y——沿纵、横两个方向的柱网轴线尺寸；

　　　　c——柱帽在计算弯矩方向的有效宽度。

②再按照表 2 - 15 进行分配。

表 2 - 15　柱上板带和跨中板带弯矩分配值

截面		柱上板带	跨中板带
内跨	支座截面负弯矩	$0.50M_0$	$0.17M_0$
	跨中正弯矩	$0.18M_0$	$0.15M_0$
边跨	第一内支座截面负弯矩	$0.50M_0$	$0.17M_0$
	跨中正弯矩	$0.22M_0$	$0.18M_0$
	边支座截面负弯矩	$0.48M_0$	$0.05M_0$

注：①此表为无悬臂板的经验系数，有较小悬臂板时仍可采用。

②在总弯矩值不变的情况下，必要时允许将柱上板带负弯矩的 10% 分配给跨中板带负弯矩。

2. 等代框架法

当柱支承双向板楼盖不符合经验系数法所要求的条件时，可采用等代框架法确定竖向均布荷载作用下的内力。

等代框架法是把整个结构分别沿纵、横柱列划分为具有"框架柱"和"框架梁"的纵向与横向框架后，分别进行计算分析。具体步骤如下：

①计算等代框架梁、柱的几何特征。其中，等代框架梁宽度和高度取为板跨中心线间的距离（l_x 或 l_y）和板厚，跨度取为（$l_y - \frac{2}{3}c$）或（$l_x - \frac{2}{3}c$）；等效柱的截面即原柱截面，

楼层等效柱的计算高度取为层高减去柱帽高度；底层柱高度取为基础顶面至楼板底面高度减去柱帽高度。

②按框架计算内力。按等效框架计算时，应考虑可变荷载的不利组合。当仅作用竖向荷载时，可近似用分层法计算，从而进一步简化等效框架的计算。

③分配内力。将计算所得的等代框架控制截面总弯矩，按表2－16中所列的系数分配给柱上板带和跨中板带。

表2－16　等代框架梁弯矩分配系数表

截面		柱上板带	跨中板带
内跨	边支座截面负弯矩	0.75	0.25
	跨中正弯矩	0.55	0.45
边跨	第一内支座截面负弯矩	0.75	0.25
	跨中正弯矩	0.55	0.45
	边支座截面负弯矩	0.9	0.1

2.4.3　无梁楼盖的设计

1. 板的厚度

无梁楼盖板的挠度计算比较复杂，在一般情况下通过构造要求予以保证，为使楼盖具有足够的竖向刚度，板厚 h 宜遵循下列规定：

①有柱帽时，$h \geq \dfrac{l}{35}$。

②无柱帽时，$h \geq \dfrac{l}{30}$，l 为区格板的长边尺寸。

③无梁楼盖的板厚均应不小于 150 mm。当不设置柱帽时，柱上板带可适当加厚，加厚部分的宽度取相应板跨跨度的 30%。

2. 板的配筋

无梁楼盖中板的配筋可以划分为以下三个区域，如图2－44（a）所示。

Ⅰ区：每个柱的柱上部分，两个方向均为柱上板带，受荷载后均产生负弯矩，故两个方向的受力钢筋都应该布置在板顶，并把长跨方向的钢筋放在上面。

Ⅱ区：每个区格的中部，两个方向均为跨中板带，受荷载后均产生正弯矩，故两个方向的受力钢筋都应布置在板底，并把长跨方向的钢筋放在下面。

Ⅲ区：一个方向为柱上板带，另一个方向为跨中板带，受荷载后在柱上板带方向产生正弯矩，受力钢筋应布置在板底；在跨中板带方向产生负弯矩，受力钢筋应布置在板顶。

根据柱上板带和跨中板带截面弯矩算得的钢筋，沿纵横两个方向可以均匀布置在各自板带，如图2－44（b）所示。钢筋的直径和间距与一般双向板的要求相同，但承受负弯矩的钢筋宜采用直径大于 12 mm 的钢筋，以保证施工时具有一定的刚度。

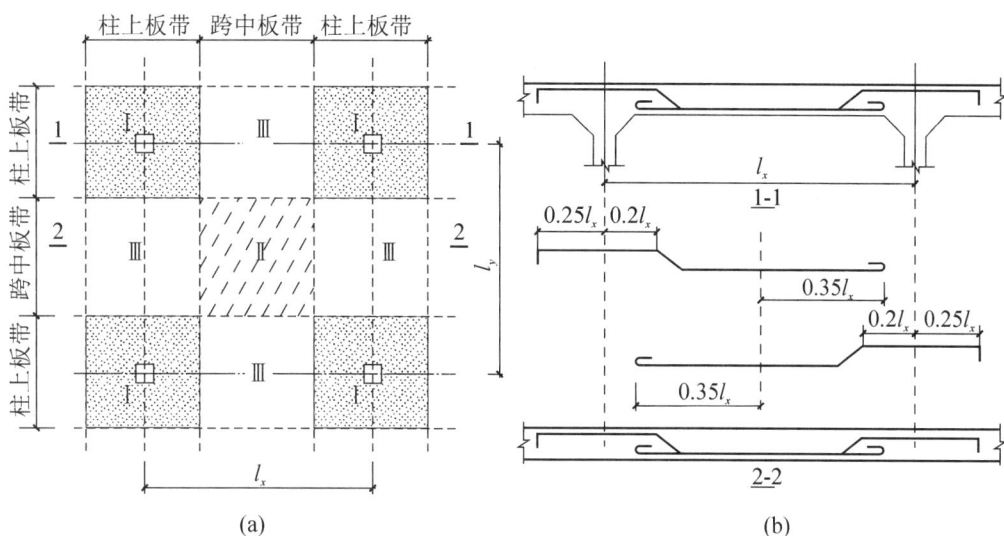

图 2 - 44　无梁楼盖的配筋

（a）配筋区域；（b）板的配筋

2.4.4　无梁楼盖的柱帽设计

无梁楼盖全部楼面荷载通过板柱连接面上的剪力传给柱。由于板与柱之间的连接面积较小，当楼面荷载较大时，连接部位的楼板可能因受剪能力不足而发生冲切破坏，将沿柱周边产生 45°角方向的斜裂缝，板柱之间产生错位，如图 2 - 45 所示。为了增大板柱连接面积，提高受冲切承载力，一般在柱顶上设置柱帽。设置柱帽还可以减少板的计算跨度及增加楼面的刚度，但会给施工带来不便。对于跨度较小的无梁楼盖可以不设柱帽，板受冲切承载力不足时，可以通过在板内设置钢梁，或在柱顶板内加设箍筋或弯起钢筋来防止冲切破坏。

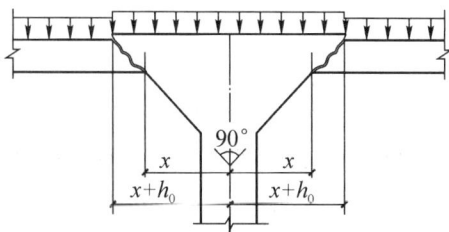

图 2 - 45　柱帽冲切破坏的形态

无梁楼盖柱帽平面可分为方形和圆形两种形式，其剖面有三种形式。如图 2 - 46（a）所示为无托板柱帽，适用于板面荷载较小的情况；如图 2 - 46（b）所示为折线形柱帽，适用于板面荷载较大的情况，它的传力过程比较平缓，但施工较为复杂；如图 2 - 46（c）所示为有托板柱帽，适用于板面荷载较大的情况，施工方便，但传力作用稍差；如图2-46（d）所示为纯托板，比较利于施工。板柱节点的形状、尺寸应包容45°的冲切破坏锥体，并应满足受冲切承载力的要求。在图2-46中，c为柱帽的计算宽度，即从柱边向上45°冲切破坏锥体在楼板下部的水平投影尺寸，一般为$(0.2 \sim 0.3)l$，l为板区格长边跨度；柱帽或托板在平面两个方向的尺寸为a，一般取$0.35l$，且不宜小于柱宽b加4倍的板厚h。

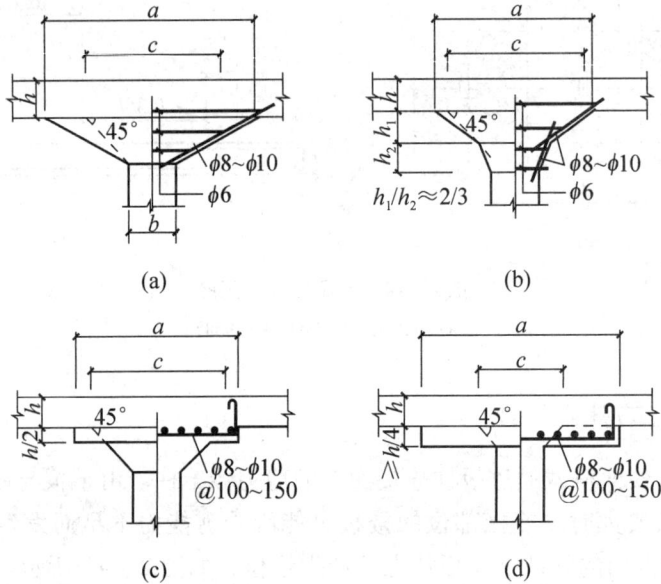

图 2-46　柱帽形式及构造配筋

（a）无托板柱帽；（b）折线形柱帽；（c）有托板柱帽；（d）纯托板

　　无梁楼盖柱帽是按照45°角压力线确定其尺寸的，故柱帽本身不需要进行配筋计算，钢筋按构造要求配置，如图2-46所示。

　　无梁楼盖的柱帽计算主要是指柱帽处楼板支承面的受冲切承载力验算，其计算公式如下：

$$F_l \leqslant F_{lu} = 0.7\beta_h f_t \eta u_m h_0 \qquad (2-12)$$

式中：F_l——冲切力设计值，即柱所承受的轴力设计值减去柱顶冲切破坏锥体范围内的荷载设计值，可按式（2-13）计算（见图2-45，y与x方向垂直）：

$$F_l = (g+q)\left[l_x l_y - 4(x+h_0)(y+h_0)\right] \qquad (2-13)$$

　　　　f_t——混凝土抗拉强度设计值。

　　　　β_h——截面高度影响系数，当$h \leqslant 800$ mm时，取$\beta_h = 1.0$；当$h \geqslant 2\,000$ mm时，取$\beta_h = 0.9$，其间按线性内插法取用。

　　　　u_m——距冲切破坏锥体周边$h_0/2$处的周长。

　　　　h_0——板的有效高度。

η ——系数，按以下两式计算并取其中较小者：

$$\eta_1 = 0.4 + \frac{1.2}{\beta_s}, \quad \eta_2 = 0.5 + \frac{\alpha_s h_0}{4u_m} \qquad (2-14)$$

式中：η_1 ——局部荷载或集中反力作用面积形状的影响系数。

η_2 ——计算截面周长与板截面有效高度之比的影响系数。

β_s ——局部荷载或集中反力作用面积为矩形时的长边与短边尺寸的比值，β_s 不宜大于 4，当 $\beta_s < 2$ 时，取 $\beta_s = 2$；当面积为圆形时，取 $\beta_s = 2$。

α_s ——柱位置影响系数，中柱，$\alpha_s = 40$；边柱，$\alpha_s = 30$；角柱，$\alpha_s = 20$。

若无梁楼盖支承面的受冲切承载力不满足式（2-12）的要求，且板厚受到限制时，亦可配置抗冲切钢筋。为防止板厚过小，抗冲切钢筋数量过多，避免在使用阶段因冲切发生的斜裂缝开展过宽，则必须满足条件：

$$F_l \leqslant 1.2 f_t \eta u_m h_0 \qquad (2-15)$$

无梁楼盖配置箍筋或弯起钢筋受冲切承载力按式（2-16）和式（2-17）计算：

当配置箍筋时：

$$F_l \leqslant 0.5 f_t \eta u_m h_0 + 0.8 f_{yv} A_{svu} \qquad (2-16)$$

当配置弯起钢筋时：

$$F_l \leqslant 0.5 f_t \eta u_m h_0 + 0.8 f_y A_{sbu} \sin\alpha \qquad (2-17)$$

式中：A_{svu} ——与呈 45°冲切破坏锥体斜截面相交的全部箍筋截面面积；

A_{sbu} ——与呈 45°冲切破坏锥体斜截面相交的全部弯起钢筋截面面积；

f_{yv} ——箍筋抗拉强度设计值；

f_y ——弯起钢筋抗拉强度设计值；

α ——弯起钢筋与板底面的夹角。

对于配置抗冲切箍筋或弯起钢筋的冲切破坏锥体以外截面，仍按式（2-12）进行受冲切承载力的验算。此时，u_m 应取配置抗冲切钢筋的冲切破坏锥体以外 $0.5h_0$ 处的最不利周长计算。当有可靠依据时，也可配置其他有效形式的抗冲切钢筋，如工字钢、槽钢、抗剪锚栓和扁钢 U 形箍等。

无梁楼盖板中配置抗冲切箍筋或弯起钢筋时，板厚度不小于 150 mm；按计算所需的箍筋应配置在冲切破坏锥体范围内。此外，尚应按照相同的箍筋直径和间距从柱边向外延伸配置在不小于 $1.5h_0$ 的范围内，箍筋宜为封闭式，并应箍住架立钢筋，箍筋直径不应小于 6 mm，其间距不应大于 $h_0/3$，且不应大于 100 mm，如图 2-47 所示。

按计算所需要的弯起钢筋应配置在冲切破坏锥体范围内，弯起钢筋可由一排或两排组成，其弯起角可根据板的厚度在 30°～45°内选取，弯起钢筋的倾斜段应与冲切破坏锥体斜截面相交，其交点应在离柱边以外 $h/2 \sim 2h/3$ 的范围内，如图 2-47（b）所示，弯起钢筋的直径不宜小于 12 mm，且每个方向不应少于 3 根。

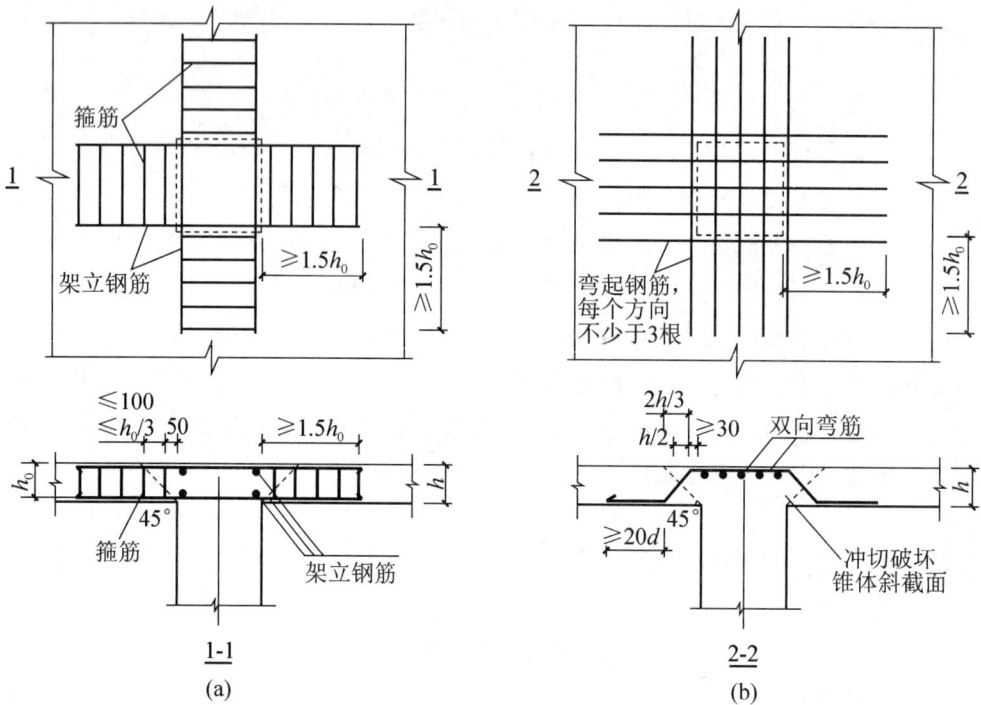

图 2-47 板中受冲切钢筋的布置

（a）箍筋；（b）弯起钢筋

2.5 楼梯的设计和构造

楼梯是多层和高层建筑的重要组成部分，是房屋建筑的竖向通道。钢筋混凝土楼梯由于经济耐久，并具有很好的耐火性能，目前被多数多层和高层建筑采用，是一种斜向搁置的钢筋混凝土梁板结构。楼梯常按图 2-48 所示进行分类。

2.5.1 楼梯的结构形式

楼梯按施工方法的不同可分为装配式楼梯和现浇式楼梯。装配式楼梯适用于大量定型设计的民用房屋，预制构件的划分则根据施工要求确定，目前较多采用的形式是将楼梯斜段做成一个单独构件。现浇式楼梯多用于非定型设计的建筑中，其整体刚性好，但模板费用较高。

图 2-48 中的前三类直段式楼梯，按其结构形式和受力特点可分为板式楼梯和梁式楼梯，如图 2-49 所示，其均属于平面受力体系；图 2-48 中后两种楼梯类型，按结构受力特点则为空间受力体系。本节主要介绍板式楼梯和梁式楼梯的设计要点。

2.5.2 板式楼梯的计算与构造

板式楼梯是由梯段板、平台板和平台梁组成的，如图 2-49（a）所示。梯段板是一块带

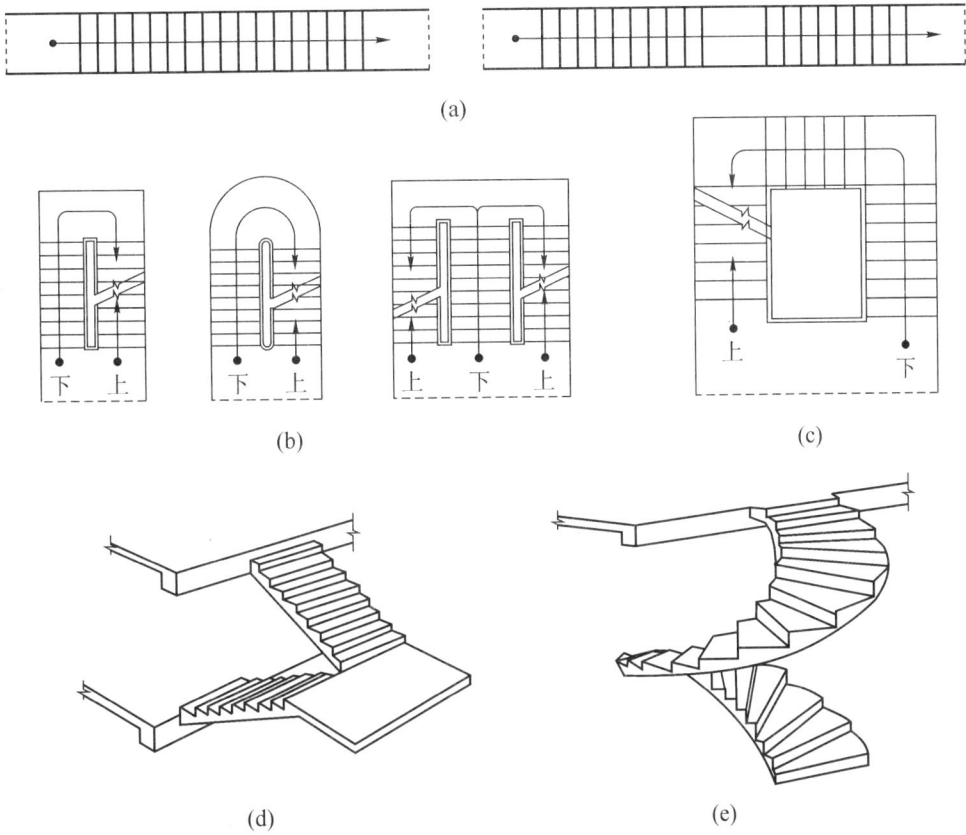

(a)

(b) (c)

(d) (e)

图 2－48　楼梯类型

（a）直跑楼梯；（b）双跑楼梯；（c）三跑楼梯；

（d）折板悬挑式楼梯；（e）螺旋楼梯

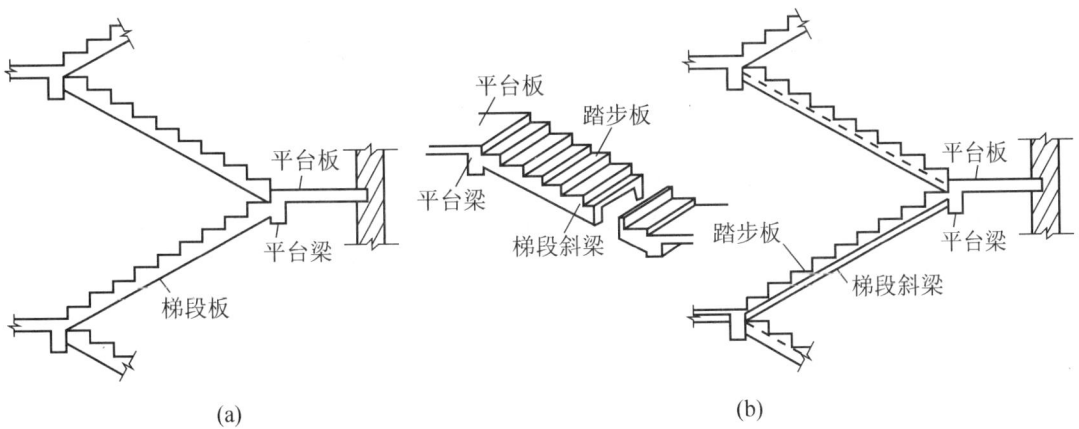

(a) (b)

图 2－49　直段楼梯的结构布置

（a）板式楼梯；（b）梁式楼梯

踏步的斜板，中间楼层的梯段板支承于上下平台梁上，底层梯段板下端支承在地梁或基础上。板式楼梯的优点是梯段板下表面平整，施工支模简单；其缺点是梯段板跨度较大时，斜板厚度较大，材料用量较多。因此，板式楼梯适用于可变荷载较小、梯段板跨度一般不大于3 m的情况。板式楼梯用于剪力墙结构时，其平台梁一般支承在两侧的剪力墙上，构造较简单。板式楼梯用于框架结构时，则需设置支承平台梁及平台板的梯柱等构件，如图2-50所示。

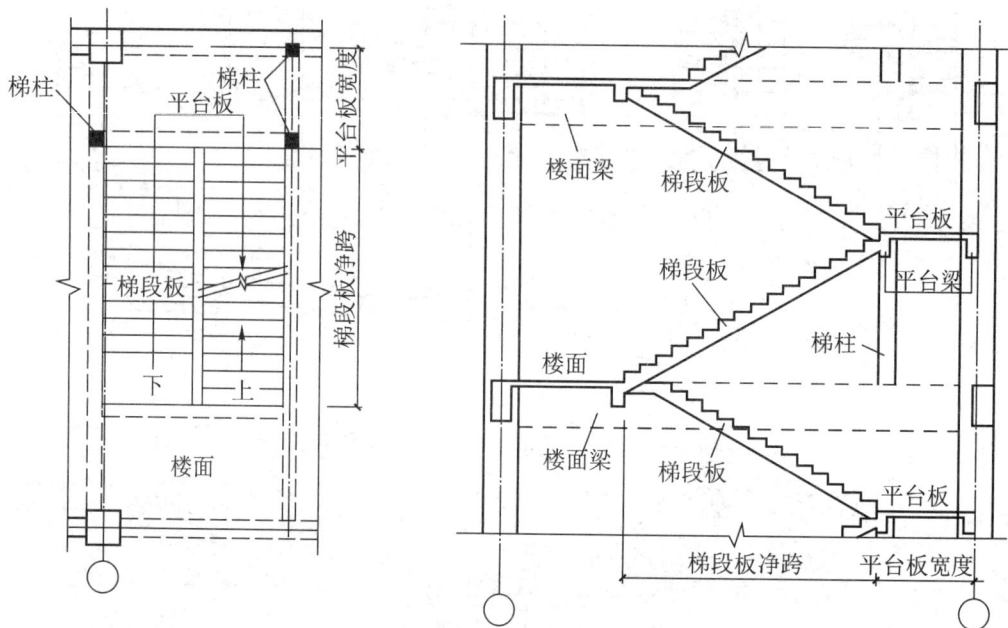

图2-50　框架结构中板式楼梯的布置

板式楼梯的内力计算包括梯段板、平台板和平台梁的内力计算。

1. 梯段板

梯段板和平台板都支承于平台梁上，为简化计算，通常将梯段板和平台板分开计算，但在计算及构造上要考虑它们相互间的整体作用。

计算梯段板时，一般取1 m宽的板带作为计算单元，并将板带简化为斜向简支板。其计算简图如图2-51所示。图中，荷载$g' + q'$分别为沿斜向板长每米的恒荷载（包括踏步和斜板的自重及抹灰荷载）和活荷载的设计值。为计算梯段板的内力，将$g' + q'$分解为垂直于斜板和平行于斜板的两个分量，平行于斜板的均布荷载使其产生轴力，其值不大，可以忽略。垂直于斜板的荷载分量使其产生弯矩和剪力，其荷载分量$g'' + q'' = (g' + q')\cos\alpha = (g + q)\cos^2\alpha$。

简支斜板截面内力计算如下所述：

（1）跨中截面最大弯矩

$$M_{max} = \frac{1}{8}(g'' + q'')l'^2 = \frac{1}{8}(g' + q')\cos\alpha\left(\frac{l}{\cos\alpha}\right)^2 = \frac{1}{8}\frac{(g' + q')}{\cos\alpha}l^2 = \frac{1}{8}(g + q)l^2$$

$$(2-18)$$

考虑到梯段板、平台梁和平台板的整体性，并非理想铰接，设计中跨中截面最大弯矩一般取为：

$$M_{\max} = \frac{1}{10}(g + q)l^2 \qquad (2-19)$$

（2）支座截面最大剪力

$$V_{\max} = \frac{1}{2}(g'' + q'')l'_n = \frac{1}{2}(g' + q')l'_n\cos\alpha = \frac{1}{2}(g + q)l_n\cos\alpha \qquad (2-20)$$

式中：g、q——作用于梯段板上沿水平方向的均布竖向恒荷载和活荷载设计值；

　　　l、l_n——梯段板沿水平方向的计算跨度和净跨度；

　　　α——梯段板与水平方向的夹角。

计算截面承载力时，斜板的截面高度 h 应垂直于斜面量取，并取齿形的最薄处。斜板底部受力钢筋数量按跨中截面弯矩值确定。考虑到斜板与平台梁及平台板的整体性，斜板的两端应按构造设置承受负弯矩作用的板面钢筋，设置负钢筋的范围不得小于 $l_0/4$ 的长度，其数量一般取跨中截面配筋的 $1/2$，在梁或板中按受拉进行锚固，在垂直受力筋的方向设置分布筋，通常在每个踏步下放置 1ϕ6 或 ϕ6@250。

梯段板配筋可采用弯起式，也可采用分离式，如图 2-52 所示。如果有折线板时，其配筋构造如图 2-53 所示。当框架结构位于地震区，楼梯对整体结构的影响较为突出时，楼梯需按压弯或拉弯构件进行设计，其配筋构造须满足相应的抗震构造要求。

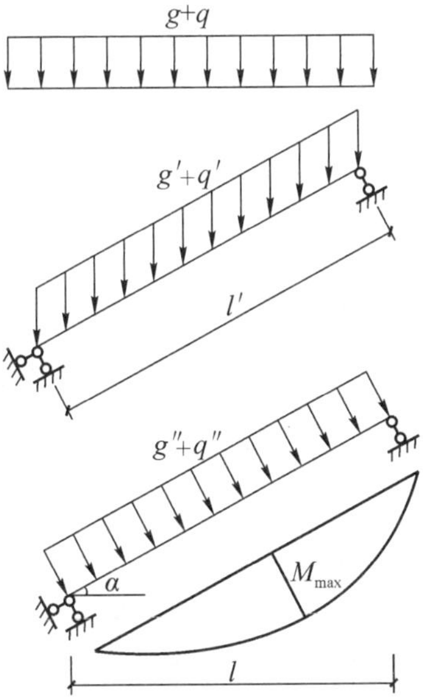

图 2-51　梯段板的计算简图

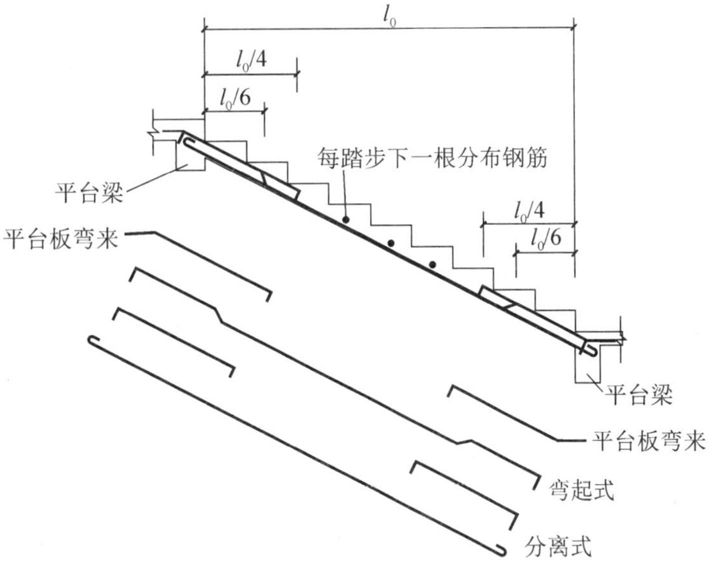

图 2-52　板式楼梯梯段板配筋的构造

2. 平台板

平台板一般为单向板，两边支承在平台梁上，取跨中弯矩 $M_{\max} = \frac{1}{10}(g + q)l^2$。考虑到

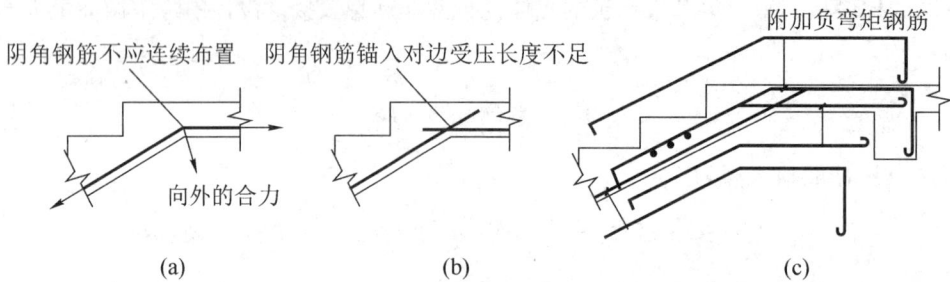

图 2-53 折线板折角处配筋的构造

（a）折板内折角钢筋设置错误一；（b）折板内折角钢筋设置错误二；
（c）折板内折角钢筋的正确设置

板支座的转动会受到一定约束，在板面支座处另配短钢筋，伸出支承边缘的长度为 $l_n/4$（l_n 为平台板净跨）。

3. 平台梁

平台板和梯段板支承于平台梁上，因此，平台梁承受由它们传来的均布荷载和自重，平台梁的两端一般支承于楼梯间承重墙或梯柱上，可按简支梁进行计算。

2.5.3 梁式楼梯的计算与构造

梁式楼梯是由踏步板、梯段斜梁、平台板和平台梁组成的，如图 2-49（b）所示。踏步板支承于梯段斜梁上，梯段斜梁支承于上下平台梁上，梯段斜梁可位于踏步板的下面或上面。当梯段板水平方向的跨度大于 3.6 m 时，采用梁式楼梯较为经济，其缺点是施工时支模比较复杂，外观也显得笨重。

梁式楼梯的内力计算，包括踏步板、梯段斜梁、平台板和平台梁的内力计算。

1. 踏步板

踏步板是由斜板和踏步组成的，踏步的几何尺寸 a、c 由建筑设计确定。斜板厚度 t 一般取 30~50 mm。从踏步板中取出一个踏步作为计算单元，踏步为梯形截面，计算时可按截面面积相等的原则折算为等宽度的矩形截面，矩形截面的高度为 $h = \dfrac{c}{2} + \dfrac{t}{\cos\alpha}$，计算简图如图 2-54 所示。

踏步板的跨中弯矩为 $M_{max} = \dfrac{1}{8}(g+q)l^2$，考虑到踏步板与梯段斜梁整体连接时支座的嵌固作用，其跨中弯矩可取 $M_{max} = \dfrac{1}{10}(g+q)l^2$。其配筋数量按单筋矩形截面进行计算。每级踏步板内受力钢筋不得少于 2φ8，沿板斜向的分布钢筋不少于 φ8@250。

2. 梯段斜梁

梯段斜梁不做刚度验算时，斜梁高度通常取 (1/14 ~ 1/10)L，L 为梯段斜梁水平方向的跨度。梯段斜梁承受由踏步板传来的均布荷载和自重，其计算原理同板式楼梯中的梯段

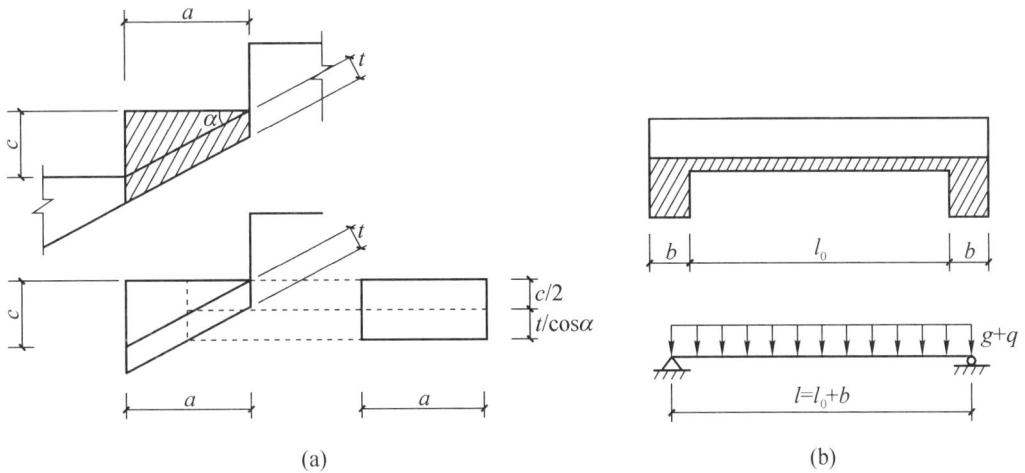

(a) (b)

图 2 - 54 踏步板的计算截面和计算简图

（a）计算截面；（b）计算简图

斜板。

3. 平台板和平台梁

梁式楼梯的平台板和平台梁的内力计算与板式楼梯的计算基本相同，不同的是梁式楼梯的平台梁除承受平台板传来的均布荷载和平台梁自重外，还承受梯段斜梁传来的集中荷载，其计算简图如图 2 - 55 所示。

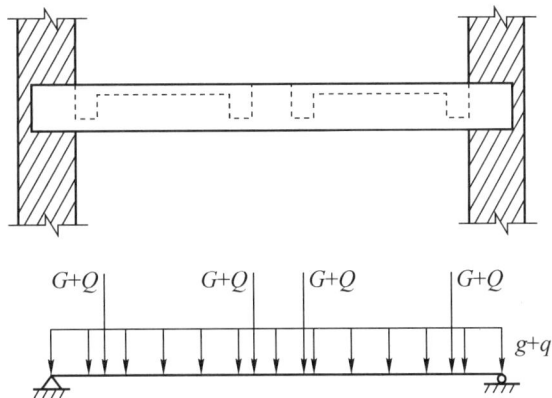

图 2 - 55 平台梁的计算简图

【例 2 - 4】板式楼梯设计例题。

1. 设计资料

某现浇框架结构办公楼，其标准层楼梯为现浇板式楼梯，平面布置如图 2 - 56 所示，层高 3.3 m，踏步尺寸为 150 mm × 300 mm。踏步采用大理石，做法如图 2 - 56 所示；楼梯的均布活荷载标准值为 3.5 kN/m²，活荷载组合值系数为 0.7。混凝土强度等级采用 C30，梁内受力纵筋采用 HRB400，其他钢筋采用 HPB300。试设计该楼梯，包括梯段板、平台板和平台梁。

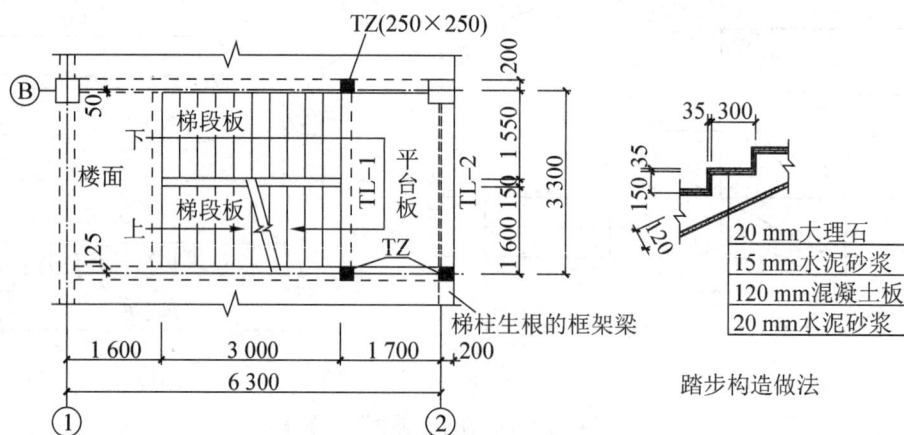

图 2-56　楼梯平面布置图

2. 梯段板设计

梯段板厚度 $h = （1/30 \sim 1/25）\, l$，取 $h = 120 \text{ mm}$，取 1 m 宽板带计算。$\cos\alpha = 0.3/\sqrt{（0.3^2 + 0.15^2）} = 0.894$。

（1）荷载计算

梯段板的永久荷载标准值：

35 mm 厚大理石踏步面　　$（0.02 \times 28 + 0.015 \times 20）\times （0.3 + 0.15）/0.3 = 1.29（\text{kN/m}^2）$

120 mm 钢筋混凝土楼梯梯段板　　　　$（0.12/\cos\alpha + 0.15/2）\times 25 = 5.23（\text{kN/m}^2）$

20 mm 板底水泥砂浆　　　　　　　　　　$0.02 \times 20/\cos\alpha = 0.45（\text{kN/m}^2）$

永久荷载标准值：　　　　　　　　　　　　　　　　　　　$g_k = 6.97 \text{ kN/m}^2$

活荷载标准值：　　　　　　　　　　　　　　　　　　　　$q_k = 3.5 \text{ kN/m}^2$

荷载设计值：

$$q_{总} = \gamma_G g_k + \gamma_Q q_k = 1.3 \times 6.97 + 1.5 \times 3.5 = 14.31（\text{kN/m}^2）$$

（2）截面设计

梯段板的水平计算跨度：

$$l = 3\,000 + 100 + 100 = 3\,200（\text{mm}）$$

$$M_{max} = \frac{1}{10}ql^2 = \frac{1}{10} \times 14.31 \times 3.2^2 = 14.65（\text{kN} \cdot \text{m/m}）$$

取 $h_0 = h - 20 = 100（\text{mm}）$，$f_c = 14.3 \text{ N/mm}^2$，$f_y = 270 \text{ N/mm}^2$，可得：

$$\alpha_s = \frac{M}{\alpha_1 f_c b h_0^2} = \frac{14.65 \times 10^6}{1.0 \times 14.3 \times 1\,000 \times 100^2} = 0.102$$

$$\xi = 1 - \sqrt{1 - 2\alpha_s} = 1 - \sqrt{1 - 2 \times 0.102} = 0.11$$

计算配筋 $A_s = \dfrac{\xi b h_0 \alpha_1 f_c}{f_y} = \dfrac{0.11 \times 1\,000 \times 100 \times 1.0 \times 14.3}{270} = 582.6(\mathrm{mm}^2)$，选配 $\phi10@130$（$A_s = 604\ \mathrm{mm}^2$）。梯段板的配筋图如图 2-57 所示。

3. 平台板设计

平台板厚选 100 mm，取 1 m 宽板带进行计算。

（1）荷载计算

平台板的永久荷载标准值：

35 mm 厚大理石地面	$0.02 \times 28 + 0.015 \times 20 = 0.86\ (\mathrm{kN/m}^2)$
100 mm 钢筋混凝土平台板	$0.1 \times 25 = 2.5\ (\mathrm{kN/m}^2)$
20 mm 板底水泥砂浆	$0.02 \times 20 = 0.4\ (\mathrm{kN/m}^2)$

永久荷载标准值：　　　　　　　　　　　　　　　$g_k = 3.76\ \mathrm{kN/m}^2$

活荷载标准值：　　　　　　　　　　　　　　　$q_k = 3.5\ \mathrm{kN/m}^2$

荷载设计值：

$$q_{总} = \gamma_G g_k + \gamma_Q q_k = 1.3 \times 3.76 + 1.5 \times 3.5 = 10.14(\mathrm{kN/m}^2)$$

（2）截面设计

平台板的水平计算跨度：

$$l = 1\,500 + 100 + 100 = 1\,700(\mathrm{mm})$$

$$M_{max} = \frac{1}{10}ql^2 = \frac{1}{10} \times 10.14 \times 1.7^2 = 2.93(\mathrm{kN \cdot m})$$

取 $h_0 = h - 20 = 80(\mathrm{mm})$，$f_c = 14.3\ \mathrm{N/mm}^2$，$f_y = 270\ \mathrm{N/mm}^2$，可得：

$$\alpha_s = \frac{M}{\alpha_1 f_c b h_0^2} = \frac{2.93 \times 10^6}{1.0 \times 14.3 \times 1\,000 \times 80^2} = 0.03$$

$$\xi = 1 - \sqrt{1 - 2\alpha_s} = 1 - \sqrt{1 - 2 \times 0.03} = 0.03$$

计算配筋 $A_s = \dfrac{\xi b h_0 \alpha_1 f_c}{f_y} = \dfrac{0.03 \times 1\,000 \times 80 \times 1.0 \times 14.3}{270} = 127.1(\mathrm{mm}^2)$，选配 $\phi8@200$（$A_s = 251\ \mathrm{mm}^2$），满足最小配筋率要求。平台板的配筋图如图 2-57 所示。

4. 平台梁设计

（1）荷载计算

平台梁的永久荷载标准值：

梯段板传来的	$6.97 \times 3.0/2 = 10.46\ (\mathrm{kN/m})$
平台板传来的	$3.76 \times (1.5/2 + 0.2) = 3.57\ (\mathrm{kN/m})$
平台梁自重	$0.2 \times (0.35 - 0.1) \times 25 = 1.25(\mathrm{kN/m})$
梁侧抹灰 20 mm 厚	$0.02 \times (0.35 - 0.1) \times 20 \times 2 = 0.2(\mathrm{kN/m})$

永久荷载标准值：　　　　　　　　　　　　　　　$g_k = 15.48\ \mathrm{kN/m}$

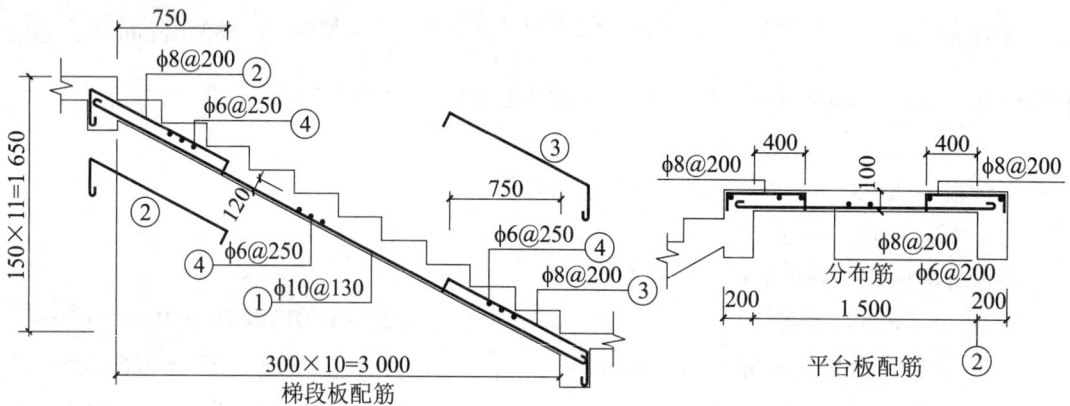

图 2－57 梯段板及平台板的配筋图

活荷载标准值：

梯段板传来的 $\quad\quad\quad\quad\quad\quad\quad\quad\quad\quad 3.5 \times 3.0/2 = 5.25(\text{kN/m})$

平台板传来的 $\quad\quad\quad\quad\quad\quad\quad\quad\quad 3.5 \times (1.5/2 + 0.2) = 3.33(\text{kN/m})$

活荷载标准值： $\quad\quad\quad\quad\quad\quad\quad\quad\quad\quad\quad\quad\quad q_k = 8.58\ \text{kN/m}$

荷载设计值：

$$q_{总} = \gamma_G g_k + \gamma_Q q_k = 1.3 \times 15.48 + 1.5 \times 8.58 = 32.99(\text{kN/m})$$

（2）截面设计

平台梁的水平计算跨度：

$$l = 3\,300 - 175 + 125 + 125 = 3\,375(\text{mm})$$

弯矩设计值：

$$M_{max} = \frac{1}{8}ql^2 = \frac{1}{8} \times 32.99 \times 3.375^2 = 46.97(\text{kN} \cdot \text{m})$$

取 $h_0 = h - 40 = 310(\text{mm})$，$f_c = 14.3\ \text{N/mm}^2$，$f_y = 360\ \text{N/mm}^2$，$f_{yv} = 270\ \text{N/mm}^2$，可得：

$$\alpha_s = \frac{M}{\alpha_1 f_c b h_0^2} = \frac{46.97 \times 10^6}{1.0 \times 14.3 \times 200 \times 310^2} = 0.171$$

$$\xi = 1 - \sqrt{1 - 2\alpha_s} = 1 - \sqrt{1 - 2 \times 0.171} = 0.189$$

计算配筋 $A_s = \dfrac{\xi b h_0 \alpha_1 f_c}{f_y} = \dfrac{0.189 \times 200 \times 310 \times 1.0 \times 14.3}{360} = 465.5\ (\text{mm}^2)$，选配 2 ⊈18

$(A_s = 509\ \text{mm}^2)$。

剪力设计值：

$$V_{max} = \frac{1}{2}ql_n = \frac{1}{2} \times 32.99 \times (3.3 - 0.125 - 0.05) = 51.55(\text{kN}) < 0.7 f_t b h_0$$

$$= 0.7 \times 1.43 \times 200 \times 310 = 62.06(\text{kN})$$

按构造配置箍筋，选用 φ6@200，下部纵筋锚固伸入支座中心线即可。

平台梁的配筋图如图 2－58 所示。

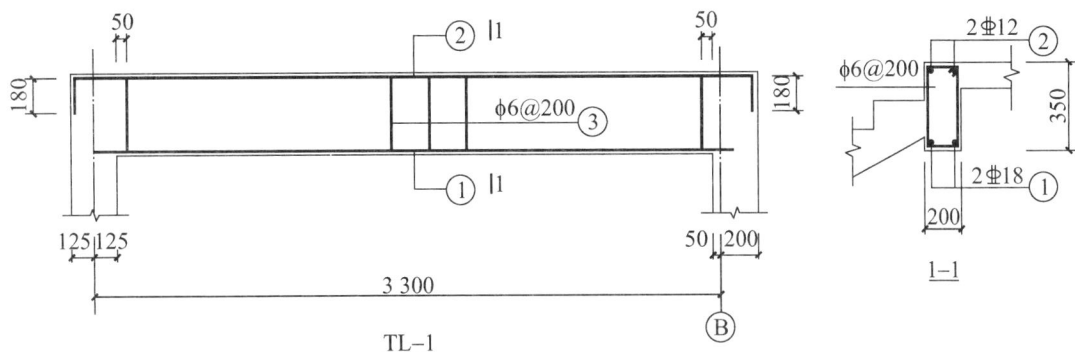

图 2 - 58   平台梁的配筋图

2.6   雨篷的设计和构造

雨篷作为建筑物出入口的避雨设施，起着保护外门、出入口导向及建筑立面的装饰作用。雨篷大多数设计成悬挑结构，与建筑挑檐、外悬挑阳台、外挑走廊等形成建筑结构中主要的悬挑类结构构件。雨篷有整体式和装配式两种结构形式，工程中的雨篷多数采用整体式结构。根据其悬挑长度，雨篷有以下两种结构布置方案：

（1）悬挑梁板式雨篷

悬挑梁板式雨篷即从支承结构悬挑出梁，在悬挑梁上布置板，板上的荷载先传递给挑梁和封边梁，再由挑梁传递给竖向支承构件。一般在悬挑长度较大时（如净悬挑长度大于1 500 mm），采用这种结构布置方案。

（2）悬挑板式雨篷

悬挑板式雨篷即直接从支承梁（或墙）上外伸悬挑板，板上的荷载直接传递给支承梁（或墙）。一般在悬挑长度较小时（如净悬挑长度不大于1 500 mm），采用这种结构布置方案。

2.6.1   雨篷的形式

悬挑雨篷的内力计算包括支承构件和悬挑构件的计算。悬挑结构是静定结构，故计算简单。支承构件视具体结构情况，有不同的承力模式，并采用相应的计算方法。

1. 主体结构为砌体结构

当结构主体为砌体承重时，在出入口门洞上方一般均有混凝土过梁，当雨篷悬挑长度不长时，直接从过梁上外伸悬臂板，形成悬挑板式雨篷，如图2 - 59（a）所示；当雨篷的设计悬挑长度较长时，可利用与外墙正交的内部墙体过梁延伸出来作为悬挑梁板式雨篷，或在门洞两侧设置构造柱，生根悬挑梁，如图2 - 59（b）所示。鉴于美观及雨篷下部的净空要求，悬挑梁板式雨篷的悬挑梁一般设置成反梁，建筑需要时再下挂薄板。

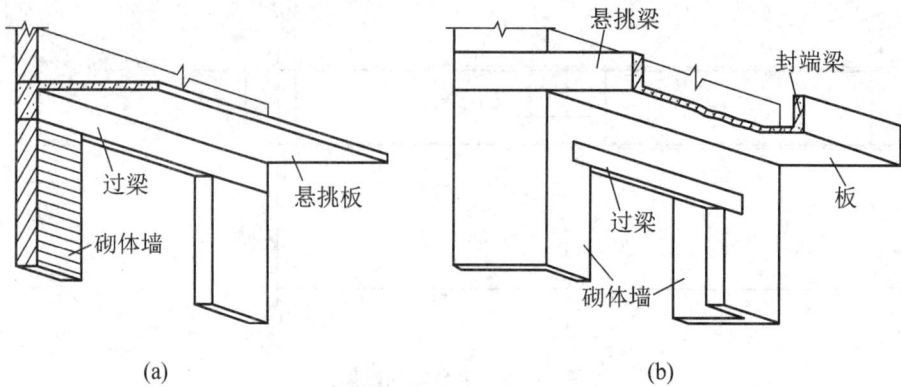

图 2 - 59　砌体结构中的雨篷

（a）悬挑板式雨篷；（b）悬挑梁板式雨篷

2. 主体结构为钢筋混凝土结构

在钢筋混凝土结构中，填充墙为非承重墙，不允许作为混凝土构件的支承。因此，雨篷必须生根在剪力墙墙体或框架结构的梁构件上，支承雨篷的梁两端必须生根在混凝土竖向受力构件上，如图 2 - 60（a）和图 2 - 60（b）所示。当门洞顶部距离上层楼板板面高度较小时，也可直接由上层楼面板或楼梯的休息平台板外伸形成雨篷，如图 2 - 60（c）、图 2 - 60（d）、图 2 - 60（e）所示。悬挑板式雨篷当要求有组织排水时，在雨篷端部和两侧均设置一定高度的反檐，并在反檐上设置水舌以排放雨水。本节主要介绍钢筋混凝土结构中的雨篷设计。

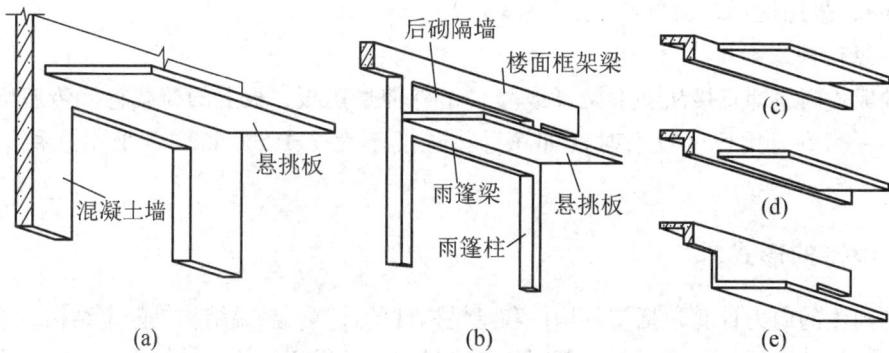

图 2 - 60　混凝土结构中的雨篷

（a）剪力墙结构中的雨篷；（b）框架结构中的雨篷；
（c）楼板直接挑出作为雨篷；（d）梁高范围内的雨篷；（e）梁下悬挂雨篷

2.6.2　雨篷的设计

在荷载作用下，雨篷可能发生雨篷板根部的受弯破坏；当雨篷生根在梁构件上时，雨篷梁需考虑弯矩、剪力和扭矩的共同作用。

1. 雨篷板设计

悬挑雨篷板固定在混凝土墙或雨篷梁上，其计算跨度取板的净悬挑长度。雨篷板的根部厚度可取挑出长度的 $\frac{1}{12} \sim \frac{1}{10}$，且 ≥ 80 mm，若悬挑长度较长，板的端部厚度可适当减薄 $10 \sim 20$ mm，但不应小于 50 mm。

（1）荷载

作用在雨篷上的荷载分为永久荷载和可变荷载。

① 永久荷载 g 或 G。永久荷载包括结构自重、防水层重、面层做法自重及作用于板端的其他集中荷载（如反檐、侧板等）。荷载产生的弯矩记为 M_{gk}。

② 可变荷载。可变荷载包括雨水荷载或雪荷载 s、均布可变荷载 p，以及施工和检修荷载 F。荷载产生的弯矩分别记为 M_{sk}、M_{pk} 和 M_{Fk}。其中，当有反檐的雨篷存在排水不畅时，应考虑雨水荷载（反檐高度较低时可取满槽积水，较高时可取一定高度积水）。均布活荷载一般取 0.5 kN/m^2。施工和检修荷载考虑为在板端沿板宽每隔 1.0 m 处作用 1 kN 的集中荷载。雨水荷载或雪荷载不与均布活荷载及施工和检修荷载同时考虑。

除以上荷载外，当混凝土雨篷板位于高处时，风荷载较大，其不利影响应予以考虑；当工业厂区的雨篷板有积灰影响时，尚应将积灰荷载和雨水荷载、雪荷载及均布活荷载比较后取较大值进行设计。

（2）截面设计

雨篷板按受弯构件进行承载力设计，并按弯矩的分布形式进行钢筋布置，钢筋配置在雨篷板混凝土截面的受拉侧。其最大负弯矩在雨篷板根部，如图 2-61 所示，其弯矩设计值取下述情况中的较大值：

① $M = 1.3M_{gk} + 1.5\max(M_{pk}, M_{sk})$

② $M = 1.3M_{gk} + 1.5M_{Fk}$

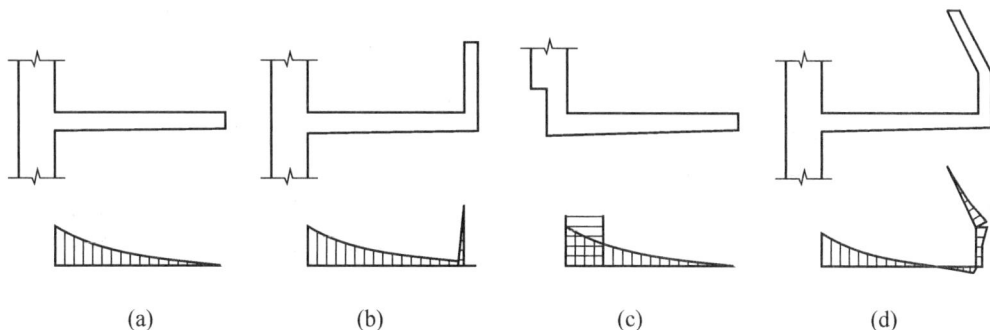

图 2-61　雨篷板的弯矩分布图（弯矩绘在受拉侧）

（a）普通平板式雨篷；（b）端部直反檐雨篷；

（c）梁下吊挂雨篷；（d）端部斜反檐雨篷

2. 雨篷梁设计

对于图 2 – 60（b）中的雨篷梁，作用在其上的荷载包括以下几种：

①梁自重、面层做法等恒荷载。

②梁上填充砌体自重。由于一般是先施工雨篷柱及雨篷梁，后砌筑填充砌体，故考虑所有砌体荷载均作用在雨篷梁上。

③梁上楼（屋）面板传来的恒荷载和活荷载。当雨篷梁支承楼梯平台板或楼（屋）面板时，尚应计入楼板传来的恒荷载和活荷载。

④雨篷悬挑板传来的恒荷载和活荷载。由于悬臂雨篷板为悬挑的静定结构，其根部弯矩必须通过雨篷梁来承担，因此，除将竖向荷载传递给雨篷梁外，其根部弯矩将对雨篷梁产生扭矩作用，如图 2 – 62 所示。

雨篷梁上单位长度上所受的扭矩 m_T 与雨篷板根部单位长度的正截面弯矩 M 相对应，可取雨篷板的根部弯矩 + 雨篷板根部剪力乘以梁宽的一半作为其单位长度的扭矩。在分布扭矩 m_T 的作用下，梁在门洞边缘处的最大扭矩为：

$$T = \frac{1}{2}m_T l_0 \qquad (2-21)$$

式中：l_0 ——雨篷梁的计算跨度。

雨篷梁的纵筋和箍筋应分别按弯、剪、扭承载力计算确定，并满足相应的构造要求。

3. 雨篷梁支承构件

当雨篷板生根于混凝土剪力墙时，考虑上部竖向荷载作用及层间楼板对墙体的约束，一般可不考虑雨篷板对其平面外的弯矩影响；当雨篷板生根于框架梁时，由于另侧楼板对梁的平衡作用，也可忽略雨篷板的扭矩影响，仅在配筋时对框架梁的抗扭性能予以考虑；当雨篷板生根于图 2 – 60（b）所示的雨篷梁时，雨篷梁由雨篷柱支承，雨篷柱则受到雨篷梁传来的双向弯矩和剪力作用，由于雨篷柱多为主体完成后再浇筑，其计算简图可取为下端铰支于基础或基础连系梁、上端铰支于框架梁的单层压弯构件设计，如图 2 – 63 所示，其中，雨篷梁标高以上部分可按双向偏拉构件计算，雨篷梁标高以下部分可按双向偏压构件计算。

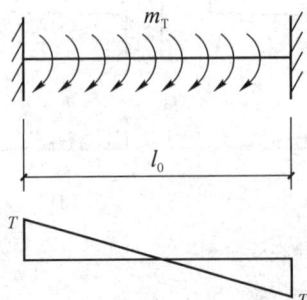

图 2 – 62　雨篷梁上的扭矩作用

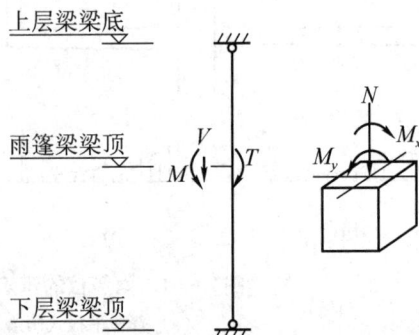

图 2 – 63　雨篷柱的计算简图

2.6.3　雨篷的构造要求

雨篷悬挑板的受力钢筋应按受拉锚固的要求，锚固于混凝土墙或梁内，满足最小锚固长度 l_a，如图 2－64（a）所示。由内侧楼板伸出的悬挑板，需考虑悬臂支座处负弯矩对板内跨跨中的影响，如图 2－64（b）所示。当板内跨跨中不出现负弯矩时，悬挑板负钢筋伸入内跨的净长度不应小于悬臂长度，如图 2－64（b）所示；当板内跨跨中出现负弯矩时，悬挑板负钢筋伸入内跨的另一端支座内。当雨篷板支承于雨篷梁上时，雨篷梁应按弯、剪、扭构件的要求进行纵筋的受拉锚固或箍筋弯钩制作，并满足箍筋间距、最小配筋率等要求。当雨篷板挂在梁下［见图 2－64（c）］或有斜反檐［见图 2－64（d）］时，应满足相应的构造要求。

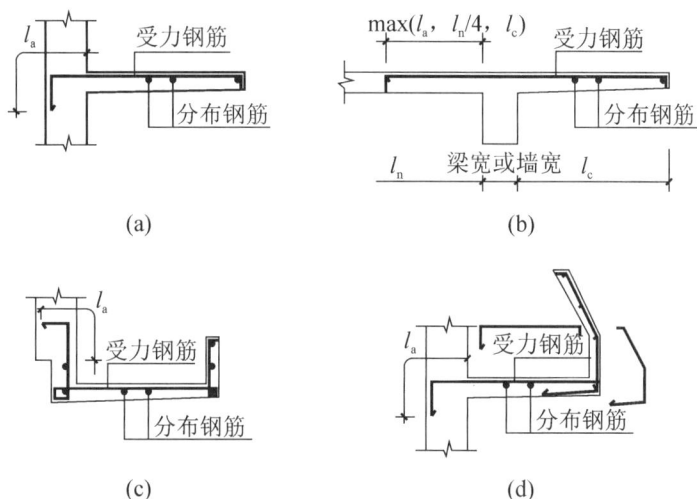

图 2－64　雨篷板配筋的构造
（a）墙或梁上生根的雨篷板；（b）内侧楼板延伸悬挑的雨篷板；
（c）梁下吊挂雨篷板端部带直反檐；（d）雨篷板端部带斜反檐

【例 2－5】悬挑板式雨篷设计例题。

1. 设计资料

某剪力墙结构住宅，在入口处设置雨篷，如图 2－65 所示。雨篷挑出 1.2 m，雨篷板厚为 100～120 mm，选用 C30 混凝土（$f_c = 14.3$ N/mm²，$f_t = 1.43$ N/mm²，$\beta_c = 1.0$），雨篷板采用 HPB300 级钢筋（$f_y = 270$ N/mm²），试设计该雨篷。

2. 荷载计算

作用在雨篷上的荷载主要有以下几种：

①恒荷载 g，包括结构自重、防水构造层、面层做法自重及作用于板端的其他集中恒荷载（如反檐）。

②雪荷载 s。

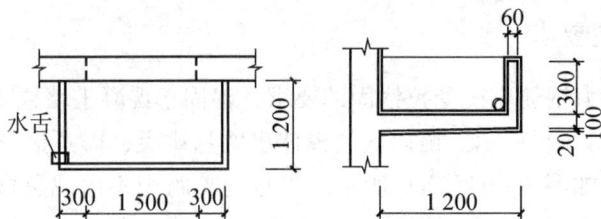

图 2 - 65 雨篷的布置

③均布活荷载 p，一般取 0.5 kN/m²。

④施工和检修荷载 F：在板端部沿板宽每隔 1.0 m 取一个集中荷载。

恒荷载：

SBS 改性沥青防水材料	0.12 kN/m²
水泥砂浆找平层（20 mm 厚）	$0.02 \times 20 = 0.40$（kN/m²）
雨篷板自重（平均 110 mm 厚）	$0.11 \times 25 = 2.75$（kN/m²）
板下水泥砂浆抹灰（20 mm 厚）	$0.02 \times 20 = 0.40$（kN/m²）
恒荷载标准值：	$g_k = 3.67$ kN/m²
反檐	$G_{k1} = 0.3 \times 0.06 \times 25 = 0.45$（kN/m）
反檐 SBS 改性沥青防水材料	$G_{k2} = 0.3 \times 0.12 = 0.036$（kN/m）
反檐水泥砂浆找平层	$G_{k3} = 0.3 \times 0.02 \times 20 = 0.12$（kN/m）
雨篷端部线荷载	$G_k = 0.606$ kN/m

活荷载：取雪荷载、雨水荷载和均布活荷载三者的较大值，雨水按照 250 mm 考虑，$p_k = 0.25 \times 10 = 2.5$（kN/m²）

施工和检修集中荷载：$F = 1.0$ kN/m

3. 内力计算及截面设计

悬臂根部最大弯矩取下列两者的较大值：

$$M_{max} = \frac{1}{2} \gamma_G g_k l_0^2 + \gamma_G G_k l_0 + \frac{1}{2} \gamma_Q p_k l_0^2$$

$$= \frac{1}{2} \times 1.3 \times 3.67 \times 1.2^2 + 1.3 \times 0.606 \times 1.2 + \frac{1}{2} \times 1.5 \times 2.5 \times 1.2^2$$

$$= 7.08 (\text{kN} \cdot \text{m/m})$$

$$M_{max} = \frac{1}{2} \gamma_G g_k l_0^2 + \gamma_G G_k l_0 + \gamma_Q F_k l_0$$

$$= \frac{1}{2} \times 1.3 \times 3.67 \times 1.2^2 + 1.3 \times 0.606 \times 1.2 + 1.5 \times 1.0 \times 1.2$$

$$= 6.18 (\text{kN} \cdot \text{m/m})$$

取两者的较大值，$M_{max} = 7.08$ kN·m/m

雨篷处于室外露天环境，环境类别为二 a 类，最小保护层厚度 $c = 20$ mm，截面有效高

度取 $h_0 = 120 - 20 - 5 = 95$（mm）。

$$\alpha_s = \frac{M}{\alpha_1 f_c b h_0^2} = \frac{7.08 \times 10^6}{1.0 \times 14.3 \times 1\ 000 \times 95^2} = 0.055$$

$$\xi = 1 - \sqrt{1 - 2\alpha_s} = 1 - \sqrt{1 - 2 \times 0.055} = 0.057 < \xi_b = 0.576$$

$$A_s = \xi \frac{\alpha_1 f_c b h_0}{f_y} = 0.057 \times \frac{1.0 \times 14.3 \times 1\ 000 \times 95}{270} = 286.8(\text{mm}^2)$$

满足最小配筋率 $\rho_{\min} = \max(0.2\%, 0.45\frac{f_t}{f_y}) = \max(0.2\%, 0.45 \times \frac{1.43}{270}) = 0.238\%$，两篷实配钢筋 $\phi 8@150$（$A_s = 335\ \text{mm}^2$），板内分布钢筋取 $\phi 6@200$。

小　结

1. 建筑结构中的梁板体系有较多的结构形式，其方案选择需根据竖向构件的平面布置、净空高度、荷载水平、抗侧刚度要求、施工方案和经济性要求等综合确定。设计内容主要包括计算简图的确定、荷载计算、内力分析、内力组合及截面配筋计算，以及结构构造设计和施工图绘制。

2. 确定结构计算简图（包括计算模型和荷载图式等）是将实体结构向理想力学模型简化的过程。应抓住主要因素，忽略次要因素，结构计算简图反映结构受力和变形的基本特点，并将误差控制在合理的范围内。

3. 在荷载作用下，如果板的双向受力、双向弯曲均不能忽略，则称为双向板，否则为单向板。设计中可按板的四边支承情况、板块两个方向的跨度比值及实际的受力状况（如板上是否有较大的集中荷载等）来区分单向板、双向板。

4. 梁板体系在竖向荷载下的传力模式和传力途径与构件布置、构件刚度、荷载作用形式、支座形式等有关。其竖向传递需借助结构力学的概念加以分析，并形成不同体系各自的传力特点。

5. 在整体式单向板肋梁楼盖中，支承在柱和墙上的主梁一般按弹性理论计算内力，板和次梁可按考虑塑性内力重分布的方法计算内力。按塑性理论计算结构内力时，需满足三个条件：

①平衡条件，即内力和外力保持平衡，对连续梁、连续板的任意一个跨，两端支座弯矩绝对值的平均值与跨中弯矩之和，不小于单跨简支梁跨中弯矩的 1.02 倍。

②塑性条件，$\xi \leq 0.35$，即外荷载作用下结构控制截面进入塑性后有足够的转动能力。

③适用性条件，即 $\xi \geq 0.1$ 及调幅幅度不大于25%（次梁）和20%（连续板），考虑塑性内力重分布后，结构应满足正常使用阶段的变形和裂缝宽度限值要求。

6. 连续双向板按弹性计算时，支座弯矩最大值考虑恒荷载与活荷载均满布的方式，按四边固定板对应的弯矩系数计算支座弯矩；求跨中弯矩最大值时，把荷载布置看作满布荷载（$g + q/2$）和间隔荷载（$\pm q/2$）两种情况的叠加，满布荷载时按四边固定板对应的弯矩系数计算跨中弯矩，间隔荷载按四边简支板对应的弯矩系数计算跨中弯矩，最后两者叠加。

7. 双向板按塑性理论计算时，可采用极限平衡法和能量法。用极限平衡法求解极限荷载时，一般先假定塑性铰线分布（布置的塑性铰线应能使板形成机动体系），然后由平衡方程求出极限荷载。

8. 无梁楼盖是指柱轴线上不设置主梁和次梁，双向板楼、屋盖直接支承在柱上的楼盖结构体系。分析这种楼盖结构时，应采用考虑柱上板带、跨中板带等共同工作的分析方法，本章介绍的经验系数法和等代框架法是考虑不同板带受力特点的简化分析方法。

9. 板式楼梯的梯段板和梁式楼梯的梯段斜梁均是斜向结构，其内力可按跨度为水平投影长度的水平结构进行计算，相应地取沿水平长度的线均布荷载值，由此计算所得弯矩为其实际弯矩。

10. 悬挑构件的设计有一些特殊问题，其中雨篷梁和雨篷板上的荷载取值与一般构件不尽相同，钢筋混凝土结构中的雨篷应与主体结构连接成整体，雨篷各构件梁应按实际受力状态进行弯、剪及扭的验算。其配筋构造也应与各部分弯矩分布特点相匹配，以免引起工程事故。

思 考 题

2.1　楼、屋盖结构有哪几种类型？各有何特点？

2.2　什么是单向板？什么是双向板？两者受力特征有何不同？如何判别？

2.3　结构平面布置的原则是什么？板、次梁、主梁的常用跨度是多少？

2.4　按弹性理论计算连续板和次梁时，为什么取折算荷载？

2.5　连续梁、连续板进行承载力设计时为什么要考虑活荷载的不利布置？说明确定截面最不利内力的活荷载布置原则。如何绘制连续梁的内力包络图？

2.6　什么是钢筋混凝土受弯构件的塑性铰？它与结构计算简图中的理想铰有何不同？影响塑性铰转动能力的因素有哪些？

2.7　什么是钢筋混凝土超静定结构的塑性内力重分布？塑性铰的转动能力与塑性内力重分布有何关系？在哪些情况下不能采用塑性内力重分布法进行结构设计？

2.8　什么是弯矩调幅法？应用弯矩调幅法应遵循哪些原则？

2.9　连续单向板中受力钢筋的锚固和截断有哪些要求？单向板中有哪些构造钢筋？各有何作用？

2.10　如何利用单区格双向板的弹性弯矩系数计算连续双向板的跨中最大正弯矩和支座最大负弯矩？该法的适用条件是什么？

2.11　双向板达到承载力极限状态的标志是什么？简要说明用极限平衡法计算双向板极限荷载的步骤。

2.12　说明无梁楼盖的受力特点及内力的实用计算方法。

2.13　按结构形式和受力特点，楼梯可分为哪些形式？如何计算梁式楼梯和板式楼梯中各构件的内力?

2.14　钢筋混凝土结构中的雨篷计算包括哪些内容? 作用于雨篷板及雨篷梁上的荷载有哪些?

2.15　选择题

1. 计算现浇单向板肋梁楼盖时,对板和次梁可采用折算荷载计算,这是考虑到( )。

A. 在板的长跨方向也能传递一部分荷载　　B. 塑性内力重分布的有利影响

C. 支座存在弹性转动约束　　D. 出现活荷载最不利布置的可能性较小

2. 四周有支承梁的板的内拱作用是由以下 ( ) 机制形成的。

A. 受拉区混凝土和受压区钢筋　　B. 受压区混凝土和受拉区钢筋

C. 受拉区混凝土和受拉区钢筋　　D. 受压区混凝土和受压区钢筋

3. 下面有关连续单向板内跨的计算跨度的说法,正确的是 ( )。

A. 无论弹性计算方法还是塑性计算方法均采用净跨

B. 弹性计算方法采用净跨

C. 塑性计算方法采用净跨

D. 均采用支座中心间的距离

4. 四等跨连续梁,为使第 3 跨跨中出现最小弯矩,活荷载应布置在 ( )。

A. 1、2 跨　　B. 2、4 跨　　C. 1、3 跨　　D. 1、3、4 跨

5. 钢筋混凝土超静定结构中存在内力重分布是因为 ( )。

A. 混凝土的拉压性能不同　　B. 结构由钢筋、混凝土两种材料组成

C. 各截面刚度不断变化,塑性铰的形成　　D. 受拉区混凝土不断退出工作

6. 即使塑性铰具有足够的转动能力,弯矩调幅值也必须加以限制,主要是考虑到( )。

A. 正常使用要求　　B. 力的平衡　　C. 施工方便　　D. 经济性

7. 关于单向板肋梁楼盖次梁和主梁设计时,下面说法中正确的是 ( )。

A. 跨中截面按矩形截面进行设计;支座截面按 T 形截面进行设计

B. 跨中截面按 T 形截面进行设计;支座截面按矩形截面进行设计

C. 跨中截面和支座截面均按矩形截面设计

D. 跨中截面和支座截面均按 T 形截面设计

8. 矩形简支双向板,板角在主弯矩作用下,( )。

A. 板面和板底均产生环状裂缝

B. 板面和板底均产生对角裂缝

C. 板面产生对角裂缝,板底产生环状裂缝

D. 板面产生环状裂缝,板底产生对角裂缝

9. 下面有关矩形双向板中间板带承受正弯矩钢筋的说法中,正确的是 ( )。

A. 平行于短跨方向的钢筋在外侧,平行于长跨方向的钢筋在内侧

B. 平行于长跨方向的钢筋在外侧，平行于短跨方向的钢筋在内侧

C. 分布筋在内侧，受力筋在外侧

D. 分布筋在外侧，受力筋在内侧

10. 无梁楼盖用经验系数法计算时，（   ）。

A. 无论负弯矩还是正弯矩，柱上板带分配得多一些

B. 跨中板带分配得多一些

C. 负弯矩柱上板带分配得多一些，正弯矩跨中板带分配得多一些

D. 与 C 项相反

11. 无梁楼盖按等代框架法计算时，柱的计算高度对于楼层取（   ）。

A. 层高   B. 层高减去板厚

C. 层高减去柱帽高度   D. 层高减去 2/3 柱帽高度

12. 楼梯为斜置构件，主要承受恒荷载与活荷载，其中（   ）。

A. 恒荷载与活荷载均沿水平分布

B. 恒荷载与活荷载均沿斜向分布

C. 活荷载沿斜向分布；恒荷载沿水平分布

D. 与 C 项相反

习 题

2.1　两跨连续梁如图 2-66 所示，梁上作用集中永久荷载标准值 $G_k = 60 \text{ kN}$，集中可变荷载标准值 $Q_k = 40 \text{ kN}$，试求：（1）按弹性理论计算的设计弯矩包络图；（2）按考虑塑性内力重分布，中间支座弯矩调幅 20% 后的设计弯矩包络图。

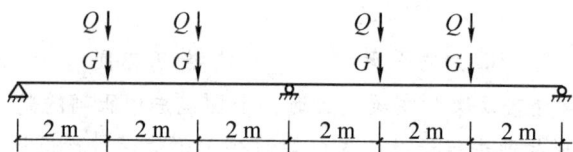

图 2-66　习题 2.1 图

2.2　习题 2.1 中梁的截面尺寸为 $b \times h = 250 \text{ mm} \times 500 \text{ mm}$，混凝土强度等级为 C30，纵筋为 HRB400 级钢筋，梁中间支座截面负弯矩配筋和跨中正弯矩配筋均为 4 ⊈ 20，假定梁上跨度 1/3 点处的作用有固定的集中荷载 F。求：（1）此梁按照弹性理论计算所能承受的集中荷载设计值；（2）此梁按照塑性理论计算所能承受的集中荷载设计值。

2.3　某工业厂房双向板肋梁楼盖如图 2-67 所示，板厚 $h = 100 \text{ mm}$，梁与板整体现浇，并沿柱网轴线设置，截面尺寸为 $b \times h = 200 \text{ mm} \times 500 \text{ mm}$，柱网尺寸为 4.5 m × 4.5 m，楼面永久荷载（包括板自重）标准值为 3.8 kN/m²，可变荷载标准值为 6 kN/m²，混凝土强度等级为 C30，板内受力钢筋采用 HRB400 级钢筋。试分别用弹性理论和塑性理论计算板的内力和配筋。

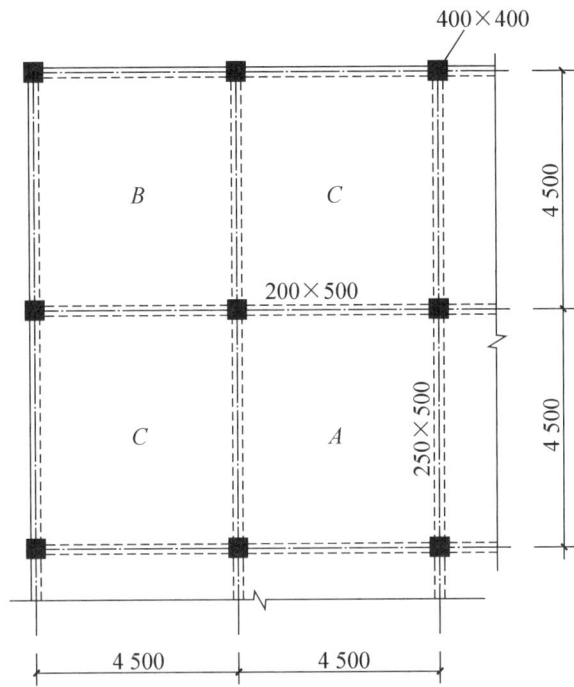

图 2－67　习题 2.3 图

第3章 多层建筑框架结构

1. 了解框架结构的特点和适用范围。
2. 熟悉框架结构的布置原则和方法。
3. 熟悉梁、柱截面尺寸及框架结构计算简图的确定方法。
4. 熟悉框架结构上的各类荷载和作用的形式及计算方法。
5. 掌握框架结构在竖向荷载和水平荷载作用下的内力计算方法。
6. 掌握框架结构的内力组合原则。
7. 熟悉框架结构在水平荷载作用下的侧移验算方法。
8. 熟悉梁、柱的配筋计算和构造要求。

本章的教学重点：框架结构的组成和布置，框架结构计算模型的建立；地震作用下框架结构的延性设计和构造要求。教学难点：框架结构的内力分析和内力组合方法，以及保证框架结构的延性设计与构造措施。

3.1 框架结构设计的基本要求

3.1.1 一般规定

由梁、柱构件主要通过刚接节点连接组成的结构称为框架结构，可同时承受竖向荷载及水平荷载。框架结构的特点：建筑平面布置灵活，可做成较大空间的教室、会议室、餐厅、办公室及实验室等，设置隔墙后，也可做成小房间。住宅类建筑较少使用框架结构，主要原因是其柱截面尺寸较大，以致柱角突出墙面，影响家具放置。

框架结构侧向刚度较小，对建造高度应予以控制。但框架结构经过设计可拥有较好的变形能力和良好的耗能特征，对于总高度不高于28 m的多层建筑，框架结构是一种常用的混凝土结构体系。

1. 结构布置

（1）基本内容

结构布置是在建筑方案完成后布置其结构构件的过程。对框架结构而言，结构布置主要是完成柱与梁的布置，使结构在满足建筑功能要求的同时，传递竖向荷载与水平荷载，以满足结构的安全性、合理性与经济性要求。

结构布置包括平面布置和竖向布置。对于竖向传力体系变化不大的房屋，可只做结构平面布置。对于竖向高度内出现错层、抽柱与斜柱、较大悬挑、传力转换等特殊情况的建筑，还应进行结构竖向布置，以厘清结构构件的空间位置和相互的传力关系。

结构布置应在建筑平面、立面和剖面确定之后进行。每层结构的梁板应参照其支承的上一层平面的隔墙位置及功能分区进行布置，对于雨篷和过梁等位于层高半腰位置的构件，还应参照建筑立面图和剖面图进行布置。

结构布置是结构设计人员估算结构设计工作量、确定结构计算简图、进行荷载计算的依据，也是利用软件进行结构分析时建立结构模型的主要依据。

框架结构体系应满足以下要求：

①双向或多向抗侧力体系。单榀框架只能承受自身平面内的水平作用，因此，框架应沿建筑的两个或多个主轴设置，形成双向或多向梁柱抗侧力体系。

②尽量多赘余度的刚接体系。除个别部位外，框架的梁柱节点应采用刚性连接，以增大结构的赘余度、抗侧刚度及整体性。单跨框架的赘余度较小，地震时，某侧框架柱一旦破坏，无更多的邻近柱作为后续支承防线，将危及整个建筑物的安全，甚至会引起建筑物的倒塌。因此，抗震设计时不宜采用单跨框架。

③避免框架结构与砌体结构混合承重。抗震设计的框架结构，不应采用部分由砌体承重的混合形式。其中，楼梯间、电梯间，以及局部突出屋顶的电梯机房、楼梯间、水箱间等，应采用框架结构承重，不应采用砌体墙承重。

（2）建筑结构的规则性

地震区的建筑结构在惯性力的作用下产生不同规模的动力反应，当建筑物平面或竖向不规则时，容易引起整体扭转或在竖向某些部位的剧烈反应，导致某些构件被破坏甚至整个建筑物倒塌。因此，有抗震设防要求的结构，要重点关注结构布置的合理性，不应采用严重不规则的设计方案。

框架结构的平面布置应力求简单、规则、对称、均匀，质心与刚心宜接近，以减小扭转，避免过大的内收和外伸（凹角处应力集中），避免出现平面不规则结构。结构的侧向刚度宜均匀变化，竖向抗侧力构件的截面尺寸和材料强度宜自下而上逐渐减小或均匀布置，避免抗侧力结构的侧向刚度和承载力突变。

当存在表 3 - 1 所列的平面不规则类型或竖向不规则类型时，应采用空间结构计算模型，按要求进行水平地震作用计算和内力调整，并应对薄弱部位采取有效的抗震构造措施。

2. 框架结构的抗震等级

框架结构的延性取决于构件的延性，而构件的延性与材料、节点的连接、截面限制条件、轴压比、配筋率、配箍率等因素有关。为了保证框架结构的延性，在抗震设计时，根据抗震设防烈度、房屋高度（室外地面至结构主要屋面板标高的高度），以及构件在结构中的重要程度区分为不同的抗震等级（见表 3-2），采取相应的计算方式和构造措施。抗震等级的高低，体现了对结构抗震性能和延性要求的严格程度。

表 3-1　建筑结构不规则的类型

不规则类型		定义
平面不规则	扭转不规则	在具有偶然偏心的规定水平力作用下，楼层两端抗侧力构件弹性水平位移（或层间位移）的最大值与平均值的比值大于 1.2
	凹凸不规则	平面凹进的尺寸，大于相应投影方向总尺寸的 30%
	楼板局部不连续	楼板的尺寸和平面刚度急剧变化，如有效楼板宽度小于该层楼板典型宽度的 50%，或开洞面积大于该层楼面面积的 30%，或较大的楼层错层
竖向不规则	侧向刚度不规则	该层的侧向刚度小于相邻上一层的 70%，或小于其上相邻三个楼层侧向刚度平均值的 80%；除顶层或出屋面的小建筑外，局部收进的水平向尺寸大于相邻下一层的 25%
	竖向抗侧力构件不连续	竖向抗侧力构件（柱、抗震墙、抗震支撑）的内力由水平转换构件（梁、桁架等）向下传递
	楼层承载力突变	抗侧力结构的层间受剪承载力小于相邻上一楼层的 80%

注：规定的水平力一般可采用振型组合后的楼层地震剪力换算的水平作用力，并考虑偶然偏心。

①平面不规则而竖向规则的建筑，应符合下列要求：

a. 扭转不规则时，应计入扭转影响，且在具有偶然偏心的规定水平力作用下，楼层两端抗侧力构件弹性水平位移或层间位移的最大值与平均值的比值不宜大于 1.5。

b. 凹凸不规则或楼板局部不连续时，应采用符合楼板平面内实际刚度变化的计算模型；高烈度或不规则程度较大时，宜计入楼板局部变形的影响。

c. 平面不对称且凹凸不规则或楼板局部不连续时，可根据实际情况分块计算扭转位移比，对扭转较大的部位应采用局部的内力增大系数。

②平面规则而竖向不规则的建筑，应采用空间结构计算模型，刚度小的楼层的地震剪力应乘以不小于 1.15 的增大系数，其薄弱层应按有关规定进行弹塑性变形分析，并应符合下列要求：

a. 竖向抗侧力构件不连续时，该构件传递给水平转换构件的地震内力应根据烈度高低和水平转换构件的类型、受力情况、几何尺寸等，乘以 1.25～2.00 的增大系数。

b. 侧向刚度不规则时，相邻层的侧向刚度比应依据其结构类型符合相应规定。

c. 楼层承载力突变时，薄弱层抗侧力结构的受剪承载力不应小于相邻上一楼层的 65%。

③平面不规则且竖向不规则的建筑，应根据不规则类型的数量和程度，有针对性地采取不低于上述两项要求的各项抗震措施。

表 3-2　框架结构的抗震等级

抗震设防烈度		6 度		7 度		8 度		9 度
高度/m		≤24	>24	≤24	>24	≤24	>24	≤24
抗震等级	框架	四	三	三	二	二	一	一
	大跨度框架	三		二		一		一

注：大跨度框架是指跨度不小于 18 m 的框架。

对于丙类建筑的框架结构，其抗震等级应符合本地区抗震设防烈度的要求。当建筑场地为 I 类时，除 6 度外，应允许按本地区抗震设防烈度降低一度的要求采取抗震构造措施。接近或等于高度分界时，应允许结合房屋不规则程度、场地和地基条件确定抗震等级。

对采用框架结构的甲类或乙类建筑，确定其抗震等级时应将抗震设防烈度提高一度。

3. 变形缝的设置

变形缝是伸缩缝、沉降缝和防震缝的统称。当建筑物平面较狭长，或平面与体型复杂、不对称，或各部分刚度、高度和质量相差悬殊，影响结构受力或布置的规则性时，可设置变形缝予以调整。

（1）伸缩缝

伸缩缝的设置主要和结构长度有关。当房屋较长时，温度变化会使结构产生温度应力，甚至导致结构开裂，因此，将房屋上部结构用伸缩缝断开。框架结构伸缩缝的最大间距应满足表 3 - 3 的要求。

表 3 - 3　框架结构伸缩缝的最大间距

结构环境		室内或土中	露天
伸缩缝最大间距/m	装配式	75	50
	现浇式	55	35

注：①当屋面无保温或隔热措施，混凝土的收缩较大或室内结构因施工外露试件较长时，框架结构的伸缩缝间距宜按表中露天栏的数值取用。

②位于气候干燥地区、夏季炎热且暴雨频繁地区的结构或经常处于高温作用下的结构，伸缩缝间距宜适当减小。

当采用下列构造措施和施工措施减少温度变形和混凝土收缩对结构的影响时，表 3 - 3 中的伸缩缝最大间距可适当放宽。

①顶层、底层、山墙和纵墙端开间等温度变化影响较大的部位提高配筋率。

②顶层加强保温或隔热措施，外墙设置外保温层。

③每 30 ~ 40 m 间距留出施工后浇带，带宽 800 ~ 1 000 mm，钢筋可以断开后采用搭接接头或贯通设置，后浇带混凝土在 45 天以后浇筑。

④顶部楼层改用刚度较小的结构形式或顶部设局部温度缝，将结构划分为长度较短的区段。

⑤采用收缩小的水泥、减少水泥用量、在混凝土中加入适宜的外加剂。

⑥提高每层楼板的构造钢筋率或采用部分预应力结构。

（2）沉降缝

沉降缝的设置主要与基础受到的上部荷载及场地的地质条件有关。在房屋的下列部位宜设置沉降缝。

①建筑平面的转折部位。

②高度差异（或荷载差异）较大处。

③地基土的压缩性有显著差异处。

④建筑结构（或基础）类型不同处。

⑤分期建造房屋的交界处。

伸缩缝与沉降缝的宽度一般不小于 100 mm。过长的钢筋混凝土框架结构的适当部位，宜将伸缩缝与沉降缝合并设置。

（3）防震缝

设置防震缝，是将房屋平面划分为简单规则的形状，使每一部分成为独立的抗震单元，避免在地震作用下结构薄弱部位遭受震害。防震缝的设置位置，主要与建筑平面形状、高差、刚度和质量分布等因素有关。

为避免相邻的单体在地震作用下发生严重碰撞，防震缝需要有一定的宽度。防震缝宽度与场地抗震设防烈度、结构抗侧刚度及高度有关，当框架结构与其他结构形式毗邻时，防震缝最小宽度应符合表 3 - 4 的要求。抗震设计的框架结构，当需要设置伸缩缝、沉降缝时，也应符合防震缝宽度的要求。

表 3 - 4　框架结构防震缝最小宽度　　　　　　　　　　mm

结构类型	结构高度 H/m	抗震设防烈度			
		6 度	7 度	8 度	9 度
框架	$H \leq 15\ m$	100	100	100	100
	$H > 15\ m$	$100+20(H-15)/5$	$100+20(H-15)/4$	$100+20(H-15)/3$	$100+20(H-15)/2$

注：结构单元之间或主楼和裙房之间如无可靠措施，不应采取牛腿托梁的做法设置防震缝。

结构设置变形缝后，虽然变得简单、规则，但给建筑设计及构造处理带来许多复杂问题。变形缝两侧均需布置框架而使结构施工或建筑使用不便；较大的变形缝使建筑立面处理困难；地下部分容易渗漏，防水处理困难；在地震区，地震发生时变形缝两侧结构进入弹塑性状态，位移急剧增大而发生相互碰撞，产生严重的震害。因此，一般情况下应采取必要措施尽量不设变形缝或少设变形缝，来防止由于温度变化、地基不均匀沉降、地震作用等因素所引起的结构或非结构构件的破坏。在建筑设计方面，应采取调整平面形状、尺寸、体型等措施。在结构设计方面，应采取合理的节点连接方式、配置构造钢筋、设置刚性层等措施。在施工方面，应采取分阶段施工、设置后浇带、加强保温隔热等措施。

4. 楼梯间的布置

框架结构中的楼梯宜采用现浇钢筋混凝土楼梯，楼梯间的布置不应导致结构平面特别不规则。为减小结构扭转，不宜将楼梯间布置在结构单元的端部，也不宜将楼梯间布置在平面转折部位，以避免产生局部应力集中。楼梯构件与主体结构整体现浇时，梯板起到斜支撑的作用，对结构刚度、承载力、规则性的影响比较大，应计入楼梯构件对地震作用及其效应的影响，并应进行楼梯构件的抗震承载力验算。

此外，还宜采取构造措施，减少楼梯构件对主体结构刚度的影响。例如，梯板滑动支承于平台板时，楼梯构件对结构刚度等的影响较小，可不参与整体抗震计算。

5. 框架填充墙的布置

框架结构中的填充墙主要起围护和分隔房间的作用。但由于其自重较大，与框架梁柱结合紧密时对抗侧刚度的影响也很大，如果布置不当，容易形成偏心，产生扭转，影响主体结构的安全。在窗台以下连续砌筑砌体填充墙时，也易使框架柱形成短柱，发生脆性破坏。

因此，抗震设计时，框架结构的填充墙及隔墙应优先选用轻质墙体，采用砌体填充墙时，在平面和竖向的布置宜均匀对称，以减小因抗侧刚度偏心所造成的扭转，并应避免形成短柱及上下层刚度变化过大。

为避免在地震作用下，由于填充墙震害引起框架结构的破坏，填充墙及隔墙应具有自身的稳定性，并符合下列要求：

①填充墙在平面和竖向的布置，宜均匀对称，宜避免形成薄弱层或短柱。

②砌体的砂浆强度等级不应低于 M5；实心块体的强度等级不宜低于 MU2.5，空心块体的强度等级不宜低于 MU3.5；墙顶与框架梁（或楼板）密切结合；最上面一层砖可斜砌，与梁底（或板底）顶紧。

③填充墙应沿框架柱全高每隔 500~600 mm 设置 2 根直径 6 mm 的拉筋。抗震设防烈度为 6 度、7 度时，拉筋宜沿墙全长贯通；抗震设防烈度为 8 度、9 度时，拉筋应沿墙全长贯通。

④填充墙长大于 5 m 时，墙顶与梁（板）宜有钢筋拉结；填充墙长大于 8 m 或层高的 2 倍时，宜设置钢筋混凝土构造柱；填充墙高超过 4 m 时，墙体半高处（或门洞上皮）宜设置与柱连接且沿墙全长贯通的钢筋混凝土水平连系梁。

⑤楼梯间和人流通道的填充墙，尚应采用钢丝网砂浆面层加强。

⑥必要时也可以采用隔墙与框架柱之间的柔性连接，降低填充墙对柱的影响。

3.1.2　结构布置及梁、柱截面尺寸

1. 框架结构的布置

（1）布置原则

①结构平面形状和立面体型宜简单、规则，使各部分刚度均匀对称，减少结构产生扭转的可能性。

②控制结构的高宽比，以减少水平荷载下的侧移。

③尽量统一柱网及层高，以减少构件种类规格，简化设计及施工。

④房屋的总长度宜控制在最大温度伸缩缝间距内。

⑤框架结构的基础埋深不宜太浅，自身刚度应尽可能大些，基础类型、埋深应一致。当相邻房屋层数、荷载相差悬殊或土层变化很大时，应设沉降缝将相邻部分由基础到上部结构分开。沉降缝可利用挑梁或搁置预制板（梁）的做法，如图 3-1 所示。也可采用施工和结构构造等方法不设沉降缝。

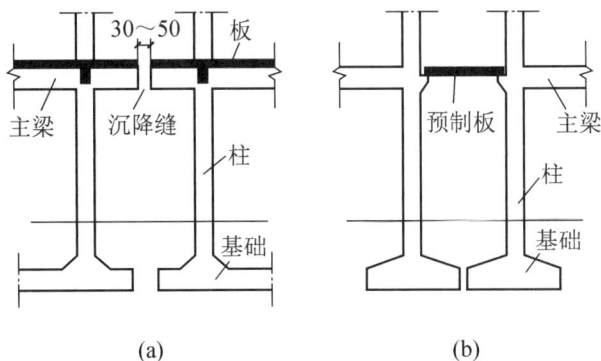

图 3-1　沉降缝的做法
（a）设挑梁；（b）搁置预制板

（2）柱网及层高

框架结构的柱网尺寸，即平面框架的柱距（开间）和跨度（进深）；层高是指本层楼面到上层楼面的高度。柱网及层高既要满足生产工艺和建筑平面布置的要求，又要使结构受力合理，施工方便。力求做到简单、规则，有利于装配化、定型化和施工工业化，并应符合一定的模数要求。当建筑使用性质不同时，各类建筑的柱网布置呈现出不同的特点。

工业建筑的柱网及层高是根据生产工艺要求而定的。车间的柱网布置可分为内廊式、跨度组合式和等跨式，如图 3-2 所示。内廊式柱网有较好的生产环境，工艺不相互干扰，在平面上常采用对称两跨、中间走廊的形式，用隔墙将工作区和交通区隔开。跨度组合式柱网适用于生产要求有大空间，便于布置生产流水线的车间；根据实际需要，也可在较大跨度中用隔墙做成内走廊。等跨式柱网则根据需要将交通区与工作区灵活分隔。

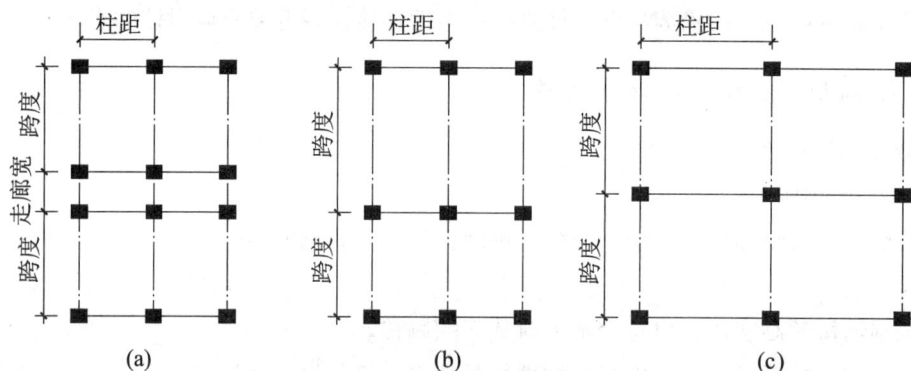

图 3-2　柱网布置

（a）内廊式；（b）跨度组合式；（c）等跨式

内廊式柱网常用尺寸：房间跨度（进深）一般采用 6 m、6.6 m 和 6.9 m 等，走廊宽一般采用 2.4 m~3.0 m，柱距（开间）的常用尺寸为 6 m~6.6 m。

跨度组合式柱网的常用尺寸：跨度（进深）一般采用 6.0 m、7.5 m、9.0 m 和 12.0 m，从经济考虑不宜超过 9 m，柱距（开间）一般采用 6.0 m。等跨式柱网的常用尺寸为 6.0 m~7.2 m，纵横两向尺寸有时也稍有不同。层高一般为 3.6 m、3.9 m、4.5 m、4.8 m 和 5.4 m。

民用建筑的种类很多，功能要求各有不同，柱网及层高等变化也大。柱网和层高一般以 300 mm 为模数。例如，住宅、旅馆的框架设计，柱距（开间）可采用 6.3m、6.6 m 和 6.9 m 等，跨度（进深）可采用 4.8 m、5.1 m、6.0 m、6.6 m 和 6.9 m 等，层高为 3.0 m、3.3 m、3.6 m、3.9 m 和 4.2 m 等。在一些功能较综合、灵活性要求较高的建筑中，柱网则根据实际需要确定。

（3）承重框架的布置

柱网确定后，用梁把柱连接起来，即形成框架结构。一般情况下，柱在两个方向均应有梁拉结，即沿房屋纵横方向均应布置梁系。因此实际的框架结构是一个空间受力体系。当结构布置较为规则时，可把实际框架结构看成纵横两个方向的平面框架。平行于短轴方向的框架称为横向框架，平行于长轴方向的框架称为纵向框架。横向框架和纵向框架分别承受各自方向上的水平作用。

根据框架承重布置方向的不同，框架承重体系分为三种，如图 3-3 所示。

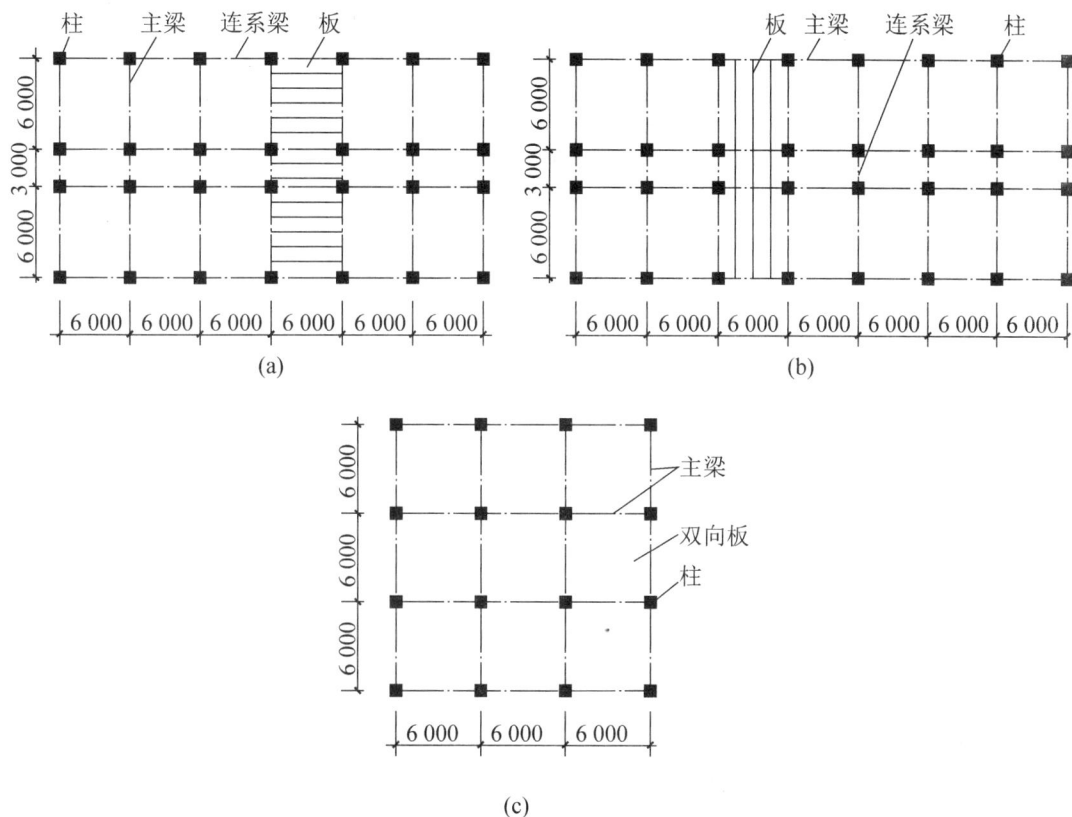

图 3-3　承重框架的布置方案

(a)横向框架承重方案；(b)纵向框架承重方案；(c)纵横向框架混合承重方案

2. 梁、柱截面尺寸

（1）框架柱

柱截面尺寸往往由所承受轴力的大小确定。在地震区，基于框架结构延性的要求，柱截面尺寸受轴压比限制，不能过小。在地震设防高烈度区，柱截面尺寸还受抗侧刚度的控制，以满足层间位移角限制的要求。

柱截面尺寸应符合下列构造要求：

①柱截面一般采用方形、圆形、多边形及接近方形的矩形截面，以保证结构在纵横两个方向都有足够的承载力、刚度和相近的动力特性。矩形截面柱横截面的高度和宽度之比不宜过大，不宜超过 3。

②为了保证施工质量及可靠的抗震性能，柱的截面宽度和高度不宜小于表 3-5 的要求。

③柱净高与截面高度之比不宜小于 4。小于 4 时，易形成短柱，致使结构抗侧刚度变

大、易发生剪切破坏，需设计全长加密箍筋并对体积配箍率等提出要求。

表 3 – 5　框架柱截面尺寸的最小值

截面形式	非抗震设计	抗震设计（抗震等级与框架层数）		
		四级	一、二、三级且不超过2层	一、二、三级且超过2层
矩形（边长）/mm	250	300	300	400
圆形（直径）/mm	350	350	350	450

柱截面尺寸根据可能承受的竖向荷载估算。在计算出柱的最大竖向轴力设计值 N_c 后，再考虑水平荷载的影响，柱截面面积 A_c 可由下式估算：

按非抗震设计时：

$$N = (1.05 \sim 1.10)N_c \qquad (3 – 1)$$

$$A_c \geqslant \frac{N}{f_c}$$

按抗震设计时：

$$N = (1.1 \sim 1.2)N_c \qquad (3 – 2)$$

一级抗震：$A_c \geqslant \dfrac{N}{0.65f_c}$；二级抗震：$A_c \geqslant \dfrac{N}{0.75f_c}$；三级抗震：$A_c \geqslant \dfrac{N}{0.85f_c}$；四级抗震：$A_c \geqslant \dfrac{N}{0.90f_c}$。

式中，f_c 是柱混凝土轴心抗压强度设计值。一般情况下，柱的长边与框架主要承重方向一致。

（2）框架梁

框架梁的截面尺寸可以根据第 2 章表 2 – 1 建议的梁构件常用高跨比进行设置，并应满足以下要求：

①梁的截面宽度不宜小于 200 mm。

②梁的截面高宽比不宜大于 4，以避免形成薄腹梁而降低其抗剪性能。

③梁净跨与截面高度之比不宜小于 4，避免形成以抗剪为主、可能脆性破坏的深梁。

3.2　内力与位移计算

框架结构房屋是由梁、柱、楼板、基础等构件组成的空间结构体系，其一般应按三维空间结构利用计算机进行辅助计算分析。但一些近似的手算方法，计算简便，易于掌握，并有利于学习者熟悉结构内力分析的过程，以及内力和变形规律，帮助学习者从概念上判断设计软件计算结果的合理性和可靠性。

3.2.1　计算假定

对于纵横向均规则布置的框架体系，当其荷载分布也比较均匀时，在下列两条假定下，可以将结构简化成一系列平面框架进行内力和位移分析：

①一榀框架可以抵抗平面内的水平荷载，而在平面外的刚度很小，可以忽略。因此，整个框架结构可以划分为若干个平面框架，共同抵抗与平面框架平行的水平荷载，垂直于该方向的结构不参加受力。

②各个平面框架之间通过楼板联系，楼板在自身平面内刚度很大，可视为刚性无限大的平板，但在平面外的刚度很小，可以忽略（即平面膜假定）。

例如，在具有正交柱网布置的框架结构中，如图 3-4(a) 所示，y 方向可划分成六榀框架（每榀有两跨梁柱），共同抵抗 y 方向的水平力，它们由无限刚性的楼板联系在一起。在 y 方向水平力作用下结构无扭转时，各片结构在每层楼板处侧移都相等，如图 3-4(b) 所示；当结构有扭转时，楼板只做刚体转动，因而各片结构的侧移成直线关系，如图 3-4(c) 所示。同理，如图 3-4(a) 所示的结构在 x 方向可划分成三榀框架（每榀有五跨梁柱），共同抵抗 x 方向的水平力。

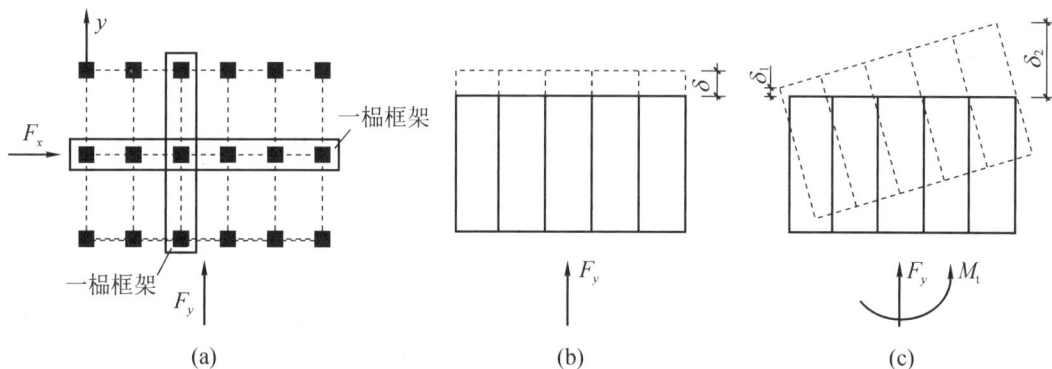

图 3-4 平面框架的简化示意图

(a) 平面框架划分图；(b) 框架平动示意图；(c) 框架平动加扭转示意图

各榀框架在竖向荷载作用下时，按各榀框架承受的竖向荷载面积计算荷载大小，然后按平面框架做近似分析。受水平荷载作用时，各榀框架所受的侧向力，按各榀框架的抗侧刚度大小进行分配。考虑扭转时，先按平面框架做近似分析，再对上述结果进行修正。

3.2.2 计算简图

1. 计算单元的确定

对框架进行简化计算时，常忽略结构纵向和横向之间的联系及各构件的抗扭作用，将实际的空间结构简化为若干榀独立的纵向框架和横向框架，每榀平面框架为一个计算单元，如图 3-5 所示。当采用现浇楼盖时，楼面分布荷载一般可按角平分线传至相应两侧的梁上，水平荷载则简化成节点集中力。

2. 节点的简化

在现浇式钢筋混凝土结构中，梁柱节点应简化为刚接节点；装配式框架结构节点简化成

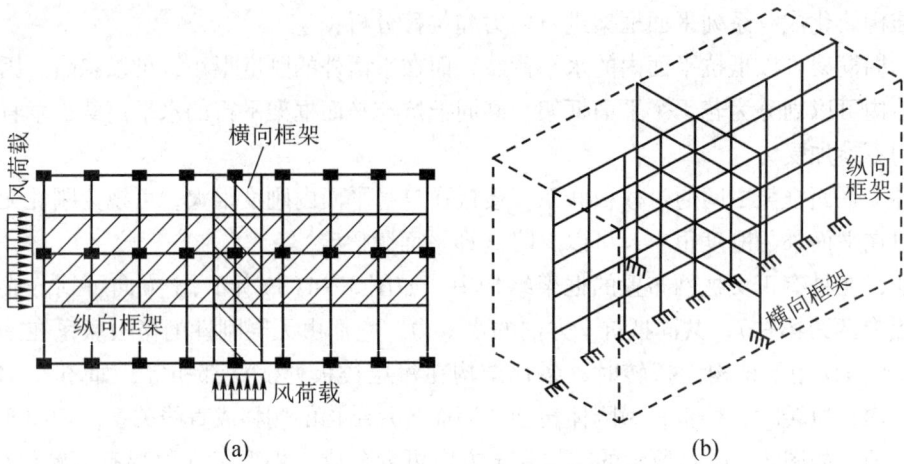

图 3 − 5　平面框架的计算单元及计算模型

(a)平面框架的负荷范围；（b）平面框架的计算模型图

铰接节点或半刚接节点；装配整体式框架结构可以认为是刚接节点，当然这种节点的刚性不如现浇式框架结构的好，节点梁端的实际弯矩要小于按刚性节点假定所得到的计算值。

框架基础处的约束可以分为固定支座和铰支座。当为现浇式钢筋混凝土柱时，一般设计成固定支座；当为预制柱杯形基础时，则应视构造措施不同分别简化为固定支座和铰支座。

3. 跨度与层高的确定

在结构计算简图中，以梁、柱各杆件的形心线为轴线，杆件用其轴线来表示。当上下层柱截面尺寸不变时，框架梁的跨度即取柱子轴线之间的距离，各框架柱的模型高度为各横梁形心轴线间的距离。当各层梁截面高度相同时，各层层高即为框架柱的高度，即取本层楼面至上层楼面的距离；当各层梁截面高度不同时，也可近似取层高作为柱的模型高度。底层的层高应取基础顶面到二层楼板顶面之间的距离。

在实际工程中，框架柱的截面尺寸通常沿房屋高度越往上层越小。当上层柱截面尺寸减小但其形心轴仍与下层柱的形心轴重合时，其计算简图与各层柱截面尺寸不变时相同。当上下层柱截面尺寸变化且形心轴不重合时，可采取近似方法，将顶层柱的形心线作为该位置处整列柱子的轴线，同时，在框架结构的内力和变形分析中，各层梁的计算跨度及线刚度仍应按实际情况选取，但应考虑上下层柱轴线不重合，由上层柱传来的轴力在变截面处所产生的力矩，此力矩应视为外荷载，与其他竖向荷载一起进行框架内力分析。如采用结构计算软件分析，其程序一般采用折线形带刚域的梁柱节点来模拟上下层柱形心的不重合。

4. 构件截面弯曲刚度的计算

在计算框架梁的截面惯性矩 I 时，假定梁的截面惯性矩 I 沿轴线不变。考虑到楼板对梁抗弯刚度的影响，对现浇式楼盖，中框架梁的截面惯性矩取 $I = 2I_0$，边框架梁的截面惯性矩取 $I = 1.5I_0$；对装配式楼盖，中框架梁的截面惯性矩取 $I = 1.5I_0$，边框架梁的截面惯性矩取 $I = 1.2I_0$。I_0 为矩形截面梁的截面惯性矩。对装配式楼盖，则按梁的实际截面计算 I。

3.2.3 荷载类型与计算

作用于框架结构上的荷载有竖向荷载和水平荷载两种。竖向荷载（重力荷载）包括结构自重及楼（屋）面活荷载，一般为分布荷载，有时也有集中荷载。水平荷载包括风荷载和水平地震作用，一般均简化为作用于框架节点的水平集中力。

1. 结构自重

结构自重包括结构构件（梁、板、柱、支撑等）和非结构构件（抹灰、饰面材料、填充墙、吊顶等）的重量。这些重量的大小和作用点几乎不随时间推移而变化，称为永久荷载。永久荷载标准值可按结构构件的设计尺寸和材料密度的自重计算确定，对于常用材料和构件的自重可从《荷载规范》查得。

2. 楼（屋）面活荷载

对于民用建筑楼面均布活荷载标准值，可根据调查统计而得。我国《荷载规范》规定的民用建筑楼面均布活荷载标准值及其组合值系数、频遇值系数和准永久值系数见表 3-6。

表 3-6 民用建筑楼面均布活荷载标准值及其组合值系数、频遇值系数和准永久值系数

项次	类别			标准值/$(kN \cdot m^{-2})$	组合值系数 ψ_c	频遇值系数 ψ_f	准永久值系数 ψ_q
1	(1) 住宅、宿舍、旅馆、办公楼、医院病房、托儿所、幼儿园			2.0	0.7	0.5	0.4
	(2) 实验室、阅览室、会议室、医院门诊室			2.0	0.7	0.6	0.5
2	教室、食堂、餐厅、一般资料档案室			2.5	0.7	0.6	0.5
3	(1) 礼堂、剧场、影院、有固定座位的看台			3.0	0.7	0.5	0.3
	(2) 公共洗衣房			3.0	0.7	0.6	0.5
4	(1) 商店、展览厅、车站、港口、机场大厅及其旅客等候室			3.5	0.7	0.6	0.5
	(2) 无固定座位的看台			3.5	0.7	0.5	0.3
5	(1) 健身房、演出舞台			4.0	0.7	0.6	0.5
	(2) 运动场、舞厅			4.0	0.7	0.6	0.3
6	(1) 书库、档案库、贮藏室			5.0	0.9	0.9	0.8
	(2) 密集柜书库			12.0	0.9	0.9	0.8
7	通风机房、电梯机房			7.0	0.9	0.9	0.8
8	汽车通道及客车停车库	(1) 单向板楼盖（板跨不小于 2 m）和双向板楼盖（板跨不小于 3 m×3 m）	客车	4.0	0.7	0.7	0.6
			消防车	35.0	0.7	0.5	0.0
		(2) 双向板楼盖（板跨不小于 6 m×6 m）和无梁楼盖（柱网不小于 6 m×6 m）	客车	2.5	0.7	0.7	0.6
			消防车	20.0	0.7	0.5	0.0
9	厨房	(1) 餐厅		4.0	0.7	0.7	0.7
		(2) 其他		2.0	0.7	0.6	0.5
10	浴室、卫生间、盥洗室			2.5	0.7	0.6	0.5

续表

项次	类　别		标准值/$(kN \cdot m^{-2})$	组合值系数 ψ_c	频遇值系数 ψ_f	准永久值系数 ψ_q
11	走廊、门厅	（1）宿舍、旅馆、医院病房、托儿所、幼儿园、住宅	2.0	0.7	0.5	0.4
		（2）办公楼、餐厅、医院门诊部	2.5	0.7	0.6	0.5
		（3）教学楼及其他可能出现人员密集的情况	3.5	0.7	0.5	0.3
12	楼梯	（1）多层住宅	2.0	0.7	0.5	0.4
		（2）其他	3.5	0.7	0.5	0.3
13	阳台	（1）可能出现人员密集的情况	3.5	0.7	0.6	0.5
		（2）其他	2.5	0.7	0.6	0.5

注：①本表所给各项活荷载适用于一般使用条件，当使用荷载较大、情况特殊或有专门要求时，应按实际情况采用。

②第6项中的书库活荷载，当书架高度大于2 m时，尚应按每米书架高度不小于2.5 kN/m^{2}确定。

③第8项中的客车活荷载只适用于停放载人少于9人的客车；消防车活荷载适用于满载总重为300 kN的大型车辆；当不符本表的要求时，应将车轮的局部荷载按结构效应的等效原则，换算为等效均布荷载。

④第8项中的消防车活荷载，当双向板楼盖板跨介于3 m×3 m～6 m×6 m时，应按跨度线性插值确定。

⑤第12项中的楼梯活荷载，对预制楼梯踏步平板，尚应按1.5 kN集中荷载验算。

⑥本表各项荷载不包括隔墙自重和二次装修荷载。对固定隔墙的自重应按永久荷载考虑，当隔墙位置可以灵活自由布置时，非固定隔墙的自重应取不小于1/3的每延米长墙重（kN/m）作为楼面活荷载的附加值（kN/m^2）计入，且附加值不应小于1.0 kN/m^2。

（1）楼面活荷载

民用建筑楼面均布活荷载的标准值及其组合值系数、频遇值系数和准永久值系数的取值，不应小于表3-6的规定。但在设计楼面梁、墙、柱及基础时，表中的楼面活荷载标准值应按下列情况乘以规定的折减系数。

①设计楼面梁时的折减系数。表3-6中的第1(1)项，当楼面梁从属面积超过25 m^{2}时，折减系数应取0.9。第1(2)～7项，当楼面梁从属面积超过50 m^{2}时，折减系数应取0.9。第8项，对单向板楼盖的次梁和槽形板的纵肋，折减系数应取0.8；对单向板楼盖的主梁，折减系数应取0.6；对双向板楼盖的梁，折减系数应取0.8。第9～13项应采用与所属房屋类别相同的折减系数。

②设计墙、柱和基础时的折减系数。表3-6中第1(1)项折减系数按表3-7的规定采用；表3-6中第1(2)～7项采用与楼面梁相同的折减系数；第8项对单向板楼盖折减系数应取0.5，对双向板楼盖和无梁楼盖折减系数应取0.8；第9～13项应采用与所属房屋类别相同的折减系数。

表3-7　活荷载按楼层的折减系数

墙、柱、基础计算截面以上的层数	1	2～3	4～5	6～8	9～20	>20
计算截面以上各楼层活荷载总和的折减系数	1.00 (0.90)	0.85	0.70	0.65	0.60	0.55

注：①当楼面梁的从属面积超过25 m^{2}时，可采用括号内的系数。

②楼面梁的从属面积应按梁两侧各延伸1/2梁间距范围内的实际面积确定。

在计算楼面活荷载产生的内力时，一般情况下可不考虑活荷载的最不利布置。一方面，这是因为目前我国钢筋混凝土建筑单位面积的重量为 $12 \sim 14 \ kN/m^2$（框架结构体系），而其中活荷载仅为 $2.0 \sim 3.0 \ kN/m^2$，仅占全部竖向荷载的 $15\% \sim 20\%$，所以楼面活荷载的最不利布置对内力产生的影响较小；另一方面，建筑不利布置方式繁多，难以一一计算。但是，如果楼面活荷载大于 $4 \ kN/m^2$ 时，其不利分布对梁弯矩的影响会比较明显，计算时应予以考虑。除进行活荷载不利分布的详细计算分析外，也可将未考虑活荷载不利分布计算的框架梁弯矩乘以放大系数予以近似考虑，该放大系数通常取为 $1.1 \sim 1.3$，活载大时可选用较大数值。近似考虑活荷载不利分布影响时，梁的正负弯矩应同时予以放大。

（2）屋面活荷载

房屋建筑的屋面，其水平投影面上的屋面均布活荷载的标准值及其组合值系数、频遇值系数和准永久值系数的取值，不应小于表 3 - 8 的规定。不上人的屋面均布活荷载，可不与雪荷载和风荷载同时组合。

表 3 - 8　屋面均布活荷载标准值及其组合值系数、频遇值系数和准永久值系数

项 次	类　　别	标准值/ $(kN \cdot m^{-2})$	组合值系数 ψ_c	频遇值系数 ψ_f	准永久值系数 ψ_q
1	不上人的屋面	0.5	0.7	0.5	0
2	上人的屋面	2.0	0.7	0.5	0.4
3	屋顶花园	3.0	0.7	0.6	0.5
4	屋顶运动场地	3.0	0.7	0.6	0.4

注：①不上人的屋面，当施工或维修荷载较大时，应按实际情况采用，对不同结构应按有关设计规范的规定采用，但不得低于 $0.3 \ kN/m^2$。

②当上人的屋面兼作其他用途时，应按相应楼面活荷载采用。

③对于因屋面排水不畅、堵塞等引起的积水荷载，应采用构造措施加以防止；必要时，应按积水的可能深度确定屋面活荷载。

④屋顶花园活荷载不包括花圃土石等材料自重。

3. 风荷载

当计算主要受力结构时，垂直于建筑物表面上的风荷载标准值 w_k 应按下式计算：

$$w_k = \beta_z \mu_s \mu_z w_0 \tag{3-3}$$

式中：w_k——风荷载标准值，kN/m^2；

$\quad w_0$——基本风压，kN/m^2；

$\quad \mu_z$——风压高度变化系数；

$\quad \mu_s$——风荷载体型系数；

$\quad \beta_z$——高度 z 处的风振系数。

风荷载的组合值系数、频遇值系数和准永久值系数可分别取 0.6、0.4 和 0.0。

（1）基本风压

基本风压是以当地比较空旷平坦地面上离地 10 m 高统计所得的 50 年一遇 10 min 平均最大风速 v_0（m/s）为标准，按 $w_0 = v_0^2/1\ 600$ 确定的风压值。基本风压应按《荷载规范》附

录 E 中附表 E.5 给出的 50 年重现期的风压采用，但不得小于 0.3 kN/m²。

（2）风压高度变化系数

风速大小与高度有关，一般近地面处的风速较小，越向上风速越大。但风速的变化还与地貌及周围环境有关。本书的附表 E-2 给出了各种情况下的风压高度变化系数。

（3）风荷载体型系数

风荷载体型系数是指风作用在建筑物表面上所引起的实际风压与基本风压的比值，它描述了建筑物表面在稳定风压作用下的静态压力的分布规律，主要与建筑物的体型和尺寸有关，也与周围环境和地面粗糙度有关。风荷载体型系数按《荷载规范》第 8.3 节的规定采用。

（4）风振系数

风对建筑物的作用是不规则的，风压随风速、风向的紊乱变化而不停地改变。通常把风作用的平均值看作稳定风压或平均风压，实际风压是在平均风压上下波动的。平均风压使建筑物产生一定的侧移，而波动风压使建筑物在该侧移附近左右振动。对于高度较大，刚度较小的高层建筑，波动风压会产生不可忽略的动力效应，在设计中必须考虑。对于高度小于 30 m 的多层建筑，可不考虑顺风振动问题，即风荷载标准值计算式（3-3）中的风振系数 $\beta_z = 1.0$。

4. 水平地震作用

由于地震作用与风荷载的性质不同，结构设计方法与要求也不同。风荷载作用时间较长，有时达数小时，发生的机会也多，一般要求风荷载作用下的结构处于弹性状态，不允许出现大变形，装修材料和结构均不允许出现裂缝，人不应有不舒适感等。地震发生的机会少，作用持续时间短，一般为几秒到几十秒，地震作用强烈。如果要求结构在所有的地震作用下都处于弹性阶段，势必使结构多用材料，很不经济。因此，抗震设计有专门的方法和要求。我国现行《抗震规范》采用三水准抗震设防目标，通过两个阶段抗震设计方法，规定了相关要求与应用范围。

（1）三水准抗震设防目标

《抗震规范》规定，我国房屋建筑采用三水准抗震设防目标，即"小震不坏，中震可修，大震不倒"。当遭遇小震（第一水准）影响时，结构处于正常使用状态，从结构抗震分析角度，可以视为弹性体系，采用弹性反应谱进行弹性分析；当遭遇中震（第二水准）影响时，结构进入非弹性工作状态，但非弹性变形或结构体系的损坏控制在可修复的范围；当遭遇大震（第三水准）影响时，结构有较大的非弹性变形，但应控制在规定的范围内，以免倒塌。

小震、中震、大震是指概率统计意义上的地震大小：小震（多遇地震或第一水准）是指在 50 年期限内，可能遭遇的超越概率为 63%（重现期为 50 年）的地震作用。中震（设防地震或第二水准）是指在 50 年期限内，可能遭遇的超越概率为 10%（重现期为 475 年）的地震作用。大震（罕遇地震或第三水准）是指在 50 年期限内，可能遭遇的超越概率为 2%~3%（重现期为 1 641~2 475 年）的地震作用。当用地震烈度表示地震作用时，称为基本烈度。

各个地区和城市的抗震设防烈度由国家地震区划部门专门规定。某地区的设防烈度,是基本烈度,也是指中震。小震烈度约比中震低 1.55 度,大震烈度约比基本烈度高 1 度。例如,北京市大部分区域设防烈度为 8 度,其小震烈度为 6.45 度,大震烈度为 9 度。

抗震设防目标和要求是根据一个国家的经济力量、科学发展水平、建筑材料和设计、施工现状等综合制定的,并会随着经济和科学水平的发展而改变。

(2)抗震设防目标的实现途径——两阶段设计

采用两阶段设计实现上述三个水准的设防目标。

第一阶段设计——承载力及弹性变形验算。取第一水准的地震动参数计算结构的弹性地震作用标准值和相应的地震作用效应进行结构的弹性变形验算及构件的截面承载力验算,使结构侧移在规范规定的限值内,实现对第一水准的设防要求。

第二阶段设计——弹塑性变形验算。对地震时易倒塌的结构、有明显薄弱部位的不规则结构及有专门要求的建筑,除进行第一阶段设计外,还要进行结构薄弱部位的弹塑性层间变形验算并采取相应的抗震构造措施,实现第三水准的设防要求。

通过概念设计和构造措施来满足第二水准的要求。

鉴于工程经验和第二阶段设计的复杂性,大多数结构可只进行第一阶段设计,而对于有特殊要求的建筑、地震时易倒塌的结构和有明显薄弱层的不规则结构,除第一阶段设计外尚需要进行第二阶段设计。

(3)抗震设防范围

《抗震规范》规定,基本烈度为 6 度及 6 度以上地区内的建筑结构,应当抗震设防。《抗震规范》适用于设防烈度为 6~9 度地区的建筑抗震设计。

(4)抗震设计计算方法

结构抗震设计计算方法主要有三种:静力法、反应谱法和时程分析法(直接动力法)。《抗震规范》要求在设计阶段采用反应谱法计算地震作用及进行结构抗震设计,有些高层建筑结构需要采用时程分析方法进行补充计算;第二阶段变形验算采用弹塑性静力分析或弹塑性时程分析方法。

①静力法。静力法产生于 20 世纪初期,是最早的结构抗震设计方法。该方法把地震作用看作在建筑物上的一个总水平力,该水平力取建筑物总重量乘以一个地震系数。

②反应谱法。反应谱法是采用加速度反应谱计算结构地震作用及进行结构抗震设计的方法。从 20 世纪 40 年代开始,国外开始研究反应谱及采用反应谱进行结构抗震计算,到 50 年代反应谱法基本取代了静力法,反应谱法是结构抗震设计理论和方法的一大飞跃。

③时程分析法。时程分析法是一种动力计算方法,用地震加速度时程作为输入,计算得到结构随时间变化的地震反应。时程分析法既考虑了地震动的振幅、频率和持续时间三要素,又考虑了结构的动力特性。计算可得到结构地震反应的全过程,包括每一时刻的内力、位移、屈服位移、塑性变形等,也可以得到反应的最大值。输入的地震波可以是实际地震记

录或人工地震波，采用的结构计算模型根据结构构件的状态确定，结构的刚度随时间变化，必须给出构件的力-变形的非线性关系，即恢复力模型，恢复力模型是在大量试验研究基础上归纳得到的用于计算的数学模型。

时程分析法比反应谱法又前进了一大步，但由于计算过程复杂、计算结果不唯一等诸多因素，还不能在工程设计中普遍被采用。《抗震规范》规定了需要采用时程分析方法作为补充计算的房屋建筑类型。

(5) 设计反应谱

根据大量的强震记录，求出不同自振周期的单自由度体系分别在各地震波输入下的最大反应，再将这些反应曲线统计处理，得到最有代表性的平均曲线，称为反应谱。以反应谱为依据进行抗震设计，可以保证结构在相应地震区域的地震作用下有足够的安全度。利用反应谱，可很快求出各种地震激励下的反应最大值，因而反应谱法被广泛应用。

①地震影响系数曲线。《抗震规范》规定的设计反应谱以地震影响系数曲线的形式给出。地震影响系数 α 是单质点弹性体系的绝对最大加速度与重力加速度的比值，它除与结构自振周期有关外，还与结构的阻尼比等有关。根据地震烈度、场地类别、设计地震分组和结构自振周期及阻尼比的不同，水平地震影响系数 α 按图 3-6 确定，现说明如下。

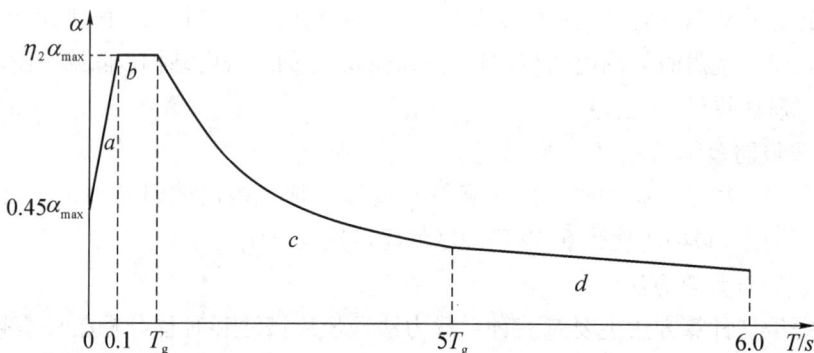

图 3-6　地震影响系数曲线

直线上升段 a：为周期小于 0.1 s 的区段，取

$$\alpha = [0.45 + 10(\eta_2 - 0.45)T]\alpha_{max} \tag{3-4}$$

水平段 b：自 0.1 s 至特征周期区段，取

$$\alpha = \eta_2 \alpha_{max} \tag{3-5}$$

曲线下降段 c：自特征周期至 5 倍特征周期区段，取

$$\alpha = \left(\frac{T_g}{T}\right)^\gamma \eta_2 \alpha_{max} \tag{3-6}$$

直线下降段 d：自 5 倍特征周期至 6 s 区段，取

$$\alpha = [\eta_2 0.2^\gamma - \eta_1(T - 5T_g)]\alpha_{max} \tag{3-7}$$

式中：α_{max}——水平地震影响系数最大值，按表 3-9 确定。

γ——曲线下降段的衰减指数，按式（3－8）确定：

$$\gamma = 0.9 + \frac{0.05 - \zeta}{0.3 + 6\zeta} \qquad (3-8)$$

ζ——阻尼比，一般的钢筋混凝土结构可取 0.05；

η_1——直线下降段的下降斜率调整系数，按式（3－9）确定，当 η_1 小于 0 时应取 0；

$$\eta_1 = 0.02 + \frac{0.05 - \zeta}{4 + 32\zeta} \qquad (3-9)$$

η_2——阻尼调整系数，按式（3－10）确定，当 η_2 小于 0.55 时应取 0.55；

$$\eta_2 = 1 + \frac{0.05 - \zeta}{0.08 + 1.6\zeta} \qquad (3-10)$$

T——结构自振周期；

T_g——特征周期，根据场地类别和设计地震分组按表 3－10 确定，计算罕遇地震作用时，特征周期应增加 0.05 s。

表 3－9　水平地震影响系数最大值 $\alpha_{\max}$

地震影响	烈　　　度			
	6	7	8	9
多遇地震	0.04	0.08 (0.12)	0.16 (0.24)	0.32
罕遇地震	0.28	0.50 (0.72)	0.90 (1.20)	1.40

注：烈度为 7 度、8 度时，括号内数值分别用于设计基本地震加速度为 0.15g 和 0.30g 的地震区，此处 g 为重力加速度。

表 3－10　特征周期　　　　　　　　　　　　　　　　　　　　　　s

场地类别 设计地震分组	I_0	I_1	II	III	IV
第一组	0.20	0.25	0.35	0.45	0.65
第二组	0.25	0.30	0.40	0.55	0.75
第三组	0.30	0.35	0.45	0.65	0.90

②场地土和场地。根据土层的等效剪切波速和场地的覆盖厚度，建筑的场地类别按表 3－11 划分为 I、II、III、IV 四类，其中 I 类分为 I_0 和 I_1 两个亚类。当有可靠的剪切波速和覆盖层厚度且其值处于表 3－11 所列场地类别的分界线附近时，应允许按插值方法确定地震作用计算所用的设计特征周期。

（6）结构基本自振周期的经验公式

按振型分解法计算多自由度结构体系地震作用时，需要确定结构的自振频率及相应的振型。从理论上讲可以通过求解振动方程得到。但是当体系的质点多时，自由度就会较多，手算频率较为困难。因此，在实际工程计算中，可采用近似法求解。

表3-11　各类建筑场地覆盖层厚度　　　　　　　　m

岩石的剪切波速或土层的等效剪切波速/（m·s⁻¹）	场地类别				
	I₀	I₁	II	III	IV
$v_s > 800$	0				
$800 \geqslant v_s > 500$		0			
$500 \geqslant v_{se} > 250$		<5	≥5		
$250 \geqslant v_{se} > 150$		<3	3~50	>50	
$v_{se} \leqslant 150$		<3	3~15	>15~80	>80

注：① 表中 v_s 为岩石的剪切波速。

② v_{se} 为土层的等效剪切波速，具体计算方法见《抗震规范》的4.1.5条。

近似法有瑞利法、折算质量法、顶点位移法、矩阵迭代法等多种方法。对于比较规则的结构，可以采用以下结构基本自振周期 T_1 的经验公式。

①根据建筑物层数估算基本自振周期。根据已有建筑物的动力测试结果，框架结构的基本自振周期与其层数有一定的相关性，大致在以下范围：

$$T_1 = (0.08 \sim 0.1)n \tag{3-11}$$

式中：n——结构层数。

②用顶点位移法估算框架结构基本自振周期。对于质量和刚度沿高度分布比较均匀的框架结构，其基本自振周期可按下式计算：

$$T_1 = 1.7\psi_T \sqrt{u_T} \tag{3-12}$$

式中：T_1——结构基本自振周期，s；

u_T——假想的结构顶点水平位移，m，即假想把集中在各楼层处的重力荷载代表值 G_i 作为该楼层水平荷载，按照弹性方法计算的结构顶点水平位移；

ψ_T——考虑非承重墙刚度对结构自振周期影响的折减系数。

在结构计算时只考虑了主要承重结构的刚度，而刚度很大的砌体填充墙的刚度在计算中未予以反映。因此，计算所得的周期较实际周期长，如果按计算的周期直接计算地震作用，可能会因其落在反应谱的下降段而低估了地震作用，导致计算结果偏于不安全。为此，计算各振型地震影响系数所采用的结构自振周期应考虑非承重墙体的刚度影响并予以折减，乘以周期折减系数 ψ_T。

周期折减系数取决于结构形式和砌体填充墙的多少。框架结构主体刚度较小，刚度影响较大，实测周期一般只是计算周期的50%~60%，可取 $\psi_T = 0.6 \sim 0.7$

对于其他结构体系或采用其他非承重墙体时，可根据工程情况确定周期折减系数。

（7）水平地震作用的计算

《抗震规范》规定，设防烈度为6度及以上地区的建筑必须进行抗震设计。而对于设防烈度为7~9度及6度设防的不规则建筑及建造在IV类场地上的较高的高层建筑应计算多遇地震的地震作用，以及进行多遇地震作用下的截面抗震验算和抗震变形验算。

　　一般情况下，应至少在建筑结构的两个主轴方向分别计算水平地震作用，各个方向的水平地震作用由该方向的抗侧力构件承担；有斜交抗侧力构件的结构，当相交角度大于 15°时，应分别计算各抗侧力构件方向的水平地震作用；质量和刚度分布明显不对称的结构，应计入双向地震作用下的扭转影响，其他情况应允许采用调整地震作用效应的方法计入扭转影响；设防烈度为 8 度、9 度的大跨度和长悬臂结构及 9 度时的高层建筑，应计入竖向地震作用。

　　建筑结构的抗震计算，可采用反应谱底部剪力法和振型分解反应谱法，特别不规则的建筑应采用时程分析方法进行多遇地震下的补充计算。

　　①反应谱底部剪力法。反应谱底部剪力法是目前比较常用的一种计算水平地震作用的简化方法。反应谱底部剪力法适用于高度不超过 40 m、以剪切型变形为主，且质量和刚度沿高度分布比较均匀的结构；用反应谱底部剪力法计算地震作用时，将多自由度体系等效为单自由度体系，采用结构基本自振周期 T_1 计算总水平地震作用，然后按一定的方法分配到各个楼层。

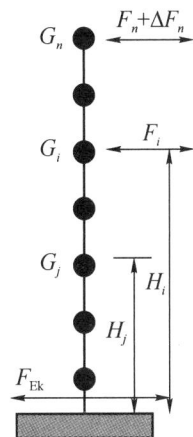

图 3 - 7　结构水平地震
作用计算示意图

　　反应谱底部剪力法计算简图如图 3 - 7 所示，结构总水平地震作用标准值即底部剪力 F_{Ek} 按下式计算：

$$F_{Ek} = \alpha_1 G_{eq} \tag{3-13}$$

$$G_{eq} = 0.85 G_E \tag{3-14}$$

式中：F_{Ek}——结构总水平地震作用标准值；

　　　α_1——相应于结构基本自振周期 T_1 的水平地震影响系数值；

　　　G_{eq}——计算地震作用时，结构等效总重力荷载代表值；

　　　G_E——计算地震作用时，结构总重力荷载代表值，应取各质点重力荷载代表值之和。

　　水平地震作用沿高度分布具有一定的规律性。假定各楼层质点反应加速度沿竖向呈底部为零的倒三角形分布，则可得到质点 i 的水平地震作用 F_i 为：

$$F_i = \frac{G_i H_i}{\sum_{j=1}^{n} G_j H_j} F_{Ek}(1 - \delta_n) \tag{3-15}$$

式中：F_i——质点 i 的水平地震作用标准值；

G_i、G_j——分别为集中于质点 i、j 的重力荷载代表值；

H_i、H_j——分别为质点 i、j 的计算高度；

　　δ_n——顶部附加地震作用系数，该系数用于反映结构高阶振型的影响，可按表 3 - 12 采用。

表 3-12　顶部附加地震作用系数 δ_n

T_g/s	$T_1 > 1.4\,T_g$	$T_1 \leqslant 1.4\,T_g$
≤0.35	$0.08\,T_1 + 0.07$	
0.35~0.55	$0.08\,T_1 + 0.01$	0
>0.55	$0.08\,T_1 - 0.02$	

注：T_g 为场地特征周期；T_1 为结构基本自振周期。

主体结构顶层附加水平地震作用标准值可按下式计算：

$$\Delta F_n = \delta_n F_{Ek} \qquad (3-16)$$

建筑结构采用反应谱底部剪力法计算水平地震作用时，突出大屋面的房屋（楼梯间、电梯间、水箱间等）宜作为一个质点参加计算，计算求得的水平地震作用应考虑"鞭端效应"乘以增大系数 3，此增大部分不往下传递，但与该突出部分相连的构件应计入其影响。

②不考虑扭转耦联振型分解反应谱法。当结构的平面形状和立面体型比较简单、规则时，地震作用下结构以平动振动为主，可不考虑扭转耦联振动的影响，分别计算沿结构两个主轴方向的地震作用。每个主轴方向的每个楼层为一个平移自由度，n 个楼层有 n 个自由度、n 个频率和 n 个振型，图 3-8 为某多自由度体系的某水平主轴的振型示意图。

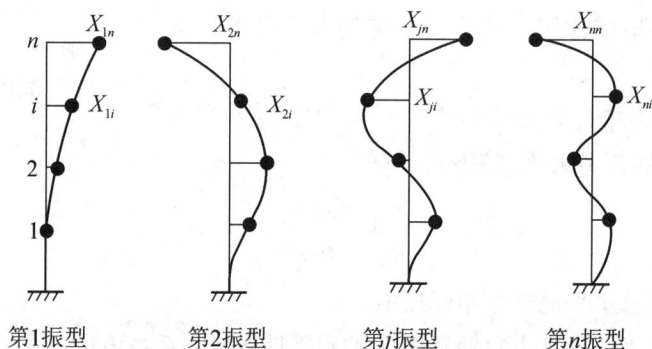

图 3-8　多自由度体系的某水平主轴的振型示意图

采用振型分解反应谱法，沿结构的主轴方向，结构的第 j 振型 i 层的水平地震作用的标准值按下式确定：

$$F_{ji} = \alpha_j \gamma_j X_{ji} G_i \qquad (3-17)$$

式中：F_{ji}——第 j 振型 i 层的水平地震作用标准值；

α_j——相应于第 j 振型自振周期的地震影响系数；

X_{ji}——第 j 振型 i 质点的水平相对位移；

γ_j——第 j 振型的参与系数，可按下式计算：

$$\gamma_j = \frac{\sum_{i=1}^{n} X_{ji} G_i}{\sum_{i=1}^{n} X_{ji}^2 G_i} \qquad (3-18)$$

n——结构计算总层数，小塔楼宜每层作为一个质点参与计算。

由各振型的水平地震作用标准值 F_{ji} 可以分别计算各振型的水平地震作用效应（弯矩、剪力、轴向力和变形）。当相邻振型的周期比小于 0.85 时，总水平地震作用效应 S_{Ek} 可采用平方和开平方（square root of the sum of the squares，SRSS）的振型组合方法求得：

$$S_{Ek} = \sqrt{\sum_{j=1}^{m} S_j^2} \tag{3-19}$$

式中：S_{Ek}——水平地震作用标准值的效应；

S_j——第 j 振型的水平地震作用标准值的效应（弯矩、剪力、轴向力和变形等）；

m——结构计算振型数，可取 2~3；当建筑较高、结构沿竖向刚度不均匀时可取 5~6。

③考虑扭转耦联振型分解反应谱法。考虑扭转影响的平面、竖向不规则结构，按照扭转耦联振型分解反应谱法计算地震作用及其效应时，各楼层可取两个正交的水平位移和一个转角位移共三个自由度，即 x、y、θ，n 个楼层有 $3n$ 个自由度、$3n$ 个频率和 $3n$ 个振型。每一个振型中各质点振幅有三个分量，当其中两个分量不为零时，振型耦联。按扭转耦联振型分解反应谱法计算地震作用和作用效应时，结构第 j 振型 i 层的水平地震作用的标准值应按下列公式确定：

$$F_{xji} = \alpha_j \gamma_{tj} X_{ji} G_i \tag{3-20}$$

$$F_{yji} = \alpha_j \gamma_{tj} Y_{ji} G_i \tag{3-21}$$

$$F_{tji} = \alpha_j \gamma_{tj} r_i^2 \varphi_{ji} G_i \tag{3-22}$$

式中：F_{xji}、F_{yji}、F_{tji}——分别为第 j 振型 i 层的 x 方向、y 方向和转角方向的地震作用标准值；

α_j——相应于第 j 振型自振周期的地震影响系数；

X_{ji}、Y_{ji}——分别为第 j 振型 i 层质心在 x、y 方向的水平相对位移；

φ_{ji}——第 j 振型 i 层的相对扭转角；

r_i——i 层的转动半径，可取 i 层绕质心的转动惯量除以该层质量的商的正二次方根；

γ_{tj}——计入扭转的第 j 振型参与系数，可按下式计算：

当仅考虑 x 方向地震作用时：

$$\gamma_{tj} = \frac{\sum_{i=1}^{n} X_{ji} G_i}{\sum_{i=1}^{n} (X_{ji}^2 + Y_{ji}^2 + \varphi_{ji}^2 r_i^2) G_i} \tag{3-23}$$

当仅考虑 y 方向地震作用时：

$$\gamma_{tj} = \frac{\sum_{i=1}^{n} Y_{ji} G_i}{\sum_{i=1}^{n} (X_{ji}^2 + Y_{ji}^2 + \varphi_{ji}^2 r_i^2) G_i} \tag{3-24}$$

117

当考虑与 x 方向夹角为 θ 的地震作用时：

$$\gamma_{tj} = \gamma_{xj}cos\theta + \gamma_{yj}sin\theta \tag{3-25}$$

式中：γ_{xj}、γ_{yj}——分别为按式(3-23)和式(3-24)求得的振型参与系数；

       n——结构计算总质点数，小塔楼宜每层作为一个质点参加计算。

在单向水平地震作用下，考虑扭转的地震作用效应采用完全二次方根（complete quadratic combination，CQC）法进行组合，应按下列公式计算：

$$S_{Ek} = \sqrt{\sum_{j=1}^{m}\sum_{k=1}^{m}\rho_{jk}S_jS_k} \tag{3-26}$$

$$\rho_{jk} = \frac{8\sqrt{\zeta_j\zeta_k}(\zeta_j + \lambda_T\zeta_k)\lambda_T^{1.5}}{(1 - \lambda_T^2)^2 + 4\zeta_j\zeta_k(1 + \lambda_T^2)\lambda_T + 4(\zeta_j^2 + \zeta_k^2)\lambda_T^2} \tag{3-27}$$

式中：S_{Ek}——考虑扭转的地震作用标准值效应；

  S_j、S_k——分别为第 j 振型与第 k 振型地震作用标准值的效应；

     ρ_{jk}——第 j 振型与第 k 振型的耦联系数；

     λ_T——第 k 振型与第 j 振型的自振周期比；

  ζ_j、ζ_k——分别为第 j 振型与第 k 振型的阻尼比；

     m——结构计算振型数，一般情况下可取 9~15，多塔楼建筑每个塔楼的振型数不宜小于9。

考虑双向水平地震作用下的扭转地震作用效应，应按下列公式中的较大值确定：

$$S_{Ek} = \sqrt{S_x^2 + (0.85S_y)^2} \tag{3-28}$$

$$S_{Ek} = \sqrt{S_y^2 + (0.85S_x)^2} \tag{3-29}$$

式中：S_x——仅考虑 x 方向水平地震作用时的地震作用效应；

    S_y——仅考虑 y 方向水平地震作用时的地震作用效应。

由于地震影响系数在长周期段下降较快，对于基本周期大于 3 s 的结构，由此计算所得的水平地震作用下的结构效应可能偏小。对于长周期结构，为避免反应谱生成过程中由于长周期地震动组分无法准确采集而引起长周期结构地震作用计算的不充分，出于结构安全的考虑，《抗震规范》规定了结构各楼层水平地震剪力最小值的要求，给出了不同设防烈度下的楼层最小地震剪力系数（剪重比），当不满足要求时，结构水平地震总剪力和各楼层的水平地震剪力均需要进行相应的调整或改变结构刚度，使之达到规定的要求。

计算多遇地震的水平地震作用时，结构各楼层对应于地震作用标准值的剪力应符合下式要求：

$$V_{Eki} \geqslant \lambda \sum_{j=i}^{n} G_j \tag{3-30}$$

式中：V_{Eki}——第 i 层对应于水平地震作用标准值的楼层剪力；

    λ——水平地震剪力系数，不应小于表 3-13 中规定的数值；对于竖向不规则结构的薄弱层，尚应乘以 1.15 的增大系数；

G_j——第 j 层的重力荷载代表值；

n——结构计算总层数。

表 3 - 13　楼层最小地震剪力系数值

类　　　别	6 度	7 度	8 度	9 度
扭转效应明显或基本 周期小于 3.5 s 的结构	0.008	0.016 (0.024)	0.032 (0.048)	0.064
基本周期大于 5.0 s 的结构	0.006	0.012 (0.018)	0.024 (0.032)	0.040

注：① 基本周期介于 3.5~5.0 s 之间的结构，应允许线性插入取值。

② 7 度、8 度时括号内数值分别用于设计基本地震加速度为 0.15g 和 0.30g 的地区。

3.2.4　框架结构的内力计算

目前，混凝土结构多采用专用的计算机软件进行内力分析和截面设计，尽管如此，初学者也应该学习和掌握一些基本的手算方法。通过手算，初学者可以掌握各类建筑结构的变形特点、内力分布模式，可以对电算结果的正确性做出基本判别。除此之外，手算在初步设计中对于快速估算结构的内力与变形也十分有用。由此，本书主要介绍结构内力计算的手算方法。

1. 竖向荷载作用下的近似计算——分层法

通常，多层框架结构在竖向荷载作用下，侧移比较小，可近似作为无侧移框架按力矩分配法进行内力分析。在近似计算中，可采用分层法进行，活荷载一般依据各跨满布荷载来考虑，活荷载各种不利布置通常可依据放大满布活荷载时求得的梁跨中正弯矩来考虑，该放大系数可取 1.1~1.2。考虑到内力组合时的需要，竖向荷载作用下的框架结构内力计算时应将恒荷载和活荷载分开计算。

由结构力学中的矩阵位移法可知，在竖向荷载下，多层多跨框架侧移较小，各层荷载对其他层杆件的内力影响（除柱的轴力外）也较小，因而可做以下简化。

（1）基本假定

①忽略梁、柱的轴向变形。

②杆件为等截面杆，以杆件的轴线为框架计算轴线。

③假定在竖向荷载作用下，结构无侧移。

（2）计算方法

①将多层框架分层，以每层梁与上下柱组成的单层框架作为计算单元，柱远端假定为嵌固端，如图 3 - 9 所示。

②计算各层梁上竖向荷载值和梁的固端弯矩。

③计算梁、柱线刚度。

现浇式框架结构考虑楼板的作用时，每侧可取板厚的 6 倍作为楼板的有效宽度计算梁的截面惯性矩，也可近似按照 3.2.2 节所述的梁惯性矩增大方法考虑。

对于柱，分层后中间各层柱的端部假定为嵌固端与实际不符，因而，除底层柱以外，上

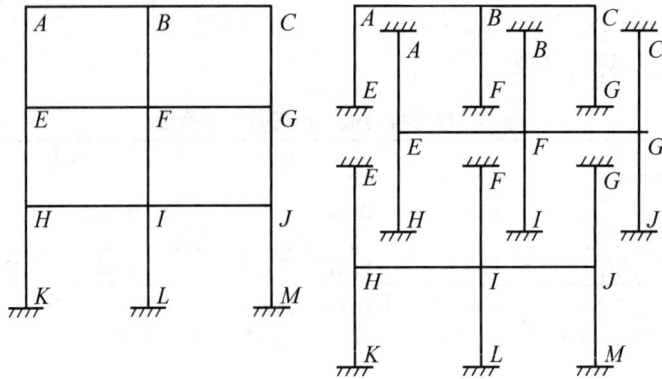

图 3-9　分层法的计算简图

层各柱线刚度均乘以 0.9 的修正系数。

④计算和确定梁、柱弯矩分配系数和传递系数。所有上层弯矩传递系数为 1/3，底层柱的弯矩传递系数为 1/2。

⑤按力矩分配法计算单层梁、柱弯矩。

⑥将分层计算得到的，但属于同一层柱的柱端弯矩叠加得到总柱端弯矩。

一般情况下，分层计算所得杆端弯矩在各节点不平衡。如果需要得到更精确的结果，可将节点不平衡弯矩再在本层内进行分配，但不向远端传递。柱的轴力可由其上柱传来的荷载和本层轴力叠加得到。

【例 3-1】 如图 3-10 所示为一个两层框架，用分层法作框架的弯矩图，括号中的数字表示每根杆件线刚度 $i = \dfrac{EI}{l}$ 的相对值。

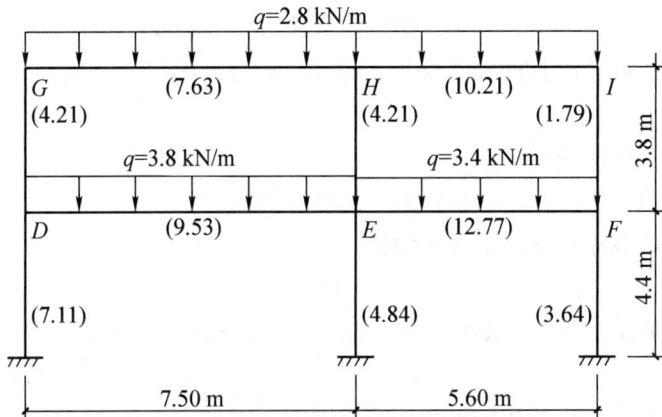

图 3-10　例 3-1 图

解：①求各节点的分配系数。

各节点的分配系数见表 3-14。

表 3 – 14　各节点的分配系数

层次	节点	相对线刚度				相对线刚度总和	分配系数			
		左梁	右梁	上柱	下柱		左梁	右梁	上柱	下柱
顶层	G		7.63		$4.21 \times 0.9 = 3.79$	11.42		0.668		0.332
	H	7.63	10.21		$4.21 \times 0.9 = 3.79$	21.63	0.353	0.472		0.175
	I	10.21			$1.79 \times 0.9 = 1.61$	11.82	0.864			0.136
底层	D		9.53	$4.21 \times 0.9 = 3.79$	7.11	20.43		0.466	0.186	0.348
	E	9.53	12.77	$4.21 \times 0.9 = 3.79$	4.84	30.93	0.308	0.413	0.123	0.156
	F	12.77		$1.79 \times 0.9 = 1.61$	3.64	18.02	0.709		0.089	0.202

②固端弯矩。

$$M_{GH} = - M_{HG} = - \frac{1}{12} \times 2.8 \times 7.5^2 = - 13.13 (\text{kN} \cdot \text{m})$$

$$M_{HI} = - M_{IH} = - \frac{1}{12} \times 2.8 \times 5.6^2 = - 7.32 (\text{kN} \cdot \text{m})$$

$$M_{DE} = - M_{ED} = - \frac{1}{12} \times 3.8 \times 7.5^2 = - 17.81 (\text{kN} \cdot \text{m})$$

$$M_{EF} = - M_{FE} = - \frac{1}{12} \times 3.4 \times 5.6^2 = - 8.89 (\text{kN} \cdot \text{m})$$

利用分层法计算各节点弯矩，如图 3 – 11 及图 3 – 12 所示。

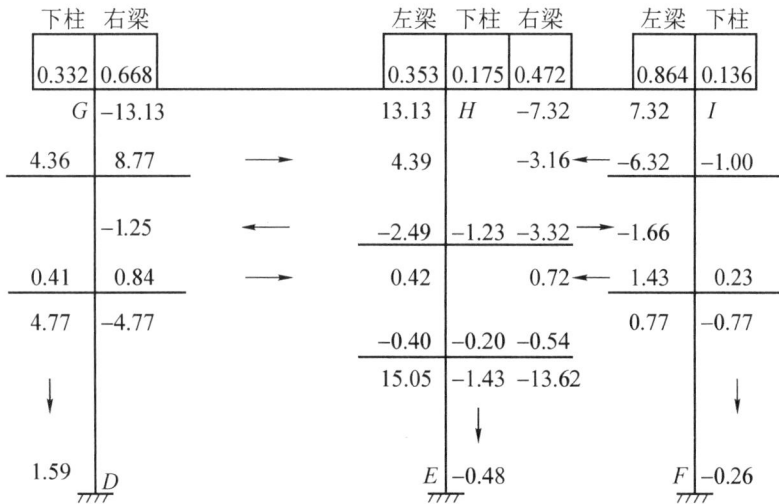

图 3 – 11　顶层的计算简图

③绘制弯矩图。

把图 3 – 11 与图 3 – 12 的计算结果叠加，得到最后弯矩图，如图 3 – 13 所示，由图可知节点弯矩是不平衡的。可将节点不平衡弯矩再一次进行分配。

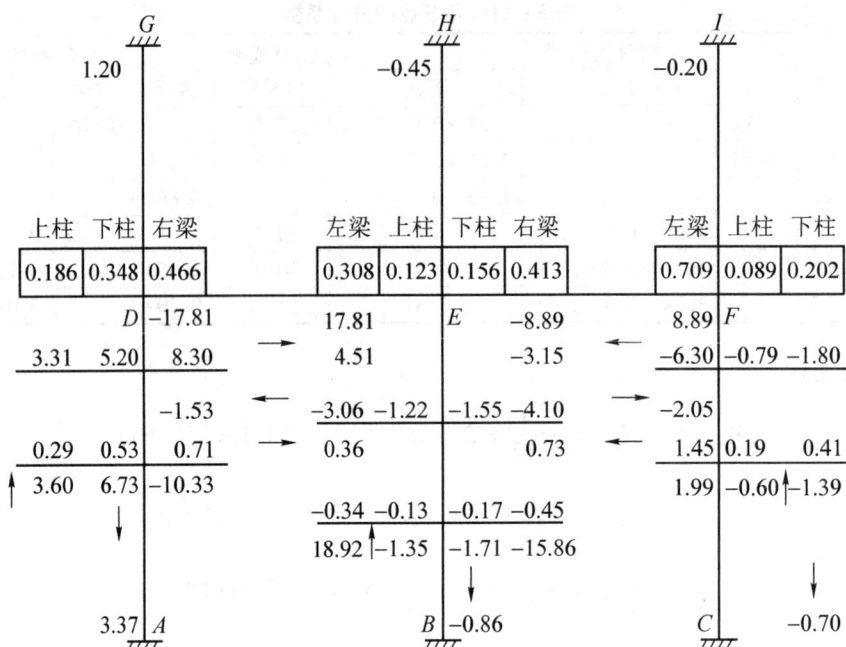

图3-12　底层的计算简图

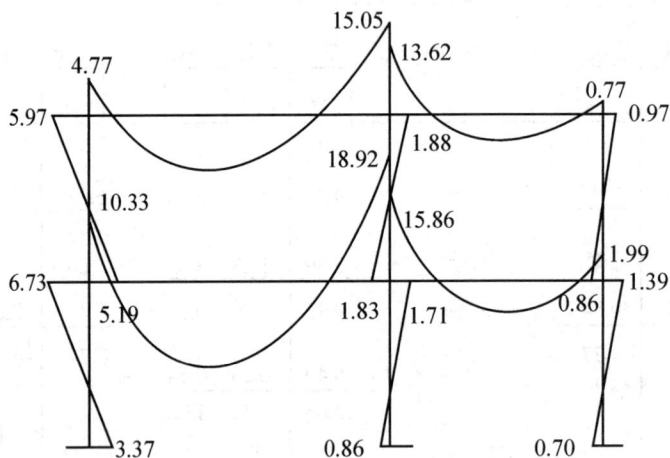

图3-13　弯矩图

2. 水平力作用下的内力近似计算

框架结构所受水平力主要是风荷载和水平地震作用。由精确法分析可知，各杆的弯矩都是直线形，每个立柱一般都有一个反弯点。因为梁的轴向变形可以忽略不计，所以同一层内的各节点具有相同的侧向位移，同一层内的各柱具有相同的层间位移。

这里所谓的反弯点，是指杆件受力后，杆件上弯矩为零的点，该点也是杆件变形曲线上的拐点。框架结构在水平力作用下的内力近似计算一般采用反弯点法或 D 值法。

（1）反弯点法

反弯点法的应用需遵循如下的基本假定：

①当梁柱线刚度比接近 3 或更大时，假定梁的抗弯刚度无限大，则上、下柱端只有侧移没有转角，且同一层柱在楼层处的侧移相等，以此计算各柱的抗侧刚度。

②在确定各柱的反弯点位置时，认为除底层柱以外的其他各层柱，受力后的上、下两端将产生相同的转角。

反弯点法的计算方法可按如下步骤进行：

①反弯点的位置。以一榀三层两跨的平面框架为例，反弯点高度 $\bar{y}$ 即为反弯点至柱下端的距离。对于上部各层柱，反弯点在柱中央，$\bar{y} = \dfrac{h}{2}$（h 为本层层高）。对于底层柱（柱脚为固定时）柱下端转角为零，上端转角不为零，反弯点偏于上端，故取 $\bar{y} = \dfrac{2h}{3}$，如图 3 - 14 所示。

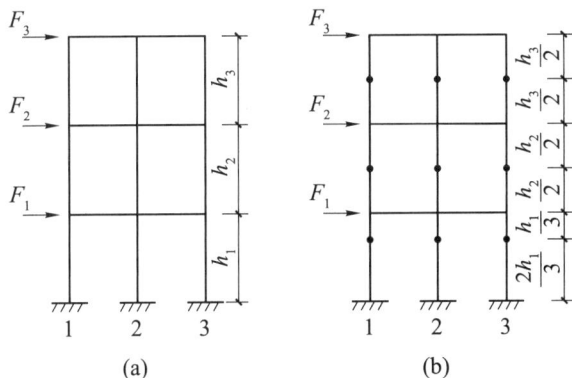

图 3 - 14　反弯点的位置图

（a）受力简图；（b）反弯点位置图

②反弯点处剪力计算。反弯点处弯矩为零，剪力不为零。反弯点处的剪力可以按照下述方法计算。

a. 顶层。沿顶层各柱反弯点处取脱离体，如图 3 - 15 所示。可得：

$$\sum X = 0 \qquad V_{31} + V_{32} + V_{33} = F_3 \qquad (3 - 31)$$

$$V_{31} = D'_{31}\Delta_3 \qquad V_{32} = D'_{32}\Delta_3 \qquad V_{33} = D'_{33}\Delta_3 \qquad (3 - 32)$$

$$\Delta_3 = \frac{F_3}{D'_{31} + D'_{32} + D'_{33}} = \frac{F_3}{\displaystyle\sum_{j=1}^{3} D'_{3j}} \qquad (3 - 33)$$

因此，各柱的剪力为：

$$V_{31} = D'_{31}\Delta_3 = \frac{D'_{31}}{\displaystyle\sum_{j=1}^{3} D'_{3j}}F_3 \tag{3-34}$$

$$V_{32} = D'_{32}\Delta_3 = \frac{D'_{32}}{\displaystyle\sum_{j=1}^{3} D'_{3j}}F_3 \tag{3-35}$$

$$V_{33} = D'_{33}\Delta_3 = \frac{D'_{33}}{\displaystyle\sum_{j=1}^{3} D'_{3j}}F_3 \tag{3-36}$$

式中：D'——柱的抗侧刚度；

$\dfrac{D'_{3i}}{\displaystyle\sum_{j=1}^{3} D'_{3j}}$——第三层第 i 根柱的剪力分配系数。

为使柱顶产生单位位移所需的水平力，如图 3-16 所示，柱的抗侧刚度按下式计算：

$$D' = \frac{12EI}{h^3} \tag{3-37}$$

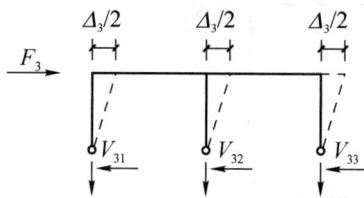

图 3-15　顶层脱离体图

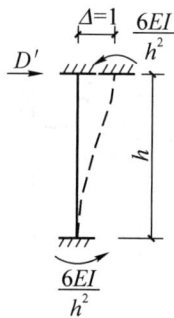

图 3-16　柱的抗侧刚度

b. 第二层。沿第二层各柱的反弯点处取脱离体，如图 3-17 所示。

$$V_{2i} = \frac{D'_{2i}}{\displaystyle\sum_{j=1}^{3} D'_{2j}}(F_3 + F_2) \tag{3-38}$$

c. 第一层。沿第一层各柱的反弯点处取脱离体，如图 3-18 所示。

$$V_{1i} = \frac{D'_{1i}}{\displaystyle\sum_{j=1}^{3} D'_{1j}}(F_3 + F_2 + F_1) \tag{3-39}$$

③弯矩。

a. 柱端弯矩的确定。

底层柱的上端弯矩为：

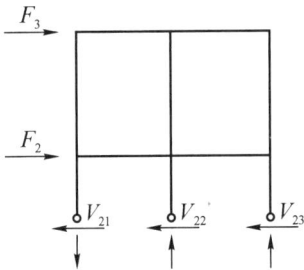

图 3-17　第二层脱离体图

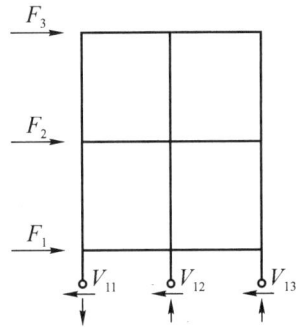

图 3-18　第一层脱离体图

$$M_{1\pm} = V_1 \frac{h_1}{3} \qquad\qquad (3-40)$$

底层柱的下端弯矩为：

$$M_{1\mathrm{F}} = V_1 \frac{2h_1}{3} \qquad\qquad (3-41)$$

其他层柱上、下端弯矩相等：

$$M_{m\pm} = M_{m\mathrm{F}} = V_j \frac{h_j}{2} \qquad\qquad (3-42)$$

b. 梁端弯矩的确定。根据节点弯矩平衡条件，如图 3-19 所示，可求得节点弯矩。

边节点：

$$M_m = \left[M_{m\pm} + M_{(m+1)\mathrm{F}} \right] \qquad\qquad (3-43)$$

中节点：

$$M_{m\pm} = \left[M_{m\pm} + M_{(m+1)\mathrm{F}} \right] \frac{i_{\mathrm{b}\pm}}{i_{\mathrm{b}\pm} + i_{\mathrm{b}\pm}}$$

$$\qquad\qquad (3-44)$$

$$M_{m\pm} = \left[M_{m\pm} + M_{(m+1)\mathrm{F}} \right] \frac{i_{\mathrm{b}\pm}}{i_{\mathrm{b}\pm} + i_{\mathrm{b}\pm}}$$

式中：i_{b}——梁的线刚度；

　　$i_{\mathrm{b}\pm}$——节点左侧梁的线刚度；

　　$i_{\mathrm{b}\pm}$——节点右侧梁的线刚度。

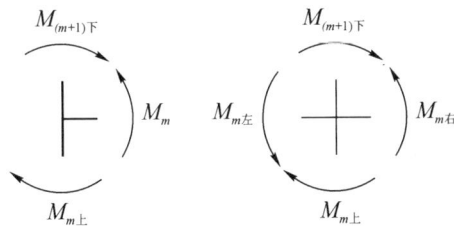

图 3-19　节点弯矩

以上方法，对于计算层数不多的框架误差不大。当框架层数较多时，由于柱截面加大，梁柱的线刚度比值相应减小，再用这种方法计算内力，误差则较大。

【例3-2】试用反弯点法求图3-20所示框架的弯矩图。图中括号内的数值为该杆件的线刚度比值。

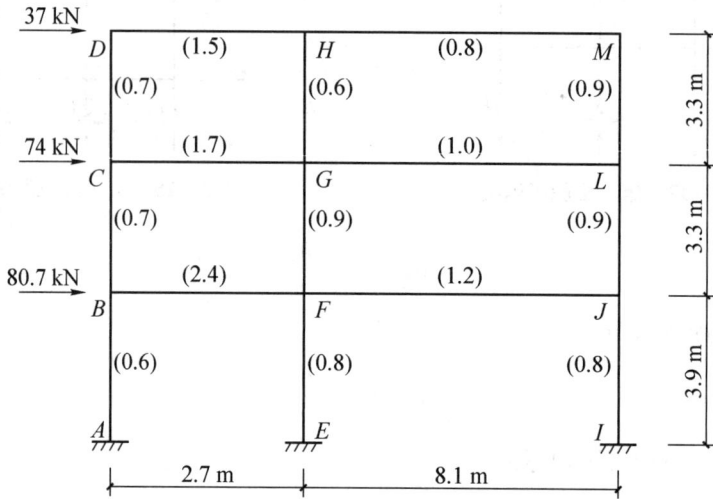

图3-20　例3-2图

解：由于框架同层各柱 h 相等，可直接用杆件线刚度的相对值计算各柱的剪力分配系数。

①求各柱的剪力分配系数。

顶层：$\mu_{DC} = \dfrac{0.7}{0.7 + 0.6 + 0.9} = 0.318$

$\mu_{HG} = \dfrac{0.6}{0.7 + 0.6 + 0.9} = 0.273$

$\mu_{ML} = \dfrac{0.9}{0.7 + 0.6 + 0.9} = 0.409$

二层：$\mu_{CB} = \dfrac{0.7}{0.7 + 0.9 + 0.9} = 0.280$

$\mu_{GF} = \mu_{LJ} = \dfrac{0.9}{0.7 + 0.9 + 0.9} = 0.360$

底层：$\mu_{BA} = \dfrac{0.6}{0.6 + 0.8 + 0.8} = 0.272$

$\mu_{FE} = \mu_{JI} = \dfrac{0.8}{0.6 + 0.8 + 0.8} = 0.364$

②求各柱在反弯点处的剪力值。

$V_{DC} = \mu_{DC} \times 37 = 11.77(\text{kN})$

$V_{HG} = \mu_{HG} \times 37 = 10.10(\text{kN})$

$$V_{ML} = \mu_{ML} \times 37 = 15.13(\mathrm{kN})$$

$$V_{CB} = \mu_{CB} \times (37 + 74) = 31.08(\mathrm{kN})$$

$$V_{GF} = V_{LJ} = \mu_{GF} \times (37 + 74) = 39.96(\mathrm{kN})$$

$$V_{BA} = \mu_{BA} \times (37 + 74 + 80.7) = 52.14(\mathrm{kN})$$

$$V_{FE} = V_{JI} = \mu_{FE} \times (37 + 74 + 80.7) = 69.78(\mathrm{kN})$$

③求柱端弯矩。

$$M_{DC} = M_{CD} = V_{DC} \times \frac{3.3}{2} = 19.42(\mathrm{kN \cdot m})$$

$$M_{HG} = M_{GH} = V_{HG} \times \frac{3.3}{2} = 16.67(\mathrm{kN \cdot m})$$

$$M_{ML} = M_{LM} = V_{ML} \times \frac{3.3}{2} = 24.96(\mathrm{kN \cdot m})$$

$$M_{CB} = M_{BC} = V_{CB} \times \frac{3.3}{2} = 51.28(\mathrm{kN \cdot m})$$

$$M_{GF} = M_{FG} = V_{GF} \times \frac{3.3}{2} = 65.93(\mathrm{kN \cdot m})$$

$$M_{LJ} = M_{JL} = V_{LJ} \times \frac{3.3}{2} = 65.93(\mathrm{kN \cdot m})$$

$$M_{BA} = V_{BA} \times \frac{3.9}{3} = 67.78(\mathrm{kN \cdot m})$$

$$M_{AB} = V_{BA} \times \frac{2 \times 3.9}{3} = 135.56(\mathrm{kN \cdot m})$$

$$M_{FE} = V_{FE} \times \frac{3.9}{3} = 90.71(\mathrm{kN \cdot m})$$

$$M_{EF} = V_{FE} \times \frac{2 \times 3.9}{3} = 181.43(\mathrm{kN \cdot m})$$

$$M_{JI} = V_{JI} \times \frac{3.9}{3} = 90.71(\mathrm{kN \cdot m})$$

$$M_{IJ} = V_{JI} \times \frac{2 \times 3.9}{3} = 181.43(\mathrm{kN \cdot m})$$

④求梁端弯矩。

梁端弯矩按梁线刚度分配：

$$M_{DH} = M_{DC} = 19.42(\mathrm{kN \cdot m})$$

$$M_{HD} = M_{HG} \times \frac{1.5}{1.5 + 0.8} = 16.67 \times 0.652 = 10.87(\mathrm{kN \cdot m})$$

$$M_{HM} = M_{HG} \times \frac{0.8}{1.5 + 0.8} = 16.67 \times 0.348 = 5.80(\mathrm{kN \cdot m})$$

$$M_{MH} = M_{ML} = 24.96(\mathrm{kN \cdot m})$$

$$M_{CG} = M_{CB} + M_{CD} = 51.28 + 19.42 = 70.70 (\text{kN} \cdot \text{m})$$

$$M_{GC} = (M_{GH} + M_{GF}) \times \frac{1.7}{1.7 + 1.0} = 82.60 \times 0.630 = 52.04 (\text{kN} \cdot \text{m})$$

$$M_{GL} = (M_{GH} + M_{GF}) \times \frac{1.0}{1.7 + 1.0} = 82.60 \times 0.370 = 30.56 (\text{kN} \cdot \text{m})$$

$$M_{LG} = M_{LM} + M_{LJ} = 24.96 + 65.93 = 90.89 (\text{kN} \cdot \text{m})$$

$$M_{BF} = M_{BC} + M_{BA} = 51.28 + 67.78 = 119.06 (\text{kN} \cdot \text{m})$$

$$M_{FB} = (M_{FE} + M_{FG}) \times \frac{2.4}{2.4 + 1.2} = 156.64 \times \frac{2}{3} = 104.43 (\text{kN} \cdot \text{m})$$

$$M_{FJ} = (M_{FE} + M_{FG}) \times \frac{1.2}{2.4 + 1.2} = 156.64 \times \frac{1}{3} = 52.21 (\text{kN} \cdot \text{m})$$

$$M_{JF} = M_{JL} + M_{JI} = 65.93 + 90.71 = 156.64 (\text{kN} \cdot \text{m})$$

⑤绘制弯矩图。

绘制的弯矩图如图 3 - 21 所示。

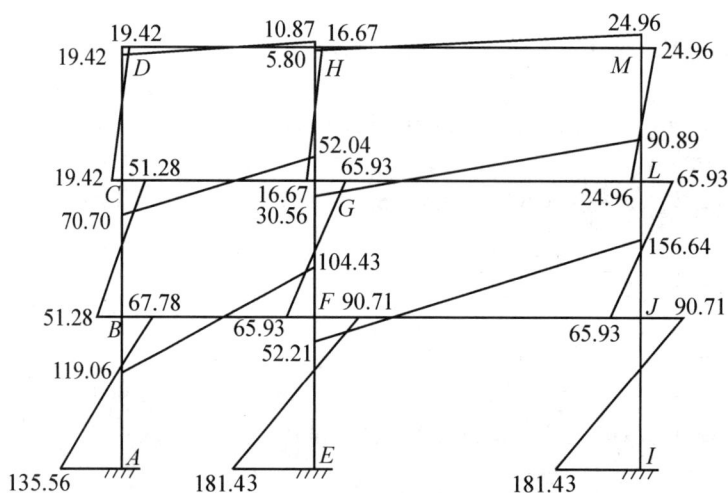

图 3 - 21　用反弯点法绘制的弯矩图

（2）D 值法（改进的反弯点法）

由于实际结构中梁与柱的线刚度比并非大于 3，上、下层梁各自对柱子的约束也不完全相同，故反弯点法的基本假定并不完全成立，表现在以下两个方面：

a. 框架梁对框架柱的约束较弱时，梁柱节点还会存在转角位移，使得柱的抗侧刚度减小，总侧向位移加大，应对反弯点法中框架柱侧移刚度进行修正。

b. 由于柱的反弯点位置随梁柱之间的线刚度比的变化而变化，也由于柱的反弯点位置随该层柱所处的楼层位置（层次）及上、下层层高的不同而有所不同，还会受荷载形式的影响，所以柱的反弯点位置不是固定在每层柱高的二分之一（底层时三分之二）处的，应对反弯点法中各层框架柱的反弯点高度进行修正。

日本的武藤清教授在分析了上述影响因素的基础上，对反弯点法计算的柱抗侧刚度和反弯点高度进行了修正。修正后，柱的抗侧刚度以 D 表示，此法称为"D 值法"。由于它是对反弯点法求框架内力的一种改进，故又称为"改进的反弯点法"。该方法的计算步骤与反弯点法相同，但其计算简便、实用，精度比反弯点法高。其改进的内容体现如下：

①修正后柱的抗侧刚度 D 值。当梁柱线刚度比为有限值时，在水平荷载作用下，框架不仅有侧移，且各节点都有转角 θ，如图 3-22（b）所示。此时可根据力学原理推导出转角方程，假定每个柱各个层节点的转角 φ 相同，则可得到：

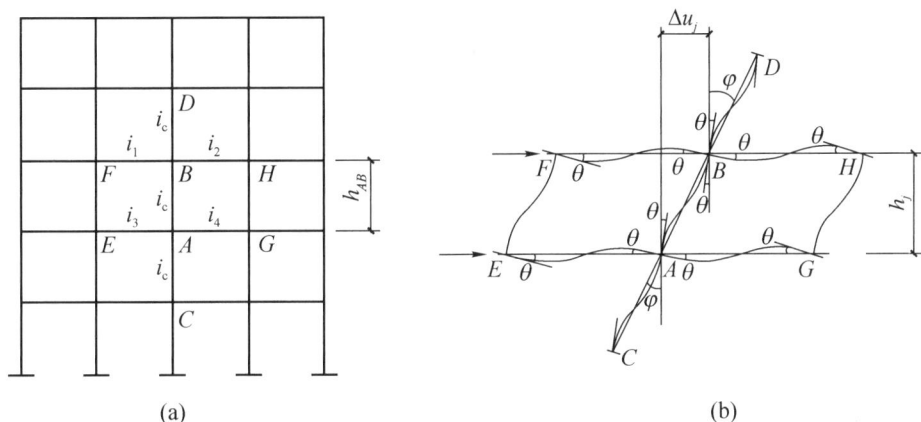

图 3-22　框架柱端转角与内力、反弯点的关系

（a）框架杆件系统；（b）考虑框架柱梁节点转角的侧移变形

$$V_{AB} = \alpha \frac{12i_c}{h_{AB}^2} \Delta u_j \tag{3-45}$$

式中，α 称为刚度修正系数，是一个小于 1 的系数。如果写成抗侧刚度表达式，则

$$D_{AB} = \frac{V_{AB}}{\Delta u_j} = \alpha \frac{12i_c}{h_{AB}^2} \tag{3-46}$$

D 值的定义为：柱节点有转角时，使柱端产生单位水平位移所需要施加的水平推力。由式（3-46）可见，抗侧刚度值 D 小于 $12i_c/h_{AB}^2$，即梁刚度较小时，整个体系的抗侧刚度也减小了。α 与节点处梁柱线刚度比 K 有关，梁刚度越小，K 值越小，α 值也越小，即柱的抗侧刚度越小。

根据柱所在位置及支承情况，表 3-15 给出了各种常用情况的 K 及 α 的计算公式。其中梁柱线刚度比 K 对于中柱须考虑相连的上、下、左、右四根梁的线刚度之和，边柱则有 $i_1 = i_3 = 0$，公式中分母 i_c 为柱的线刚度。底层柱的底端为固定端，其 α 值计算公式与上、下柱有所不同，但物理概念相同。

得到 D 值以后，与反弯点法类似，假定同一楼层各柱的侧移相等，可得各柱的剪力：

$$V_{ij} = \frac{D_{ij}}{\sum D_{ij}} V_j \tag{3-47}$$

式中：V_{ij} ——第 j 层第 i 柱的剪力；

$\quad\quad D_{ij}$ ——第 j 层第 i 柱的侧移刚度 D 值；

$\quad\quad \sum D_{ij}$ ——第 j 层所有柱的 D 值总和；

$\quad\quad V_j$ ——第 j 层处的总剪力。

表 3 – 15　梁柱线刚度比 K 与刚度修正系数 α

楼层	边柱		中柱		α
	简图	K	简图	K	
一般柱	$\begin{array}{c} i_2 \\ i_c \\ i_4 \end{array}$	$K = \dfrac{i_2 + i_4}{2i_c}$	$\begin{array}{c} i_1 \quad i_2 \\ i_c \\ i_3 \quad i_4 \end{array}$	$K = \dfrac{i_1 + i_2 + i_3 + i_4}{2i_c}$	$\alpha = \dfrac{K}{2 + K}$
底层柱	$\begin{array}{c} i_2 \\ i_c \end{array}$	$K = \dfrac{i_2}{i_c}$	$\begin{array}{c} i_1 \quad i_2 \\ i_c \end{array}$	$K = \dfrac{i_1 + i_2}{i_c}$	$\alpha = \dfrac{0.5 + K}{2 + K}$

②修正后柱的反弯点位置。各层柱的反弯点位置与该柱上、下两端转角的大小有关，当两端转角相等时，反弯点在柱的中点；当两端转角不相等时，反弯点移向转角较大的一端。影响转角大小的因素有：a. 侧向外荷载的形式；b. 结构总层数及计算层所在位置；c. 梁柱线刚度比；d. 上、下层梁线刚度比；e. 上、下层的柱高度比。框架各层柱经过修正后的反弯点位置可由下式计算得到：

$$yh = (y_0 + y_1 + y_2 + y_3)h \qquad\qquad (3 - 48)$$

式中：y ——反弯点的高度比；

$\quad\quad h$ ——计算层柱高；

$\quad\quad y_0$ ——各层柱标准反弯点高度比，可从附录 C 中的附表 C – 1 及附表 C – 2 查得；

$\quad\quad y_1$ ——考虑上、下层梁柱刚度不同时的修正值，可根据上、下横梁线刚度比 α_1、梁柱线刚度比 K，从附录 C 中的附表 C – 3 查得；

$\quad y_2$、y_3 ——分别为考虑上、下层层高与本层层高不同时的修正值，可由附录 C 中附表 C – 4 查得。

式（3 – 48）中各层柱标准反弯点高度比 y_0，是在各层等高、各跨相等、各层梁柱线刚度比都不改变的多层框架在水平荷载作用下求得的反弯点高度比，如图 3 – 23（a）所示。为使用方便，已把标准反弯点高度比数值制成数表。附录 C 中，附表 C – 1 列出了在均布荷

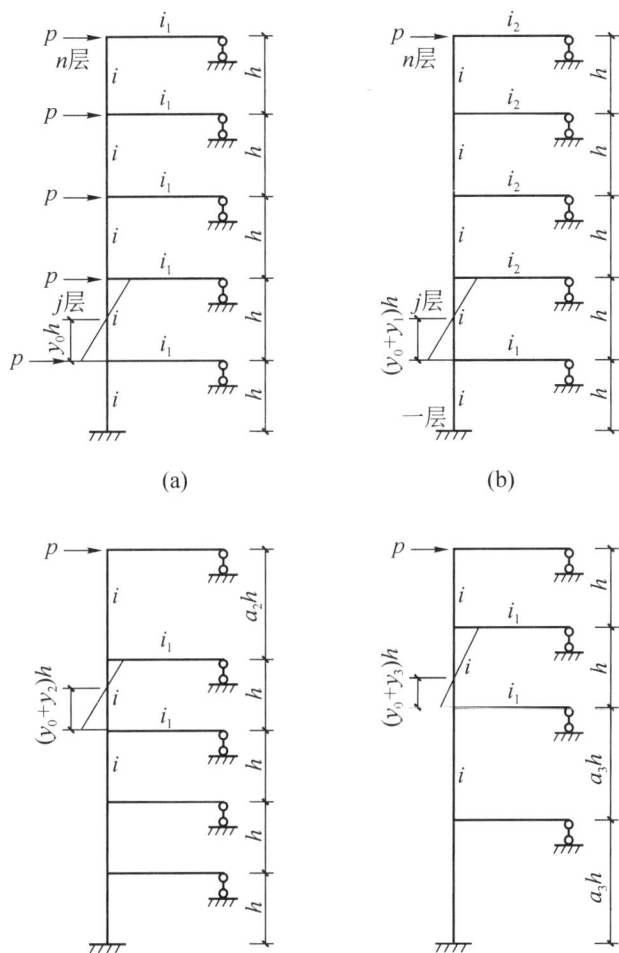

图 3 - 23　各层柱反弯点修正值示意图

(a) 标准反弯点高度比 y_0；(b) 上、下层横梁刚度不同修正值 y_1；

(c) 上层层高变化时修正值 y_2；(d) 下层层高变化时修正值 y_3

载作用下的 y_0 值；附表 C - 2 列出了在倒三角形荷载作用下的 y_0 值。根据所计算框架的总层数 n 及该层所在的楼层 j，以及梁柱线刚度比 K 值，即可从表中查得各层柱的标准反弯点高度 y_0。

当框架某层柱的上、下层横梁刚度不同时，其反弯点位置将有移动，故应将标准反弯点高度比 y_0 加以修正，即式(3 - 48)的修正值 y_1，如图 3 - 23(b)所示，其具体数值可根据上、下横梁线刚度比 α_1 及 K 由附录 C 中附表 C - 3 查得。其中，当 $i_1 + i_2 < i_3 + i_4$ 时，令 $\alpha_1 = \left(\dfrac{i_1 + i_2}{i_3 + i_4}\right)$，$y_1$ 取正值，即反弯点上移；当 $i_1 + i_2 > i_3 + i_4$ 时，令 $\alpha_1 = \left(\dfrac{i_3 + i_4}{i_1 + i_2}\right)$，$y_1$ 取负值，即反弯点下移。对底层柱不考虑此项修正。

式（3 -48）中的修正值 y_2 和 y_3，是考虑所计算的某层与相邻楼层的层高不同时，此层柱的反弯点位置将不在标准反弯点位置的情况。当上层层高变化时，反弯点向上移动 y_2h，如图 3-23（c）所示，此时令上层层高与本层层高之比为 α_2，可由附录 C 中附表 C-4 查得修正值 y_2。当下层层高变化时，反弯点向下移动 y_3h，如图 3-23（d）所示，此时令下层层高与本层层高之比为 α_3，可由附录 C 中附表 C-4 查得修正值 y_3。对顶层柱不考虑修正值 y_2，对底层柱不考虑修正值 y_3。

当各层框架柱的抗侧刚度和各柱反弯点的位置确定后，与反弯点法一样，就可求出各柱在反弯点处的剪力值并画出各杆件的弯矩图。

【例 3-3】 试用 D 值法作例 3-2 所示框架的弯矩图。

解： ①计算各层柱的 D 值及每根柱分配的剪力。

计算过程及结果见表 3-16。

表 3-16　各层柱的 D 值及每根柱分配的剪力

层数	3	2	1
层剪力/kN	37	111	191.7
左边柱 D 值（相对值）	$K = \dfrac{1.5 + 1.7}{2 \times 0.7} = 2.286$ $D = \dfrac{2.286}{2 + 2.286} \times \dfrac{12 \times 0.7}{3.3^2}$ $= 0.411$	$K = \dfrac{1.7 + 2.4}{2 \times 0.7} = 2.929$ $D = \dfrac{2.929}{2 + 2.929} \times \dfrac{12 \times 0.7}{3.3^2}$ $= 0.458$	$K = \dfrac{2.4}{0.6} = 4.000$ $D = \dfrac{0.5 + 4.000}{2 + 4.000} \times \dfrac{12 \times 0.6}{3.9^2}$ $= 0.355$
右边柱 D 值（相对值）	$K = \dfrac{0.8 + 1.0}{2 \times 0.9} = 1.000$ $D = \dfrac{1.000}{2 + 1.000} \times \dfrac{12 \times 0.9}{3.3^2}$ $= 0.331$	$K = \dfrac{1.0 + 1.2}{2 \times 0.9} = 1.222$ $D = \dfrac{1.222}{2 + 1.222} \times \dfrac{12 \times 0.9}{3.3^2}$ $= 0.376$	$K = \dfrac{1.2}{0.8} = 1.500$ $D = \dfrac{0.5 + 1.500}{2 + 1.500} \times \dfrac{12 \times 0.8}{3.9^2}$ $= 0.361$
中柱 D 值（相对值）	$K = \dfrac{1.5 + 0.8 + 1.7 + 1.0}{2 \times 0.6}$ $= 4.167$ $D = \dfrac{4.167}{2 + 4.167} \times \dfrac{12 \times 0.6}{3.3^2}$ $= 0.447$	$K = \dfrac{1.7 + 1.0 + 2.4 + 1.2}{2 \times 0.9}$ $= 3.500$ $D = \dfrac{3.500}{2 + 3.500} \times \dfrac{12 \times 0.9}{3.3^2}$ $= 0.631$	$K = \dfrac{2.4 + 1.2}{0.8} = 4.500$ $D = \dfrac{0.5 + 4.500}{2 + 4.500} \times \dfrac{12 \times 0.8}{3.9^2}$ $= 0.486$
$\sum D$	1.189	1.465	1.202
左边柱剪力/kN	$V_3 = \dfrac{0.411}{1.189} \times 37 = 12.790$	$V_2 = \dfrac{0.458}{1.465} \times 111 = 34.702$	$V_1 = \dfrac{0.355}{1.202} \times 191.7 = 56.617$
右边柱剪力/kN	$V_3 = \dfrac{0.331}{1.189} \times 37 = 10.300$	$V_2 = \dfrac{0.376}{1.465} \times 111 = 28.489$	$V_1 = \dfrac{0.361}{1.202} \times 191.7 = 57.574$
中柱剪力/kN	$V_3 = \dfrac{0.447}{1.189} \times 37 = 13.910$	$V_2 = \dfrac{0.631}{1.465} \times 111 = 47.810$	$V_1 = \dfrac{0.486}{1.202} \times 191.7 = 77.509$

②计算反弯点高度比。计算过程及结果见表 3 - 17。

表 3 - 17　各层柱反弯点高度比的计算

层数	3 ($n=3$, $j=3$)	2 ($n=3$, $j=2$)	1 ($n=3$, $j=1$)
左边柱	$K=2.286$　$y_0=0.414$ $y_1=y_2=y_3=0$ $y=y_0=0.414$	$K=2.929$　$y_0=0.496$ $y_1=y_2=y_3=0$ $y=y_0=0.496$	$K=4.000$　$y_0=0.55$ $y_1=y_2=y_3=0$ $y=y_0=0.55$
右边柱	$K=1.000$　$y_0=0.35$ $y_1=y_2=y_3=0$ $y=y_0=0.35$	$K=1.222$　$y_0=0.45$ $y_1=y_2=y_3=0$ $y=y_0=0.45$	$K=1.500$　$y_0=0.575$ $y_1=y_2=y_3=0$ $y=y_0=0.575$
中　柱	$K=4.167$　$y_0=0.45$ $y_1=y_2=y_3=0$ $y=y_0=0.45$	$K=3.500$　$y_0=0.50$ $y_1=y_2=y_3=0$ $y=y_0=0.50$	$K=4.500$　$y_0=0.55$ $y_1=y_2=y_3=0$ $y=y_0=0.55$

③求各柱的柱端弯矩。

$$M_{CD} = 12.790 \times 0.414 \times 3.3 = 17.474(\text{kN} \cdot \text{m})$$
$$M_{GH} = 13.910 \times 0.45 \times 3.3 = 20.656(\text{kN} \cdot \text{m})$$
$$M_{LM} = 10.300 \times 0.35 \times 3.3 = 11.897(\text{kN} \cdot \text{m})$$
$$M_{DC} = 12.790 \times (1-0.414) \times 3.3 = 24.733(\text{kN} \cdot \text{m})$$
$$M_{HG} = 13.910 \times (1-0.45) \times 3.3 = 25.247(\text{kN} \cdot \text{m})$$
$$M_{ML} = 10.300 \times (1-0.35) \times 3.3 = 22.094(\text{kN} \cdot \text{m})$$
$$M_{BC} = 34.702 \times 0.496 \times 3.3 = 56.800(\text{kN} \cdot \text{m})$$
$$M_{FG} = 47.810 \times 0.5 \times 3.3 = 78.887(\text{kN} \cdot \text{m})$$
$$M_{JL} = 28.489 \times 0.45 \times 3.3 = 42.306(\text{kN} \cdot \text{m})$$
$$M_{CB} = 34.702 \times (1-0.496) \times 3.3 = 57.716(\text{kN} \cdot \text{m})$$
$$M_{GF} = 47.810 \times (1-0.5) \times 3.3 = 78.887(\text{kN} \cdot \text{m})$$
$$M_{LJ} = 28.489 \times (1-0.45) \times 3.3 = 51.708(\text{kN} \cdot \text{m})$$
$$M_{AB} = 56.617 \times 0.55 \times 3.9 = 121.443(\text{kN} \cdot \text{m})$$
$$M_{EF} = 77.509 \times 0.55 \times 3.9 = 166.257(\text{kN} \cdot \text{m})$$
$$M_{IJ} = 57.574 \times 0.575 \times 3.9 = 129.110(\text{kN} \cdot \text{m})$$
$$M_{BA} = 56.617 \times (1-0.55) \times 3.9 = 99.363(\text{kN} \cdot \text{m})$$
$$M_{FE} = 77.509 \times (1-0.55) \times 3.9 = 136.028(\text{kN} \cdot \text{m})$$
$$M_{JI} = 57.574 \times (1-0.575) \times 3.9 = 95.429(\text{kN} \cdot \text{m})$$

④求出各横梁梁端弯矩。

$$M_{DH} = M_{DC} = 24.733(\text{kN} \cdot \text{m})$$

$$M_{HD} = \frac{1.5}{1.5 + 0.8} \times 25.247 = 16.465(\text{kN} \cdot \text{m})$$

$$M_{HM} = \frac{0.8}{1.5 + 0.8} \times 25.247 = 8.782(\text{kN} \cdot \text{m})$$

$$M_{MH} = M_{ML} = 22.094(\text{kN} \cdot \text{m})$$

$$M_{CG} = M_{CD} + M_{CB} = 17.474 + 57.716 = 75.190(\text{kN} \cdot \text{m})$$

$$M_{GC} = \frac{1.7}{1.7 + 1.0} \times (M_{GH} + M_{GF}) = \frac{1.7}{1.7 + 1.0} \times 99.543 = 62.675(\text{kN} \cdot \text{m})$$

$$M_{GL} = \frac{1.0}{1.7 + 1.0} \times (M_{GH} + M_{GF}) = \frac{1.0}{1.7 + 1.0} \times 99.543 = 36.868(\text{kN} \cdot \text{m})$$

$$M_{LG} = M_{LM} + M_{LJ} = 11.897 + 51.708 = 63.605(\text{kN} \cdot \text{m})$$

$$M_{BF} = M_{BC} + M_{BA} = 56.800 + 99.363 = 156.163(\text{kN} \cdot \text{m})$$

$$M_{FB} = \frac{2.4}{2.4 + 1.2} \times (M_{FG} + M_{FE}) = \frac{2.4}{2.4 + 1.2} \times 214.915 = 143.277(\text{kN} \cdot \text{m})$$

$$M_{FJ} = \frac{1.2}{2.4 + 1.2} \times (M_{FG} + M_{FE}) = \frac{1.2}{2.4 + 1.2} \times 214.915 = 71.638(\text{kN} \cdot \text{m})$$

$$M_{JF} = M_{JL} + M_{JI} = 42.306 + 95.429 = 137.735(\text{kN} \cdot \text{m})$$

⑤绘制弯矩图。

绘制的弯矩图如图 3 - 24 所示。

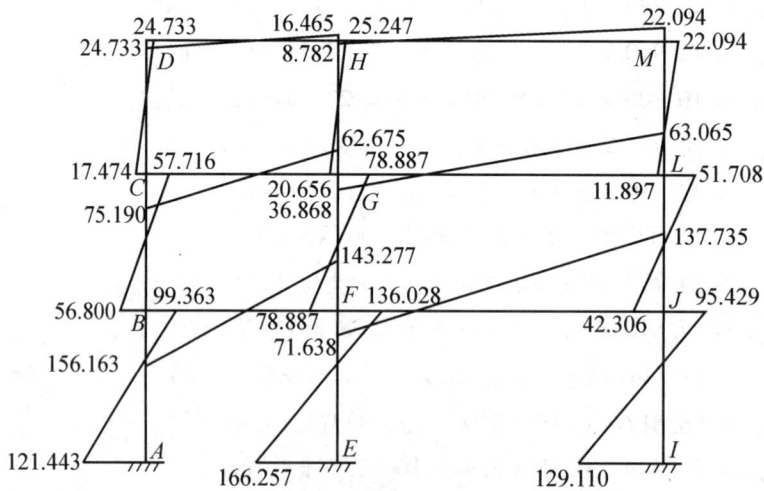

图 3 - 24   用 D 值法绘制的弯矩图

3.2.5   水平力作用下框架结构侧移

框架结构侧移主要由水平荷载引起，在常遇地震或风荷载作用下，如果层间相对侧移过大，将会使填充墙及建筑装修出现裂缝或损坏，影响正常使用，甚至可能使主体结构开裂而引起损伤。因此，应先计算出框架层间位移，再与规范规定的限值加以比较，以确定原先设定的梁柱截面尺寸是否合适。

1. 侧移验算方法

框架结构侧移由梁柱杆件弯曲变形和柱的轴向变形产生。在层数不多的框架结构中，柱的轴向变形引起的侧移很小，可以忽略不计。在近似计算中，一般只需计算由杆件在层间弯曲引起的变形，框架变形是一种剪切型变形。

框架层间侧移可按照以下公式计算：

$$\Delta u_j = \frac{V_{pj}}{\sum D_{ij}} \tag{3-49}$$

式中：V_{pj}——第 j 层的总剪力；

$\sum D_{ij}$——第 j 层所有柱的抗侧刚度之和。

2. 层间侧移变形验算

《抗震规范》规定，楼层层间最大位移 Δ_u 应满足：

$$\Delta_u \leqslant [\theta_e] \cdot h \tag{3-50}$$

式中：Δ_u——楼层层间最大位移，应按弹性方法以楼层最大的水平位移差计算，不扣除整体弯曲变形。抗震设计时，楼层层间位移计算不考虑偶然偏心的影响。

$[\theta_e]$——楼层层间弹性位移角限值，对框架结构，取 $[\theta_e] = 1/550$。

h——层高。

变形验算属于正常使用极限状态范畴，故在计算 Δ_u 时，各作用分项系数均取 1.0，混凝土构件的截面刚度采用弹性刚度。当计算的变形较大时，宜适当考虑截面开裂后的刚度降低，如取 0.85 倍的弹性刚度。

楼层层间弹性位移角限值是根据以下两条原则并综合考虑其他因素确定的。

① 保证主结构基本处于弹性状态。对钢筋混凝土结构而言，既要避免混凝土墙和柱出现裂缝，同时又要将混凝土等楼面构件的裂缝数量、宽度和高度限制在规范允许的范围内。

② 保证填充墙、隔墙和幕墙等非结构构件完好，避免产生明显损伤。

当不满足式（3-50）时，应调整构件截面尺寸或提高混凝土强度等级。

3.3 内力组合及截面设计

根据荷载效应组合原则，对非抗震设计的建筑结构，可只进行无地震作用时的荷载效应组合；对抗震设计的建筑结构，不仅要进行无地震作用时的荷载效应组合，还必须进行一般荷载效应和地震作用效应的组合。

对多层框架结构，可不考虑竖向地震的影响。

根据《抗震规范》规定的荷载效应组合原则，多层框架各类荷载效应与地震作用效应组合时，一般可不考虑风荷载与地震作用同时作用的影响。

3.3.1 控制截面及其最不利组合内力

进行钢筋混凝土构件截面设计时，需求得控制截面上最不利组合内力作为配筋的依据。对于框架梁，一般选梁的两端截面和跨中截面作为控制截面，当柱截面宽度较大时，梁端控制截面取在柱边缘；对于框架柱，则选柱的上、下端截面作为控制截面。由于梁端负弯矩一般较大，当与某方向地震作用形成的弯矩同号时，截面设计配筋较多，钢筋布置及混凝土浇筑都较困难。为保证施工质量，可事先将竖向恒荷载与活荷载作用下的梁端弯矩进行调幅，然后再与水平作用的弯矩进行组合。调幅系数一般取 0.8 ~ 0.9，并相应调整跨中弯矩。

抗震设计时，构件的正截面承载力设计表达式与非抗震设计时相同，仅在有地震作用时须考虑承载力抗震调整系数。因此，可将截面验算式 $S_E \leqslant R/\gamma_{RE}$ 变换为 $\gamma_{RE}S_E \leqslant R$，得到弯矩组合值 $\gamma_{RE}S_E$，然后与非抗震设计时弯矩组合值比较，并取最大值进行截面验算。

但构件斜截面承载力的非抗震设计表达式与抗震设计时的表达式并不相同，不能按以上方法直接取剪力组合值进行计算，而应比较各自表达式计算的箍筋配筋量后取较大值。

1. 框架梁最不利组合内力

（1）框架梁两端截面负弯矩和跨中截面正弯矩组合设计值

非抗震设计时，弯矩组合设计值可取式 [3 – 51（a）] ~ 式 [3 – 51（c）] 计算值的最大值；抗震设计时，弯矩组合设计值可取式 [3 – 51（a）] ~ 式 [3 – 51（d）] 计算值的绝对值较大值。

$$M = \gamma_0(1.3 \times M_{Gk} + 1.5 \times M_{Qk}) \qquad [3 - 51(a)]$$

$$M = \gamma_0(1.3 \times M_{Gk} + 0.7 \times 1.5 \times M_{Qk} \pm 1.0 \times 1.5 \times M_{wk}) \qquad [3 - 51(b)]$$

$$M = \gamma_0(1.3 \times M_{Gk} + 1.0 \times 1.5 \times M_{Qk} \pm 0.6 \times 1.5 \times M_{wk}) \qquad [3 - 51(c)]$$

$$M = \gamma_{RE}[1.2 \times (M_{Gk} + 0.5M_{Qk}) \pm 1.3M_{Ek}] \qquad [3 - 51(d)]$$

（2）框架梁两端截面正弯矩组合设计值

进行框架梁两端截面正弯矩组合时，永久荷载效应对结构通常是有利的。因此，非抗震设计时，弯矩组合设计值可取式 [3 – 52（a）] 和式 [3 – 52（b）] 计算值的绝对值较大值；抗震设计时，弯矩组合设计值可取式 [3 – 52（a）] ~ 式 [3 – 52（c）] 计算值的最大值。

$$M = \gamma_0(1.0 \times M_{Gk} + 0.7 \times 1.5 \times M_{Qk} \pm 1.0 \times 1.5 \times M_{wk}) \qquad [3 - 52(a)]$$

$$M = \gamma_0(1.0 \times M_{Gk} + 1.0 \times 1.5 \times M_{Qk} \pm 0.6 \times 1.5 \times M_{wk}) \qquad [3 - 52(b)]$$

$$M = \gamma_{RE}[(M_{Gk} + 0.5M_{Qk}) \pm 1.3M_{Ek}] \qquad [3 - 52(c)]$$

（3）框架梁端剪力设计值

非地震设计时，取式 [3 – 53（a）] 和式 [3 – 53（b）] 中的最大剪力设计值计算箍筋量；抗震设计时，除按式 [3 – 53（a）] 和式 [3 – 53（b）] 计算箍筋量外，还应按式 [3 – 53（c）] 求得的剪力设计值计算箍筋量，并取最大值。

无地震作用时：

$$V = \gamma_0(1.3 \times V_{Gk} + 0.7 \times 1.5 \times V_{Qk} \pm 1.0 \times 1.5 \times V_{wk}) \qquad [3-53(a)]$$

$$V = \gamma_0(1.3 \times V_{Gk} + 1.0 \times 1.5 \times V_{Qk} \pm 0.6 \times 1.5 \times V_{wk}) \qquad [3-53(b)]$$

有地震作用时：

$$V_E = 1.2 \times (V_{Gk} + 0.5 \times V_{Qk}) \pm 1.3 V_{Ek} \qquad [3-53(c)]$$

式中：M_{Gk}、V_{Gk}——恒荷载作用下梁控制截面处弯矩、剪力标准值；

$\qquad M_{Qk}$、V_{Qk}——楼（屋）面活荷载作用下梁控制截面处弯矩、剪力标准值；

$\qquad M_{wk}$、V_{wk}——风荷载作用下梁控制截面处弯矩、剪力标准值；

$\qquad M_{Ek}$、V_{Ek}——水平地震作用下梁控制截面处弯矩、剪力标准值；

$\qquad M_{Gk} + 0.5M_{Qk}$——重力荷载代表值作用下梁控制截面处弯矩标准值；

$\qquad V_{Gk} + 0.5V_{Qk}$——重力荷载代表值作用下梁控制截面处剪力标准值。

应当指出的是，在进行框架梁端截面配筋设计时，应采用柱边截面的设计值，而非轴线处的设计值。具体计算方法参见楼盖设计部分的内容。

2. 框架柱最不利组合内力

以双向偏心受压柱为例，说明框架柱的内力不利组合方法。

现建立坐标系，设 x 轴平行于框架结构平面的长边；y 轴平行于短边，如图 3-25 所示。

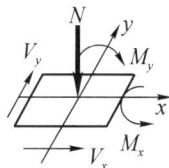

图 3-25　柱的内力方向定义

（1）无地震作用时，柱的内力最不利组合

$$M_x = \gamma_0(1.3 \times M_{Gkx} + 1.5 \times M_{Qkx}) \qquad [3-54(a)]$$

$$M_y = \gamma_0(1.3 \times M_{Gky} + 1.5 \times M_{Qky}) \qquad [3-54(b)]$$

$$N = \gamma_0(1.3 \times N_{Gk} + 1.5 \times N_{Qk}) \qquad [3-54(c)]$$

式中：M_x、M_y——对柱的 x、y 轴的组合弯矩设计值；

$\qquad M_{Gkx}$、M_{Gky}——恒荷载作用下绕柱截面 x 轴、y 轴的弯矩标准值；

$\qquad M_{Qkx}$、M_{Qky}——活荷载作用下绕柱截面 x 轴、y 轴的弯矩标准值；

$\qquad N_{Gk}$、N_{Qk}——恒荷载和活荷载作用下柱的轴力标准值。

（2）有地震作用时，柱的内力最不利组合

当地震沿结构横向（垂直于 x 轴）作用时：

$$M_{Ex} = \gamma_{RE}[1.2 \times (M_{Gkx} + 0.5 \times M_{Qkx}) \pm 1.3 \times M_{Ekx}] \qquad [3-55(a)]$$

$$M_{Ey} = \gamma_{RE} \times 1.2 \times (M_{Gky} + 0.5 \times M_{Qky}) \qquad [3-55(b)]$$

$$N_E = \gamma_{RE}[1.2 \times (N_{Gk} + 0.5 \times N_{Qk}) \pm 1.3 \times N_{Ex}] \qquad [3-55(c)]$$

式中：M_{Ex}、M_{Ey}——考虑地震作用时，柱控制截面处的 x、y 轴方向的组合弯矩设计值；

$\qquad N_E$——考虑地震作用时，柱控制截面处的组合轴力标准值；

$\qquad M_{Gk} + 0.5M_{Qk}$——重力荷载代表值作用下柱控制截面处弯矩标准值；

$\qquad N_{Gk} + 0.5N_{Qk}$——重力荷载代表值作用下柱控制截面处轴力标准值；

$\qquad M_{Ekx}$——x 轴方向有地震作用时，柱控制截面处的弯矩标准值。

当地震结构纵向（垂直于 y 轴）作用时：

$$M_{Ex} = \gamma_{RE} \times 1.2 \times (M_{Gkx} + 0.5 \times M_{Qkx}) \qquad [3-56(a)]$$

$$M_{Ey} = \gamma_{RE}[1.2 \times (M_{Gky} + 0.5 \times M_{Qky}) \pm 1.3 \times M_{Eky}] \qquad [3-56(b)]$$

$$N_E = \gamma_{RE}[1.2 \times (N_{Gk} + 0.5 \times N_{Qk}) \pm 1.3 \times N_{Ey}] \qquad [3-56(c)]$$

式中：M_{Eky}——y 轴方向有地震作用时，柱控制截面处的弯矩标准值。

框架结构中，柱一般是双向偏心受压构件。其纵向受力钢筋主要取决于轴力 N 和弯矩 M，为便于施工，一般为对称配筋。内力组合时，考虑水平荷载的不同作用方向，应进行下列三种内力组合：

① N_{max} 与相应的 M 和 V。

② N_{min} 与相应的 M 和 V。

③ $|M_{max}|$ 与相应的 N 和 V。

对这几种组合均应进行截面设计，求得其配筋量，取最大值作为截面配筋的依据。

3.3.2 内力调整

非抗震设计时，可直接按上述最不利组合内力进行构件截面设计。但对需进行抗震设计的框架，上述内力需要进行调整，其根本原因在于非抗震结构在外荷载作用下结构处于弹性状态或仅有微小裂缝，构件设计主要是满足承载力要求，而抗震结构在设防烈度作用（中震）下，部分构件进入塑性变形状态，为了有足够的变形能力（维持承载力）以及在大震下结构不倒塌，抗震结构需设计成延性结构。

1. 实现延性框架设计的措施

通过大量震害调查、试验和理论分析，实现延性框架设计的要点如下：

（1）强柱弱梁框架

延性结构在中震下就会出现塑性铰，其塑性铰可能出现在梁端或柱端而导致结构破坏，但柱端破坏要比梁端破坏造成的后果严重。由于框架柱受轴向压力与弯矩的共同作用，属于压弯构件，尤其是轴压比大的柱，不容易实现大的延性和耗能能力，其延性通常比框架梁小，而且作为结构的主要承重构件，柱破损后不易修复，也容易导致结构倒塌。一旦框架柱先于框架梁出现塑性铰，就会产生较大的层间侧移，甚至形成同层各柱上同时出现塑性铰的"柱铰机制"，如图 3-26（a）所示，进而危及结构承受竖向荷载的能力。

因此，在设计延性框架时，应控制塑性铰出现的部位，使之在梁端出现（不允许在跨中出现塑性铰），形成"梁铰机制"，如图 3-26（b）所示。为使结构具有良好的通过塑性铰耗散能量的能力，同时还要有足够的刚度和承载能力以抵抗地震，这一概念称为强柱弱梁，按此概念设计的框架称为强柱弱梁框架。

（2）强剪弱弯构件

由于剪切破坏为脆性破坏，无明显的预兆，且其破坏后的修复加固也难以进行，故在构件发生受弯破坏或形成塑性铰前，必须保证梁、柱构件具有足够的斜截面抗剪承载力，即采取措施使构件的受剪破坏晚于受弯破坏。

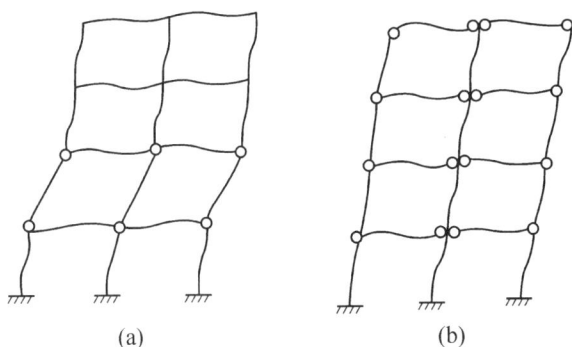

图 3 - 26 框架的塑性铰部位

(a)柱端塑性铰;(b)梁端塑性铰

(3) 强节点、强锚固

实现延性框架设计必须保证各构件间的连接节点发生破坏不早于被连接构件发生破坏,这样才能充分发挥构件塑性铰的延性作用。连接节点包括梁柱的连接节点、梁柱各自的钢筋搭接及锚固节点等。因此,在延性框架中应设计强节点、强锚固。

上述措施简称为"强柱弱梁""强剪弱弯""强节点、强锚固"。实现这三类措施的途径,主要是根据其抗震等级对构件的内力进行不同程度的调整,同时采取必要的配筋构造措施。

2. 框架柱

要实现"强柱弱梁",即须使交会于同一节点的柱端截面受弯承载力大于梁端截面受弯承载力;同时为实现柱的"强剪弱弯",也应使柱的实际斜截面承载力大于正截面达到极限状态时对应的斜截面剪切内力。框架柱内力按以下规定进行调整:

①抗震设计时,抗震等级一级、二级、三级和四级框架结构的梁柱节点处,除框架顶层和柱轴压比小于 0.15 者,柱端组合的弯矩设计值应符合下式要求:

$$\sum M_c = \eta_c \sum M_b \qquad [3-57(a)]$$

抗震等级一级的框架结构和设防烈度为 9 度的一级框架,可不按上式调整,但应符合下式要求:

$$\sum M_c = 1.2\sum M_{bua} \qquad [3-57(b)]$$

式中:$\sum M_c$ ——节点上、下柱端截面顺时针或逆时针方向组合的弯矩设计值之和,上、下柱端的弯矩设计值可按弹性分析分配;

$\sum M_b$ ——节点左、右梁端截面逆时针或顺时针方向组合的弯矩设计值之和,一级框架节点左、右梁端均为负弯矩时,绝对值较小的弯矩应取零;

$\sum M_{bua}$ ——节点左、右梁端截面逆时针或顺时针方向实配的正截面抗震受弯承载力所对应的弯矩值之和,根据实配钢筋面积(计入梁受压钢筋和相关楼板钢筋)和材料强度标准值确定;

η_c ——框架柱端弯矩增大系数,对框架结构,抗震等级一级、二级、三级和四级可分别取 1.7、1.5、1.3 和 1.2。

当反弯点不在柱的层高范围内时，柱端截面组合的弯矩设计值可乘以上述柱端弯矩增大系数 η_c。

②抗震等级一级、二级、三级和四级框架结构的底层，柱下端截面组合的弯矩设计值，应分别乘以增大系数 1.7、1.5、1.3 和 1.2；这里，底层是指无地下室的基础以上或地下室以上的首层。底层柱纵向钢筋应按柱上、下端的不利情况配置。

③抗震等级一级、二级、三级和四级框架结构的柱组合的剪力设计值，应按下式调整：

$$V = \eta_{vc}(M_c^t + M_c^b)/H_n \qquad [3-58(a)]$$

抗震等级一级的框架结构和设防烈度为 9 度的一级框架，可不按上式调整，但应符合下式要求：

$$V = 1.2(M_{cua}^t + M_{cua}^b)/H_n \qquad [3-58(b)]$$

式中：M_c^t、M_c^b——柱上、下端顺时针或逆时针方向截面组合的弯矩设计值，由式［3-57（a）］、式［3-57(b)］计算；

M_{cua}^t、M_{cua}^b——柱上、下端顺时针或逆时针方向实配的正截面抗震受弯承载力所对应的弯矩值，根据实配钢筋面积、材料强度标准值和重力荷载代表值产生的轴向压力设计值等确定；

η_{vc}——柱端剪力增大系数，对框架结构，抗震等级一级、二级、三级和四级分别取 1.5、1.3、1.2 和 1.1；

H_n——柱的净高。

④抗震设计的框架角柱应按双向偏心受压构件进行正截面承载力设计，其弯矩设计值、剪力设计值应先根据抗震等级考虑上述调整系数，然后乘以不小于 1.1 的增大系数。

3. 框架梁

框架梁是受弯构件，容易实现大的延性和耗能能力，但也要使梁的实际斜截面承载力大于正截面受弯屈服时相应的截面剪切内力，以实现"强剪弱弯"。

抗震等级为四级时，框架梁端部截面组合的剪力设计值可直接取考虑地震作用组合的剪力设计值；抗震等级为一级、二级和三级时，应按下式计算：

$$V = \eta_{vb}(M_b^l + M_b^r)/l_n + V_{Gb} \qquad [3-59(a)]$$

抗震等级一级的框架结构和设防烈度为 9 度时的一级框架梁，可不按上式调整，但应符合下式要求：

$$V = 1.1(M_{bua}^l + M_{bua}^r)/l_n + V_{Gb} \qquad [3-59(b)]$$

式中：M_b^l、M_b^r——梁左、右端逆时针或顺时针方向截面组合的弯矩设计值，抗震等级一级的框架且梁两端均为负弯矩时，绝对值较小的弯矩应取零；

l_n——梁的净跨；

M_{bua}^l、M_{bua}^r——梁左、右端逆时针或顺时针方向实配的正截面抗震受弯承载力所对应的弯矩值，根据实配钢筋面积（计入受压钢筋和相关楼板钢筋）和材料强度标准值确定；

　　V_{Gb}——梁在重力荷载代表值作用下，按简支梁分析的梁端截面剪力设计值；

　　η_{vb}——梁端剪力增大系数，抗震等级一级、二级和三级分别取 1.3、1.2 和 1.1。

3.3.3　截面设计与验算

1. 剪压比

剪压比与梁、柱的延性有关。梁、柱截面尺寸太小，则截面上剪应力提高，此时，仅用增加配箍的方法不能有效限制斜裂缝过早出现及混凝土斜压破坏。因此，要校核截面最小尺寸，不满足时，可加大截面尺寸或提高混凝土强度等级。

无地震作用组合时，梁端、柱端的剪力设计值应满足下式：

$$V \leqslant 0.25\beta_c f_c b h_0 \qquad [3-60(a)]$$

有地震作用组合时，对跨高比大于 2.5 的梁及剪跨比大于 2 的柱，应满足式[3-60(b)]；对跨高比不大于 2.5 的梁及剪跨比不大于 2 的柱，应满足式[3-60(c)]。

$$V_E \leqslant \frac{1}{\gamma_{RE}} \times 0.20\beta_c f_c b h_0 \qquad [3-60(b)]$$

$$V_E \leqslant \frac{1}{\gamma_{RE}} \times 0.15\beta_c f_c b h_0 \qquad [3-60(c)]$$

式中：V——无地震作用组合时，梁柱计算截面的剪力设计值；

　　V_E——有地震作用组合时，梁柱计算截面的剪力设计值，采用上面经调整后的剪力；

　　b——矩形截面宽度，T 形截面、工字形截面的腹板宽度；

　　h_0——截面有效高度；

　　β_c——混凝土强度影响系数。

柱的剪跨比是影响柱破坏形态的主要因素，它是反映柱截面承受的弯矩与剪力相对大小的一个参数，柱的剪跨比 λ 按柱上、下端截面组合的弯矩计算值 M^c 的较大值、对应的截面组合剪力计算值 V^c 及截面有效高度 h_0 确定，即：

$$\lambda = M^c/(V^c h_0) \qquad (3-61)$$

对反弯点位于柱高中部的框架柱，柱的剪跨比 λ 可取柱净高与计算方向 2 倍柱截面高度之比值。

2. 柱的斜截面承载力

矩形截面偏心受压框架柱的斜截面承载力按下式计算。

无地震作用组合时：

$$V \leqslant \frac{1.75}{\lambda + 1} f_t b h_0 + f_{yv}\frac{A_{sv}}{s}h_0 + 0.07N \qquad [3-62(a)]$$

有地震作用组合时：

$$V \leqslant \frac{1}{\gamma_{RE}}\left(\frac{1.05}{\lambda + 1} f_t b h_0 + f_{yv}\frac{A_{sv}}{s}h_0 + 0.056N\right) \qquad [3-62(b)]$$

式中：λ ——框架柱的剪跨比，当 $\lambda \leqslant 1$ 时取 $\lambda = 1$，当 $\lambda > 3$ 时取 $\lambda = 3$；

　　　N ——考虑风荷载或地震作用组合的框架柱轴向压力设计值，当 $N > 0.3f_cA_c$ 时，取 $N = 0.3f_cA_c$。

矩形截面框架柱出现拉力时，其斜截面承载力应按下式计算。

无地震作用组合时：

$$V \leqslant \frac{1.75}{\lambda + 1}f_t bh_0 + f_{yv}\frac{A_{sv}}{s}h_0 - 0.2N \qquad [3-63(a)]$$

有地震作用组合时：

$$V \leqslant \frac{1}{\gamma_{RE}}\left(\frac{1.05}{\lambda + 1}f_t bh_0 + f_{yv}\frac{A_{sv}}{s}h_0 - 0.2N\right) \qquad [3-63(b)]$$

式中：N ——与剪力设计值 V 对应的轴向拉力设计值，取正值。

当式 $[3-63(a)]$ 右端的计算值或式 $[3-63(b)]$ 右端的括号内的计算值小于 $f_{yv}\frac{A_{sv}}{s}h_0$ 时，应取等于 $f_{yv}\frac{A_{sv}}{s}h_0$，且 $f_{yv}\frac{A_{sv}}{s}h_0$ 值不小于 $0.36f_t bh_0$。

框架梁和柱的正截面承载力、框架梁的斜截面承载力、无地震作用组合时梁和柱的扭曲截面承载力可按《混凝土规范》的有关规定进行计算。

3.3.4 框架节点抗震设计

在竖向荷载和地震作用下，框架节点区受力比较复杂，主要承受柱传来的轴向力、弯矩、剪力，以及梁传来的弯矩、剪力的作用，如图 3-27 所示。在轴压力和剪力的共同作用下，节点区发生由于剪切和主拉应力造成的脆性破坏。震害表明，梁柱节点的破坏，大都是由于节点区未设箍筋或箍筋过少，抗剪能力不足，从而导致节点区出现多条交叉斜裂缝，斜裂缝间混凝土被压酥，柱内纵向钢筋被压曲。此外，由于梁内纵筋和柱内纵筋在节点区交汇，且梁顶面钢筋一般数量较多，造成节点区可能过密，振捣器难以插入，从而影响混凝土的浇捣质量，节点承载力难以得到保证。也有可能是梁柱内纵筋伸入节点锚固长度不足，纵筋被拔出，以至于梁柱端部塑性铰难以充分发挥作用。

（1）节点区剪力设计值

由强节点的设计要求可知，节点区应能抵抗当节点区两边梁端出现塑性铰时的剪力。该剪力称为节点区剪力设计值。如图 3-28 所示为中梁柱节点的受力简图，取上半部分为隔离体，由平衡条件可得节点区剪力 V_j，并由梁柱平衡求出 V_c，代入下式：

$$V_j = (f_{yk}A_s^b + f_{yk}A_s^t) - V_c$$

$$= \frac{M_b^l + M_b^r}{h_{b0} - a_s'} - \frac{M_c^b + M_c^t}{H_c - h_b} = \frac{M_b^l + M_b^r}{h_{b0} - a_s'}\left(1 - \frac{h_{b0} - a_s'}{H_c - h_b}\right) \qquad (3-64)$$

式中，f_{yk} 为钢筋抗拉强度标准值，H_c 为柱的计算高度，可采用节点上、下柱反弯点之间的距离，

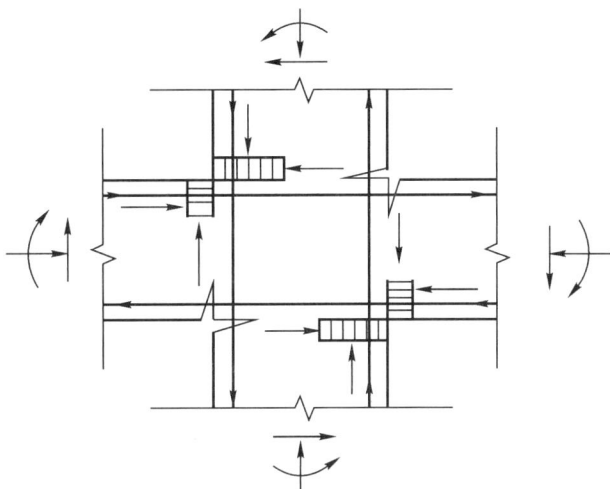

图 3 – 27　节点核心区受力图

h_b 为梁的截面高度，节点两侧梁截面高度不等时可采用平均值，其余符号如图 3 – 28 所示。

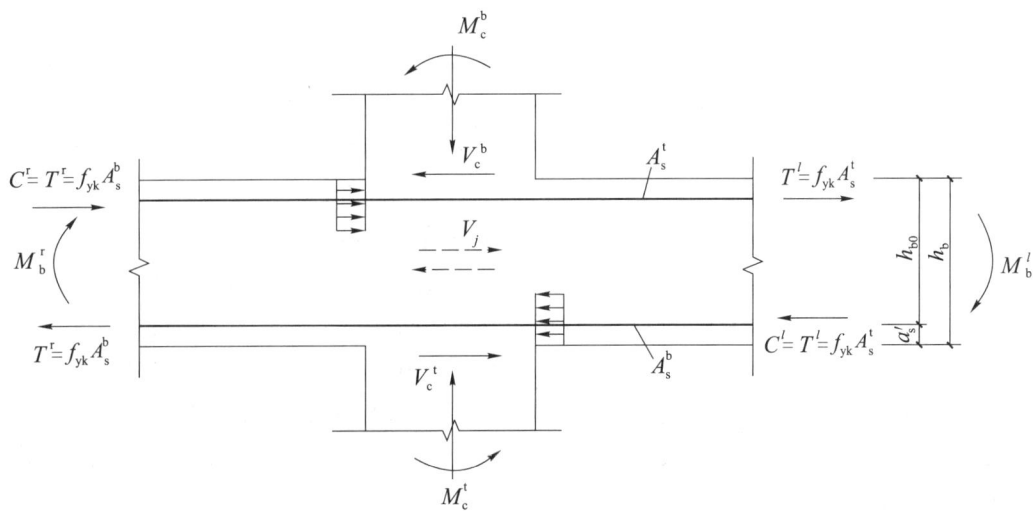

图 3 – 28　梁柱节点的受力简图

工程抗震设计中，将抗震等级一级、二级和三级框架的梁柱节点区组合的剪力设计值 V_j 用下式计算：

$$V_j = \frac{\eta_{jb} \sum M_b}{h_{b0} - a'_s}\left(1 - \frac{h_{b0} - a'_s}{H_c - h_b}\right) \qquad [3 - 65(\text{a})]$$

一级框架结构和 9 度的一级框架可不按上式确定，但应符合下式要求：

$$V_j = \frac{1.15 \sum M_{bua}}{h_{b0} - a'_s}\left(1 - \frac{h_{b0} - a'_s}{H_c - h_b}\right) \qquad [3 - 65(\text{b})]$$

143

式中：η_{jb}——强节点系数（节点区剪力增大系数），对于框架结构，一级宜取1.5，二级宜取1.35，三级宜取1.2；对于其他结构中的框架，一级宜取1.35，二级宜取1.2，三级宜取1.1。

$\sum M_b$——节点左、右梁端逆时针或顺时针组合弯矩设计值之和，一级框架节点左、右梁端均为负弯矩时，绝对值较小的弯矩应取零。

$\sum M_{bua}$——节点左、右梁端逆时针或顺时针方向实配的正截面抗震受弯承载力所对应的弯矩之和，可根据实配钢筋面积（计入受压筋）和材料强度标准值确定；1.15为考虑钢筋的超强系数。

（2）节点区抗剪验算

有地震作用组合时，框架节点区截面的抗剪承载力按下式验算：

$$V_j \leqslant \frac{1}{\gamma_{RE}}\left(1.1\eta_j f_t b_j h_j + 0.05\eta_j N \frac{b_j}{b_c} + f_{yv}A_{svj}\frac{h_{b0}-a_s'}{s}\right) \qquad [3-66(a)]$$

设防烈度为9度的一级框架，尚应满足：

$$V_j \leqslant \frac{1}{\gamma_{RE}}\left(0.9\eta_j f_t b_j h_j + f_{yv}A_{svj}\frac{h_{b0}-a_s'}{s}\right) \qquad [3-66(b)]$$

式中：N——对应于组合剪力设计值的上柱组合轴向压力较小值，当$N>0.5f_c b_c h_c$时取$N=0.5f_c b_c h_c$，当N为拉力时取$N=0$；

b_j——节点区截面有效验算宽度，可按式（3-67）确定；

h_j——节点区截面高度，可采用验算方向的柱截面高度；

A_{svj}——节点区有效验算宽度范围内、验算方向为同一截面箍筋的总截面面积；

η_j——正交梁的约束影响系数，楼板为现浇，梁柱中线重合，四侧各梁截面宽度不小于该侧柱截面宽度的1/2，且正交方向梁高度不小于框架梁高度的3/4时可采用1.5，设防烈度为9度的一级框架宜采用1.25，其他情况均采用1.0。

节点区截面有效验算宽度，按下列规定采用。当验算方向的梁截面宽度不小于该侧柱截面宽度的1/2时，可采用该侧柱截面宽度；当验算方向的梁截面宽度小于该侧柱截面宽度的1/2时，可采用下列两者的较小值：

$$b_j = b_b + 0.5h_c \qquad [3-67(a)]$$
$$b_j = b_c \qquad [3-67(b)]$$

当梁与柱中线不重合且偏心距不大于柱宽的1/4时，可采用上述两式和下式计算结果中的较小值：

$$b_j = 0.5(b_b + b_c) + 0.25h_c - e \qquad [3-67(c)]$$

式中：b_b、h_c——分别为验算方向柱截面宽度和高度；

e——梁与柱中线偏心距。

为了避免节点区过早出现斜裂缝、混凝土碎裂，节点区的平均剪应力不应过高。节点区组合的剪力设计值应符合下式要求：

$$V_j \leqslant \frac{1}{\gamma_{RE}} 0.30\eta_j \beta_c f_c b_j h_j \qquad (3-68)$$

3.4 框架结构构造措施

3.4.1 框架梁

1. 梁截面

梁截面尺寸应满足前述（本章 3.1 节）要求。当梁高较小或采用梁宽大于柱宽的扁梁时，除应验算其承载力和受剪截面要求外，尚应满足刚度和裂缝的有关要求。楼板应现浇，梁中线宜与柱中线重合；扁梁应双向布置，且不宜用于抗震等级一级的框架结构。扁梁的截面尺寸应符合下列要求：

$$\left.\begin{aligned} b_b &\leqslant 2b_c \\ b_b &\leqslant b_c + h_b \\ h_b &\geqslant 16d \end{aligned}\right\} \qquad (3-69)$$

式中：b_c——柱截面宽度，圆形截面的柱截面宽度，取柱直径的 0.8 倍；

b_b、h_b——梁截面宽度和高度；

d——柱纵筋直径。

2. 梁纵筋

①抗震设计时，梁端纵向受拉钢筋的配筋率不宜大于 2.5% ，计入受压钢筋的梁端截面混凝土受压区相对高度 $\xi (= x/h_0)$ ，一级不应大于 0.25，二级、三级不应大于 0.35。

②梁纵向受拉钢筋的最小配筋率 ρ_{min} ，非抗震设计时，不应小于 0.20% 和（$45f_t/f_y$）% 二者的较大值；抗震设计时，不应小于表 3-18 的规定。

表 3-18 梁纵向受拉钢筋的最小配筋率 ρ_{min}

抗震等级	位置	
	支座（取较大值）	跨中（取较大值）
一级	0.40% 和（$80f_t/f_y$）%	0.30% 和（$65f_t/f_y$）%
二级	0.30% 和（$65f_t/f_y$）%	0.25% 和（$55f_t/f_y$）%
三级、四级	0.25% 和（$55f_t/f_y$）%	0.20% 和（$45f_t/f_y$）%

③梁端截面的底面和顶面纵向钢筋配筋量的比值，除按计算确定外，一级不应小于 0.5，二级、三级不应小于 0.3。

④沿梁全长顶面和底面的配筋，一级、二级抗震等级时不应小于 $2\phi14$ ，且不应小于梁两端顶面、底面纵向钢筋中较大截面面积的 1/4；三级、四级抗震等级及非抗震设计时，不应小于 $2\phi12$ 。

⑤一级、二级、三级抗震等级的框架梁内贯通中柱的每根纵向钢筋直径，不应大于矩形

截面柱在该方向截面尺寸的1/20，或圆形截面柱中纵向钢筋所在位置柱截面弦长的1/20。

⑥框架梁的纵向钢筋不应与箍筋、拉筋及预埋件等焊接。

3. 抗震设计时梁箍筋的要求

①梁端箍筋加密区的长度、箍筋最大间距和最小直径应按表3-19采用，当梁端纵向受拉钢筋配筋率大于2%时，表中箍筋最小直径应增大2 mm。

表3-19　梁端箍筋加密区的长度、箍筋最大间距和最小直径

抗震等级	加密区长度（取较大值）l/mm	箍筋最大间距（取较小值）s_v/mm	箍筋最小直径 d_v/mm
一级	$2.0h_b$，500	$h_b/4$，$6d$，100	10
二级	$1.5h_b$，500	$h_b/4$，$8d$，100	8
三级	$1.5h_b$，500	$h_b/4$，$8d$，150	8
四级	$1.5h_b$，500	$h_b/4$，$8d$，150	6

注：d为纵向钢筋直径，h_b为梁截面高度。

②框架梁的沿梁全长箍筋的面积配箍率及在箍筋加密区范围内的箍筋肢距，应符合表3-20的要求。

表3-20　箍筋的面积配箍率及在箍筋加密区范围内的箍筋肢距

抗震等级	面积配箍率 ρ_{sv}	加密区范围内箍筋最大肢距（取较大值）/mm
一级	$(0.30f_t/f_{yv})\%$	200，$20d_v$
二级	$(0.28f_t/f_{yv})\%$	250，$20d_v$
三级	$(0.26f_t/f_{yv})\%$	250，$20d_v$
四级	$(0.26f_t/f_{yv})\%$	300

③在纵向钢筋搭接长度范围内的箍筋间距，不应大于搭接钢筋较小直径的5倍，且不宜大于100 mm。

④框架梁非加密区箍筋间距不宜大于加密区箍筋间距的2倍。

⑤箍筋应有135°弯钩，弯钩端头直段长度不应小于10倍箍筋直径。

4. 非抗震设计时梁箍筋的要求

①应沿梁全长设置箍筋，箍筋直径不宜小于6 mm；当截面高度大于800 mm时，其箍筋直径不宜小于8 mm；在受力钢筋搭接长度范围内，箍筋直径不应小于搭接钢筋最大直径的1/4。

②箍筋间距不应大于表3-21的数值；在纵向钢筋搭接长度范围内，箍筋间距尚不应大于搭接钢筋较小直径的5倍，且不应大于100 mm。

表3-21　非抗震设计时梁箍筋最大间距

h_b/mm	V	
	$V > 0.7f_tbh_0$	$V \le 0.7f_tbh_0$
$h_b \le 300$	150	200
$300 < h_b \le 500$	200	300
$500 < h_b \le 800$	250	350
$h_b > 800$	300	400

③当梁的剪力设计值 $V > 0.7f_t bh_0$ 时，其箍筋面积配筋率不应小于 $0.24f_t/f_{yv}$。

④当梁中配有计算需要的纵向受压钢筋时，箍筋应为封闭式。箍筋直径不应小于搭接钢筋最大直径的 1/4，箍筋间距不应大于 15d 且不应大于 400 mm；当一层内的受压钢筋多于 5 根且直径大于 18 mm 时，箍筋间距不应大于 10d（d 为纵向受压钢筋的最小直径）。

⑤当梁的截面宽度大于 400 mm 且一层中的纵向受压钢筋多于 3 根时，或当梁的截面宽度不大于 400 mm，但一层中的纵向受压钢筋多于 4 根时，应设置复合箍筋。

3.4.2　框架柱

1. 柱截面

柱截面尺寸应满足前述（本章 3.1 节）要求。

2. 柱轴压比 μ_c

轴压比是指柱考虑地震作用组合计算的轴压力设计值 N 与柱的全截面面积 A 和混凝土轴心抗压强度设计值 f_c 乘积的比值，当《抗震规范》规定不进行地震作用计算的结构，可取无地震作用组合的轴力设计值计算，则轴压比 μ_c 为：

$$\mu_c = \frac{N}{f_c A} \qquad (3-70)$$

为保证柱的延性要求，抗震设计时，柱轴压比不宜超过表 3-22 的限值。

表 3-22　柱轴压比限值

结构类型	抗震等级			
	一级	二级	三级	四级
框架	0.65	0.75	0.85	0.90

表 3-22 的限值适用于混凝土强度等级不高于 C60、剪跨比大于 2 的柱，若有下列情况之一时，柱轴压比限值可进行调整，但调整后的柱轴压比不应大于 1.05。

①当混凝土强度等级为 C65～C70 时，柱轴压比限值应降低 0.05。

②剪跨比不大于 2 且不小于 1.5 的柱，其轴压比限值应降低 0.05；剪跨比小于 1.5 的柱，其轴压比限值应专门研究并采取特殊构造措施。

③当沿柱全高采用井字复合箍，且箍筋间距不大于 100 mm、肢距不大于 200 mm、直径不小于 12 mm，或沿柱全高采用复合螺旋箍，且箍筋螺距不大于 100 mm、肢距不大于 200 mm、直径不小于 12 mm，或沿柱全高采用连续复合矩形螺旋箍，且箍筋螺距不大于 80 mm、箍筋肢距不大于 200 mm、直径不小于 10 mm 时，其轴压比限值可增加 0.10。箍筋的配箍特征值应按增大后的轴压比确定。

④在柱的截面中部设有由附加纵向钢筋形成的芯柱，且附加纵向钢筋截面面积不小于柱截面面积的 0.8% 时，其轴压比限值可增加 0.05，此项措施与复合箍筋共同被采用时，柱轴压比限值可增加 0.15，但箍筋的体积配箍率仍可按柱轴压比增加 0.10 的要求确定。

3. 柱纵筋

①柱纵向钢筋宜对称配置，其最小配筋率应按表 3-23 采用，且柱截面每一侧纵向钢筋

配筋率不应小于 0.2% 。

表 3 - 23　柱纵向钢筋的最小配筋率 $\rho_{\min}$

柱类型	抗震等级				非抗震设计
	一级	二级	三级	四级	
中柱、边柱	1.0%	0.8%	0.7%	0.6%	0.6%
角柱	1.1%	0.9%	0.8%	0.7%	0.6%

注：①采用的钢筋强度标准值小于 400 MPa 时，表中数值应增加 0.1；钢筋强度标准值为 400 MPa 时，表中数值应增加 0.05。

②混凝土强度等级高于 C60 时，上述数值应相应增加 0.1。

②抗震设计时，截面尺寸大于 400 mm 的柱，纵向钢筋间距不应大于 200 mm；非抗震设计时，柱纵向钢筋间距不宜大于 200 mm，柱纵向钢筋净距均不应小于 50 mm。

③柱全部纵向钢筋的配筋率，非抗震设计时不宜大于 5%，不应大于 6%；抗震设计时不应大于 5%。

④一级且剪跨比不大于 2 的柱，每侧纵向钢筋配筋率不宜大于 1.2%。

⑤边柱、角柱及剪力墙端柱在地震作用组合产生小偏心受拉时，柱内纵筋总截面面积应比计算值增加 25%。

⑥抗震设计时，柱纵向钢筋的绑扎接头应避开柱端的箍筋加密区。

⑦框架柱的纵向钢筋不应与箍筋、拉筋和预埋件等焊接。

4. 柱箍筋

①柱箍筋在规定的范围内应加密，加密区的箍筋间距和直径，应符合下列要求：

a. 一般情况下，箍筋的最大间距和最小直径，应按表 3 - 24 采用。

表 3 - 24　柱箍筋加密区的构造要求

抗震等级	箍筋最大间距 s_v/mm	箍筋最小直径 $d_{\min}$/mm
一级	6d 和 100 的较小值	10
二级	8d 和 100 的较小值	8
三级	8d 和 150（柱根 100）的较小值	8
四级	8d 和 150（柱根 100）的较小值	6（柱根 8）

注：d 为柱纵筋最小直径；柱根是指框架底层柱下端嵌固部位。

b. 抗震等级一级框架柱的箍筋直径大于 12 mm 且箍筋肢距不大于 150 mm，以及抗震等级二级框架柱的箍筋直径不小于 10 mm 且箍筋肢距不大于 200 mm 时，除底层柱下端外，最大间距应允许采用 150 mm；抗震等级三级框架柱的截面尺寸不大于 400 mm 时，箍筋最小直径应允许采用 6 mm；抗震等级四级框架柱的剪跨比不大于 2 时，箍筋直径不应小于 8 mm。

c. 剪跨比不大于 2 的柱，箍筋间距不应大于 100 mm。

②柱箍筋加密区的范围应按下列规定采用：

a. 底层柱的上端和其他各层柱的两端取截面长边（圆柱直径）、柱净高的 1/6 和 500 mm 三者的最大值。

b. 底层柱下端不小于柱净高的 1/3；当有刚性地面时，除柱端外尚应取刚性地面上、下各 500 mm。

c. 剪跨比不大于 2 的柱和因设置填充墙等形成的柱净高与柱截面高度之比不大于 4 的柱，取全高。

d. 一级、二级框架的角柱以及需要提高变形能力的柱，取全高。

③柱箍筋加密区的体积配箍率，应符合下列要求：

$$\rho_{\mathrm{v}} = \frac{A_{\mathrm{sv1}} l_{\mathrm{sk}}}{l_1 l_2 s} \geqslant \frac{\lambda_{\mathrm{v}} f_{\mathrm{c}}}{f_{\mathrm{yv}}} \qquad (3-71)$$

式中：ρ_{v}——柱箍筋加密区的体积配箍率，抗震等级一级的不应小于 0.8%，抗震等级二级的不应小于 0.6%，抗震等级三级、四级的不应小于 0.4%。计算复合箍筋的体积配箍率时，应扣除重叠部分的箍筋体积；计算复合螺旋箍筋的体积配箍率时，其非螺旋箍筋的体积应乘以 0.8；

A_{sv1}——箍筋的单肢截面面积；

l_{sk}——一个截面内箍筋的总长，扣除重叠部分的箍筋长度；

l_1、l_2——外围箍筋包围的混凝土核心区边长，可取箍筋内表面计算；

s——箍筋间距；

f_{c}——混凝土轴心抗压强度设计值，强度等级低于 C35 时，应按 C35 计算；

f_{yv}——箍筋或拉筋抗拉强度设计值；

λ_{v}——最小配箍特征值，宜按表 3-25 确定。

表 3-25　柱箍筋加密区最小配箍特征值 λ_{v}

抗震等级	箍筋形式	柱轴压比 μ_{c}								
		≤0.30	0.40	0.50	0.60	0.70	0.80	0.90	1.00	1.05
一级	普通箍、复合箍	0.10	0.11	0.13	0.15	0.17	0.20	0.23	—	—
	螺旋箍、复合或连续复合螺旋箍	0.08	0.09	0.11	0.13	0.15	0.18	0.21	—	—
二级	普通箍、复合箍	0.08	0.09	0.11	0.13	0.15	0.17	0.19	0.22	0.24
	螺旋箍、复合或连续复合螺旋箍	0.06	0.07	0.09	0.11	0.13	0.15	0.17	0.20	0.22
三级、四级	普通箍、复合箍	0.06	0.07	0.09	0.11	0.13	0.15	0.17	0.20	0.22
	螺旋箍、复合或连续复合螺旋箍	0.05	0.06	0.07	0.09	0.11	0.13	0.15	0.18	0.20

注：普通箍是指单个矩形箍筋和单个圆形的箍筋；复合箍是指由矩形箍、多边形箍、圆形箍或拉筋组成的箍筋；复合螺旋箍是指由螺旋箍与矩形箍、多边形箍、圆形箍或拉筋组成的箍筋；连续复合螺旋箍是指全部螺旋箍为同一根钢筋加工而成的箍筋，如图 3-29 所示。

④框架柱箍筋应为封闭式，箍筋应有 135°弯钩，弯钩端头直段长度不应小于 10 倍箍筋直径和 75 mm 的较大值。

⑤框架柱箍筋加密区箍筋肢距，抗震等级一级的不宜大于 200 mm，抗震等级二级、三级的不宜大于 250 mm 和 20 倍箍筋直径的较大值，抗震等级四级的不宜大于 300 mm。至少每隔一根纵向钢筋宜在两个方向有箍筋或拉筋约束；采用拉筋复合箍时，拉筋宜紧靠纵向钢筋并钩住箍筋。

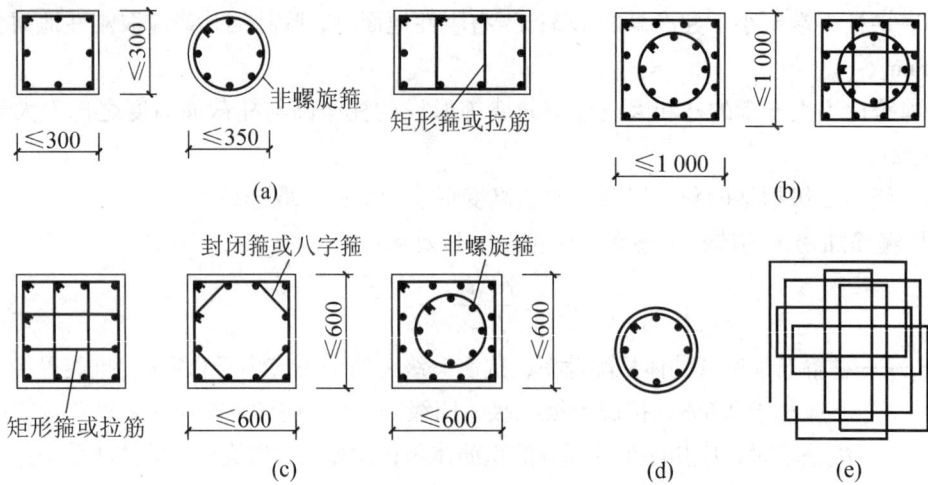

图 3－29　柱箍筋的形式

（a）普通箍；（b）复合螺旋箍；（c）复合箍；（d）螺旋箍；（e）连续复合螺旋箍

⑥框架柱箍筋非加密区的体积配箍率不宜小于加密区的 50%，其箍筋间距不应大于加密区箍筋间距的 2 倍，且抗震等级一级、二级框架柱的箍筋间距不应大于 10 倍纵向钢筋直径，抗震等级三级、四级框架柱的箍筋间距不应大于 15 倍纵向钢筋直径。

⑦非抗震设计时，柱中箍筋应符合以下规定：

a. 周边箍筋应为封闭式，箍筋间距不应大于 400 mm，且不应大于构件截面的短边尺寸和最小纵向受力钢筋直径的 15 倍。

b. 箍筋直径不应小于最大纵向受力钢筋直径的 1/4，且不应小于 6 mm。

c. 当柱中全部纵向受力钢筋的配筋率超过 3% 时，箍筋直径不应小于 8 mm；箍筋间距不应大于最小纵向受力钢筋直径的 10 倍，且不应大于 200 mm；箍筋末端应有 135°弯钩且弯钩端头直段长度不应小于 10 倍箍筋直径。

d. 当柱每边纵筋多于 3 根时，应设置复合箍筋（可采用拉筋）。

e. 柱中纵向钢筋采用搭接做法时，搭接长度范围内箍筋直径不应小于搭接钢筋最大直径的 0.25 倍；在纵向受拉钢筋搭接长度范围内的箍筋间距不应大于搭接钢筋较小直径的 5 倍，且不应大于 100 mm；在纵向受压钢筋搭接长度范围内的箍筋间距不应大于搭接钢筋较小直径的 10 倍，且不应大于 200 mm。当受压钢筋直径大于 25 mm 时，尚应在搭接接头端面外 100 mm 的范围内设置两道箍筋。

3.4.3　框架节点

非抗震设计的框架节点区也要配置箍筋，在柱内配置的箍筋延续到节点区，箍筋间距不宜大于 250 mm；对四边有梁与之相连的节点，可仅沿节点周边设置矩形箍筋。

抗震设计时，框架节点区箍筋的最大间距和最小直径宜符合柱端箍筋加密区的要求。抗震等级一级、二级和三级框架节点核心区配箍特征值分别不宜小于 0.12、0.10 和 0.08，且体积配箍率分别不宜小于 0.6%、0.5% 和 0.4%。柱剪跨比不大于 2 的框架节点核心区的体积配箍率不宜小于核心区上、下柱端体积配箍率中的较大值。为了避免梁纵筋在节点区内黏结锚固被破坏，梁的上部钢筋应贯穿中间节点，梁的下部钢筋可以切断，在节点区内应有一定的锚固长度。

3.4.4　钢筋的连接和锚固

钢筋的连接接头应符合下列规定：

①受力钢筋的连接接头宜在构件受力较小的部位；抗震设计时，宜避开梁端、箍筋加密区范围。钢筋连接可采用机械连接、绑扎搭接或焊接。

②当纵向受力钢筋采用搭接做法时，在钢筋搭接长度范围内应配置箍筋，其直径不应小于搭接钢筋较大直径的 1/4。当钢筋受拉时，箍筋间距不应大于搭接钢筋较小直径的 5 倍，且不应大于 100 mm；当钢筋受压时，箍筋间距不应大于搭接钢筋较小直径的 10 倍，且不应大于 200 mm；当受压钢筋直径大于 25 mm 时，尚应在搭接接头两个端面外 100 mm 范围内各设置两道箍筋。

非抗震设计时框架梁、柱纵向钢筋在节点区的锚固要求，如图 3-30 所示；抗震设计时

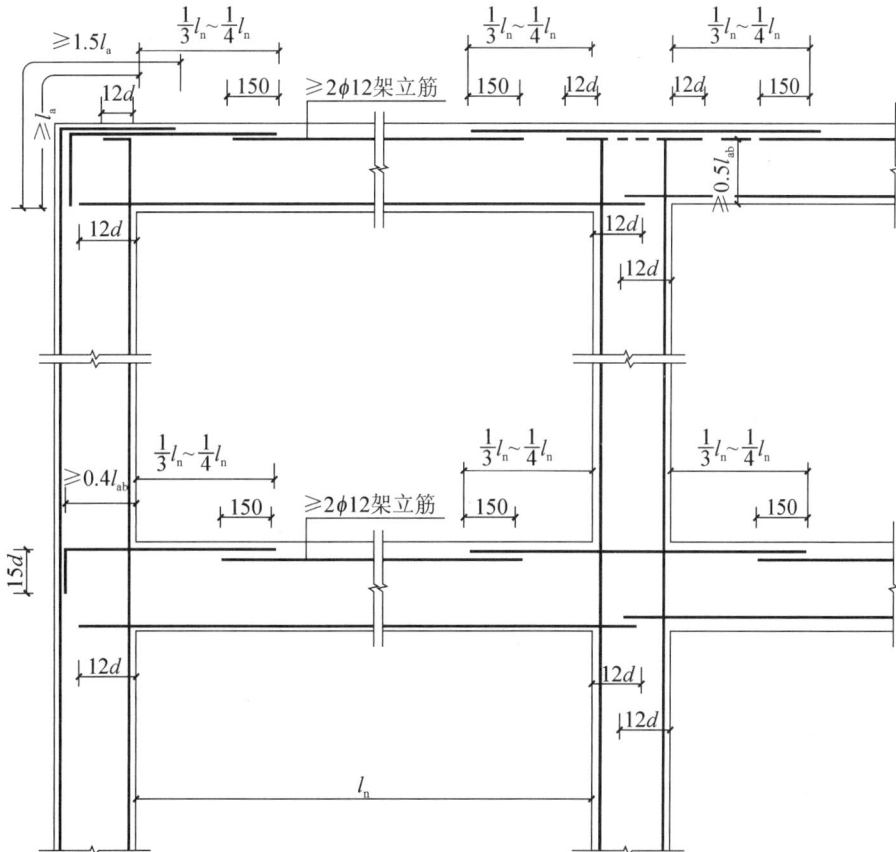

图 3-30　非抗震设计时框架梁、柱纵向钢筋在节点区的锚固示意图

的要求，如图 3 – 31 所示。梁的上部钢筋应贯穿中间节点，梁的下部钢筋可以切断并锚固于节点区内。

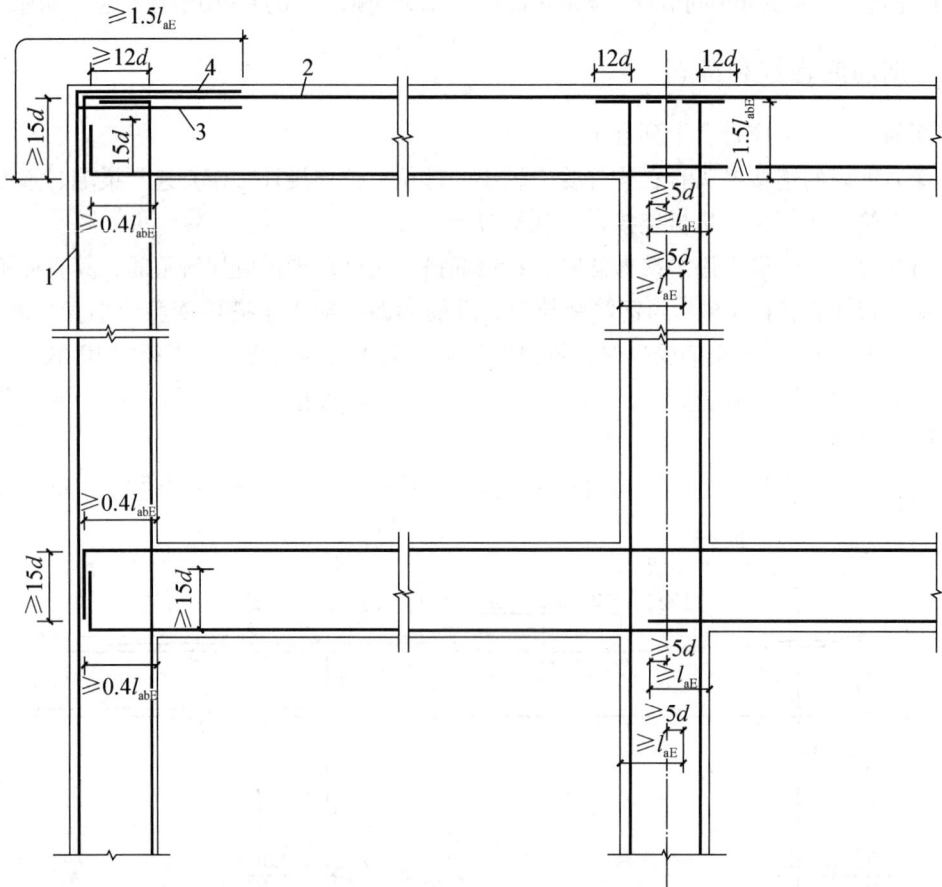

1—柱外侧纵向钢筋；2—梁上部纵向钢筋；3—伸入梁内的柱外侧纵向钢筋；

4—不能伸入梁内的柱外侧纵向钢筋，可伸入板内。

图 3 – 31　抗震设计时框架梁、柱纵向钢筋在节点区的锚固示意图

图中：l_{ab}——受拉钢筋的基本锚固长度，根据《混凝土规范》8.3.1 中第 1 条确定；

$\quad\quad l_a$——受拉钢筋锚固长度，根据《混凝土规范》8.3.1 中第 2 条确定；

$\quad\quad l_{abE}$——抗震设计时纵筋的基本锚固长度；

$\quad\quad l_{aE}$——抗震设计时纵向受拉钢筋的最小锚固长度，根据抗震等级按下式确定。

抗震等级一级、二级时：$\quad\quad l_{abE} = 1.15 l_{ab}$，$l_{aE} = 1.15 l_a$ $\quad\quad\quad$ [3 – 72（a）]

抗震等级三级时：$\quad\quad\quad l_{abE} = 1.05 l_{ab}$，$l_{aE} = 1.05 l_a$ $\quad\quad\quad$ [3 – 72（b）]

抗震等级四级时：$\quad\quad\quad l_{abE} = 1.00 l_{ab}$，$l_{aE} = 1.00 l_a$ $\quad\quad\quad$ [3 – 72（c）]

对于边节点或角节点，当柱的截面宽度较小，梁锚入柱内的水平段长度不满足 $0.4 l_{ab}$ 或

$0.4l_{abE}$ 时，可将钢筋伸出柱面，纵筋弯折段移出节点区，如图 3-32 所示。

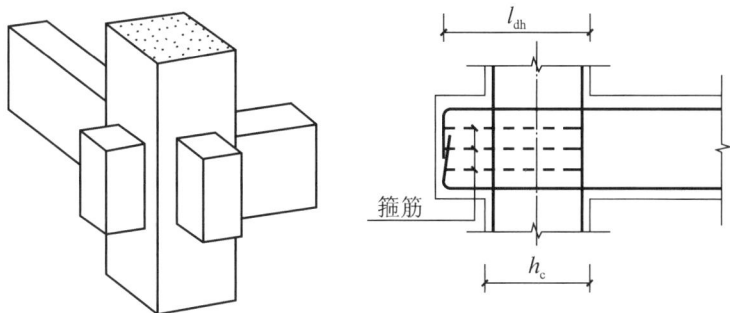

图 3-32　梁纵筋伸出柱面

3.5　框架结构设计实践

3.5.1　设计资料

1. 建筑条件

内廊式二层办公楼，为丙类建筑，建筑平面及典型剖面，如图 3-33～图 3-35 所示，室内外高差 0.6 m。屋面形式为平屋顶，屋面排水坡度为 2%；屋面做法（从下到上）：钢筋混凝土现浇板，80 mm 厚聚苯乙烯保温层，平均 120 mm 厚 2% 坡度陶粒混凝土找坡层，20 mm 厚 1:2 水泥砂浆，三毡四油卷材防水并铺小石子。

楼面做法（从下到上）：钢筋混凝土现浇板，60 mm 厚 LC7.5 轻骨料混凝土，20 mm 厚 1:3 干硬性水泥砂浆结合层，表面撒水泥粉，瓷砖面层；卫生间楼面做法（从下到上）：钢筋混凝土现浇板，水泥砂浆一道（内掺建筑胶），最薄处 20 mm 厚 1:3 水泥砂浆找平层抹平，1.5 mm 厚聚氨酯防水层（两道），30 mm 厚 1:3 干硬性水泥砂浆结合层，表面撒水泥粉，瓷砖面层。卫生间楼面降低 100 mm。

墙身做法：由加气混凝土砌块砌筑而成，内外墙厚度均为 200 mm。

门窗做法：门为木门，自重 0.2 kN/m²；窗为钢框玻璃窗，自重 0.4 kN/m²。

2. 结构设计条件

①建筑位于山西阳泉市。

②气象条件：50 年基本雪压为 0.35 kN/m²，50 年基本风压为 0.40 kN/m²。

③抗震设防烈度为 7 度，设计基本地震加速度为 0.10g，设计地震分组为第二组，场地土类别为 Ⅱ 类。

④地面粗糙度类别为 C 类。

⑤提供的建筑材料如下：

a. 钢筋：HPB300 级，HRB400 级。

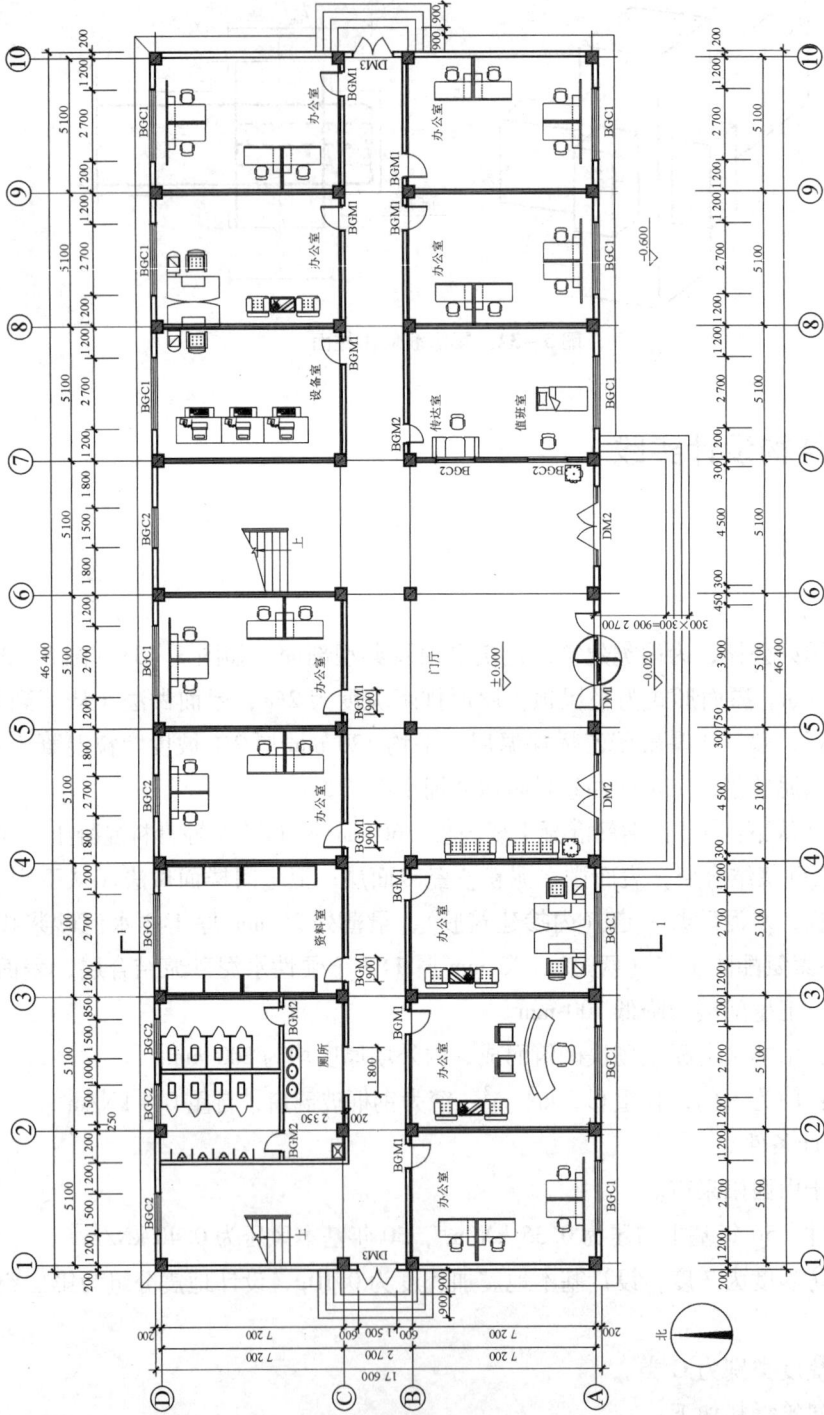

图3-33 首层平面图

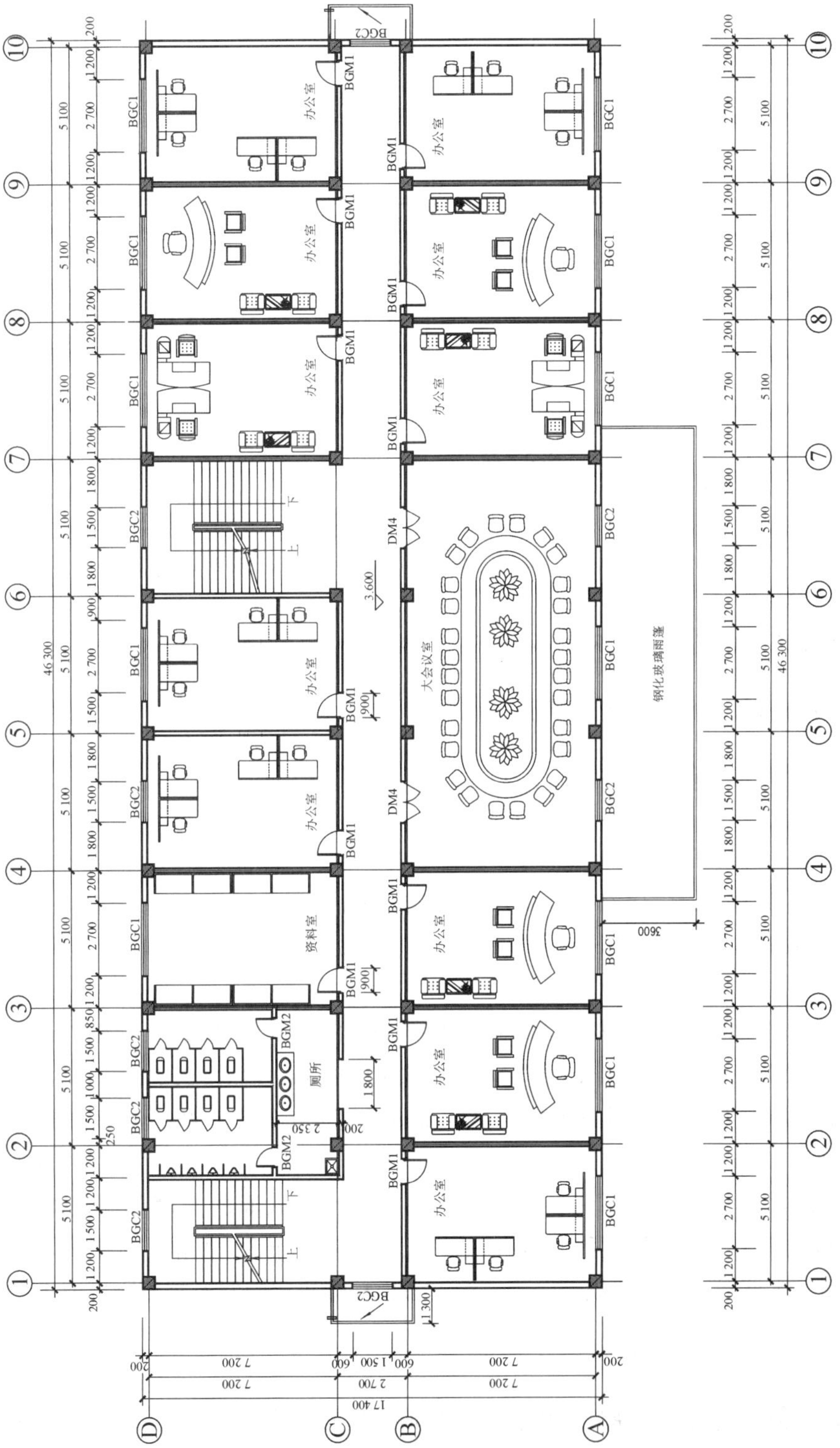

图3-34　二层平面图

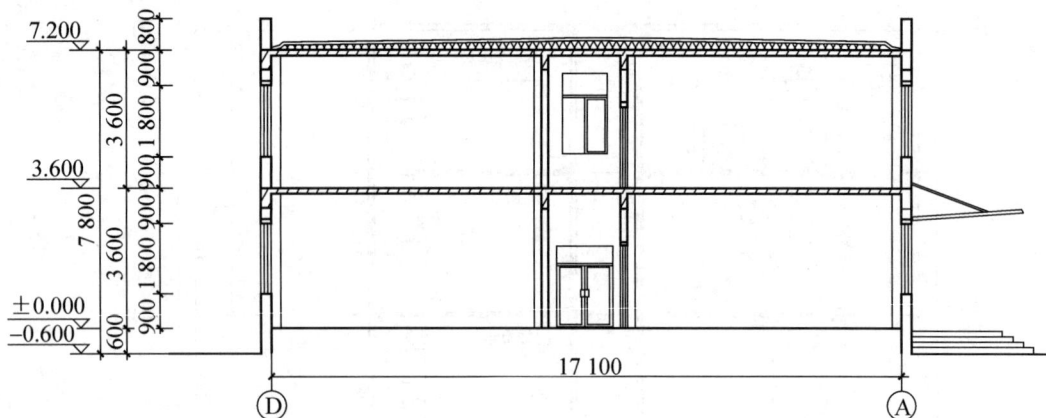

图 3 – 35   1 – 1 剖面图

b. 混凝土：C30。

c. 砌体（填充墙）：加气混凝土砌块，强度级别 A5.0（容重不大于 7 kN/m³），采用 M7.5 专用砂浆砌筑。

d. 焊条：HPB300 级钢筋用 E43×× 焊条，HRB400 级钢筋用 E50×× 焊条。

3.5.2   结构布置及一榀框架计算简图

1. 梁、柱截面尺寸估算

①纵向框架梁：

最大跨度 $L = 5\ 100$ mm，

$h = (1/18 \sim 1/10)\ l = (1/18 \sim 1/10) \times 5\ 100$ mm $= 283.3 \sim 510$ mm，取 $h = 450$ mm；

$b = (1/3 \sim 1/2)\ h = 150 \sim 225$ mm，考虑配筋方便，取 $b = 250$ mm。

横向框架梁：

最大跨度 $L = 7\ 200$ mm，$h = (1/18 \sim 1/10)\ L = (1/18 \sim 1/10) \times 7\ 200$ mm $= 400 \sim 720$ mm，取 $h = 500$ mm；$b = (1/3 \sim 1/2)\ h = 167 \sim 250$ mm，取 $b = 250$ mm。

②板的最小厚度为 $L/40$，考虑到板的挠度及裂缝宽度的限制，以及在板中铺设管线等因素，取板厚为 130 mm。

③柱的截面尺寸，宜符合下列各项要求：抗震设计时截面的宽度和高度均不宜小于 300 mm；剪跨比宜大于 2，截面长边与短边的边长比不宜大于 3。根据结构形式、设防烈度及建筑物高度，本框架结构的抗震等级为三级，考虑柱轴压比限制及抗侧刚度要求，柱的截面尺寸取 400 mm × 400 mm。

2. 计算简图

根据结构平面布置图，选择具有代表性的⑧轴线框架作为计算单元，如图 3 – 36 所示。框架梁跨度 AB 跨为 7 200 mm，BC 跨为 2 700 mm，CD 跨为 7 200 mm；框架柱高度：底层考虑室内外高差及基础埋深后 $H_1 = 4\ 700$ mm，第二层 $H_2 = 3\ 600$ mm。

现浇框架梁柱的连接节点简化为刚接，框架柱与基础的连接考虑为固接。一榀框架计算简图如图 3-37 所示。

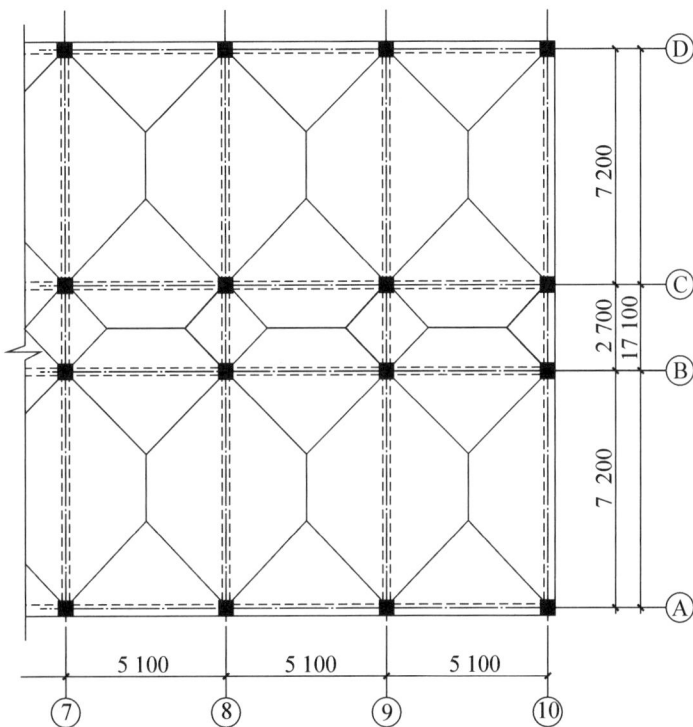

图 3-36 计算单元

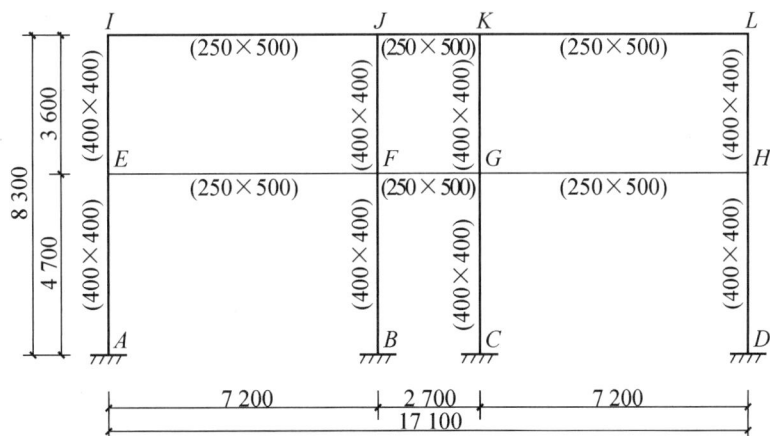

图 3-37 一榀框架计算简图（框架立面图）

在内力分析过程中确定梁、柱线刚度时，考虑楼盖对框架梁的影响，在现浇楼盖中，中框架梁的抗弯惯性矩取 $I = 2I_0$，边框架梁的抗弯惯性矩取 $I = 1.5I_0$。各横梁、柱线刚度见表 3-26。

表 3-26　各横梁、柱线刚度

杆件	截面尺寸		$E/(\mathrm{kN \cdot mm^{-2}})$	$I_0/\mathrm{mm^4}$	$I/\mathrm{mm^4}$	L/mm	$i/(\mathrm{kN \cdot mm})$
	b/mm	h/mm					
边框架边梁	250	500	30	2.60×10^9	3.91×10^9	7 200	1.63×10^7
边框架中梁	250	500	30	2.60×10^9	3.91×10^9	2 700	4.34×10^7
中框架边梁	250	500	30	2.60×10^9	5.20×10^9	7 200	2.17×10^7
中框架中梁	250	500	30	2.60×10^9	5.20×10^9	2 700	5.78×10^7
2 层框架柱	400	400	30	2.13×10^9	2.13×10^9	3 600	1.78×10^7
底层框架柱	400	400	30	2.13×10^9	2.13×10^9	4 700	1.36×10^7

3.5.3　荷载计算

1. 恒荷载计算

（1）屋面框架梁线荷载标准值

①三毡四油卷材防水并铺小石子：　　　　　　　　　　　　　　　　　　　$0.40\mathrm{kN/m^2}$

20 mm 厚 1:2 水泥砂浆找平　　　　　　　　　　　　$0.02 \times 20 = 0.40$（$\mathrm{kN/m^2}$）

平均 120 mm 厚 2% 陶粒混凝土找坡　　　　　　　$0.12 \times 12 = 1.44$（$\mathrm{kN/m^2}$）

80 mm 厚聚苯乙烯保温层　　　　　　　　　　　　$0.08 \times 0.5 = 0.04$（$\mathrm{kN/m^2}$）

130 mm 厚现浇钢筋混凝土楼板　　　　　　　　　$0.13 \times 25 = 3.25$（$\mathrm{kN/m^2}$）

13 mm 厚板底抹灰刮腻子顶棚　　　　　　　　　$0.013 \times 17 = 0.23$（$\mathrm{kN/m^2}$）

屋面恒荷载　　　　　　　　　　　　　　　　　　　　　　　　　　　　$5.76\ \mathrm{kN/m^2}$

②横向框架梁自重：

框架梁自重　　　　　　　　　　　$0.25 \times (0.5 - 0.13) \times 25 = 2.31$（$\mathrm{kN/m}$）

框架梁粉刷　　　　　　　$[2 \times (0.5 - 0.13)] \times 0.02 \times 17 = 0.25$（$\mathrm{kN/m}$）

横向框架梁恒荷载　　　　　　　　　　　$g_{自IJ} = g_{自KL} = 2.56\ \mathrm{kN/m}$

则作用于屋面框架梁上的线荷载标准值：

板传来的荷载：

$g_{板IJ} = g_{板KL} = 5.76 \times 5.1 = 29.4$（$\mathrm{kN/m}$）（梯形线荷载最大值）

$g_{板JK} = 5.76 \times 2.7 = 15.6$（$\mathrm{kN/m}$）（三角形线荷载最大值）

（2）楼面框架梁线荷载标准值

①楼面：

15 mm 厚地砖面层　　　　　　　　　　　　　　　　　　　　　　　　　$0.40\ \mathrm{kN/m^2}$

20 mm 厚 1:3 干硬性水泥砂浆结合层　　　　　　$0.02 \times 20 = 0.40$（$\mathrm{kN/m^2}$）

60 mm 厚 LC7.5 轻骨料混凝土　　　　　　　　　$0.06 \times 11 = 0.66$（$\mathrm{kN/m^2}$）

130 mm 厚钢筋混凝土现浇楼板　　　　　　　　　$0.13 \times 25 = 3.25$（$\mathrm{kN/m^2}$）

13 mm 厚板底抹灰刮腻子顶棚　　　　　　　　　　　$0.013 \times 17 = 0.23$（kN/m²）

楼面恒荷载　　　　　　　　　　　　　　　　　　　　　　　4.94 kN/m²

②横向框架梁自重：

框架梁自重　　　　　　　　　　　　　$0.25 \times (0.5 - 0.13) \times 25 = 2.31$（kN/m）

框架梁粉刷　　　　　　　　　　$[2 \times (0.5 - 0.13)] \times 0.02 \times 17 = 0.25$（kN/m）

横向框架梁恒荷载　　　　　　　　　　　　$g_{自EF} = g_{自GH} = 2.56$ kN/m

③内填充墙自重：

200 mm 厚加气混凝土砌块　　　　　　　$0.2 \times (3.6 - 0.5) \times 7 = 4.34$（kN/m）

内填充墙粉刷　　　　　　　　　$2 \times (3.6 - 0.5) \times 0.02 \times 17 = 2.11$（kN/m）

内填充墙恒荷载　　　　　　　　　　　　　　　　　　　6.45 kN/m

则作用于楼面框架梁上的线荷载标准值：

梁上隔墙自重：

$g_{隔EF} = g_{隔GH} = 6.45$ kN/m

板传来的荷载：

$g_{板EF} = g_{板GH} = 4.94 \times 5.1 = 25.20$（kN/m）（梯形线荷载最大值）

$g_{板FG} = 4.94 \times 2.7 = 13.34$（kN/m）（三角形线荷载最大值）

（3）屋面框架节点集中荷载标准值

纵向边框架梁大部分位于轴线外侧，与楼板导荷面积重叠较少；框架梁外侧表面为瓷砖饰面做法，重约 0.5 kN/m²，内侧为 20 mm 厚抹灰刮腻子粉刷层做法，重约 0.34 kN/m²。

①纵向边框架梁自重：　　　　　　　　$0.25 \times 0.45 \times 5.1 \times 25 = 14.34$（kN）

纵向边框架梁粉刷　　　　　　　　　　$(0.34 + 0.5) \times 0.45 \times 5.1 = 1.93$（kN）

纵向框架梁传来的屋面板恒荷载　　　　　　$5.1^2 \times 5.76/4 = 37.45$（kN）

0.8 m 高女儿墙（墙厚 200 mm，外贴瓷砖，内侧抹灰及防水做法，重约 0.42 kN/m²）

$(0.20 \times 7 + 0.42 + 0.5) \times 0.8 \times 5.1 = 9.46$（kN）

则顶层边节点集中荷载为：　　　　　　　　　　　$F_I = F_L = 63.18$ kN

偏心距为 75mm 的附加偏心弯矩：　　　　　　　　$M_I = M_L = 4.74$ kN·m

② 纵向中框架梁自重：　　　　　　$0.25 \times (0.45 - 0.13) \times 5.1 \times 25 = 10.20$（kN）

纵向中框架梁粉刷　　　　　　　$2 \times 0.34 \times (0.45 - 0.13) \times 5.1 = 1.11$（kN）

纵向中框架梁传来的屋面板恒荷载

$[5.1^2/4 + (2.4 + 5.1)/2 \times 1.35] \times 5.76 = 66.62$（kN）

则顶层中节点集中荷载：　　　　　　　　　　　　$F_J = F_K = 77.93$ kN

偏心距为 75 mm 的附加偏心弯矩：　　　　　　　　$M_J = M_K = 5.85$ kN·m

（4）楼面框架节点集中荷载标准值

① 纵向边框架梁自重及粉刷：　　　　　　　　　　　　　16.27 kN

纵向边框架梁传来的楼面恒荷载 $5.1^2 \times 4.94/4 = 32.12$（kN）

钢窗自重 $2.7 \times 1.8 \times 0.4 = 1.94$（kN）

墙体自重及内外建筑面层

$$(3.15 \times 4.7 - 2.7 \times 1.8) \times (0.2 \times 7 + 0.5 + 0.34) = 22.28 \text{（kN）}$$

中间层边柱节点集中荷载： $F_E = F_H = 72.61$ kN

偏心距为 75mm 的附加偏心弯矩： $M_E = M_H = 5.45$ kN·m

② 纵向中框架梁自重及粉刷：   11.31 kN

纵向中框架梁传来的楼面恒荷载 $[5.1^2/4 + (2.4 + 5.1)/2 \times 1.35] \times 4.94 = 57.14$（kN）

木门自重 $0.9 \times 2.1 \times 0.2 = 0.38$（kN）

墙体及粉刷自重 $(3.15 \times 4.7 - 0.9 \times 2.1) \times (0.2 \times 7 + 2 \times 0.34) = 26.86$（kN）

中间层中柱节点集中荷载： $F_F = F_G = 95.69$ kN

偏心距为 75 mm 的附加偏心弯矩（梁柱偏心距为 75 mm）： $M_F = M_G = 7.18$ kN·m

框架在恒荷载作用下的计算简图如图 3－38 所示。

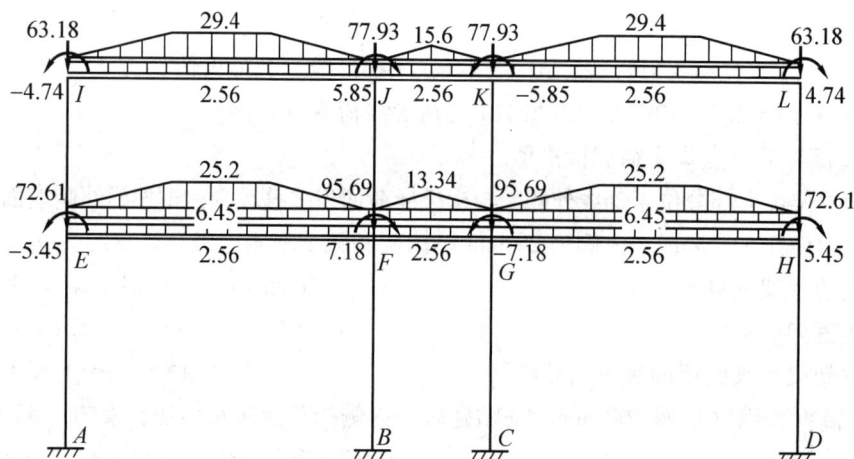

图 3－38   框架在恒荷载作用下的计算简图（柱自重未在其中反映）

2. 活荷载内力计算

根据《荷载规范》，活荷载标准值的取值见表 3－27。

表 3－27   活荷载标准值   kN/m²

结构部位	活荷载标准值	结构部位	活荷载标准值
楼梯	3.5	走道	2.5
档案室	5.0	办公室、会议室	2.0
卫生间	2.5	不上人屋面	0.5

（1）屋面框架梁荷载

由于雪荷载小于屋面活荷载，计算静力时主要考虑屋面活荷载。地震作用时考虑雪荷载。

屋面框架梁线荷载标准值：

$g_{活IJ} = g_{活KL} = 0.5 \times 5.1 = 2.55$（kN/m）（梯形线荷载最大值）

$g_{活JK} = 0.5 \times 2.7 = 1.35$（kN/m）（三角形线荷载最大值）

（2）楼面框架梁荷载

$g_{活EF} = g_{活GH} = 2.0 \times 5.1 = 10.20$（kN/m）（梯形线荷载最大值）

$g_{活JK} = 2.5 \times 2.7 = 6.75$（kN/m）（三角形线荷载最大值）

（3）屋面框架节点集中荷载标准值

边节点集中荷载：　　　　　　　　　　　　　　　　$F_I = F_L = 5.1^2 \times 0.5/4 = 3.25$（kN）

偏心距为 75 mm 的附加偏心弯矩：　　　　　　　　　$M_I = M_L = 0.24$（kN·m）

中节点集中荷载：　　　$F_J = F_K = [5.1^2/4 + (2.4 + 5.1)/2 \times 1.35] \times 0.5 = 5.78$（kN）

偏心距为 75 mm 的附加偏心弯矩：　　　　　　　　　$M_J = M_K = 0.43$（kN·m）

（4）楼面框架节点集中荷载标准值

边节点集中荷载：　　　　　　　　　　　　　　　　$F_E = F_H = 5.1^2 \times 2/4 = 13.01$（kN）

偏心距为 75 mm 的附加偏心弯矩：　　　　　　　　　$M_E = M_H = 0.98$（kN·m）

中节点集中荷载：

$$F_F = F_G = 5.1^2 \times 2/4 + (5.1 + 5.1 - 2.7) \times 2.5 \times 2.7/4 = 25.66$$（kN）

偏心距为 75 mm 的附加偏心弯矩为：　　　　　　　　$M_F = M_G = 1.92$（kN·m）

框架在活荷载作用下的计算简图如图 3-39 所示。

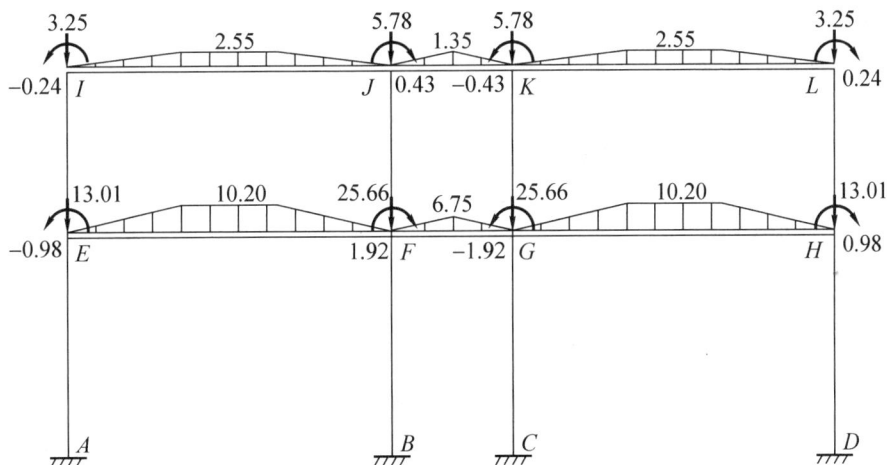

图 3-39　框架在活荷载作用下的计算简图

3. 风荷载计算

已知阳泉市的基本风压 $w_0 = 0.40$ kN/m²，作用于建筑物表面的水平风荷载标准值按式（3-3）计算 $w_k = \beta_z \mu_s \mu_z w_0$。其中，本工程建筑物高度小于 30 m，可不考虑风压脉动对结构发生顺风向风振的影响，即取风振系数 $\beta_z = 1.0$；μ_s 为风荷载体型系数，本工程迎风面取 0.8，背风面取 0.5，故合计取 $\mu_s = 0.8 + 0.5 = 1.3$；μ_z 为风压高度变化系数，本工程地面粗糙度类别为 C 类，按《荷载规范》选取 $\mu_z = 0.65$ 。为简便计算，将风荷载简化为作用在楼层处的集中力，风荷载的负荷宽度 B 取计算单元的宽度 5.1 m，作用高度取节点上下层的高度 $h_上$、$h_下$ 的一半。

根据式(3-3)计算得风荷载标准值：

主要受力构件 $w_k = \beta_z \mu_s \mu_z w_0 = 1.0 \times 1.3 \times 0.65 \times 0.40 = 0.338(\text{kN/m}^2)$

各楼层风荷载标准值可按式(3-73)简化为作用在梁高处的集中力。

$$F_i = \beta_z \mu_s \mu_z w_0 \times B(h_上 + h_下)/2 \qquad (3-73)$$

每层 F_i 的具体计算过程如下所示：

一层突出地面高度为 $H_1 = 4.2$ m，风荷载标准值为 0.338 kN/m²：

$$F_1 = 0.338 \times 5.1 \times (4.2 + 3.6) \times \frac{1}{2} = 6.72(\text{kN})$$

二层突出地面高度为 $H_2 = 7.8$ m，风荷载标准值为 0.338 kN/m²，考虑女儿墙后：

$$F_2 = 0.338 \times 5.1 \times (3.6/2 + 0.8) = 4.48(\text{kN})$$

4. 地震作用计算

（1）重力荷载代表值计算

本框架结构重量和刚度沿高度分布比较均匀，高度不超过 40 m，以剪切变形为主，故水平地震作用采用底部剪力法计算。利用底部剪力法计算地震作用时，一般根据整个建筑物的重量计算地震作用，再按照刚度大小将地震作用分配到每榀框架上，计算单榀框架的内力并与其他荷载进行组合。

各层重力荷载代表值汇总见表 3-28。

表 3-28　各层重力荷载代表值汇总

楼层	恒荷载/kN	活荷载（屋面雪荷载）/kN	G_i［恒 +0.5×活（雪）］/kN
2	6 543.3	274.8	6 680.7
1	7 476.7	1 891.8	8 422.6

（2）水平地震作用计算

①每层框架柱横向抗侧刚度见表 3-29。

表 3-29　框架柱横向抗侧刚度

楼层	项目 柱类型	$K = \Sigma i_b/2i_c$（一般层） $K = \Sigma i_b/i_c$（底层）	$\alpha_c = K/(2+K)$（一般层） $\alpha_c = (0.5+K)/(2+K)$（底层）	$D = \alpha_c \times i_c \times (12/h^2)$/(kN·mm⁻¹)	根数	ΣD/(kN·mm⁻¹)
2	边框架边柱	0.92	0.32	5.27	4	344.68
	边框架中柱	3.35	0.63	10.38	4	
	中框架边柱	1.22	0.38	6.26	16	
	中框架中柱	4.47	0.69	11.37	16	

续表

楼层	项目 柱类型	$K = \Sigma i_b/2i_c$（一般层）$K = \Sigma i_b/i_c$（底层）	$\alpha_c = K/(2+K)$（一般层）$\alpha_c = (0.5+K)/(2+K)$（底层）	$D = \alpha_c \times i_c \times (12/h^2)$ /(kN·mm^{-1})	根数	ΣD/(kN·mm^{-1})
1	边框架边柱	1.20	0.53	3.92	4	202.76
	边框架中柱	4.39	0.77	5.69	4	
	中框架边柱	1.60	0.58	4.29	16	
	中框架中柱	5.85	0.81	5.98	16	

注：i_b 为梁的线刚度，i_c 为柱的线刚度。

②基本自振周期。框架顶点假想水平位移 Δ 计算见表 3-30。

表 3-30　框架顶点假想水平位移 Δ 计算

楼层	G_i/kN	ΣG_i/kN	ΣD/(kN·mm^{-1})	$\delta = \Sigma G_i/\Sigma D$（层间相对位移）	总位移 Δ/mm
2	6 680.7	6 680.7	344.68	19.4	93.9
1	8 422.6	15 103.3	202.76	74.5	74.5

$$T_1 = 1.7\psi_T\sqrt{\mu_T} = 1.7 \times 0.65 \times \sqrt{0.093\,9} = 0.34(s)$$

式中：ψ_T——考虑结构非承重砖墙影响的折减系数，对于框架结构，$\psi_T = 0.6 \sim 0.7$；

μ_T——假想的结构定点水平位移。

③基本自振周期水平地震影响系数。本工程为设防烈度 7 度、Ⅱ类场地土，设计地震分组为第二组，查《抗震规范》可知，特征周期 $T_g = 0.40$ s，多遇地震下 $\alpha_{max} = 0.08$，则 $\alpha_1 = \alpha_{max} = 0.08$。

④结构底部剪力标准值。

结构等效总重力荷载：$G_{eq} = 0.85G_E = 0.85 \times 15\,103.3 = 12\,837.8(kN)$

结构底部剪力标准值：$F_{Ek} = \alpha_1 G_{eq} = 1\,027.02(kN)$

⑤各层水平地震作用和地震剪刀标准值见表 3-31。

$T_1 = 0.34$ s $< 1.4T_g = 1.4 \times 0.40 = 0.56$ s，故不需考虑顶部附加地震作用，$\delta_n = 0$，$F_i = \dfrac{G_i H_i}{\sum G_i H_i}F_{Ek}(1-\delta_n) = \dfrac{G_i H_i}{\sum G_i H_i}F_{Ek}$。

表 3-31　楼层地震作用和地震剪力标准值计算表

楼层	H_i/m	G_i/kN	$G_i H_i$/(kN·m)	$\sum G_i H_i$/(kN·m)	F_i/kN	层间剪力 V_i/kN
2	8.3	6 680.7	55 449.81	95 036.03	599.23	599.23
1	4.7	8 422.6	39 586.22	95 036.03	427.79	1 027.02

该结构横向共 10 榀框架，根据楼板平面内刚度无穷大假定、结构无扭转假定及中间榀框架的抗侧刚度与层总抗侧刚度的比值，得出⑧轴线单榀框架作用力，见表 3 – 32。

表 3 – 32 ⑧轴线单榀框架作用力

楼层	⑧轴线框架 $D/$（kN·mm^{-1}）	层总刚度 $D/$（kN·mm^{-1}）	⑧轴线框架层间剪力 V_i/kN
2	35.26	344.68	61.30
1	20.54	202.76	104.04

3.5.4 层间弹性侧移验算

多遇地震作用下横向框架的层间弹性侧移见表 3 – 33。对于钢筋混凝土框架楼层间弹性位移角限值 $[\theta_e]$ 取 1/550。

表 3 – 33 横向框架的层间弹性侧移

楼层	V_i/kN	$\sum D_i/$（kN·mm^{-1}）	Δu_i/mm	h_i/m	$\theta = \Delta u_i/h_i$
2	599.23	344.68	1.74	3.6	1/2 069
1	1 027.02	202.76	5.07	4.7	1/927

通过以上计算结果可以看出，各层层间弹性侧移均满足规范要求，即 $\theta < [\theta_e]$，梁柱构件的截面尺寸选择合理，可以进行下一步的截面配筋计算。

由于风荷载作用下的层间剪力远小于地震作用下的层间剪力，可以不进行风荷载作用下的层间弹性侧移验算。

3.5.5 荷载作用下的框架内力分析

1. 恒荷载与活荷载作用下的框架内力

恒荷载与活荷载作用下的内力计算可采用手算方法和电算方法进行。手算方法使用本章介绍的分层法进行计算，电算方法可以采用有限元软件进行计算，推荐采用电算方法，由于篇幅有限，本例题直接给出了电算结果。图 3 – 40 为恒荷载作用下的内力图，图 3 – 41、图 3 – 42 为活荷载作用下的内力图，其中活荷载忽略了不利荷载的布置。由于水平轴力由楼板整体承担，在图中各轴力均不计梁内轴力。

2. 风荷载作用下的框架内力

风荷载为水平荷载，采用反弯点法或者 D 值法计算。本例题中梁柱线刚度比均小于 3，故采用改进反弯点法，即 D 值法，计算简图如图 3 – 43 所示。

$$\sum D_1 = 4.29 \times 2 + 5.98 \times 2 = 20.54(\text{kN/m})$$

$$\sum D_2 = 6.26 \times 2 + 11.37 \times 2 = 35.26(\text{kN/m})$$

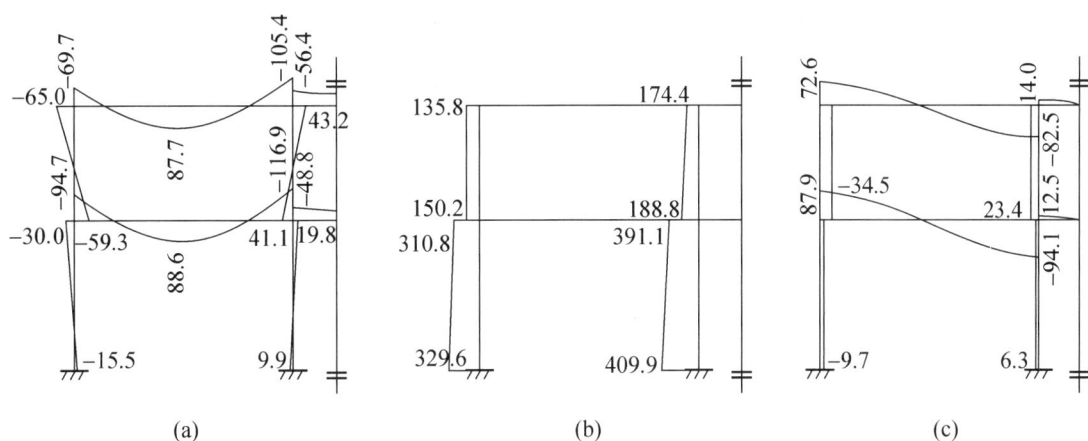

图 3-40　恒荷载作用下的内力图（柱自重已在其中考虑）

（a）弯矩图（kN·m）；（b）轴力图（kN）；（c）剪力图（kN）

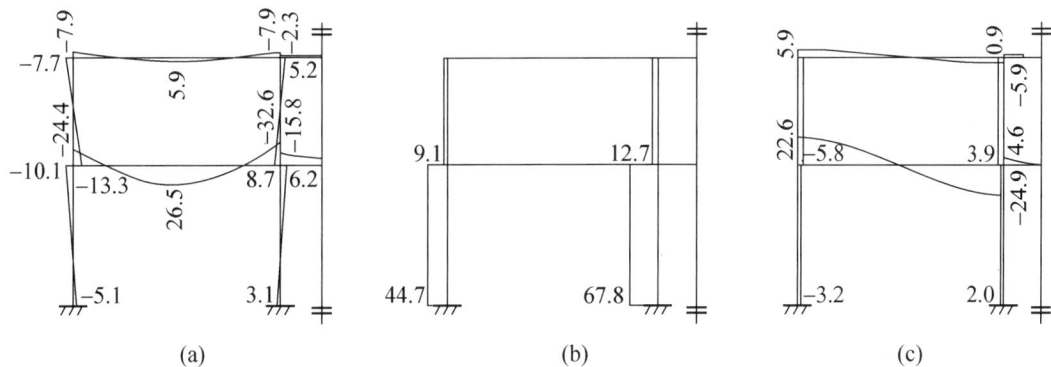

图 3-41　活荷载作用下的内力图（屋面为人员活荷载）

（a）弯矩图（kN·m）；（b）轴力图（kN）；（c）剪力图（kN）

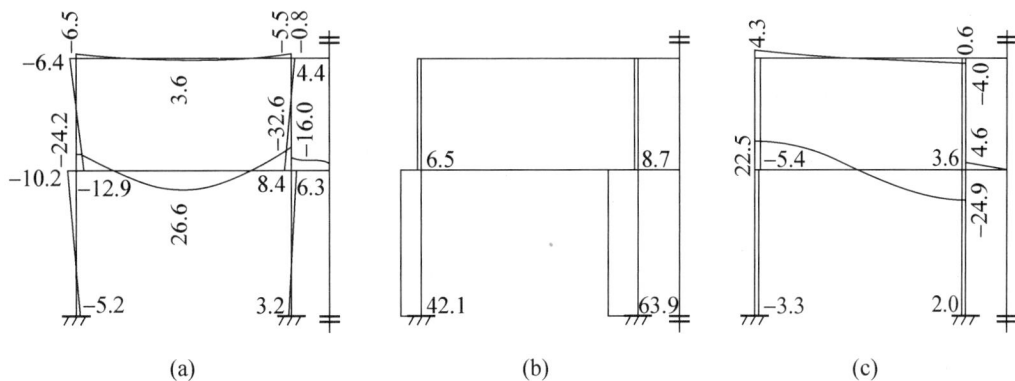

图 3-42　活荷载作用下的内力图（屋面为雪荷载）

（a）弯矩图（kN·m）；（b）轴力图（kN）；（c）剪力图（kN）

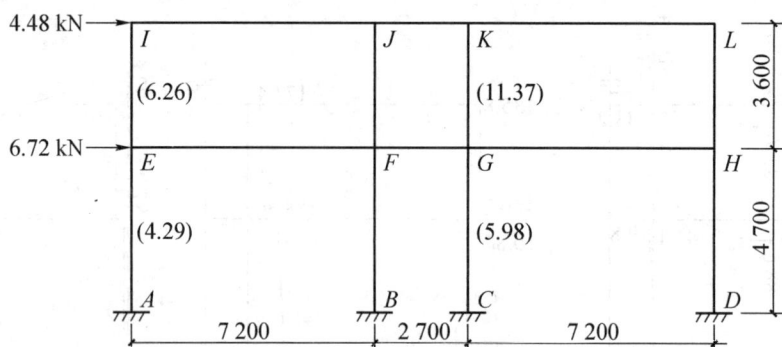

图 3 - 43　风荷载作用下的计算简图（括号内数值为柱抗侧刚度，见表 3 - 29）

（1）各层剪力计算

2 层：

$V_2 = 4.48(\text{kN})$

$V_{EI} = 4.48 \times 6.26/35.26 = 0.80(\text{kN})$

$V_{FJ} = 4.48 \times 11.37/35.26 = 1.44(\text{kN})$

1 层：

$V_1 = 4.48 + 6.72 = 11.20(\text{kN})$

$V_{AE} = 11.20 \times 4.29/20.54 = 2.34(\text{kN})$

$V_{BF} = 11.20 \times 5.98/20.54 = 3.26(\text{kN})$

（2）各层柱反弯点高度比

各层柱反弯点高度比见表 3 - 34。

表 3 - 34　各层柱反弯点高度比

楼层	柱别	K	α_2	y_2	α_3	y_3	y_0	y
2	边柱	1.22	—	0	1.306	0	0.411	0.411
	中柱	4.47	—	0	1.306	0	0.450	0.450
1	边柱	1.60	0.766	0	—	0	0.570	0.570
	中柱	5.85	0.766	0	—	0	0.500	0.500

注：风荷载作用下反弯点高度比按照均布水平力考虑。

（3）计算柱端弯矩

$M_{ij下} = V_{ij}yh$，$M_{ij上} = V_{ij}(h - yh)$，计算结果见表 3 - 35。

表 3 - 35　柱端弯矩计算

楼层	h/m	柱别	y	V_{ij}/kN	$M_{ij下}/(\text{kN} \cdot \text{m})$	$M_{ij上}/(\text{kN} \cdot \text{m})$
2	3.6	边柱	0.411	0.80	1.18	1.70
		中柱	0.45	1.44	2.33	2.85
1	4.7	边柱	0.57	2.34	6.27	4.73
		中柱	0.50	3.26	7.66	7.66

（4）框架内力图

梁端弯矩根据节点平衡采用梁刚度比进行分配，左侧风荷载作用下的内力图如图 3-44 所示。

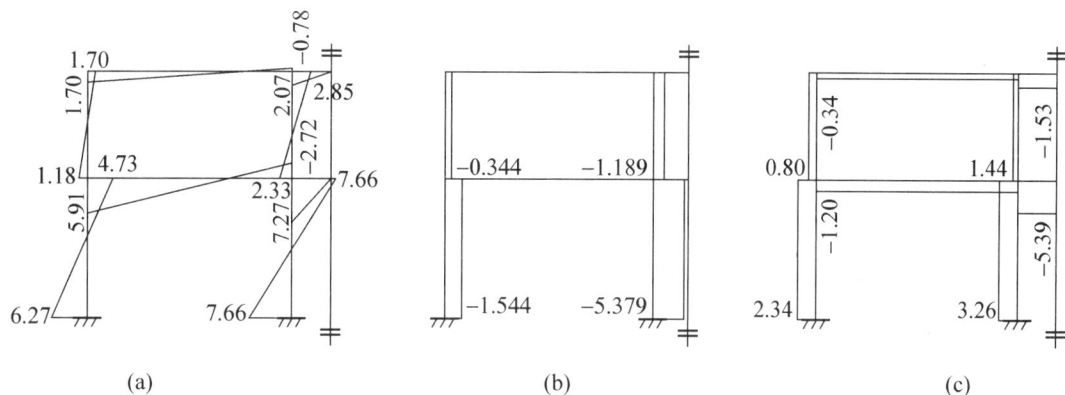

图 3-44 左侧风荷载作用下的内力图（弯矩及轴力为反对称布置）
（a）弯矩图（kN·m）；（b）轴力图（kN）；（c）剪力图（kN）

3. 地震作用下的框架内力计算

地震作用下的框架内力计算方法和风荷载一样采用 D 值法，计算简图如图 3-45 所示。需要注意的是地震作用下反弯点高度按倒三角形水平分布力考虑。

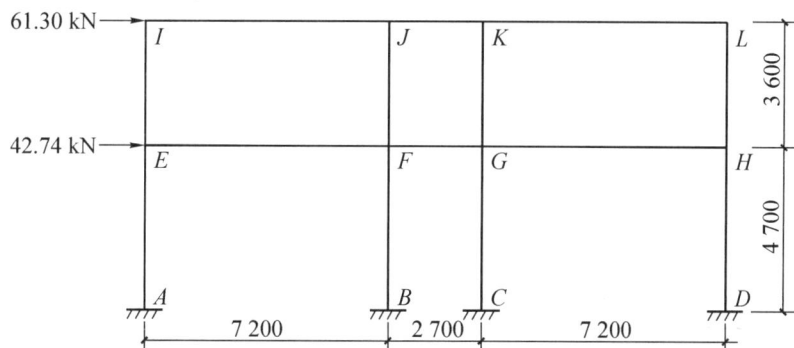

图 3-45 地震作用下的框架内力计算简图

$$\sum D_1 = 4.29 \times 2 + 5.98 \times 2 = 20.54 \, (\text{kN/m})$$

$$\sum D_2 = 6.26 \times 2 + 11.37 \times 2 = 35.26 \, (\text{kN/m})$$

（1）各层剪力计算

2 层：

$$V_2 = 61.30 \, \text{kN}$$

$$V_{EI} = 61.30 \times 6.26/35.26 = 10.88 \, (\text{kN})$$

$V_{FJ} = 61.30 \times 11.37/35.26 = 19.77(\text{kN})$

1层：

$V_1 = 61.30 + 42.74 = 104.04(\text{kN})$

$V_{AE} = 104.04 \times 4.29/20.54 = 21.73(\text{kN})$

$V_{BF} = 104.04 \times 5.98/20.54 = 30.29(\text{kN})$

（2）各层柱反弯点高度比

各层柱反弯点高度比见表 3-36。

表 3-36　各层柱反弯点高度比

楼层	柱别	K	α_2	y_2	α_3	y_3	y_0	y
2	边柱	1.22	—	0	1.306	0	0.45	0.45
	中柱	4.47	—	0	1.306	0	0.47	0.47
1	边柱	1.60	0.766	0	—	0	0.57	0.57
	中柱	5.85	0.766	0	—	0	0.55	0.55

注：地震作用下反弯点高度比按倒三角形水平力考虑。

（3）计算柱端弯矩

$M_{ij\text{下}} = V_{ij}yh$，$M_{ij\text{上}} = V_{ij}(h - yh)$，计算结果见表 3-37。

表 3-37　柱端弯矩计算结果

楼层	h/m	柱别	y	V_{ij}/kN	$M_{ij\text{下}}/（\text{kN}\cdot\text{m}）$	$M_{ij\text{上}}/（\text{kN}\cdot\text{m}）$
2	3.6	边柱	0.45	10.88	17.63	21.54
		中柱	0.47	19.77	33.45	37.72
1	4.7	边柱	0.57	21.73	58.21	43.92
		中柱	0.55	30.29	78.30	64.06

右地震作用下的框架内力图如图 3-46 所示。

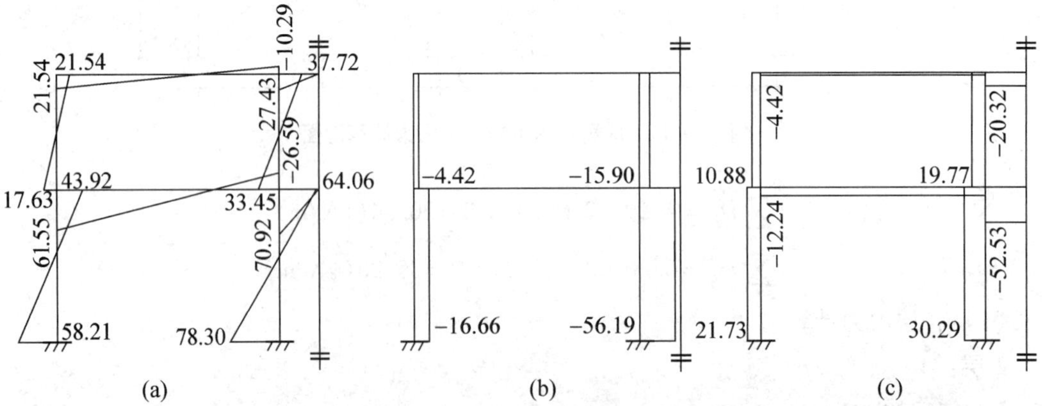

图 3-46　右地震作用下的框架内力图（弯矩及轴力为反对称布置）

（a）弯矩图（kN·m）；（b）轴力图（kN）；（c）剪力图（kN）

3.5.6 荷载作用下的框架内力组合

1. 弯矩调幅

在竖向荷载作用下，考虑框架梁端塑性变形产生的内力重分布，用梁端负弯矩乘以调幅系数进行调幅，现浇式框架梁端负弯矩调幅系数 β 可取为 $0.8 \sim 0.9$。

$$M^l = \beta M^{l0}, \quad M^r = \beta M^{r0}$$

式中：M^{l0}、M^{r0}——未调幅前梁左、右两端的弯矩。

框架梁端负弯矩调幅后，梁跨中弯矩应按平衡条件相应增大，调幅后跨中弯矩按下式计算：

$$M = M_{中} - \frac{1}{2}(1 - \beta)(M^{l0} + M^{r0})$$

式中：$M_{中}$——调幅前梁跨中弯矩标准值；

M——调幅后梁跨中弯矩标准值。

应先对竖向荷载作用下框架梁的弯矩进行调幅，再与水平作用产生的框架梁弯矩进行组合。

取 $\beta = 0.85$，对梁进行调幅，调幅计算过程见表 3-38。

表 3-38 框架梁弯矩调幅

$M_{边} = \beta M_{边0}$ $M_{中} = M_{中0} - 1/2(1-\beta)$ $(M_{左} + M_{右})$			$M_0/(\text{kN} \cdot \text{m})$				$M/(\text{kN} \cdot \text{m})$		
			左	中	右	β	左	中	右
恒荷载	2	IJ	-69.70	87.70	-105.40		-59.25	100.83	-89.59
		JK	-56.40	-44.60	-56.40		-47.94	-36.14	-47.94
	1	EF	-94.70	88.60	-116.90		-80.50	104.47	-99.37
		FG	-48.80	-38.40	-48.80		-41.48	-31.08	-41.48
活荷载	2	IJ	-7.90	5.90	-7.90		-6.72	7.09	-6.72
		JK	-2.30	-1.50	-2.30	0.85	-1.96	-1.16	-1.96
	1	EF	-24.40	26.50	-32.60		-20.74	30.78	-27.71
		FG	-15.80	-11.70	-15.80		-13.43	-9.33	-13.43
0.5(屋面雪+楼面活)	2	IJ	-3.25	1.80	-2.75		-2.76	2.25	-2.34
		JK	-0.40	-0.10	-0.40		-0.34	-0.04	-0.34
	1	EF	-12.10	13.30	-16.30		-10.29	15.43	-13.86
		FG	-8.00	-5.95	-8.00		-6.80	-4.75	-6.80

2. 内力组合

根据各工况的内力计算结果，即可进行框架各梁柱控制截面上的内力组合，其中梁的控制截面为梁左、右两端及跨中，由于框架柱宽度不是很大，梁端截面弯矩取轴线两侧位置。

利用此框架结构的对称性，每层梁取 5 个控制截面。柱分为边柱和中柱，每根柱有柱顶和柱底两个控制截面。内力组合使用的控制截面如图 3 - 47 所示。

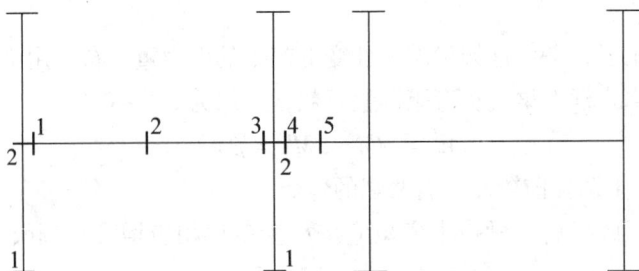

图 3 - 47　内力组合使用的控制截面

框架梁：1 为边跨梁的左端截面，2 为边跨梁的跨中，3 为边跨梁的右端截面，4 为走道梁的左端截面，5 为走道梁的跨中。

框架柱：1 为柱底，2 为柱顶。

（1）无地震作用时的荷载效应组合

由于恒荷载与楼（屋）面活荷载在各控制截面的内力正负号基本一致，一般同时考虑恒荷载与活荷载组合。风荷载有左风和右风工况，所引起的各控制截面总有一个风向下的内力与恒荷载下的内力一致，故在无地震参与工况中必定有风荷载内力组合项。风荷载引起的效应较小，单独与恒荷载组合时无法起控制作用，因此，不再考虑恒荷载单独与活荷载，或恒荷载单独与风荷载的组合工况。另外，当永久荷载效应参与的组合有可能对结构有利时，其分项系数取 1.0。最终确定无地震作用的组合有下列项：

以楼面活荷载为第一可变荷载：$1.3 \times S_{Gk} + 1.5 \times S_{Qk} \pm 1.5 \times 0.6 \times S_{wk}$

以风荷载为第一可变荷载：$1.3 \times S_{Gk} \pm 1.5 \times S_{wk} + 1.5 \times 0.7 \times S_{Qk}$

（2）有地震作用时的荷载效应组合

对于 60 m 以下的多层建筑，荷载效应组合：$1.2 \times S_{GE} + 1.3 \times S_{Ehk}$

其中，S_{GE} 为相应于水平地震作用下重力荷载代表值效应的标准值，而重力荷载代表值表达式为：

$$G = G_k + \sum_{i=1}^{n} \psi_{Qi} Q_{ik}$$

式中：G_k——恒荷载标准值；

　　　Q_{ik}——第 i 个活荷载标准值；

　　　ψ_{Qi}——第 i 个活荷载的组合系数，屋面活荷载不计入，雪荷载和楼面活荷载的组合系数均为 0.5。

框架梁及框架柱的内力组合见表 3 - 39 ~ 表 3 - 42。

表 3 – 39 框架梁不考虑地震作用的内力组合

楼层	截面	效应标准值						内力组合								
		恒荷载		活荷载		风荷载（左风）		1.3恒+1.5×活+1.5×0.6×风				1.3恒+1.5×风+1.5×0.7×活			
								左风		右风		左风		右风	
		M	V	M	V	M	V	M	V	M	V	M	V	M	V
2	1	-59.25	72.60	-6.72	5.90	1.70	-0.34	-85.56	102.92	-88.62	103.54	-81.52	100.06	-86.62	101.09
	2	100.83	-4.95	7.09	0.00	0.46	-0.34	142.12	-6.75	141.30	-6.13	139.21	-6.95	137.83	-5.92
	3	-89.59	-82.50	-6.72	-5.90	-0.78	-0.34	-127.24	-116.41	-125.84	-115.79	-124.69	-113.96	-122.35	-112.93
	4	-47.94	14.00	-1.96	0.90	2.07	-1.53	-63.39	18.17	-67.12	20.93	-61.27	16.85	-67.48	21.45
	5	-36.14	0.00	-1.16	0.00	0.00	-1.53	-48.71	-1.38	-48.71	1.38	-48.19	-2.30	-48.19	2.30
1	1	-80.50	87.90	-20.74	22.60	5.91	-1.20	-130.43	147.09	-141.07	149.25	-117.56	136.20	-135.29	139.80
	2	104.47	-3.10	30.78	-1.15	1.60	-1.20	183.41	-6.83	180.54	-4.68	170.52	-7.04	165.73	-3.44
	3	-99.37	-94.10	-27.71	-24.90	-2.72	-1.20	-173.19	-160.76	-168.29	-158.60	-162.35	-150.27	-154.19	-146.68
	4	-41.48	12.50	-13.43	4.60	7.27	-5.39	-67.53	18.30	-80.61	28.00	-57.12	13.00	-78.93	29.16
	5	-31.08	0.00	-9.33	0.00	0.00	-5.39	-54.40	-4.85	-54.40	4.85	-50.20	-8.08	-50.20	8.08

注：①内力单位及符号，弯矩：M（kN·m），剪力：V（kN）。弯矩以梁下部受拉为正，剪力以绕杆件顺时针方向为正。
②数字下有短横线者为各截面的控制内力。

表 3 - 40　框架梁考虑地震作用的内力组合

楼层	截面	效应标准值						内力组合					
		恒荷载		1/2活荷载（屋面为雪荷载）		地震作用向右		1.2（恒+1/2活）+1.3地震作用		控制弯矩	1.2（恒+1/2活）简支梁支座剪力	$\dfrac{\eta_{\mathrm{vb}}(M_{\mathrm{b}}^{l}+M_{\mathrm{b}}^{r})}{l_{\mathrm{n}}}$	$\dfrac{\eta_{\mathrm{vb}}(M_{\mathrm{b}}^{l}+M_{\mathrm{b}}^{r})}{l_{\mathrm{n}}}+V_{\mathrm{Gb}}$
								向右	向左				
		M	V	M	V	M	V	M	M	M	V_{Gb}		V
2	1	-59.25	72.60	-2.76	2.15	21.54	-4.42	-46.41	-102.41	-102.41	95.55	11.81	107.36
	2	100.83	-4.95	2.25	0.08	5.63	-4.42	131.01	116.39	131.01			
	3	-89.59	-82.50	-2.34	-2.00	-10.29	-4.42	-123.69	-96.94	-123.69			
	4	-47.94	14.00	-0.34	0.30	27.43	-20.32	-22.28	-93.60	-93.60	17.16	29.06	46.22
	5	-36.14	0.00	-0.04	0.00	0.00	-20.32	-43.42	-43.42	-43.42			
1	1	-80.50	87.90	-10.29	11.25	61.55	-12.24	-28.92	-188.95	-188.95	123.42	21.62	145.04
	2	104.47	-3.10	15.43	-0.60	17.48	-12.24	166.60	121.16	166.60			
	3	-99.37	-94.10	-13.86	-12.45	-26.59	-12.24	-170.43	-101.30	-170.43			
	4	-41.48	12.50	-6.80	2.30	70.92	-52.53	34.26	-150.13	-150.13（34.26）	17.76	75.12	92.88
	5	-31.08	0.00	-4.75	0.00	0.00	-52.53	-43.00	-43.00	-43.00			

注：①内力符号及单位，弯矩：M（kN·m）；剪力：V（kN）。弯矩以梁下部受拉为正，剪力以绕杆件顺时针方向为正。

②η_{vb}为梁端剪力增大系数，三级抗震剪力增大系数取1.1；l_{n}为梁的净跨，对于框架梁，为梁轴线跨度减去柱宽，当弯矩截面取住宽，当弯矩位置对应的轴线位置时，l_{n}可取与弯矩位置对应的轴线跨度。

表 3 - 41　框架柱不考虑地震作用的内力组合

楼层	柱子	截面	内力	效应标准值 恒荷载	活荷载	左风荷载	内力组合 1.3恒+1.5×0.7×活+1.5×风 左风	右风	1.3恒+1.5×活+1.5×0.6×风 左风	右风	$\mid M_{max}\mid$ 及相应的 N	N_{min} 及相应的 M
2	IE	柱顶	M	-65.00	-7.70	1.70	-90.04	-95.14	-94.52	-97.58	-97.58	-90.04
			N	135.80	9.10	-0.34	185.58	186.61	189.88	190.50	190.50	185.58
		柱底	M	-59.30	-13.30	1.18	-89.29	-92.83	-95.98	-98.10	-98.10	-89.29
			N	150.20	9.10	-0.34	204.30	205.33	208.60	209.22	209.22	204.30
	JF	柱顶	M	43.20	5.20	2.85	65.90	57.35	66.53	61.40	66.53	65.90
			N	174.40	12.70	-1.19	238.27	241.84	244.70	246.84	244.70	238.27
		柱底	M	41.10	8.70	2.33	66.06	59.07	68.58	64.38	68.58	66.06
			N	188.80	12.70	-1.19	256.99	260.56	263.42	265.56	263.42	256.99
1	EA	柱顶	M	-30.00	-10.10	4.73	-42.51	-56.70	-49.89	-58.41	-58.41	-42.51
			N	310.80	44.70	-1.54	448.66	453.29	469.70	472.48	472.48	448.66
		柱底	M	-15.50	-5.10	6.27	-16.10	-34.91	-22.16	-33.44	-33.44	-16.10
			N	329.60	44.70	-1.54	473.10	477.73	494.14	496.92	496.92	473.10
	FB	柱顶	M	19.80	6.20	7.66	43.74	20.76	41.93	28.15	43.74	43.74
			N	391.10	67.80	-5.38	571.55	587.69	605.29	614.97	571.55	571.55
		柱底	M	9.90	3.10	7.66	27.62	4.64	24.41	10.63	27.62	27.62
			N	409.90	67.80	-5.38	595.99	612.13	629.73	639.41	595.99	595.99

注:①内力单位及符号,弯矩:M (kN·m),剪力:V (kN),轴力:N (kN)。弯矩以绕杆件作顺时针方向为正,剪力以绕杆件作顺时针方向为正,轴力以受压为正。

②采用对称配筋时,当 $N \leq \xi_b \alpha_1 f_c b h_0 = 0.518 \times 1 \times 14.3 \times 400 \times 360 = 1\,066.7$ (kN) 时,均为大偏心受压,不可能发生小偏心压破坏,不再考虑 N_{max} 的组合项。

③柱子编号见图 3 - 37。

表3-42 框架柱考虑地震作用的内力组合

楼层	柱子	截面	内力	效应标准值			内力组合 1.2[恒+0.5(雪+活)]+1.3地震作用		|M_{max}|及相应的N	N_{min}及相应的M	备注
				恒荷载	0.5(雪+活)	地震作用(向右)	向右	向左			
2	IE	柱顶	M	-65.00	-3.20	21.54	-53.84	-109.84	-109.84	-53.84	
			N	135.80	3.25	-4.42	161.11	172.61	172.61	161.11	
		柱底	M	-59.30	-6.45	17.63	-55.98	-101.82	-101.82	-55.98	
			N	150.20	3.25	-4.42	178.39	189.89	189.89	178.39	
	JF	柱顶	M	43.20	2.20	37.72	103.52	5.44	103.52	103.52	
			N	174.40	4.35	-15.90	193.83	235.17	193.83	193.83	
		柱底	M	41.10	4.20	33.45	97.85	10.88	97.85	97.85	
			N	188.80	4.35	-15.90	211.11	252.45	211.11	211.11	
1	EA	柱顶	M	-30.00	-5.10	43.92	14.98	-99.22	-99.22	14.98	
			N	310.80	21.05	-16.66	376.56	419.88	419.88	376.56	
		柱底	M	-15.50	-2.60	58.21	53.95	-97.39	-97.39	53.95	
			N	329.60	21.05	-16.66	399.12	442.44	442.44	399.12	
	FB	柱顶	M	19.80	3.15	64.06	110.82	-55.74	110.82	110.82	
			N	391.10	31.95	-56.19	434.61	580.71	434.61	434.61	
		柱底	M	9.90	1.60	78.30	115.59	-87.99	115.59	115.59	
			N	409.90	31.95	-56.19	457.17	603.27	457.17	457.17	

注：同表3-41注。

3.5.7　框架梁、柱截面设计

1. 框架梁截面设计

（1）梁正截面受弯承载力计算

因结构、荷载均对称，故整个框架采用左右对称配筋。当梁下部受拉时，按 T 形截面设计。当梁上部受拉时，按矩形截面设计。

① 正截面受弯承载力计算：

$$\alpha_s = \frac{M}{\alpha_1 f_c b h_0^2}, \xi = 1 - \sqrt{1 - 2\alpha_s}, A_s = \frac{\xi b h_0 \alpha_1 f_c}{f_y}$$

当跨中弯矩为正弯矩时，T 形截面翼缘宽度 b_f' 的确定方式如下：

AB 跨中：

翼缘计算宽度当按跨度考虑时，$b_f' = \frac{l_0}{3} = \frac{7\,200}{3} = 2\,400\,(\text{mm})$；

当按梁间距考虑时，$b_f' = b + s_n = 5\,100\,\text{mm}$；

当按翼缘厚度考虑时，$\frac{b_f'}{h_0} = \frac{130}{465} = 0.28 > 1$，此种情况不起控制作用。

综上所述，$b_f' = 2\,400\,\text{mm}$。

BC 跨中：

同理，$b_f' = 900\,\text{mm}$。

② 正截面抗震验算：

$$\alpha_s = \frac{\gamma_{RE} M}{\alpha_1 f_c b h_0^2}, \xi = 1 - \sqrt{1 - 2\alpha_s}, A_s = \frac{\xi b h_0 \alpha_1 f_c}{f_y}$$

（2）梁斜截面抗剪承载力计算

① 斜截面抗剪承载力计算：

本设计中的梁在现浇式楼盖系统中，为一般梁，应满足：

$$V \leqslant 0.25 \beta_c f_c b h_0$$

仅配箍筋时：

$$V_u = 0.7 f_t b h_0 + f_{yv} \frac{A_{sv}}{s} h_0$$

② 斜截面抗震验算：

本设计中的梁为一般梁，应满足：

$$V < \frac{1}{\gamma_{RE}} (0.2 \beta_c f_c b h_0)$$

仅配箍筋时：

$$V < \frac{1}{\gamma_{RE}} \left(0.42 f_t b h_0 + f_{yv} \frac{A_{sv}}{s} h_0\right)$$

全部梁的截面配筋计算过程与结果见表 3-43～表 3-46。

表3-43 横梁 AB、BC 跨正截面受弯承载力计算（非地震作用组合）

楼层	b×h/(mm×mm)	截面位置	组合内力M/(kN·m)	b/mm	h_0/mm	α_s	ξ	A_s/mm²	备注
2	250×500	1	−88.62	250	465	0.115	0.122	563.82	$\xi<0.35$
		2	142.12	2 400	465	0.019	0.019	857.30	$\xi<0.35$
		3	−127.24	250	465	0.165	0.181	835.73	$\xi<0.35$
		4	−67.48	250	465	0.087	0.091	422.43	$\xi<0.35$
		5	−48.71	250	465	0.063	0.065	300.80	$\xi<0.35$
1	250×500	1	−141.07	250	465	0.182	0.203	937.99	$\xi<0.35$
		2	183.41	2 400	465	0.025	0.025	1 109.52	$\xi<0.35$
		3	−173.19	250	465	0.224	0.257	1 187.18	$\xi<0.35$
		4	−80.61	250	465	0.104	0.110	509.68	$\xi<0.35$
		5	−54.40	250	465	0.070	0.073	337.28	$\xi<0.35$

注：计算正截面受弯承载力时，负弯矩处按矩形截面计算，正弯矩处按T形截面计算。

表3-44 横梁 AB、BC 跨正截面受弯承载力计算（有地震作用组合）

楼层	b×h/(mm×mm)	截面位置	M/(kN·m)	γ_{RE}	b/mm	h_0/mm	α_s	ξ	A_s/mm²	最终配筋（取最大值）/mm²	备注
2	250×500	1	−102.41	0.75	250	465	0.099	0.105	484.22	563.82	$\xi<0.35$
		2	131.01		2 400	465	0.013	0.013	590.91	857.30	$\xi<0.35$
		3	−123.69		250	465	0.120	0.128	592.13	835.73	$\xi<0.35$
		4	−93.60		250	465	0.091	0.095	440.33	440.33	$\xi<0.35$
		5	−43.42		250	465	0.042	0.043	198.80	300.80	$\xi<0.35$
1	250×500	1	−188.95		250	465	0.183	0.204	942.80	942.80	$\xi<0.35$
		2	166.60		2 400	465	0.017	0.017	752.83	1 109.52	$\xi<0.35$
		3	−170.43		250	465	0.165	0.182	839.98	1 187.18	$\xi<0.35$
		4	−150.13		250	465	0.146	0.158	730.40	730.40	$\xi<0.35$
		5	−43.00		250	465	0.042	0.043	196.83	337.28	$\xi<0.35$

注：①计算正截面受弯承载力时，负弯矩处按矩形截面计算，正弯矩处按T形截面计算。
②表中"最终配筋"栏表示按抗震计算的配筋和非地震组合抗弯承载力计算的配筋，取较大值。
③对于5截面位置的下部钢筋，尚应按三级抗震等级框架要求进行最小配筋率配置，并不小于按简支梁计算时跨中弯矩的一半进行计算配筋面积。

表 3 – 45　横梁 AB、BC 斜截面受剪承载力计算（非地震作用组合）

楼层	$b \times h/$ (mm×mm)	截面位置	组合内力 V/kN	b/mm	h_0/mm	$0.25\beta_c f_c bh_0$ /kN	$0.7 f_t b h_0$ /kN	选用箍筋（双肢）	$V_u = 0.7 f_t b h_0 + f_{yv}\dfrac{A_{sv}}{s}h_0$ /kN	备注
2	250×500	1	103.54	250	465	415.59	116.37	φ8@100	242.54	安全
		3	-116.41	250	465	415.59	116.37	φ8@100	242.54	安全
		4	21.45	250	465	415.59	116.37	φ8@100	242.54	安全
1	250×500	1	149.25	250	465	415.59	116.37	φ8@100	242.54	安全
		3	-160.76	250	465	415.59	116.37	φ8@100	242.54	安全
		4	29.16	250	465	415.59	116.37	φ8@100	242.54	安全

注：①斜截面加密区箍筋配置满足最小直径、最大间距及最小配箍率 $\rho_{sv,min} = 0.24\dfrac{f_t}{f_{yv}}$ 的要求。

表 3 – 46　横梁 AB、BC 斜截面抗震验算

楼层	$b \times h/$ (mm×mm)	截面位置	V/kN	h_0/mm	$\dfrac{0.2\beta_c f_c bh_0}{\gamma_{RE}}$ /kN	$\dfrac{0.42 f_t bh_0}{\gamma_{RE}}$ /kN	选用箍筋（双肢）	$V_u = \dfrac{1}{\gamma_{RE}}\left(0.42 f_t bh_0 + f_{yv}\dfrac{A_{sv}}{s}h_0\right)$ /kN	备注
2	250×500	1	107.36	465	391.15	82.14	φ8@100	230.63	
		3	107.36	465	391.15	82.14	φ8@100	230.63	
		4	46.22	465	391.15	82.14	φ8@100	230.63	
1	250×500	1	145.04	465	391.15	82.14	φ8@100	230.63	
		3	145.04	465	391.15	82.14	φ8@100	230.63	
		4	92.88	465	391.15	82.14	φ8@100	230.63	

注：①斜截面加密区箍筋配置满足最小直径、最大间距及三级抗震等级框架梁最小配箍率 $\rho_{sv,min} = 0.26\dfrac{f_t}{f_{yv}}$ 的要求。

②梁支座加密区箍筋配置满足最小直径、最大间距及三级抗震等级框架梁最小配箍率 $\rho_{sv,min} = 0.26\dfrac{f_t}{f_{yv}}$ 的要求。

抗震承载力调整系数 $\gamma_{RE} = 0.85$。

2. 框架柱截面设计

（1）柱正截面承载力计算

有抗震组合时，需按三级抗震等级的要求对框架柱的设计弯矩进行调整，见表 3 – 47。

表 3 – 47 柱弯矩值调整

柱号			$M/$（kN·m）	$N/$kN	轴压比	η_c	$\sum M_b/$（kN·m）	$\sum M_c/$（kN·m）	$M_{max}/$（kN·m）
（M_{max}工况）	IE	上端	– 109.84	172.61	为顶层	1.0			– 109.84
		下端	– 101.82	189.89		1.3	188.95	245.64	– 124.40
	EA	上端	– 99.22	419.88	0.20	1.3			– 121.22
		下端	– 97.39	442.44		1.3			– 126.61
	JF	上端	103.52	193.83	为顶层	1.0			103.52
		下端	97.85	211.11		1.3	204.69	266.10	124.75
	FB	上端	110.82	434.61	0.19	1.3			141.29
		下端	115.59	457.17		1.3			150.27
（N_{min}工况）	IE	上端	– 53.84	161.11	为顶层	1.0			– 53.84
		下端	– 55.98	178.39		1.3	– 28.92	– 37.60	– 55.98
	EA	上端	14.98	376.56	0.16	1.3			14.98
		下端	53.95	399.12		1.3			70.14

①柱配筋计算。对偏心受压构件应考虑轴向压力在挠曲杆件中产生的二阶效应后控制截面的弯矩设计值：

$$M = C_m \eta_{ns} M_2$$

$$C_m = 0.7 + 0.3 \frac{M_1}{M_2} \geqslant 0.7$$

$$\eta_{ns} = 1 + \frac{1}{1\,300(M_2/N + e_a)/h_0} \left(\frac{l_0}{h}\right)^2 \xi_c$$

$$\xi_c = \frac{N_b}{N} = \frac{0.5 f_c A}{N}$$

式中：C_m——构件杆端截面偏心距调节系数，当小于 0.7 时，取 0.7；

　　　η_{ns}——弯矩增大系数，当 $C_m \eta_{ns}$ 小于 1.0 时取 1.0；

　　　ξ_c——截面曲率修正系数，当计算值大于 1.0 时，取 1.0。

　　偏心距：

$$e_i = e_0 + e_a$$

式中：e_0——轴向力对截面重心的偏心距，$e_0 = \dfrac{M}{N}$；

　　　e_a——附加偏心距，取偏心方向截面尺寸的 1/30 和 20 mm 中的较大值。

　　②对称配筋时，大偏心受压构件的计算。

$x = \xi h_0 \geqslant 2a_s'$ 时，有：

$$A_s = A_s' = \frac{Ne - \alpha_1 f_c b h_0^2 \xi (1 - 0.5\xi)}{f_y'(h_0 - a_s')}$$

$x = \xi h_0 < 2a_s'$ 时，应取 $x = 2a_s'$，有：

$$A_s' = A_s = \frac{Ne'}{f_y'(h_0 - a_s')}$$

　　③抗震验算。构件承载力抗震调整系数 γ_{RE}：轴压比小于 0.15 的柱，取 0.75，轴压比大于 0.15 的柱，取 0.8。

　　（2）柱斜截面抗剪承载力计算

　　对于三级抗震等级框架结构：

$$V_c = 1.2 \frac{(M_c^t + M_c^b)}{H_c}$$

式中：M_c^t、M_c^b——考虑地震组合，且经调整后的框架柱上、下端弯矩设计值；

　　　H_c——柱的净高。

　　由内力计算可知，本工程框架柱各截面的剪力设计值很小，经验算，箍筋按抗震构造要求配置，并满足配箍特征值等要求。

　　表 3 - 48 ~ 表 3 - 51 列出了各层柱纵筋的计算结果。其中，柱弯矩的正、负仍按之前的符号规则给出，确定 C_m 时，以柱两端同曲率弯曲时为同号。柱计算高度 l_0 取值时，底层取实际层高，第 2 层取 1.25 倍的层高。

房屋建筑混凝土结构设计（第2版）

表 3－48　柱正截面压弯承载力设计——｜M_{max}｜组合（非地震作用组合）

柱	l_0/m	l_0/h	截面	组合内力 $M_{max}/(\text{kN}\cdot\text{m})$	N/kN	C_m	ζ_c	η_{ns}	$C_m\eta_{ns}\geq1$	$M=C_m\eta_{ns}$ $M_{max}/(\text{kN}\cdot\text{m})$	e_0/mm	e_a/mm
IE柱	4.5	11.25	柱顶	-97.58	190.50	0.7	1	1.067	1	97.58	512.23	20.00
		11.25	柱底	-98.10	209.22							
EA柱	4.7	11.75	柱顶	-58.41	472.48	0.7	1	1.270	1	58.41	123.62	
		11.75	柱底	-33.44	496.92							
JF柱	4.5	11.25	柱顶	66.53	244.70	0.7	1	1.122	1	66.53 (N较小)	271.86	
		11.25	柱底	68.58	263.42							
FB柱	4.7	11.75	柱顶	43.74	571.55	0.7	1	1.402	1	43.74	76.53	
		11.75	柱底	27.62	595.99							

续表

柱	截面	e_i/mm	$\xi=\dfrac{N}{\alpha_1 f_c bh_0}$	$x=\xi h_0/\text{mm}$	x与$2a_s'$比较	$e=e_i+h/2-a_s$ $e'=e_i-h/2+a_s'/\text{mm}$	$A_s=A_s'=\dfrac{Ne-\alpha_1 f_c bh_0^2\xi(1-0.5\xi)}{f_y'(h_0-a_s')}$ 或 $A_s'=A_s=\dfrac{Ne'}{f_y'(h_0-a_s')}/\text{mm}^2$	配筋面积 /mm^2	备注
IE柱	柱顶	532.23	0.091	33.304	<70	697.23	588.868	588.87	
	柱底					367.23			
EA柱	柱顶	143.62	0.226	82.601	>70	308.62	-59.980	320.00	
	柱底					-21.38			
JF柱	柱顶	291.86	0.117	42.780	<70	456.86	261.309	320.00	
	柱底					126.86			
FB柱	柱顶	96.53	0.274	99.922	>70	261.53	-257.442	320.00	
	柱底					-68.47			

表 3-49 柱正截面压弯承载力设计—N_{min}组合（非地震作用组合）

柱	l_0/m	l_0/h	截面	组合内力 $M/(kN\cdot m)$	组合内力 N_{min}/kN	C_m	ζ_c	η_{ns}	$C_m\eta_{ns}\geq1$	$M=C_m\eta_{ns}$ $M_{max}/(kN\cdot m)$	e_0 /mm	e_a /mm
IE柱	4.5	11.25	柱顶	-90.04	185.58	0.7	1	1.070	1	90.04	485.16	20.00
		11.25	柱底	-89.29	204.30							
EA柱	4.7	11.75	柱顶	-42.51	448.66	0.7	1	1.338	1	42.51	94.75	
		11.75	柱底	-16.10	473.10							
JF柱	4.5	11.25	柱顶	65.90	238.27	0.7	1	1.120	1	65.90（N较小）	276.55	
		11.25	柱底	66.06	256.99							
FB柱	4.7	11.75	柱顶	43.74	571.55	0.7	1	1.402	1	43.74	76.53	
		11.75	柱底	27.62	595.99							

续表

柱	截面	e_i/mm	$\xi=\dfrac{N}{\alpha_L f_c bh_0}$	$x=\xi h_0$/mm	x 与 $2a_s'$比较	$e=e_i+h/2-a_s$ $e'=e_i-h/2+a_s'/mm$	$A_s=A_s'=\dfrac{Ne-\alpha_L f_c bh_0^2\xi(1-0.5\xi)}{f_y(h_0-a_s')}$ 或 $A_s'=A_s=\dfrac{Ne'}{f_y'(h_0-a_s')}/mm^2$	配筋面积 /mm²	备注
IE柱	柱顶	505.16	0.089	32.444	<70	670.16	531.364	531.36	
	柱底					340.16			
EA柱	柱顶	114.75	0.215	78.437	>70	279.75	-173.846	320.00	
	柱底					-50.25			
JF柱	柱顶	296.55	0.114	41.656	<70	461.55	263.852	320.00	
	柱底					131.55			
FB柱	柱顶	96.53	0.274	99.922	>70	261.53	-257.442	320.00	
	柱底					-68.47			

表 3-50　柱正截面压弯承载力设计—|Mmax|组合（有地震作用组合）

柱	l_0/m	l_0/h	截面	组合内力 $M_{max}/(\text{kN}\cdot\text{m})$	组合内力 N/kN	C_m	ζ_c	η_{ns}	$C_m\eta_{ns}\geq1$	$M=C_m\eta_{ns}$ $M_{max}/(\text{kN}\cdot\text{m})$	e_0 /mm	e_a /mm
IE柱	4.5	11.25	柱顶	-109.84	172.61	0.7	1	1.053	1	124.40	655.14	20.00
		11.25	柱底	-124.40	189.89							
EA柱	4.7	11.75	柱顶	-121.22	419.88	0.7	1	1.127	1	126.61	286.17	
		11.75	柱底	-126.61	442.44							
JF柱	4.5	11.25	柱顶	103.52	193.83	0.7	1	1.058	1	124.75	590.94	
		11.25	柱底	124.75	211.11							
FB柱	4.7	11.75	柱顶	141.29	434.61	0.7	1	1.111	1	150.27	328.69	
		11.75	柱底	150.27	457.17							

续表

柱	截面	e_i/mm	$\xi=\dfrac{\gamma_{RE}N}{\alpha_1 f_c b h_0}$	$x=\xi h_0$/mm	x 与 $2a'_s$ 比较	$e=e_i+h/2-a_s$ $e'=e_i-h/2+a'_s$ /mm	$A_s=A'_s=\dfrac{\gamma_{RE}Ne-\alpha_1 f_c bh_0^2\xi(1-0.5\xi)}{f_y(h_0-a'_s)}$ 或 $A'_s=A_s=\dfrac{\gamma_{RE}Ne'}{f_y(h_0-a'_s)}$ /mm²	配筋面积 /mm²	备注
IE柱	柱顶	675.14	0.068	24.90	<70	840.14		611.55	最终采用面积
	柱底					510.14			
EA柱	柱顶	306.17	0.170	61.88	<70	471.17		420.59	最终采用面积
	柱底					141.17			
JF柱	柱顶	610.94	0.076	27.68	<70	775.94		594.33	最终采用面积
	柱底					445.94			
FB柱	柱顶	348.69	0.175	63.94	<70	513.69		565.50	最终采用面积
	柱底					183.69			

表 3-51　柱正截面压弯承载力设计—N_{min}组合（有地震作用组合）

柱	l_0/m	l_0/h	截面	组合内力 $M/(kN \cdot m)$	N_{minn}/kN	C_m	ζ_c	η_{ns}	$C_m\eta_{ns} \geq 1$	$M = C_m\eta_{ns}$ $M_{max}/(kN \cdot m)$	e_0/mm	e_a/mm
IE 柱	4.5	11.25	柱顶	-53.84	161.11	0.7	1	1.106	1	55.98	313.81	20.00
			柱底	-55.98	178.39							
EA 柱	4.7	11.75	柱顶	14.98	376.56	0.7	1	1.198	1	70.14	175.73	
			柱底	70.14	399.12							
JF 柱	4.5	11.25	柱顶	103.52	193.83	0.7	1	1.058	1	124.75	590.94	
			柱底	124.75	211.11							
FB 柱	4.7	11.75	柱顶	141.29	434.61	0.7	1	1.111	1	150.27	328.69	
			柱底	150.27	457.17							

续表

柱	截面	e_i/mm	$\xi = \dfrac{\gamma_{RE}N}{\alpha_1 f_c b h_0}$	$x = \xi h_0$/mm	x 与 $2a_s'$比较	$e = e_i + h/2 - a_s$ $e' = e_i - h/2 + a_s'$/mm	$A_s = A_s' = \dfrac{\gamma_{RE}Ne - \alpha_1 f_c bh_0^2\xi(1-0.5\xi)}{f_y(h_0-a_s')}$ 或 $A_s' = A_s = \dfrac{\gamma_{RE}Ne'}{f_y(h_0-a_s')}/mm^2$	配筋面积/mm²	备注
IE 柱	柱顶	333.81	0.064	23.39	<70	498.81	190.11	320.00	
	柱底	195.73				168.81			
EA 柱	柱顶	195.73	0.153	55.82	<70	360.73	82.60	320.00	
	柱底					30.73			
JF 柱	柱顶	610.94	0.076	27.68	<70	775.94	594.33	594.33	
	柱底					445.94			
FB 柱	柱顶	348.69	0.175	63.94	<70	513.69	565.50	565.50	
	柱底					183.69			

3.5.8　框架梁柱节点区截面抗震验算

验算梁端弯矩 $\sum M_b$ 最大的柱子，取框架梁柱节点 F，$h_b = 500$ mm，$h_{b0} = 465$ mm。节点所承受的设计剪力 V_j 由式 [3 - 65（a）] 计算得到，三级抗震等级，节点剪力增大系数 $\eta_{jb} = 1.20$。H_c 为节点上柱和节点下柱反弯点之间的距离，由表 3 - 40：

$$\sum M_b = 170.43 + 34.26 = 204.69 \ (kN \cdot m)$$

由表 3 - 42，$H_c = 3.6 \times \dfrac{97.85}{103.52 + 97.85} + 4.7 \times \dfrac{110.82}{110.82 + 115.59} = 4.05 \ (m) = 4\,050 \ (mm)$。

则：

$$V_j = \frac{\eta_{jb} \sum M_b}{h_{b0} - a'_s}\left(1 - \frac{h_{b0} - a'_s}{H_c - h_b}\right)$$

$$= \frac{1.20 \times 204.69 \times 10^3}{465 - 35} \times \left(1 - \frac{465 - 35}{4\,050 - 400}\right) = 503.92 \ (kN)$$

根据式（3 - 68），框架节点区的截面高度 $h_j = 400$ mm，梁截面宽度 $b_b = 250$ mm $> 0.5 h_c$，故取 $b_j = 400$ mm，梁对节点的约束影响系数 η_j 取 1.5，则：

$$\frac{1}{\gamma_{RE}}(0.30 \eta_j \beta_c f_c h_j b_j) = \frac{1}{0.85} \times (0.30 \times 1.5 \times 1.0 \times 14.3 \times 400^2) = 1\,211.3 \ (kN) > V_j = $$

503.92（kN），满足规范平均剪应力不应过高的要求。

根据式 [3 - 66（a）]，式中 F 节点上层柱底轴力选取为 $N = 211.11$（kN）和 $0.5 f_c A = 0.5 \times 14.3 \times 400^2 = 1\,134$（kN）两者中的较小值，所以 $N = 211.11$ kN；A_{svj} 为核心区有效验算宽度范围内同一截面验算方向箍筋各肢的全部截面面积。已知柱子节点配置箍筋为 $3\phi 8 @ 100$，所以：

$$\frac{1}{\gamma_{RE}}\left(1.1 \eta_j f_t b_j h_j + 0.05 \eta_j N \frac{b_j}{b_c} + f_{yv} A_{svj} \frac{h_{b0} - a'_s}{s}\right)$$

$$= \frac{1}{0.85}\Big(1.1 \times 1.5 \times 1.43 \times 400 \times 400 + 0.05 \times 1.5 \times$$

$$211.11 \times 10^3 \times \frac{400}{400} + 270 \times 3 \times 50.3 \times \frac{465 - 35}{100}\Big)$$

$$= 668.88 \ (kN) > V_j = 503.92 \ (kN)$$

故节点区抗剪承载力满足规范要求。

3.5.9　一榀框架配筋图

根据梁、柱计算结果完成一榀框架的配筋图,如图 3 - 48 所示。其中,楼面需要考虑建筑面层 50 mm,屋面标高取为建筑层标高。

小　结

1. 框架结构是多层建筑的一种主要结构形式,由横梁和立柱通过节点连接组成。具有结构轻巧、便于布置、空间开敞、整体性较好、施工较方便和较为经济等特点。

2. 房屋设计要注重规则性。由于框架结构的抗侧刚度较低,对地震作用下的扭转反应更为敏感,进行建筑布置和结构布置时应尽量采取措施,使其平面和竖向布局接近规则,减少扭转反应。

3. 框架梁和普通楼面梁的尺寸确定主要与跨度、荷载大小及荷载传递方向有关,初选截面尺寸时可按跨度的 1/18 ~ 1/10 来确定;框架柱截面尺寸的确定与受荷载范围内的荷载大小有关,并考虑层间侧移、轴压比等的影响。框架梁的尺寸设置也对框架的抗侧刚度有影响。

4. 竖向荷载作用下框架结构的内力可用分层法计算。分层法在分层计算时,将上、下柱远端的弹性支承改为固定端,同时将除底层外的其他各层柱的线刚度乘以系数 0.9,相应柱的弯矩传递系数由 1/2 改为 1/3,底层柱和各层梁的线刚度不变且其弯矩传递系数仍为 1/2。当各节点存在不平衡弯矩时,对不平衡弯矩再进行分配(其间不传递),然后对各杆件的远端进行传递。一次传递后,再进行第二次弯矩分配。

5. 水平荷载作用下框架结构内力可用反弯点法和 D 值法等简化方法计算。其中 D 值法的计算精度较高,当梁、柱线刚度比大于 3 时,反弯点法也有较好的计算精度。

6. D 值是框架结构层间柱产生单位相对侧移所需施加的水平剪力,可用于框架结构的侧移计算和各柱间的剪力分配。D 值是在考虑框架梁为有限刚度、梁柱节点有转动的前提下得到的,故比较接近实际情况。

影响柱反弯点高度的主要因素是柱上、下端的约束条件。柱两端的约束刚度不同,相应的柱端转角也不相等,反弯点向转角较大的一端移动,即向约束刚度较小的一端移动。D 值法中柱的反弯点位置就是根据这种规律确定的。

7. 结构的受力性能只有在满足一定的构造条件下才能充分发挥,抗震设计中的中震可修和大震不倒原则更需要抗震构造措施加以保证。在设计框架结构时,除了按抗震措施对内力进行调整并按计算配置各种钢筋外,还必须满足框架柱、框架梁及梁柱节点的各种构造要求,以实现框架结构良好的延性性能。

8. 框架结构的延性特征主要通过"强柱弱梁""强剪弱弯""强节点、强锚固"等措施来予以保证。即根据不同的抗震等级将需要加强的设计项的内力予以调整放大,以放大后的内力作为截面设计的依据,同时通过箍筋配箍率、加密区构造等抗震构造措施予以保证。

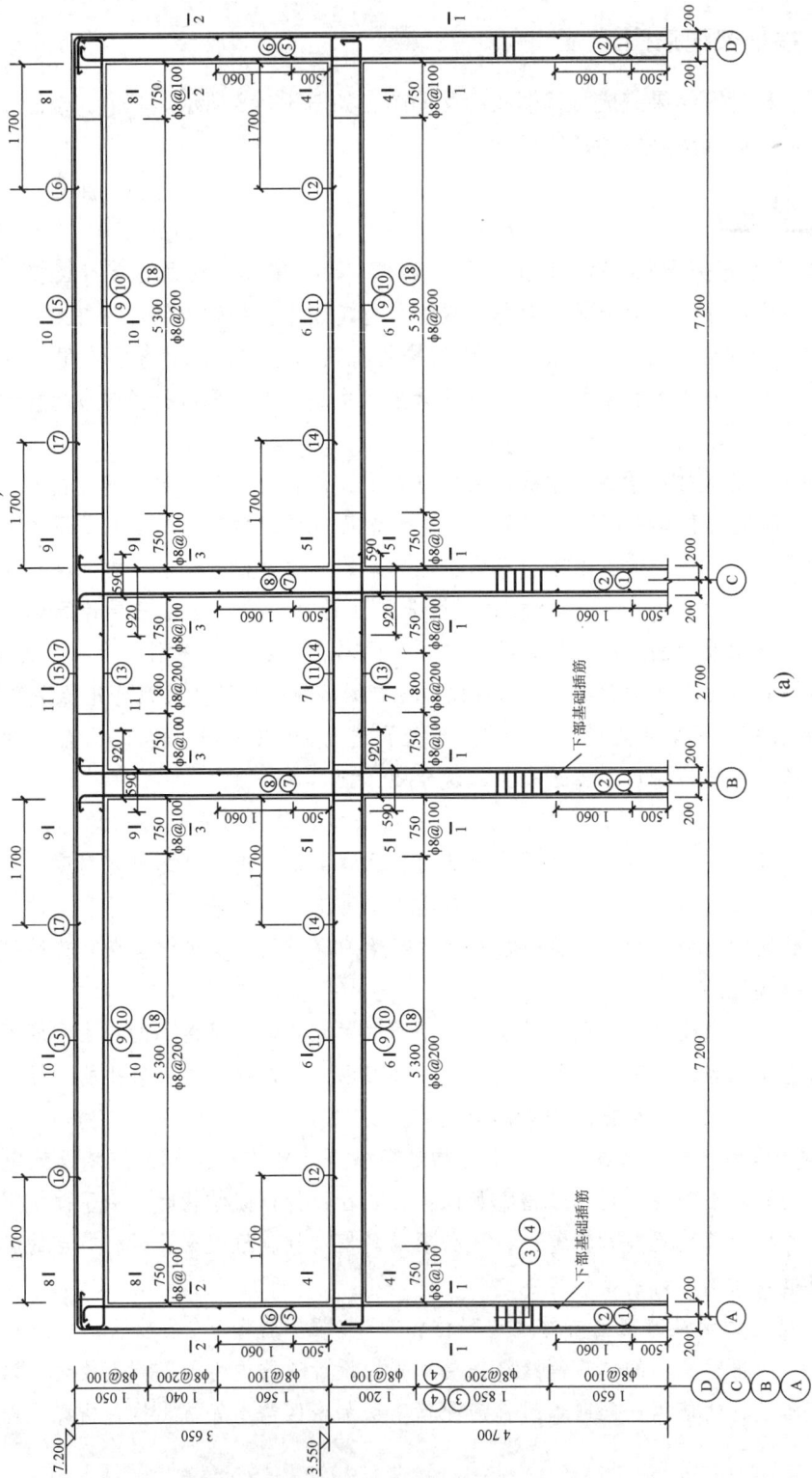

(a)

柱钢筋表

编号	钢筋简图	规格	长度	根数	备注
①	5 760	Φ18	5 760	16	
②	5 760	Φ16	5 760	16	
③	340 × 340	φ8	1 600	272	
④	340	φ8	440	544	
⑤	3 120	Φ18	3 640	8	
⑥	3 120	Φ16	3 640	8	
⑦	3 120	Φ18	3 340	8	
⑧	3 120	Φ16	3 310	8	

梁钢筋表

编号	钢筋简图	规格	长度	根数	备注
⑨	8 050	Φ25	8 430	8	
⑩	8 050	Φ22	8 430	4	
⑪	17 440	Φ20	18 040	2	
⑫	2 070	Φ18	2 370	4	
⑬	3 480	Φ16	3 480	6	
⑭	6 500	Φ18	6 500	2	
⑮	17 440	Φ18	18 360	2	
⑯	2 070	Φ16	2 530	2	
⑰	6 500	Φ16	6 500	2	
⑱	440	φ8	1 500	206	

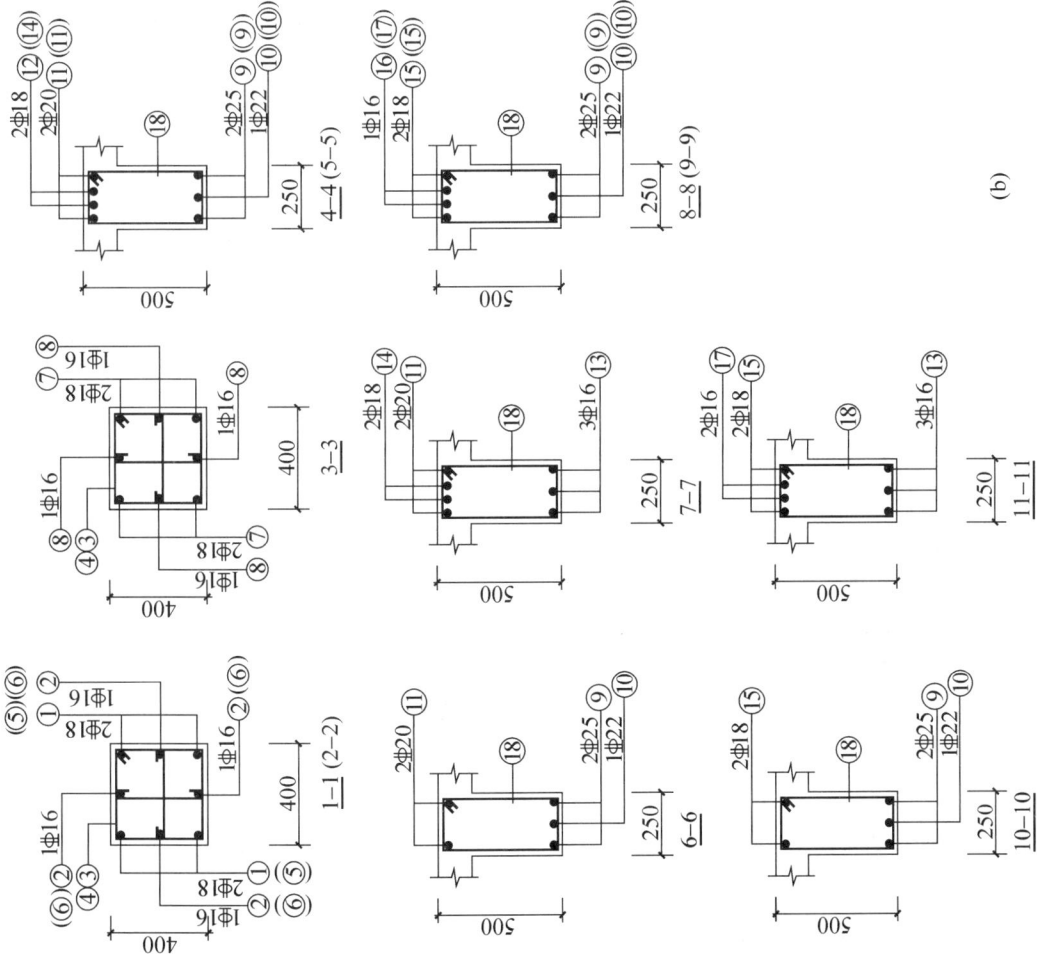

图3-48　⑧轴线框架配筋图
(a) 框架配筋立面图; (b) 剖面详图

187

思 考 题

3.1　框架结构的承重方案有几种？各有何特点？

3.2　如何初步选择框架梁与柱的截面尺寸？应考虑哪些因素？

3.3　框架结构简化成平面框架时做了什么假定？在分层法和 D 值法中是否应用了这些假定？

3.4　作用在框架结构上的荷载或作用有哪些？框架结构的计算简图如何确定？

3.5　简述分层法的计算要点及步骤。

3.6　D 值法中 D 值的物理意义是什么？D 值法与反弯点法有什么共同点和不同点？

3.7　具有相同截面的边柱和中柱的 D 值是否相同？具有相同截面的上层柱和底层柱的 D 值是否相同？为什么？

3.8　水平荷载作用下框架柱的反弯点位置与哪些因素有关？试分析反弯点位置的变化规律与这些因素的关系。如果与某层柱相邻的上层柱的混凝土强度等级降低了，该层柱的反弯点位置如何变化？

3.9　分别画出一榀三跨三层框架在竖向荷载（各层各跨都满布均布荷载）和水平荷载作用下的弯矩图、剪力图和轴力图。

3.10　延性结构的特点是什么？为什么抗震结构要设计成延性结构？延性框架结构设计的原则是什么？

3.11　如何确定框架结构梁、柱内力组合的设计值？

3.12　框架梁端的弯矩调幅是对竖向荷载作用下的弯矩调幅，还是对水平地震作用下的弯矩调幅？

3.13　什么叫强柱弱梁？柱子的截面大于梁的截面是否就是强柱弱梁？柱子线刚度大于梁的线刚度是否就是强柱弱梁？

3.14　为什么要设计强剪弱弯的梁和柱？怎样设计才能实现强剪弱弯？

3.15　框架柱的箍筋有哪些作用？为什么轴压比大的柱配箍特征值也大？如何计算体积配箍率？

3.16　为什么要限制框架梁、柱和节点区的剪压比？为什么对跨高比不大于 2.5 的梁、剪跨比不大于 2 的柱的剪压比限制要严一些？

3.17　梁柱节点区的可能破坏形态是什么？如何避免产生节点区破坏？

3.18　选择题

1. 钢筋混凝土框架在确定抗震等级时，除考虑地震烈度，结构类型外，还应该考虑（　　）。

　　A. 房屋高度　　　　B. 高宽比　　　　C. 房屋层数　　　　D. 地基土类别

2. 确定建筑物抗震等级时，高度取（　　）。

　　A. 从基础底面算起　　　　　　　B. 从基础顶面算起

　　C. 从室外地面算起　　　　　　　D. 从 ±0.000 m 平面算起

3. 关于风荷载作用的特点，下列描述错误的是（　　）。

A. 与建筑外形有关　　　　　　　B. 与周围环境有关

C. 具有静、动力特性　　　　　　D. 与建筑物的刚度无关

4. 结构抗震设计中，小震的 50 年超越概率为（　　）。

A. 63.2%　　　　B. 36%　　　　C. 10%　　　　D. 2% ~ 3%

5. 结构多遇地震作用下层间弹性变形验算的主要目的是下列哪种？（　　）

A. 防止结构倒塌　　　　　　　　B. 防止结构发生破坏

C. 防止非结构部分发生过重的破坏　D. 防止人们惊慌

6. 建筑在下列地点中，（　　）所受的风力可能最大。

A. 建在海岸　　　　　　　　　　B. 建在大城市郊区

C. 建在小城镇　　　　　　　　　D. 建在有密集建筑群的大城市市区

7. 确定建筑风压高度变化系数时，高度取（　　）。

A. 从基础底面算起　　　　　　　B. 从基础顶面算起

C. 从室外地面算起　　　　　　　D. 从 ±0.000 m 平面算起

8. 关于框架结构设计中首先需确定梁和柱的截面尺寸，下列说法错误的是（　　）。

A. 梁的截面高度由跨度确定，截面宽度由截面高度确定

B. 柱的截面尺寸由轴压比确定

C. 梁的截面宽度不允许超过截面高度

D. 柱的截面尺寸的确定与抗震等级有关

9. 关于分层法计算框架结构在竖向荷载的内力，下列说法正确的是（　　）。

A. 需对所有柱的线刚度进行折减

B. 需对除底层外梁的线刚度进行折减

C. 底层柱的反弯点高度在距基础顶面 1/3 层高处

D. 不应对梁的计算弯矩进行调幅

10. 关于水平荷载作用下框架结构的侧移曲线，下列说法正确的是（　　）。

A. 框架结构楼层越往上，层间侧移越小

B. 轴力引起的侧移是主要的

C. 轴力引起的侧移与结构的高宽比成反比

D. 弯矩引起的侧移与结构的高宽比成反比

11. 关于框架梁端弯矩调幅，下列说法正确的是（　　）。

A. 框架梁是主梁，不允许用调幅法进行内力计算

B. 仅对水平荷载引起的梁端负弯矩进行调幅

C. 仅对竖向荷载引起的梁端正弯矩进行调幅

D. 竖向荷载引起的弯矩应先调幅，再与水平荷载引起的弯矩进行组合

习　题

3.1　某工程为 8 层现浇式框架结构，设防烈度第二组 7 度（0.1g），Ⅱ类场地，结构几

何尺寸如图 3-49 所示。现已计算结构的基本自振周期 $T_1 = 0.56$ s，集中在楼（屋）盖的恒荷载顶层为 4 400 kN，2～7 层为 4 000 kN，底层为 5 000 kN；活荷载为顶层雪荷载为 500 kN，顶层屋面活荷载为 700 kN，1～7 层楼面活荷载为 900 kN（按等效均布荷载计）。试按底部剪力法计算多遇地震下各楼层的地震作用标准值及各楼层层间剪力的标准值。

3.2 某 3 层框架结构，如图 3-50 所示，设横梁刚度无限大，各层质量（按重力荷载代表值计）分别为 $m_1 = 30$ t，$m_2 = 25$ t，$m_3 = 30$ t，刚度系数 $k = 0.9 \times 10^4$ kN/m，结构基本自振周期 $T_1 = 0.45$ s；设计地震分组为第二组，场地类别为Ⅱ类，设防烈度为 8 度（0.2g），即特征周期 $T_g = 0.4$ s，水平地震影响系数最大值 $\alpha_{max} = 0.16$。试分析：

（1）用底部剪力法求水平地震作用下各层的层间剪力；

（2）用反弯点法作该结构在水平地震作用下的弯矩图。

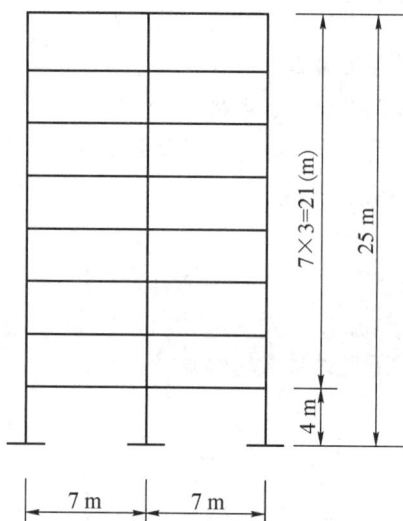

图 3-49 习题 3.1 图

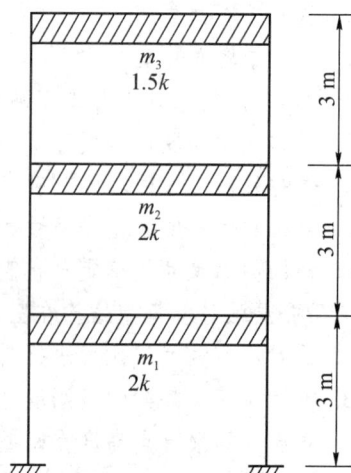

图 3-50 习题 3.2 图

3.3 试分别用反弯点法和 D 值法计算如图 3-51 所示框架结构的内力（弯矩、剪力、轴力）和水平位移。图中在各杆件上标注了线刚度，其中 $i = 2\,500$ kN·m。

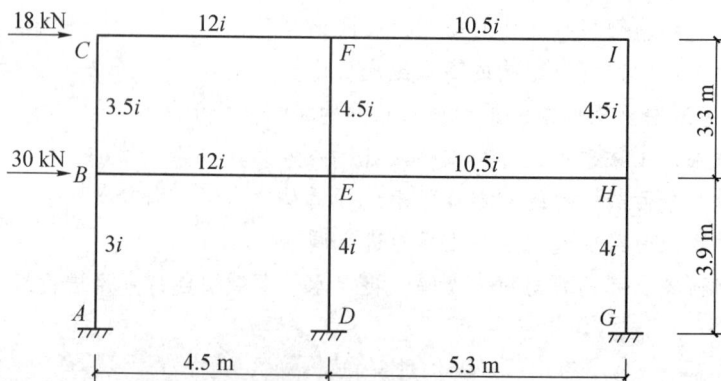

图 3-51 习题 3.3 图

第4章 单层厂房排架结构

学习目标

1. 熟悉单层厂房排架结构的特点、选型与结构布置方案。
2. 理解排架结构的内力计算假定和计算简图。
3. 掌握钢筋混凝土排架结构的荷载与内力计算方法、内力组合原则及柱的截面设计方法。
4. 熟悉排架柱的配筋构造要求。
5. 熟悉钢筋混凝土厂房排架结构的抗震设计要点。
6. 理解排架柱下独立基础的设计和构造要求。

本章的教学重点：单层厂房结构的组成和布置；支撑的作用和布置原则；排架的内力计算简图；排架荷载计算；内力计算及内力组合；牛腿的设计和构造。教学难点：排架的内力计算及内力组合、厂房空间工作的概念。

4.1 概　　述

工业建筑作为人类从事各类生产活动的场所，与民用建筑有较大区别。单层厂房类建筑作为工业建筑中的主要建筑物，具有其鲜明特点：

① 当生产设备和产品较重且轮廓尺寸较大时，设备可直接安装在地面上，在地面层开展生产活动，减少建筑结构的建筑成本，并提高生产活动的安全性。

② 拥有较空旷的室内空间，在平面工艺布置和竖向工艺流程中易于组织。

③ 由于较大的跨度和较高的屋顶高度，不宜采用现浇的竖向支承构件及现浇梁板式屋面体系，而宜采用预制装配式结构体系。

④ 对于有吊车布置的厂房，厂房结构除承担吊车荷载外，主要作为生产活动的围护体系。

⑤ 根据生产规模的需要，可对厂房建筑进行改建和扩建。

单层厂房在冶金、机械制造等的炼钢、轧钢、锻造、金工、装配、铆焊、机修等车间中得到广泛应用，在纺织工业中也有采用此类结构。厂房设计还应满足良好的采光和通风条件，以利于生产过程中有害气体、烟尘、热量的散发及噪声的控制。当生产过程中有撞击和振动时，要求厂房要具有防振、隔振的措施；当生产过程中有爆炸的可能时，为了形成充分的泄压条件，要求厂房的门窗面积满足一定要求并采用轻型墙体和屋面结构。

单层厂房依其主要承重结构的材料，分成钢筋混凝土结构、钢结构和混合结构。承重体系的选择主要取决于厂房的跨度、高度及吊车起重量等因素。对无吊车或吊车吨位不超过

5 t、跨度在 15 m 以内、柱距在 6 m 以内、柱顶标高不超过 8 m 且无特殊工艺要求的小型厂房，可以采用钢筋混凝土屋架或轻钢屋架、承重砖柱作为主要承重构件的砖混结构或者是门式刚架全钢结构。对有重型吊车（吊车吨位在 250 t 以上，吊车工作级别为 A4、A5 级）、跨度大于 36 m 或有特殊工艺要求（如设有 10 t 以上的锻锤或高温车间的特殊部位）的大型厂房，一般采用钢屋架、钢筋混凝土柱或全钢结构；其他大部分单层厂房均可以采用钢筋混凝土结构。

钢筋混凝土单层厂房按承重结构体系可分为排架结构和刚架结构两类，其中排架结构是钢筋混凝土单层厂房最常用的结构形式，如图 4-1 所示。排架结构为预制拼装式结构体系，大部分构件为标准化构件，可在工厂中批量生产，容易控制质量和降低成本；排架结构现场拼装，施工简捷，可以大幅缩短建设工期。因此，排架结构在我国得到了广泛的工程应用。

钢筋混凝土排架结构由屋架（或屋面梁）、柱和基础组成。通常，排架柱与屋架铰接，与柱下基础刚接。按照厂房的生产工艺和使用要求不同，排架结构可以设计为单跨或多跨、等高或不等高等多种形式，如图 4-1（a）、图 4-1（b）和图 4-1（c）所示。装配式钢筋混凝土排架结构是目前我国单层厂房结构的基本形式，跨度可以超过 30 m，高度可达 30 m 或更高，吊车起重量可达 150 t 甚至更大；采用钢屋架的钢—钢筋混凝土排架由钢屋架、钢筋混凝土柱和基础组成，其承载能力和抗震性能较钢筋混凝土排架好，可用于跨度大于 36 m、吊车起重量超过 250 t 的重型工业厂房。

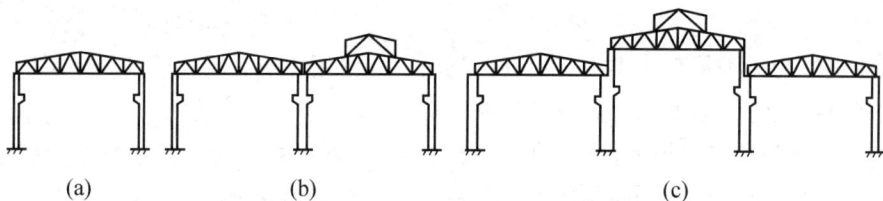

图 4-1 排架结构的形式

（a）单跨排架；（b）双跨等高排架；（c）三跨不等高排架

钢筋混凝土刚架结构由横梁、柱和基础组成，常称为门式刚架或门架。与排架结构不同，门架结构中的柱与横梁为刚接，而柱与基础一般为铰接。当结构顶点也做成铰接时，即成为三铰门架，如图 4-2（a）所示，为静定结构。当结构顶点做成刚接时，即成为两铰门架，如图 4-2（b）所示。当门架跨度较大时，为了便于运输和吊装，通常将整个门架做成三段，在横梁弯矩较小的截面处设置接头，用焊接或螺栓连接成整体，如图 4-2（c）所示。门架的立柱和横梁通常设计成变截面构件，以适应门架的受力特点，减少构件材料用量。门架结构的优点是梁柱合一，构件种类少，制作简单，结构轻巧，当厂房跨度和高度均较小、吊车吨位也不大时，其经济指标稍优于排架结构。其缺点是刚度较差，梁、柱的转角处易产生早期裂缝。此外，由于门架的构件呈 Γ 形或 Y 形，其翻身、吊装和对中就位等均比较麻烦，所以其应用受到一定的限制。

本章主要介绍单层装配式钢筋混凝土排架结构厂房设计中的主要问题。

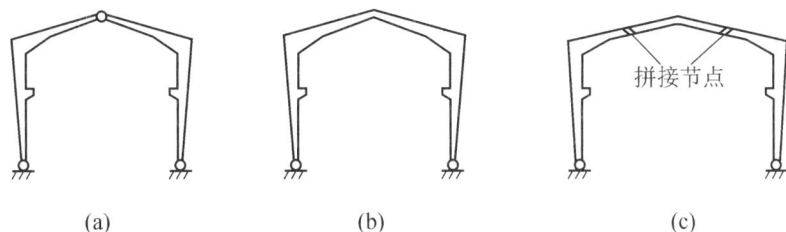

图 4 - 2　刚架结构的形式

（a）三铰门架；（b）两铰门架；（c）屋面梁拼接的两铰门架

4.2　单层厂房的结构组成与布置

单层装配式钢筋混凝土排架结构厂房通常由下列不同结构构件连接成为一个空间整体，如图 4 - 3 所示。根据构件所处位置及主要功能的不同，又可分为屋盖结构、横向平面排架、纵向平面排架和围护结构四大部分。

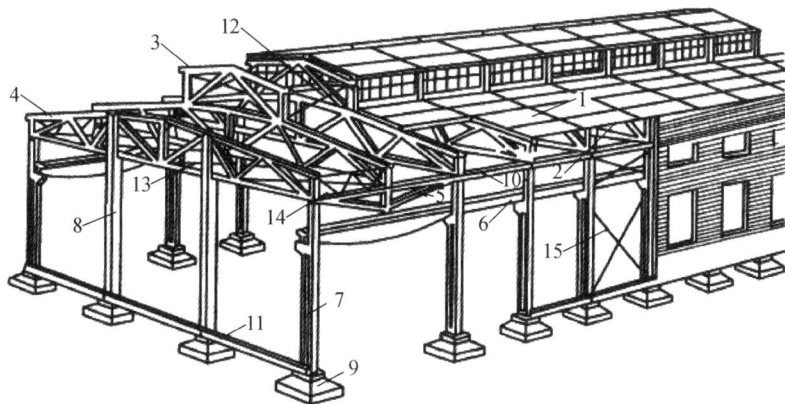

1—屋面板；2—天沟板；3—天窗架；4—屋架；5—托架；6—吊车梁；7—排架柱；8—抗风柱；
9—基础；10—连系梁；11—基础梁；12—天窗架垂直支撑；13—屋架下弦横向水平支撑；
14—屋架端部垂直支撑；15—柱间支撑。

图 4 - 3　单层厂房的结构组成

4.2.1　排架结构的组成

1. 屋盖结构

屋盖结构起围护和承重双重作用，可分为无檩体系和有檩体系，如图 4 - 4 所示。无檩体系由大型屋面板、屋架（或屋面梁）、屋盖支撑组成，大型屋面板直接支承在屋架（或屋面梁）上，每块屋面板以不少于三点与屋架或屋面梁焊接连接；无檩体系的刚度大、整体性好。有檩体系由小型屋面板、檩条、屋架（或屋面梁）、屋盖支撑组成，小型屋面板支承在檩条上，再将檩条支承在屋架（或屋面梁）上；有檩体系的刚度小、整体性差，仅适用于中小型厂房。为满足厂房内的通风和采光需要，屋盖结构中有时还需设置天窗架（其上覆盖屋面板）及天窗架支撑。

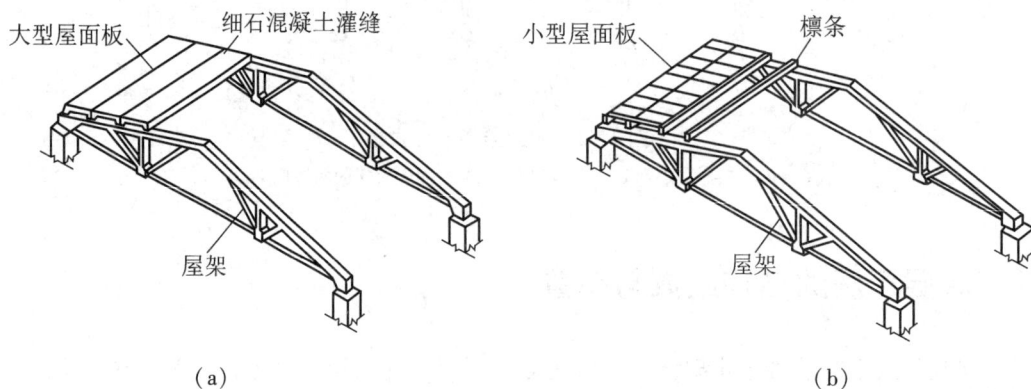

图 4-4　屋盖结构中的无檩体系和有檩体系
（a）无檩体系；（b）有檩体系

（1）屋面板（包括天沟板）

屋面板支承在檩条或屋架（屋面梁）或天窗架上，直接承受施加在屋面上的永久荷载（如防水层、保温层等）和可变荷载（如积灰荷载、雪荷载、风荷载及施工荷载等），并把它们传给其下的支承构件。

（2）天窗架

天窗架支承在屋架上，便于采光和通风，同时承受天窗上的荷载，并把它们传给屋架。

（3）檩条

有檩体系中，檩条支承在屋架（或屋面梁）上，承受屋面板传来的荷载，并将其传给屋架。

（4）屋架（或屋面梁）

屋架（或屋面梁）一般直接支承在排架柱上，使室内形成较大无柱空间，当局部抽掉排架柱时屋架放在托架上。屋架承受大型屋面板或檩条、天窗架及悬挂吊车等传来的全部屋盖结构荷载，并将其传至排架柱柱顶。

（5）托架

当生产工艺或使用上要求局部较大柱距时，可局部抽掉某个柱子，并在抽柱的屋架下设置托架。托架支承在相邻柱上，承受屋架传来的荷载，并把它传给支承柱。

屋盖各组成构件加上屋盖系统，将形成有一定水平刚度的空间整体屋面结构。保证厂房结构的整体性并传递在屋面上的各类竖向及水平作用。

2. 横向平面排架

横向平面排架由横向平面内的一系列排架柱（简称横向柱列）、屋架或屋面梁（简称横梁）和基础组成，如图 4-5 所示，厂房结构受到的竖向荷载（结构自重、屋面可变荷载、吊车竖向荷载等）和横向水平荷载（横向水平风荷载、吊车横向水平荷载和水平地震作用等）主要由横向平面排架承受，并通过它传给基础及地基。

（1）排架柱

排架柱承受由屋架（特殊情况下还有托架）、吊车梁、外墙和屋架支撑等传来的荷载，并传给基础。

（2）基础

基础承受由排架柱和基础梁传来的荷载，并把它们传给地基。

横向平面排架体系是厂房结构的基本承重结构，为了确保其可靠性，必须进行设计和计算。

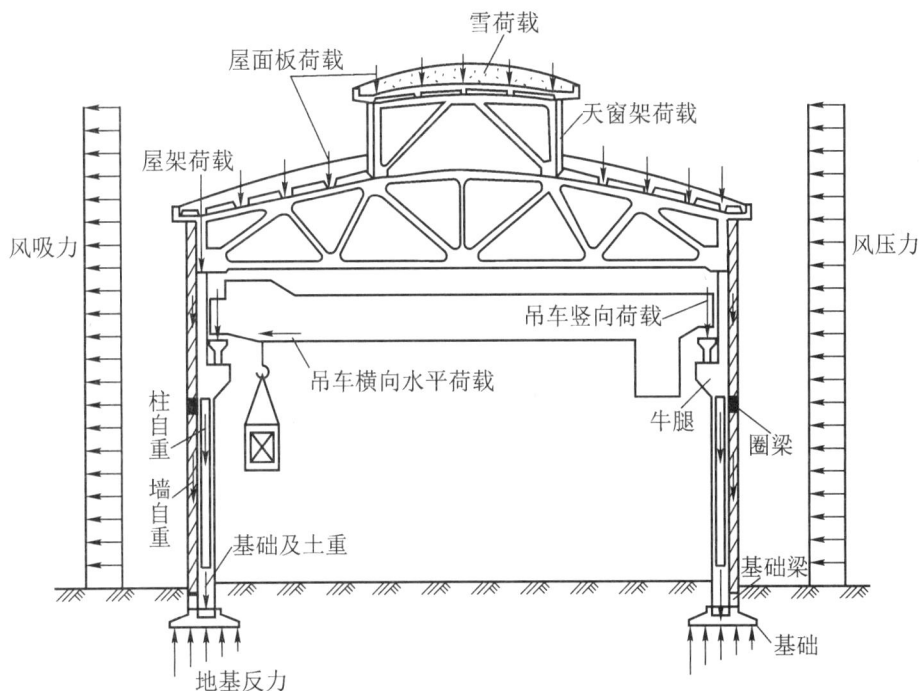

图 4-5　横向平面排架

3. 纵向平面排架

纵向平面排架由排架柱于纵向形成的柱列（简称纵向柱列）、连系梁、吊车梁、柱间支撑及基础等组成，如图 4-6 所示。它保证厂房结构的纵向刚度和稳定性，承受厂房结构受

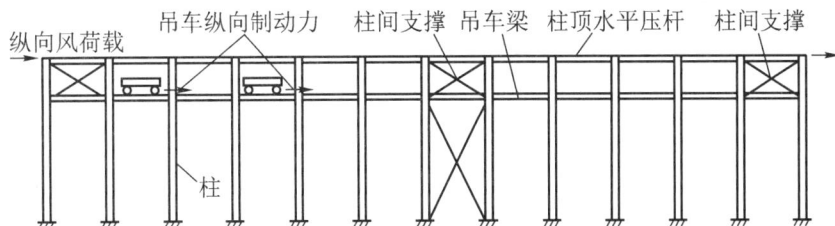

图 4-6　纵向平面排架及其荷载

195

到的纵向水平荷载（山墙传来的纵向风荷载、吊车纵向刹车荷载等），并传给基础。同时承受因温度变化及收缩变形而产生的内力。

（1）吊车梁

吊车梁支承在排架柱的牛腿上，主要承受吊车传来的竖向荷载与横向或纵向水平刹车力，并将它们分别传递给横向或纵向排架。

（2）连系梁

当围护墙体较高时，在柱半高处设置连系梁支承在柱牛腿上，以承受其上的墙体和窗自重，同时增强厂房的纵向刚度，把山墙面上的风荷载传递到纵向柱列。

（3）柱间支撑

柱间支撑的作用是加强厂房结构的空间刚度和稳定性，并保证结构构件在安装和使用阶段的稳定和安全，同时将纵向风荷载、吊车纵向水平荷载和纵向水平地震作用传递到基础。

4. 围护结构

围护结构位于厂房的周边，起遮挡风雨和保温隔热等作用，由纵墙和横墙（山墙）、圈梁、基础梁、抗风柱等组成。这些构件主要承受自重、墙重及作用在墙面上的风荷载。

（1）纵墙和横墙

纵墙和横墙可以为砖砌的自承重砌体墙，也可以采用预制墙板或压型钢板，墙的下部支承在基础梁或墙体半高处的连系梁上。墙体承受厂房结构受到的风荷载，并把它传给柱子。

（2）圈梁

圈梁是位于围护墙体的有一定高度，并在平面上形成闭合交圈的混凝土现浇构件。圈梁并不承受墙体重量，其主要作用是增强厂房的整体刚度，当在门窗洞上方时，兼作过梁。

（3）基础梁

基础梁承受外墙的重量，并把它们传递给基础。

（4）抗风柱

抗风柱承受厂房山墙传来的风荷载，并将其传给屋盖系统和基础。

单层厂房的排架结构就是由屋盖结构、横向平面排架、纵向平面排架、围护结构四部分构成的整体空间受力体系。

5. 单层厂房的主要荷载和荷载传递路径

横向平面排架所受荷载及荷载的主要传递路径如图4-7所示，设计和计算横向平面排架时可以按照图4-7所示的传力路径进行荷载统计和构件的内力分析。

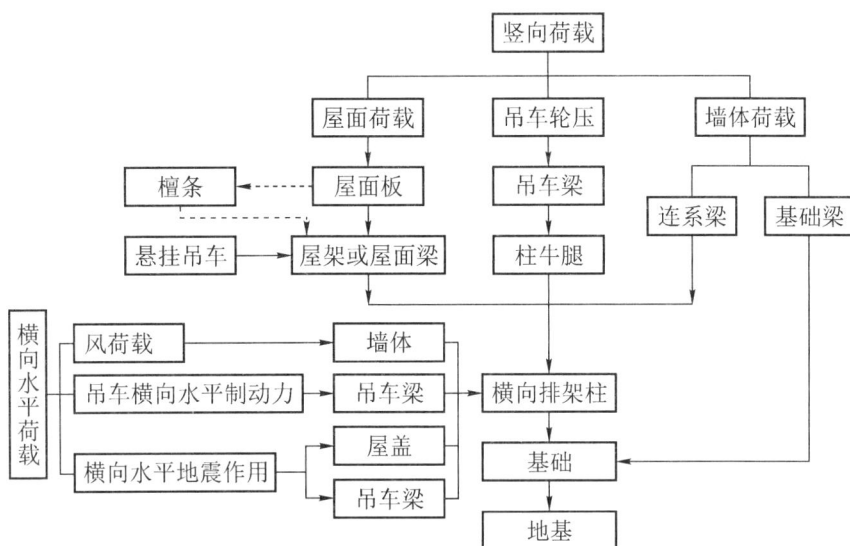

图 4 - 7 横向平面排架的传力路径

纵向平面排架所受荷载及荷载的主要传递路径如图 4 - 8 所示。

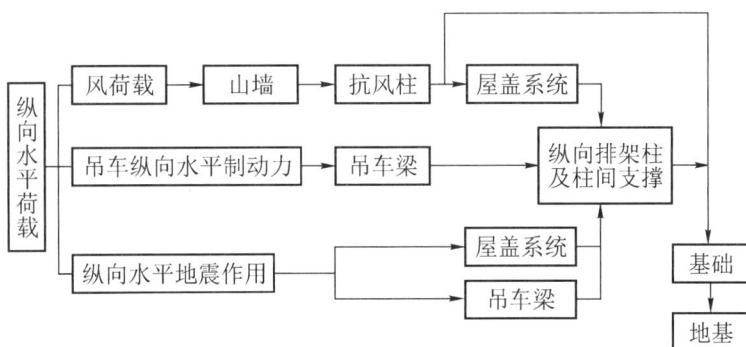

图 4 - 8 纵向平面排架的传力路径

4.2.2 结构布置

设计单层厂房结构时,屋面板、屋架或屋面梁、吊车梁、连系梁、柱及基础等构件都有相应的标准图或通用图供设计者选用,但由于结构布置的多样性和地基形状的多样性,柱和基础往往需要根据工程的实际情况进行设计和计算。当单层厂房结构形式选定之后,结构设计主要按以下步骤进行:

① 根据工艺设计要求进行结构布置,包括柱网平面布局、结构体系选择、标高系统等竖向布置。

② 根据竖向荷载,选用相应的标准构件。

③ 确定排架的内力计算简图,分析排架内力。

④ 在地震区时，进行柱的抗震设计和计算。

⑤ 计算柱和基础配筋。

⑥ 绘制结构构件布置图。

⑦ 绘制柱和基础施工图。

1. 定位轴线及平面柱网布置

厂房定位轴线是确定厂房主要承重构件位置及其标志尺寸的基准线，同时也是施工放线和设备定位的依据。通常将沿厂房柱距方向的轴线称为纵向定位轴线，一般用编号Ⓐ，Ⓑ，Ⓒ，……表示；沿厂房跨度方向的轴线称为横向定位轴线，一般用编号①，②，③，……表示，如图4-9所示。

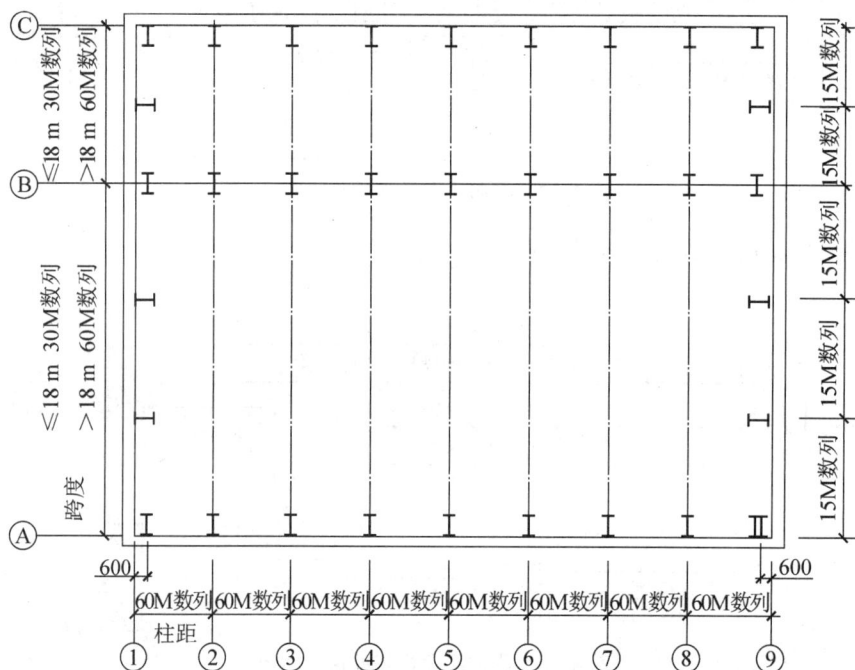

图 4-9　柱网布置及定位轴线系统

在厂房的结构平面布置中，厂房排架柱或承重墙纵向定位轴线间的距离称为跨度，横向定位轴线间的距离称为柱距，纵向和横向定位轴线在平面上形成柱网。柱网布置即是确定柱平面位置、确定屋面板、屋架（或屋面梁）和吊车梁等相应构件跨度的过程。柱网布置需满足生产工艺和使用要求，直接关系到厂房的经济合理性和先进性，是厂房结构设计的重要工作。

为了便于厂房结构设计、构件生产和施工建造，保证结构构件的建筑标准化和定型化，柱网尺寸应符合《厂房建筑模数协调标准》（GB/T 50006—2010）所规定的统一模数制，以100 mm为基本单位，用"M"表示。当厂房跨度不大于18 m时，应采用3 m的倍数（30 M），即9 m、12 m、15 m和18 m；当厂房跨度大于18 m时，应采用6 m的倍数

（60 M），即 24 m、30 m 和 36 m 等，必要时也允许采用 21 m、27 m、33 m 的跨度。厂房纵向柱距一般采用 6 m（60 M）或 6 m 的倍数，如图 4 - 9 所示，个别也可采用 9 m 或其他柱距。当工艺布置等要求局部纵向柱距扩大时，可在基本柱网中抽掉若干根柱，但应尽量少抽，以保证厂房横向排架的完整性。

定位轴线之间的距离与主要构件的标志尺寸应一致，且应符合建筑模数的要求。标志尺寸为构件的实际尺寸加上两端必要的构造尺寸，以满足装配式结构安装误差的要求。

（1）墙、柱定位与横向定位轴线

横向定位轴线一般通过柱截面的几何中心。当横向定位轴线与屋面板、吊车梁、连系梁等的标志尺寸一致时，构件的端头与端头，或构件端头与围护墙内缘相重合，不留缝隙，形成封闭结合，这种轴线称为封闭式定位轴线，否则，形成非封闭式结合，这种轴线称为非封闭定位轴线。为保证厂房尽端形成封闭结合，即端部横向定位轴线、屋面板端头与山墙内边缘重合，将山墙处边柱中心线内移 600 mm，此时边跨屋面板为一端悬挑板，同时使端部屋架与抗风柱、山墙的位置不发生冲突，如图 4 - 10（a）所示；厂房设有横向变形缝时，变形缝两侧一般设置双柱及两条横向定位轴线，柱的中心线也均自定位轴线向内侧各移 600 mm，如图 4 - 10（b）所示，变形缝的宽度依据其功能并结合建筑物情况进行确定。

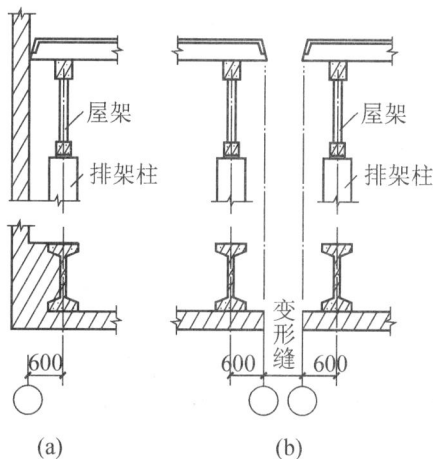

图 4 - 10　围护墙、柱与横向定位轴线的位置关系

（a）端部柱距处；（b）横向变形缝处

（2）墙、柱定位与纵向定位轴线

厂房的纵向定位轴线一般以屋架或屋面梁的标志长度 L 进行定位，如图 4 - 11（a）所示。对于无吊车或吊车吨位较小的厂房，边柱外缘和纵墙内缘应与纵向定位轴线相重合，并与屋架端部形成封闭结合，如图 4 - 11（b）所示。当厂房内有吊车时，为了使吊车的型号规格化，吊车跨度 L_k 与屋架跨度 L 需满足式（4 - 1）所示的尺寸关系，而 λ 也应满足吊车梁与柱之间的构造连接及吊车的安全行驶要求，即式（4 - 2）。

$$L = L_k + 2\lambda \tag{4-1}$$
$$\lambda = B_1 + c + b \tag{4-2}$$

式中：L_k——吊车跨度，即吊车轨道中心线间的距离，可由吊车规格表（附表 D－1）查得。

λ——吊车轨道中心线至边柱或中柱定位轴线间的距离（见图 4－11）：一般为 750 mm，亦可根据吊车起重量，取 1 000 mm 或 500 mm。

B_1——吊车桥两端挑出轨道中心外的一段构造长度（见图 4－11），可由吊车规格表（附表 D－1）查得。

c——吊车桥架外缘离上柱内边缘的净宽度（见图 4－11），当吊车起重量 ≤ 50 t 时，$c \geq 80$ mm；当吊车起重量 > 50 t 时，$c \geq 100$ mm。

b——阶形排架柱上柱内边缘至该柱纵向定位轴线之间的距离。

当吊车起重量较大时，吊车外轮廓尺寸或阶形柱的上柱截面尺寸会有所增大，为了满足安全距离 c 的要求，需要将边柱外移一定距离（称为联系尺寸），形成非封闭结合，如图 4－11（c）所示。等高跨或高低跨的多跨厂房中柱，在吊车吨位较大或上柱高度较高时，均可能形成封闭结合和非封闭结合的情况。

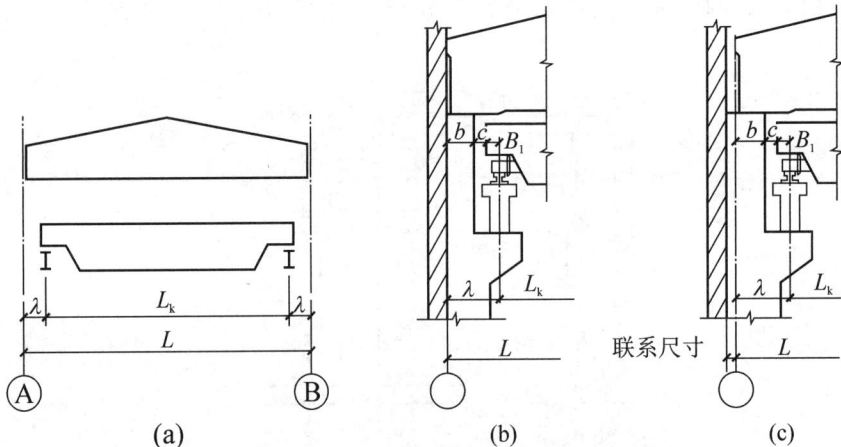

图 4－11　厂房边柱与纵向定位轴线的关系

（a）屋架与定位轴线的关系；（b）边柱处封闭结合；（c）边柱处非封闭结合

2. 变形缝

变形缝包括伸缩缝、沉降缝和防震缝三种。

（1）伸缩缝

如果单层厂房平面尺寸的长度或宽度过大，当气温变化时，厂房结构的地上部分受温度变化影响大，极易形成热胀冷缩，而地下部分受温度变化影响小。地上与地下部分的变形差使结构内部（指柱、墙、纵向吊车梁和连系梁内部）产生温度应力。当温度应力较大时，可使屋面、墙体等开裂，柱的承载力降低，影响厂房的正常使用。为了减少温度变化对厂房的不利影响，需要沿厂房的横向或纵向设置伸缩缝，将厂房结构分成若干个温度区段。温度区段的划分应尽可能简单规整，并应使伸缩缝的数量最少。

温度区段的长度（伸缩缝之间的距离）取决于厂房的结构类型及其所处的环境条件。《混凝土规范》规定，装配式钢筋混凝土排架结构的伸缩缝最大间距，在室内或土中时为100 m，露天时为70 m。对于下列情况，伸缩缝的最大间距宜适当减小：

① 从基础顶面算起柱高低于 8 m。

② 屋面无保温、隔热措施。

③ 经常处于高温作用或位于气候干燥地区、夏季炎热且暴雨频繁的地区。

厂房横向伸缩缝的做法是从基础顶面开始，将相邻两个温度区段的上部结构构件完全分开；伸缩缝处采用双柱、双屋架（屋面梁），将该轴线上的基础做成留有可插入双排柱的双杯口基础，每个柱子和屋架的中心线都自横向定位轴线向两边移600 mm，纵墙和各构件间留出一定宽度的缝隙，如图 4 - 10（b）所示，以使上部结构在温度变化时，沿纵向可自由地变形。设置伸缩缝后的厂房连续长度变短，每段因温度变化而产生的变形减小，结构的内应力随之降低，不致引起厂房开裂。等高厂房设置纵向伸缩缝时，可采用单柱并设两条纵向定位轴线，将伸缩缝一侧的屋架或屋面梁用滚轴式支座与柱相连，如图 4 - 12 所示。

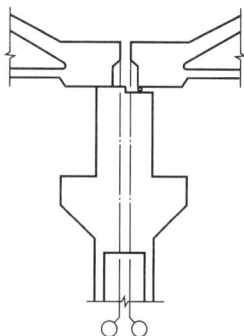

图 4 - 12　纵向伸缩缝构造

（2）沉降缝

沉降缝在一般单层厂房中应用较少，当相邻厂房高度差异悬殊（如10 m以上）、两跨间吊车起重量相差较大、地基承载力或土的压缩性有较大差异、厂房结构（或基础）类型有明显差异处，以及厂房各部分的施工时间先后相差较长时，可考虑设置沉降缝。沉降缝应将缝两侧厂房结构的全部结构构件从屋顶至基础（包括基础）完全分开，避免缝两侧房屋发生不同沉降时产生结构次内力。沉降缝可兼起伸缩缝的作用，而伸缩缝不能兼作沉降缝。

（3）防震缝

防震缝是为了减轻厂房震害而采取的措施之一。地震区的单层厂房的建筑平面、立面复杂，或结构相邻部分的刚度、高度相差较大（如厂房侧边贴建生活间、变电所等辅助用房）时，需采用防震缝将其分开。防震缝从基础顶面开始沿厂房全高设置，两侧应布置墙或柱。为了避免地震时相邻部分互相碰撞，导致厂房破坏，防震缝宽度需符合一定的要求。地震区厂房中设置的伸缩缝或沉降缝均应符合防震缝的宽度要求。

3. 厂房高度及牛腿顶面标高

厂房高度是指屋架（或屋面梁）下弦底面至地面之间的高度，如图 4 - 13 所示，它与排架柱的牛腿顶面标高构成厂房结构设计中两个重要参数，应根据生产工艺和使用要求确定，同时符合建筑模数制的规定。

无吊车的单层厂房，屋架（或屋面梁）下弦底面标高 H 根据生产设备所需的高度和生产操作、设备检修所需的净空确定。

对设有吊车的单层厂房，屋架（或屋面梁）下弦底面标高 H 由生产设备高度和吊车起吊运行所需的高度确定。可按下列公式计算，并取两者中的较大值，即：

$$H = h_1 + h_2 + h_3 + h_4 + h_5 + h_6 + h_7 \qquad (4-3)$$

或
$$H = h_1 + h_2 + h_8 + h_5 + h_6 + h_7 \qquad (4-4)$$

式中：h_1——地面上最高设备的高度；

h_2——超越设备的安全高度（$\geqslant 500$ mm）；

h_3——被起吊物品的高度；

h_4——吊索最小高度；

h_5、h_6——分别为吊车底面、顶面至吊车轨道顶面高度；

h_7——吊车行驶安全高度（100 ~ 500 mm）；

h_8——操作室底面至吊车底部高度。

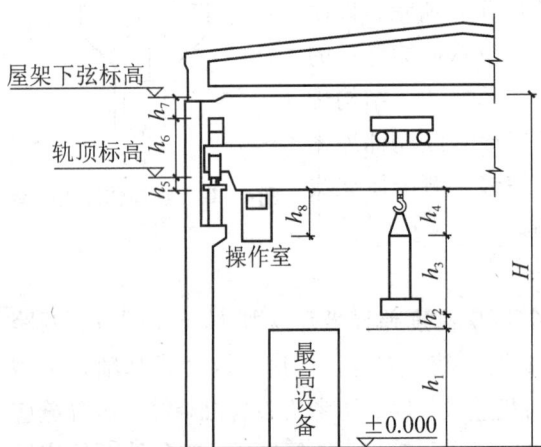

图 4 – 13 厂房的剖面尺寸

确定厂房高度时，考虑建筑模数的要求，屋架（或屋面梁）下弦底面标高决定了排架柱的柱顶标高，应为 300 mm 的倍数；柱的牛腿顶面标高也应为 300 mm 的倍数；当柱顶标高或牛腿标高大于 7.2 m 时，宜用 600 mm 的倍数。在确定厂房各部位高度时，根据工艺专业初步提供的吊车轨顶标高，减去轨道高度、连接部分高度及吊车梁高度后得到牛腿顶面标高的最低限值，并按照上述模数要求向上取值即可得到牛腿的设计标高。再根据确定的牛腿标高向上推算得到柱顶符合模数及行车安全距离的设计高度。另外，在满足生产工艺的前提下，尽可能合理地降低厂房高度，以便减小柱的内力，减少围护结构面积，降低造价，同时还要考虑减少构件种类、简化连接构造、保证施工方便等因素。

4. 支撑布置

装配式钢筋混凝土单层厂房由许多预制构件拼接而成，除了柱子与基础为刚接之外，其他构件如屋架（或屋面梁）与柱的连接、连系梁和吊车梁与柱的连接、屋面檩条与屋架之间的连接均采用螺栓连接或焊接，接近于铰接连接。各平行布置的构件间单纯依靠铰接连接会使厂房的空间刚度较差，稳定性不足。因此，必须在厂房结构的适当部位设置交叉布置的支撑体系，形成刚度大、稳定性好的空间结构体系来抵抗外部作用。

厂房的支撑体系包括屋盖支撑和柱间支撑两大部分，其主要作用是：

① 保证结构构件的几何稳定性与正常工作。

② 增强厂房的整体稳定性和空间刚度。

③ 将某些局部性水平荷载（如风荷载、吊车纵向水平荷载或纵向水平地震作用）传递到主要抗侧力构件上。

④ 在施工安装阶段保证厂房结构的稳定。

（1）屋盖支撑

屋盖支撑包括设置在屋架（或屋面梁）上下弦平面内的横向水平支撑、通常设置在下弦平面内的纵向水平支撑，以及设置在屋架（或屋面梁）间的垂直支撑、纵向水平系杆；当有天窗时，也包括天窗架支撑。

①横向水平支撑。横向水平支撑是由交叉角钢和屋架上弦或下弦组成的水平桁架，布置在温度区段的两端，其作用是加强屋盖结构在纵向水平面内的刚度，并可把抗风柱所承受的纵向水平力传递到两侧柱列上去。设置在屋架上弦平面内的桁架称为上弦横向水平支撑，如图 4 – 14 所示；设置在屋架下弦平面内的桁架称为下弦横向水平支撑，如图 4 – 15 所示。

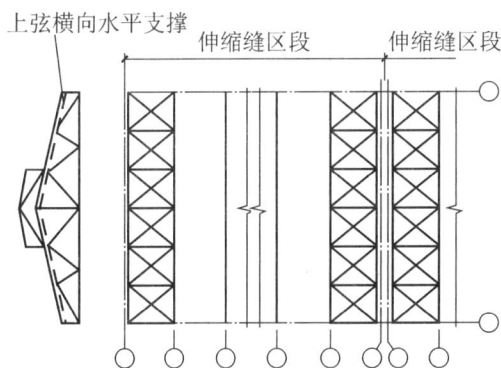

图 4 – 14　上弦横向水平支撑　　　　图 4 – 15　下弦纵、横向水平支撑

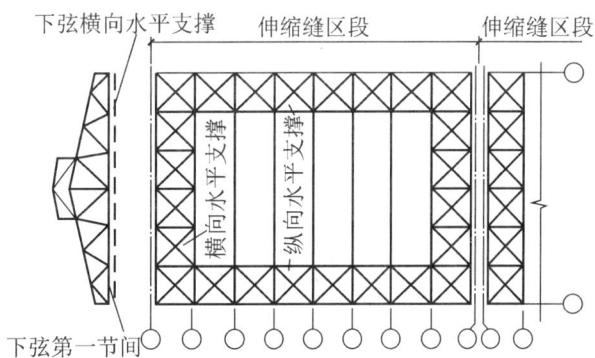

当屋盖结构的纵向水平面内的刚度不足，具有以下情况之一时，应设置上弦横向水平支撑：

a. 跨度较大的无檩体系屋盖，当屋面板与屋架连接点的焊接质量不能保证，且山墙抗风柱与屋架上弦连接时。

b. 厂房设有天窗，当天窗通到厂房端部的第二柱间或通过伸缩缝时，由于天窗区段内没有屋面板，屋盖纵向水平刚度不足，屋架上弦侧向稳定性较差，应在第一或第二柱间的天窗范围内设置上弦横向水平支撑，并在天窗范围内沿纵向设置 1~3 道通长的受压系杆以保证屋架上弦的侧向稳定。

c. 当有较大的振动设备或吊车起重量较大时。

d. 当屋架采用钢结构屋架时，上弦横向水平支撑的间距一般不宜大于 60 m。当一个温度区段上弦横向水平支撑的间距大于 60 m 时，还需要在厂房纵向的中间位置布置一道或几道上弦横向水平支撑。

当具有以下情况之一时，应设置下弦横向水平支撑（一般宜设置在厂房端部及伸缩缝处的第一柱间），且下弦横向水平支撑宜与上弦横向水平支撑设置在同一柱间：

a. 当山墙抗风柱与屋架下弦连接，纵向水平荷载通过下弦传递时；

b. 当厂房内有较大振动设备，如设置有硬钩桥式吊车或 5 t 级以上的锻锤时；

c. 当有纵向运行的悬挂吊车（或电葫芦），且吊点设置在屋架下弦时（这时可在悬挂吊车轨道尽头的柱间设置水平支撑）；

d. 当设置屋盖下弦纵向水平支撑时，为保证厂房空间刚度，须同时设置相应的下弦横向水平支撑。

② 纵向水平支撑。下弦纵向水平支撑能加强屋盖的横向水平刚度，保证横向水平力的纵向分布，一般由交叉角钢和屋架下弦第一节间组成水平桁架，如图 4-15 所示。当屋盖设有托架时，还可以保证托架上缘的侧向稳定，并将托架区域内的横向水平风荷载有效地传给相邻柱。

在具有下列情况之一时，应设置下弦纵向水平支撑：

a. 当厂房内设有硬钩桥式吊车或 5 t 级以上的锻锤时，对等高多跨厂房一般可沿边列柱的屋架下弦端部各布置一道通长的纵向支撑，当吊车吨位大或对厂房刚度有特殊要求时，可沿中间柱列适当增设纵向水平支撑；

b. 当厂房内设有软钩桥式吊车，且厂房高大，吊车吨位较重时，对等高多跨厂房一般可沿边列柱的屋架下弦端部各布置一道通长的纵向支撑，对跨度较小的单跨厂房可沿下弦中部布置一道通长的纵向支撑；

c. 当厂房内设有托架时，下弦纵向水平支撑布置在托架所在的柱间，并向两端各延伸一个柱间。

当厂房已设有下弦横向水平支撑时，则纵向水平支撑应尽可能与横向水平支撑连接，以形成封闭的水平支撑系统。

③ 垂直支撑。垂直支撑一般是由角钢杆件与屋架中的直腹杆或天窗架中的立柱组成垂直桁架。设置在屋架之间的垂直支撑可保证屋架及天窗架在承受荷载后的平面外稳定，传递纵向水平力，防止在吊车工作时屋架下弦的侧向颤动等，因而垂直支撑宜与横向水平支撑配合使用。屋架的垂直支撑可做成十字交叉形或 W 形，天窗架垂直支撑一般做成斜叉形。由于屋架下弦的稳定性比上弦的稳定性差，通常在厂房温度区段的两端第一或第二柱间布置垂直支撑，并相应在屋架下弦标高处布置通长的水平受拉系杆，以保证下弦的侧向稳定。

④ 纵向水平系杆。纵向水平系杆的作用是充当屋架上、下弦的侧向支承点。系杆一般通长设置，一端最终连接于垂直支撑或上、下弦横向水平支撑的节点上。系杆可以分为柔性系杆和刚性系杆，前者只能承受拉力，一般由截面较小的钢杆件做成；后者既能受拉也能受压，可为钢筋混凝土杆件或钢杆件，截面相对大一些。

系杆可按下列规定设置：

a. 当设置屋架跨度中部和屋架端部的垂直支撑时，一般每一垂直支撑铅垂面内设置通长的上、下弦系杆，并按压杆设计；屋架端部高度不大于 900 mm，当不设置端部垂直支撑时，在柱顶支座处应设置通长刚性系杆。

b. 当设置下弦横向水平支撑或纵向水平支撑时，均应设置相应的下弦受压系杆，以形成水平桁架。

c. 设置有天窗的厂房，应在天窗开洞范围内的屋架脊点处及天窗架与屋架连接处，设置纵向通长刚性系杆。

d. 当屋架横向支撑水平设置在端部第二柱间时，第一柱间所有系杆均应该是刚性系杆。

e. 在屋架下弦平面内，一般应在跨中或跨中附近设置一道或两道柔性系杆，此外，还要在两端设置刚性系杆。

f. 对于有檩屋盖，当上弦水平系杆位置有檩条时，可以用檩条替代上弦水平系杆。此时檩条应按压弯构件设计。

⑤ 天窗架支撑。天窗架支撑包括天窗架上弦水平支撑和天窗架间的垂直支撑，一般设置在天窗架两端，其作用是保证天窗上弦的侧向稳定，并将天窗端壁所受水平风荷载传递给屋架。当屋面为有檩体系，或虽为无檩体系，但大型屋面板与屋架的连接达不到整体作用时，应设置天窗架上弦横向水平支撑。另外，在天窗架两端第一柱间应设置垂直支撑。天窗架支撑与屋架上弦支撑应尽可能布置在同一柱间。

屋盖支撑一般采用单角钢或双角钢制作。钢拉杆的容许长细比不得大于 350（重级工作制吊车）或 400；钢压杆的容许长细比不大于 200。

（2）柱间支撑

设置柱间支撑可以提高厂房的纵向刚度和稳定性，有效传递纵向水平荷载和抵御纵向水平作用。有吊车的厂房，柱间支撑分为上柱支撑和下柱支撑，前者位于牛腿顶面标高的上部，承受由屋盖及山墙传来的纵向水平荷载，并保证厂房上部的纵向刚度；后者位于牛腿顶面标高的下部，承受上柱支撑传来的纵向水平荷载，以及吊车梁传来的纵向水平制动力或纵向地震作用，并把它们传至基础。

当单层厂房属下列情况之一时，应设置柱间支撑：

① 设有重级工作制吊车，或中级、轻级工作制吊车起重量≥10 t；

② 设有悬臂式吊车或起重量≥3 t 的悬挂式吊车；

③ 厂房跨度≥18 m，或柱高≥8 m；

④ 纵向柱的总数在 7 根以下；

⑤ 露天吊车栈桥的柱列；

⑥ 抗震设计的厂房。

当柱间内设有承载力和稳定性足够的墙体，且墙体与柱连接紧密能起整体作用，同时吊车起重量较小（≤5 t）时，可不设柱间支撑。

一般上柱支撑设置在温度区段两侧与屋盖横向水平支撑相对应的柱间，以及温度区段中央或临近中央的柱间，下柱支撑设置在温度区段中部与上柱支撑相应的位置，以便在温度变化或纵向构件收缩时，厂房能自由变形而不致产生较高的温度应力。

当厂房的温度区段长度超过 120 m 时，为了避免纵向水平力的传力路程太长和厂房纵向刚度的不足，应在温度区段长度的 1/3 附近各布置一道上柱和下柱柱间支撑，但它们之间的距离不大于 60 m，以减小温度应力。

柱间支撑一般采用交叉钢斜杆，交叉倾角为 35°~55°，钢杆件的截面尺寸应经强度和稳定计算确定。当柱间因交通、设备布置或柱距较大，不能采用交叉斜杆式支撑时，可做成门架式支撑，如图 4-16 所示。

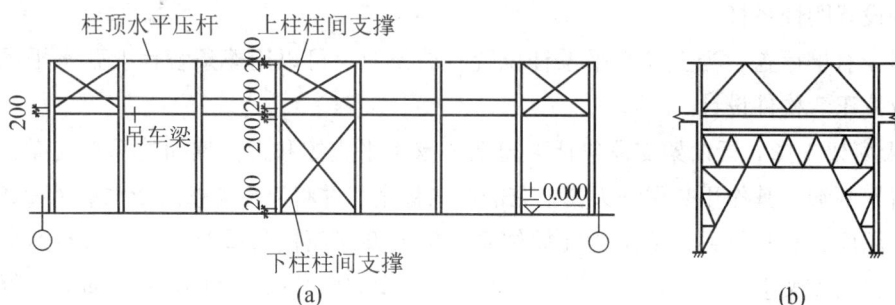

图 4-16 柱间支撑布置

（a）十字交叉形支撑；（b）门架式柱间支撑

5. 抗风柱布置

在厂房端部满跨布置的山墙承受风荷载时，须在山墙内侧设置抗风柱将山墙分为若干个区格，使墙面受到的风荷载，靠近纵向柱列区格的一部分直接传给纵向柱列，另一部分则通过抗风柱与屋架上弦或下弦的连接传给屋盖并最终传递到纵向柱列，还有一部分传递至抗风柱柱下基础。

当厂房的跨度为 9~12 m，抗风柱高度在 8 m 以下时，抗风柱可采用与山墙同时砌筑的砖壁柱；当厂房的跨度和高度较大时，应在山墙内侧设置钢筋混凝土抗风柱，如图 4-17（a）所示，并用钢筋与山墙拉接；当厂房高度很大时，为了减小抗风柱的截面尺寸，可在山墙内侧设置水平抗风梁或钢制抗风桁架，作为抗风柱的中间铰支座。

抗风柱和基础一般为刚接，与屋架上弦或下弦铰接。抗风柱与屋架既要可靠地连接，以保证在水平方向把风荷载有效地传给屋架直至纵向柱列，又要允许两者之间具有一定竖向位移的可能性，避免在竖直方向厂房与抗风柱沉降不均匀时产生不利的影响。在实际工程中，抗风柱与屋架常采用横向有较大刚度，而竖向又容易变形的弹簧钢板连接，如图 4-17（b）所示，或螺栓连接，如图 4-17（c）所示。

钢筋混凝土抗风柱的上柱宜采用不小于 350 mm×350 mm 的矩形截面；下柱可采用矩形截面或工字形截面，其截面宽度 $b \geq 350$ mm，截面高度 $h \geq 600$ mm，且 $h \geq H_e/25$（H_e 为抗风柱基础顶至抗风柱与屋架连接处的高度）。

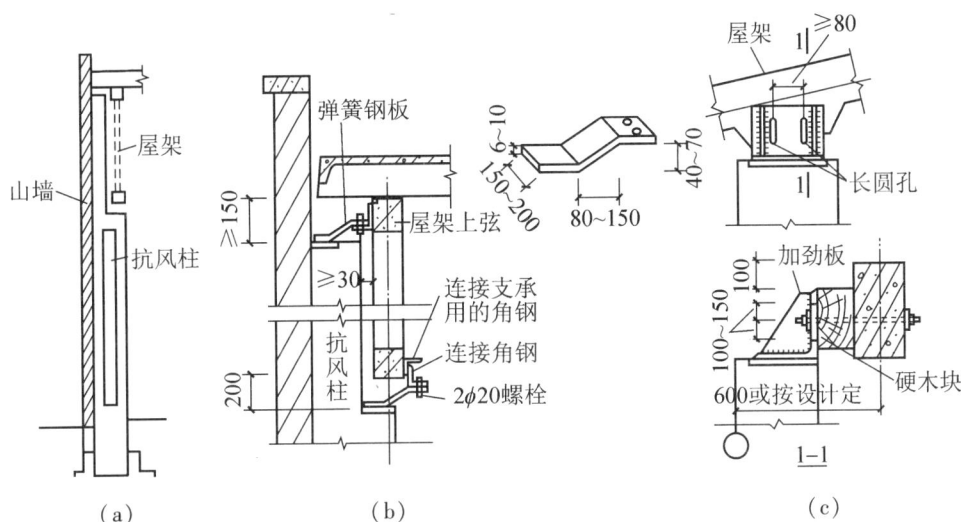

图 4-17　钢筋混凝土抗风柱

（a）抗风柱、屋架与山墙；（b）抗风柱与屋架的弹簧钢板连接；（c）抗风柱与屋架的螺栓连接

6. 圈梁、连系梁、过梁及基础梁

单层厂房采用砌体围护墙时，一般需要设置圈梁、连系梁、过梁和基础梁。

（1）圈梁

圈梁为非承重的现浇式钢筋混凝土构件，其作用是将厂房的墙体和柱等联系并约束在一起，以增强厂房结构的整体刚度，并防止因地基不均匀沉降或较大振动作用等对厂房产生的不利影响。圈梁应尽量在墙体的同一标高处沿整个厂房交圈连续设置，除伸缩缝处不得不断开外，其余部分应沿整个厂房形成封闭状，并和柱中伸出的预埋拉筋连接。

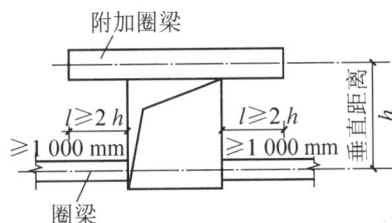

图 4-18　附加圈梁与圈梁的搭接长度

当圈梁被门窗洞口切断时，应在洞口上部设置一道附加圈梁与圈梁搭接，附加圈梁的截面尺寸应不小于被切断的圈梁，搭接长度应不小于圈梁与附加圈梁高差的两倍，并不小于 1 m，如图 4-18 所示。

圈梁的设置与墙体高度、设备有无振动及地基情况等有关。一般情况下，单层厂房可按下列原则设置圈梁：

① 无桥式吊车的砖砌围护墙厂房，当檐口标高为 5~8 m 时，应在檐口标高处设置一道圈梁；当檐口标高大于 8 m 时，应增加设置数量。

② 无吊车的砌块围护墙厂房，当檐口标高为 4~5 m 时，应在檐口标高处设置一道圈梁；当檐口标高大于 5 m 时，应增加设置数量。

③ 设有吊车或较大振动设备的单层厂房，除在檐口或窗顶标高处设置圈梁外，还应适当增加设置数量。

圈梁截面宽度宜与墙厚相同，当墙厚大于240 mm时，其宽度不宜小于2/3墙厚；圈梁截面高度不应小于120 mm；圈梁中的纵向钢筋不应少于4Φ10，绑扎接头的搭接长度按受拉钢筋考虑，箍筋间距不应大于300 mm；圈梁兼作过梁时，过梁部分的钢筋按计算另行增配。

（2）连系梁

连系梁一般为预制钢筋混凝土构件，两端支承在柱牛腿上，与牛腿通过预埋件以螺栓或焊接连接。连系梁的作用是承受其上墙体及窗重，并传给排架柱，同时起联系纵向柱列、增强厂房纵向刚度及传递纵向水平荷载的作用。

当墙高达到一定高度（如15 m以上）、墙体的砌体强度不足以承受本身自重时，或者在设置有高侧悬墙的情况下，需要在适当高度布置连系梁。

（3）过梁

过梁一般为预制钢筋混凝土构件，其作用是承托门窗洞口上部的墙体重量，截面宽度一般与墙厚相同。

（4）基础梁

为保证厂房中围护墙体与排架结构的统一竖向变形，一般采用基础梁来支承围护墙体，通过基础梁将墙体重量传给柱基，而不另做墙体基础。基础梁通常为预制钢筋混凝土简支梁，两端直接支承在基础顶部；如果基础埋深较大，可将基础梁支承在基础顶部的混凝土垫块上，如图4-19所示。施工时，基础梁支承处应坐浆。基础梁的顶面一般位于室内地坪以下50 mm处；基础梁的跨中部分应在梁下预留100 mm的空隙或填充松散材料，以保证基础梁可随基础一起沉降。

当厂房的围护墙体不高，柱基础埋深较小，且地基较好时，可不设置基础梁，采用墙下条形基础。

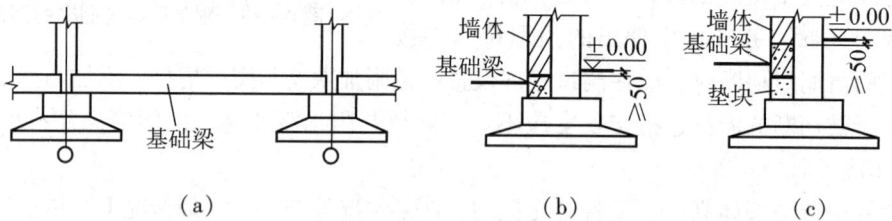

（a）　　　　　　　　　（b）　　　　　　　　（c）

图4-19　基础梁

（a）基础梁立面布置示意；（b）基础埋深较小时基础梁支承在基础顶部；

（c）基础埋深较大时基础梁支承在混凝土垫块上

在进行单层厂房结构的布局时，应尽可能地将圈梁、连系梁和过梁结合起来，使一种梁能起到两种梁，甚至三种梁的作用，以简化构造，节约材料，方便施工。

4.3 构件选型与截面尺寸确定

根据单层厂房结构的主要构件组成，除柱和基础外，其他屋盖结构构件、支撑、吊车梁、连系梁、基础梁等都可以根据工程的具体情况，从工业厂房结构构件标准图集中选用，不必另行设计。柱和基础一般应进行具体设计，须先进行选型并确定其截面尺寸，然后进行设计计算等。

4.3.1 屋盖结构

单层厂房屋盖结构的常用形式主要分为无檩体系和有檩体系两大类。无檩体系屋盖通常采用大型屋面板，大型屋面板与屋架焊接在一起（一般为三点焊接），形成整体性较好的屋盖结构，构件的种类和数量较少，施工速度快，适用于跨度较大、具有保温要求及对刚度要求较高的带吊车大中型单层厂房。有檩体系一般由小型或轻型屋面板（或各种瓦材）、檩条和屋架组成，小型或轻型屋面板（或各种瓦材）固定在檩条上，檩条支承在屋架上，构件尺寸小而轻，便于运输和安装，但其整体性较差，刚度较小，主要用于吊车吨位较小或不设吊车的小型厂房。

1. 屋面板

无檩体系屋盖常采用预应力混凝土大型屋面板作为主要承重构件，适用于屋面坡度不大于 1/5 的保温或不保温卷材防水屋面。目前国内常用的大型屋面板由面板、横肋和纵肋组成，其标志尺寸为 1.5 m（宽）× 6 m（长）× 0.24 m（高），如图 4 - 20（a）所示，在纵肋两端底部预埋钢板与屋架上弦预埋钢板三点焊接，如图 4 - 20（b）所示，形成水平刚度较大的屋盖结构。当房屋高度不大、采用无组织排水时，一般在外纵墙上的檐口处设置檐口板，如图 4 - 21（a）所示；当采用有组织排水时，采用天沟板 [见图 4 - 21（b）] 汇集雨水，并以混凝土嵌板 [见图 4 - 21（c）] 与天沟板及标准大型屋面板形成封闭的屋面排板系统。

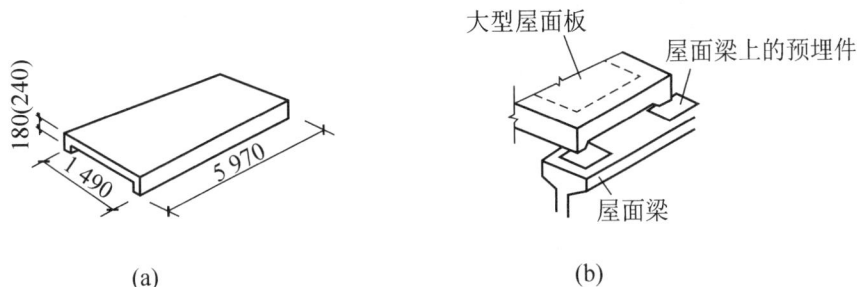

（a）   （b）

图 4 - 20 标准大型屋面板及其与屋架（或屋面梁）的连接

（a）标准大型屋面板；（b）屋面板与屋架（或屋面梁）的连接

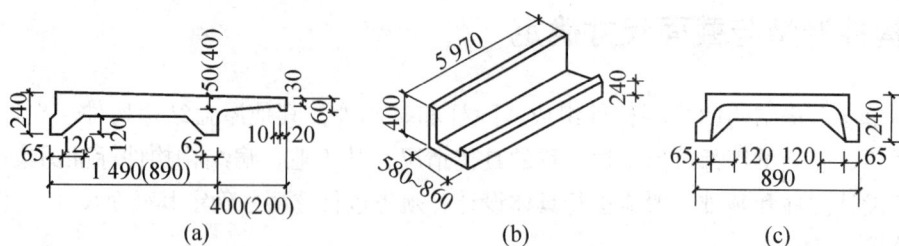

图 4 – 21　檐口板、天沟板及嵌板

（a）檐口板；（b）天沟板；（c）嵌板

用于有檩体系的屋面板种类主要有小型屋面板、钢筋混凝土槽瓦 ［见图 4 – 22（a）］、钢丝网水泥波形瓦 ［见图 4 – 22（b）］ 及钢筋混凝土挂瓦板 ［见图 4 – 22（c）］ 等。有时也采用在薄壁型钢檩条上铺设压型钢板作屋面围护。

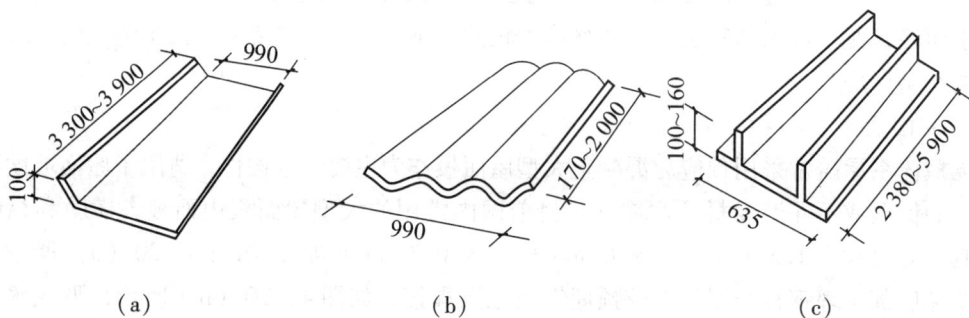

图 4 – 22　有檩体系的常用屋面板

（a）钢筋混凝土槽瓦；（b）钢丝网水泥波形瓦；（c）钢筋混凝土挂瓦板

2. 檩条

在有檩体系屋盖中，檩条搁置在屋架上弦或屋面大梁上，支承小型屋面板并将屋面荷载传给屋架。它与屋架应连接牢固，与支承构件共同组成整体，保证厂房的空间刚度，可靠地传递水平荷载。目前一般采用钢筋混凝土或预应力混凝土Γ形檩条，跨度一般为 4 m 或 6 m。当屋面围护为压型钢板时，则采用普通型钢檩条或薄壁型钢檩条。

3. 屋面梁和屋架

屋面梁和屋架是厂房屋盖的主要承重构件，承受屋面板、檩条、天沟板、天窗架传来的重量，传给排架柱，并在横向排架中传递水平方向的拉力或压力；有时尚需承受悬挂吊车或工艺设备（如管道）等的重量，并与屋盖支撑体系组成水平和竖向结构，保证屋盖水平向及竖向的刚度和稳定性。常用的屋架根据外形及受力特点，可分为两铰（或三铰）拱屋架、桁架式屋架两大类。

（1）屋面梁

屋面梁的外形有单坡和双坡两种，一般为工字形变截面预应力薄腹梁，如图 4 - 23 所示。这种梁的高度小、重心低、侧向刚度好，便于制作和安装，适用于有较大振动和腐蚀介质、悬挂吊车多而复杂的厂房，但其自重大，材料利用不充分，造价高。屋面梁的坡度一般为 1/12 ~ 1/8，适用于跨度不大于 18 m 的中、小型厂房。

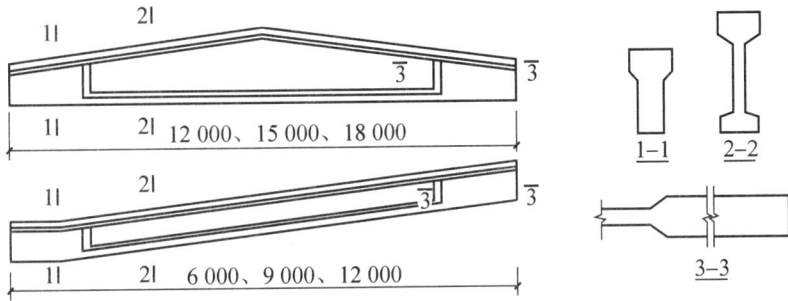

图 4 - 23　钢筋混凝土工字形屋面梁

（2）两铰（或三铰）拱屋架

两铰（或三铰）拱屋架外形一般为三角形，屋面坡度为 1/3 ~ 1/2。两铰拱的支座节点为铰接，顶节点为刚接；三铰拱的支座节点和顶节点均为铰接。两铰拱的上弦为钢筋混凝土构件，三铰拱的上弦可用钢筋混凝土或预应力混凝土构件。两铰（或三铰）拱屋架比屋面梁轻，构造也简单，适用于有檩体系中跨度为 9 ~ 18 m 的中、小型厂房，现在应用较少，一般以钢质的三角形屋架代替。

（3）桁架式屋架

当厂房跨度较大时，采用桁架式屋架较经济，其在单层厂房中应用普遍。其外形以三角形、拱形、梯形和折线形居多，如图 4 - 24 所示。其中，折线形屋架外形较合理，屋面坡度较合适，自重较轻，且制作方便，适用于跨度为 18 ~ 36 m 的大、中型厂房，屋面坡度为 1/15 ~ 1/5；梯形屋架刚度好，上弦杆受力比较均匀，构造简单。预应力混凝土梯形屋架可

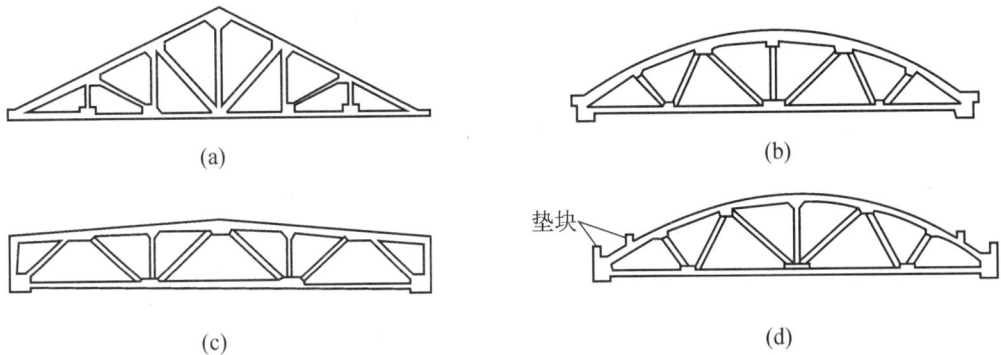

图 4 - 24　钢筋混凝土桁架式屋架

（a）三角形屋架；（b）拱形屋架；（c）梯形屋架；（d）折线形屋架

用于跨度为 18~30 m 的大、中型厂房，特别适用于卷材屋面的重型、高温及采用井式或横向天窗的厂房，屋面坡度为 1/12~1/6。

屋面梁或屋架的选用除考虑受力是否合理外，尚需综合考虑施工条件、材料供应、跨度大小及其他技术经济指标。当跨度更大时，也可采用钢质梯形屋架。

4. 天窗架及托架

天窗架与屋架上弦连接处用钢板焊接，其作用是便于采光和通风，同时承受屋面板传来的竖向荷载和作用在天窗上的水平荷载，并将它们传给屋架。目前常用的钢筋混凝土天窗架形式如图 4 - 25 所示，跨度一般为 6 m 或 9 m 等。

屋面设置天窗后，不仅扩大了屋盖的受风面积，而且削弱了屋盖结构的整体刚度，尤其是在地震作用下，天窗架高出屋面之上，地震反应较大，因此，应尽量避免设置天窗，或根据厂房的特点设置下沉式、井式天窗。

托架是当柱距大于屋架间距时，用以支承屋架的构件。当厂房局部柱距为 12 m，而屋架间距仍为 6 m 时，须在柱顶设置托架，以支承中间屋架。托架一般为 12 m 跨度的预应力混凝土三角形或折线形结构，如图 4 - 26 所示。

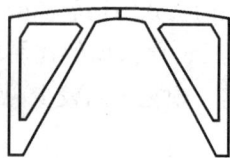

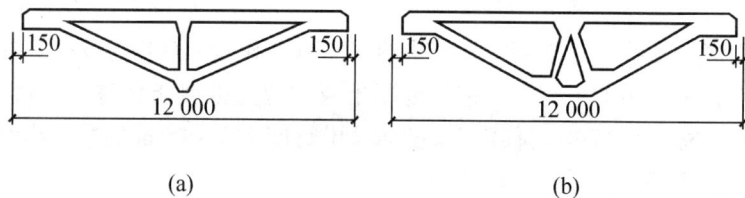

图 4 - 25 天窗架

图 4 - 26 托架

（a）三角形托架；（b）折线形托架

4.3.2 吊车梁

吊车梁支承在柱牛腿上，沿厂房纵向布置，直接承受起重、运行和制动时产生的往复移动荷载，同时还有传递纵向风荷载、纵向水平刹车力、增强厂房纵向刚度等作用。

吊车梁一般根据吊车的起重量、工作级别、跨度和台数及排架柱距等因素选用。目前常用的吊车梁类型有钢筋混凝土等截面实腹吊车梁、钢筋混凝土和钢组合式吊车梁、预应力混凝土等截面吊车梁和预应力混凝土变截面吊车梁，如图 4 - 27 所示。一般来说，跨度为 6 m，起重量为 5~10 t 的吊车梁多数采用钢筋混凝土等截面构件；跨度为 6 m，起重量为 15~30 t 的吊车梁采用钢筋混凝土或预应力混凝土等截面构件；跨度为 6 m，起重量在 30 t 以上的吊车梁及 12 m 跨度的吊车梁一般采用预应力混凝土等截面构件。

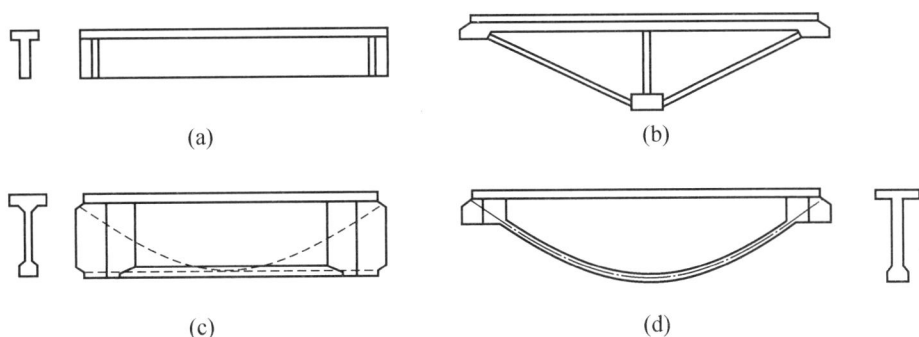

图 4 – 27 吊车梁的类型

(a) 钢筋混凝土等截面实腹吊车梁；(b) 钢筋混凝土和钢组合式吊车梁；

(c) 预应力混凝土等截面吊车梁；(d) 预应力混凝土变截面吊车梁

4.3.3 柱

单层厂房中的柱主要有排架柱和抗风柱两类，在结构设计的方案选定阶段，根据厂房的结构形式、工艺设计提出的轨顶标高、吊车尺寸及建筑统一化模数要求，确定柱的各部分高度和总高，并根据排架刚度要求、屋架及吊车梁等构件在柱上的支承要求，确定柱的各部分截面尺寸。

排架柱按照截面形式可以分为单肢柱（包括矩形截面柱、工字形截面柱）和双肢柱（包括平腹杆、斜腹杆及双肢管柱）两大类，如图 4 – 28 所示。

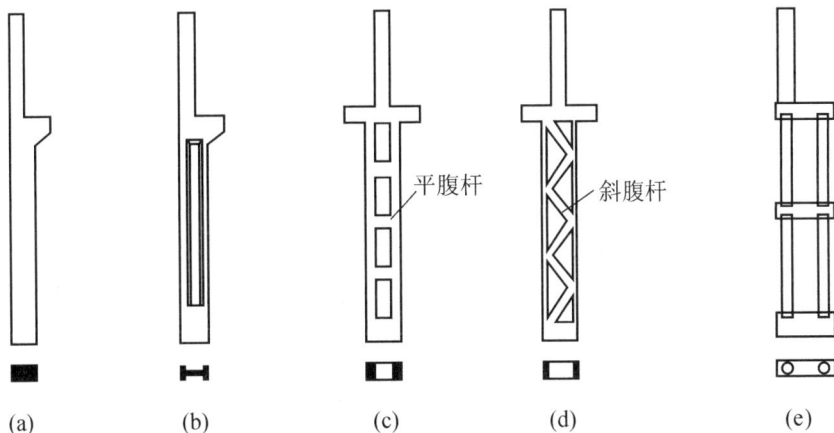

图 4 – 28 单层厂房柱的常用形式

(a) 矩形截面柱；(b) 工字形截面柱；(c) 平腹杆；(d) 斜腹杆；(e) 双肢管柱

1. 矩形截面柱

矩形截面柱的外形和构造简单，施工方便，但混凝土的承载能力未得到充分发挥，自重大，材料用量多，经济性差。它主要适用于轴心受压柱、现浇柱和截面高度小于700 mm的装配式偏心受压柱。当牛腿顶面距离柱顶高度不大时，可采用矩形截面。

2. 工字形截面柱

工字形截面柱去除了部分的腹板混凝土，材料的利用比矩形截面柱合理，而对柱子的承载能力和刚度几乎没有影响，常在截面高度为600～1 400 mm的柱中采用；在设有桥式吊车的厂房中，上柱和牛腿附近的高度内，由于受力较大及构造需要，仍做成实腹矩形截面，下柱中插入基础杯口高度内的部分一般也做成实腹矩形截面。

3. 双肢柱（平腹杆和斜腹杆）

当柱的截面高度大于1 400 mm时，宜采用平腹杆或斜腹杆双肢柱。平腹杆双肢柱由两个肢柱和若干横向连杆组成，构造简单，制作方便，一般情况下受力比较合理，应用较为广泛，其腹部整齐的矩形孔洞便于布置工艺管道，适用于吊车起重量较大的厂房。斜腹杆双肢柱呈桁架形式，杆件内力以轴力为主，弯矩较小，因而能节省材料，其刚度比平腹杆好。但斜腹杆双肢柱节点多，构造复杂，施工比较麻烦，适用于吊车起重量大，且水平荷载较大的厂房。

4. 双肢管柱

双肢管柱的优点是管身采用高速离心机法生产，机械化程度高，混凝土强度高，自重轻，可减少施工现场工作量，节约模板和水泥。其缺点是双肢管柱接头比较复杂，耗钢量较多，并且受生产设备条件的限制。

柱型选择应力求受力合理，施工简单，节省材料，维护方便。要考虑有无吊车及吊车规格、柱高和柱距等因素。同时要因地制宜，考虑施工、运输、吊装及材料供应等具体情况，在同一工程中，柱型、规格不宜过多，以方便厂房结构的工厂化制作和机械化施工。

排架柱的截面尺寸不仅要满足截面承载力要求，还要具有足够的刚度，以保证厂房在正常使用过程中不出现过大的变形。根据已建成厂房的实际经验和实测资料，目前一般可按柱的截面高度 h，参照以下界限进行构件选型：

当 $h \leqslant 500$ mm 时，采用矩形截面柱；

当 $h = 600 \sim 800$ mm 时，采用矩形或工字形截面柱；

当 $h = 900 \sim 1\ 200$ mm 时，采用工字形截面柱；

当 $h = 1\ 300 \sim 1\ 500$ mm 时，采用工字形截面柱或双肢柱；

当 $h \geqslant 1\ 600$ mm 时，采用双肢柱。

对于设有悬臂吊车的柱，宜采用矩形截面柱；易受撞击及设有壁行吊车的柱，宜采用实腹矩形截面柱，或腹板厚度 $\geqslant 120$ mm、翼缘高度 $\geqslant 150$ mm 的工字形截面柱；采用双肢柱时，在安装壁行吊车的局部区段宜做成实腹形；对于双肢管柱及其他柱型可以根据设计经验和工程条件选用。

表 4 - 1 列出了可不进行刚度验算的柱的最小截面尺寸，表 4 - 2 列出了柱的常用截面尺寸，在确定排架柱的截面尺寸时，这些截面尺寸可以作为参考。

表 4 - 1　6 m 柱距、矩形和工字形截面柱的最小截面尺寸

序号	柱的类型	截面尺寸			
		b/mm	h/mm		
			$Q \leq 10$ t	10 t $< Q <$ 30 t	30 t $\leq Q \leq$ 50 t
1	有吊车厂房下柱	$\geq H_l/25$ 并 ≥ 300	$\geq H_l/14$	$\geq H_l/12$	$\geq H_l/10$
2	露天吊车柱	$\geq H_l/25$ 并 ≥ 500	$\geq H_l/10$	$\geq H_l/8$	$\geq H_l/7$
3	单跨无吊车厂房柱	$\geq H/30$ 并 ≥ 300	$\geq H/18$		
4	多跨无吊车厂房柱	$\geq H/30$ 并 ≥ 300	$\geq H/20$		

注：① H 为基础顶面至柱顶的总高度，H_l 为基础顶面至吊车梁底的高度。
　　② Q 为吊车起重量。

表 4 - 2　6 m 柱距、中级工作制（A4、A5）吊车厂房柱的常用截面尺寸

吊车起重量 /t	轨顶标高 /m	边柱/mm		中柱/mm	
		上柱	下柱	上柱	下柱
≤ 5	6~8	矩 400×400	工 400×600×100	矩 400×400	工 400×600×100
10	8	矩 400×400	工 400×700×100	矩 400×600	工 400×800×150
	10	矩 400×400	工 400×800×150	矩 400×600	工 400×800×150
15~20	8	矩 400×400	工 400×800×150	矩 400×600	工 400×800×150
	10	矩 400×400	工 400×900×150	矩 400×600	工 400×1 000×150
	12	矩 500×400	工 500×1 000×200	矩 500×600	工 500×1 200×200
30	8	矩 400×400	工 400×1 000×150	矩 400×600	工 400×1 000×150
	10	矩 400×500	工 400×1 000×150	矩 500×600	工 500×1 200×200
	12	矩 500×500	工 500×1 000×200	矩 500×600	工 500×1 200×200
	14	矩 600×500	工 600×1 200×200	矩 600×600	工 600×1 200×200
50	10	矩 500×500	工 500×1 200×200	矩 500×700	双 500×1 600×300
	12	矩 500×600	工 500×1 400×200	矩 500×700	双 500×1 600×300
	14	矩 600×600	工 600×1 400×200	矩 600×700	双 600×1 800×300

注：①"矩"表示矩形截面 $b \times h$。
　　②"工"表示工字形截面 $b \times h \times h_f$（h_f 为翼缘厚度）。
　　③"双"表示双肢柱截面 $b \times h \times h_z$（h_z 为肢杆厚度）。

4.3.4　基础

单层厂房结构通常采用柱下独立基础，承受排架计算单元中柱和基础梁传来的全部荷载。单层厂房结构一般为预制柱，为了便于柱与基础的连接施工，很少采用与柱整体浇筑的钢筋混凝土基础，而采用预留有插入杯口的钢筋混凝土杯口基础。

钢筋混凝土杯口基础由预制钢筋混凝土柱插入基础杯口，并采用高标号细石混凝土在其四周灌实后制成（亦称二次灌浆），设计计算时认为柱与基础整体连接。杯口基础按其外形分为阶形基础［见图 4 - 29（a）］和锥形基础［见图 4 - 29（b）］，按其埋置深度分为浅埋

的低杯口基础［见图 4 – 29（a）、图 4 – 29（b）］和深埋的高杯口基础［图 4 – 29（c）］。当上部荷载较大或地基表层土软弱而坚硬土层较深时，可采用桩基础与杯口基础相结合的形式。

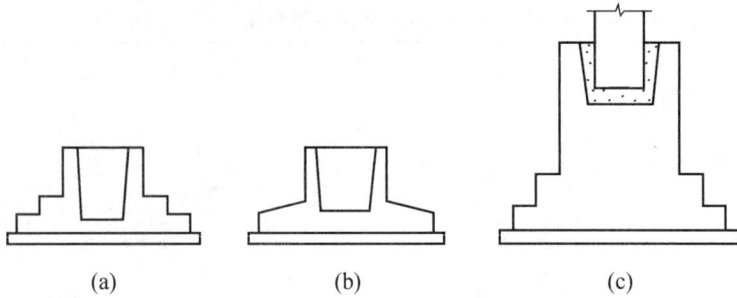

图 4 – 29　预制柱杯口基础形式

（a）阶形基础；（b）锥形基础；（c）高杯口基础

阶形基础与锥形基础相比，混凝土用量较多，但施工时支模比较方便。锥形基础的斜面坡度不宜太陡（≤1:3），否则施工时须设置斜侧模后才能浇灌混凝土；若斜坡较陡而不设置斜侧模，则混凝土不易浇灌密实。低杯口基础只在基础底板内配筋，杯壁部分一般可不配筋，或少量配置一些构造用钢筋。高杯口基础则分为两部分，台阶以下部分的设计计算方法同低杯口基础；台阶以上部分称作短柱，通常按构造要求设置一定数量的纵向受力钢筋和箍筋。

4.4　排架的内力计算

单层厂房结构是由各种构件预制拼装而成的一个空间结构，其整体刚度要比其他整体现浇式混凝土结构低许多。为了计算和分析的方便，可以将这一个空间结构体系简化为平面受力体系，即简化为 4.2 节已经提及的横向平面排架和纵向平面排架。

一般的单层厂房，其长度往往要大于其宽度，虽然单根排架柱在纵向上刚度较小，但纵向柱列的柱子数量较多，间距小且有吊车梁、连系梁等多道联系，纵向平面排架刚度很大，纵向水平荷载由各根柱子共同承担，每根柱子分担的内力很小。因此，纵向平面排架一般不做内力分析，只在构造上采取一些必要措施，如设置柱间支撑等。如果厂房纵向柱列的柱子数量较少及需要考虑地震作用或温度应力时，则须进行纵向平面排架的内力分析。

单层厂房的各类荷载主要通过横向平面排架传至地基，横向平面排架柱子数量少，但跨度较大，使得厂房结构安全与否主要取决于横向排架的承载能力和刚度水平。因此，在进行厂房排架柱和基础的设计时，必须进行横向排架结构的内力分析。

对单层厂房排架结构进行内力分析的目的：获得排架柱在各种荷载作用下控制截面的最不利内力，为柱子的截面设计和配筋提供依据；同时，柱底截面的最不利内力，也为基础的设计提供依据。排架内力计算的内容主要包括：确定计算简图、荷载计算、内力分析和内力组合，必要时还应验算排架结构的水平位移是否满足附录 F 规定的水平位移限值要求。

4.4.1　计算简图

1. 计算单元

单层厂房的横向平面排架沿厂房纵向一般为等间距排列，柱距一般为 6 m，如图 4 - 30（a）所示；作用于厂房横向的荷载除吊车荷载外，其他荷载（如结构自重、雪荷载、风荷载等）沿纵向均匀分布。因此，厂房中部各横向排架所承担的荷载和受力情况基本相同，在计算时，可将两相邻柱距间的一个典型区段作为排架的计算单元，如图 4 - 30（a）所示的阴影部分，作用于计算单元范围内的荷载完全由该单元的横向排架承担。由于吊车的大车沿厂房纵向移动，所以通过吊车梁传给排架柱的吊车荷载不能按计算单元考虑，作用于横向平面排架（以下简称排架）上的吊车荷载，应根据与该排架相连的两边吊车梁传给柱子的荷载来计算。

2. 基本假定

根据单层厂房各主要构件的连接构造，做如下基本假定：

① 排架柱下端固接于基础顶面。由于预制的排架柱插入基础杯口有一定的深度，并采用较高等级的细石混凝土灌缝，使预制柱与基础形成整体，而基础发生的转动可能性一般很小，故可假定排架柱的下端固接于基础顶面。

② 排架柱上端与横梁（屋架或屋面梁）铰接。预制的横梁在柱顶通过预埋钢板焊接连接或用螺栓连接与排架柱连在一起。这种连接方式可有效传递水平力和竖向力，但抵抗转动的能力很小，不能可靠地传递弯矩，因此，假定排架柱上端与横梁为铰接较为合理。

③ 排架横梁为无轴向变形的刚性连杆。根据这一假定，排架受力后，横梁两端柱的水平位移相等。此假定适用于轴向变形很小的钢筋混凝土或预应力混凝土屋架，对于下弦刚度较小的组合式屋架或两铰（或三铰）拱屋架，应考虑横梁轴向变形对排架柱内力的影响。

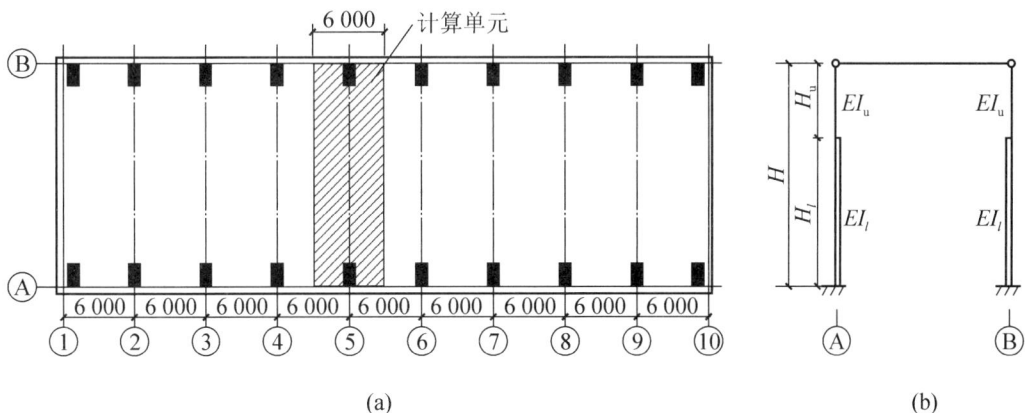

图 4 - 30　横向排架的计算单元和计算简图

（a）计算单元；（b）计算简图

3. 计算简图

根据以上三个基本假定，可得横向平面排架的计算简图，如图 4 - 30（b）所示。铰接排架计算的主要目的是计算出柱在各种荷载作用下的内力，此时横梁只起到传递水平力的作用，因此，在绘制计算简图时，横梁可用一根连杆来代替。

在计算简图中，排架柱的轴线分别取上、下柱的截面中心线，排架的跨度以厂房的轴线为准；上柱高 H_u 为牛腿顶面至柱顶的高度；下柱高 H_l 为基础顶面至牛腿顶面的高度；柱总高 H 为 H_u 与 H_l 之和；上、下柱的截面抗弯刚度 EI_u、EI_l 可按所选用的混凝土强度等级和预先设定的截面形状与尺寸确定。

4.4.2 荷载计算

作用于厂房排架上的荷载有永久荷载和可变荷载两类（当未考虑地震作用时）。永久荷载一般包括屋盖自重 G_1、上柱自重 G_2、下柱自重 G_3、吊车梁与轨道连接件等自重 G_4，有时还有支承在柱半高处连系梁传来的围护结构自重 G_5。可变荷载一般包括屋面活荷载 Q_1、吊车荷载、风荷载等，如图 4 - 31 所示。

1. 永久荷载

（1）屋盖自重 G_1

屋盖自重包括计算单元范围内的屋面建筑做法、屋面板、天窗架、屋架（或屋面梁）、托架、屋盖支撑，以及与屋架连接的设备管道等重量。屋盖自重以集中力 G_1 的形式作用于上柱柱顶。当采用屋架时，G_1 的作用线通过屋架上、下弦中心线的交点，一般作用点位于厂房纵向定位轴线以内 150 mm，如图 4 - 32（a）所示。当采用屋面梁时，G_1 的作用线通过梁端支承垫板的中心线。G_1 对上柱截面中心线一般有偏心距 e_1，对下柱截面中心线又增加一个偏心距为 e_2（e_2 为上、下柱截面中心线的间距）。故 G_1 对上柱柱顶截面有力矩 $M_1 = G_1 e_1$，对下柱变截面处有一个附加力矩 $M'_1 = G_1 e_2$，如图 4 - 32（b）所示。

（2）上柱自重 G_2

上柱自重 G_2 按其截面尺寸和高度计算。G_2 作用于上柱截面中心，对下柱截面中心线有力矩 $M'_2 = G_2 e_2$。如图 4 - 33（a）、图 4 - 33（b）所示。

（3）下柱自重 G_3

下柱自重 G_3 按其截面尺寸和高度计算（包括牛腿自重）。G_3 作用位置与下柱截面中心线重合，如图 4 - 33（a）、图 4 - 33（b）所示。

（4）吊车梁与轨道连接件等自重 G_4

吊车梁与轨道连接件等自重 G_4 沿吊车梁的中线作用于牛腿顶面，对下柱截面中心线有偏心距 e_4，在牛腿顶面处有力矩 $M'_3 = G_4 e_4$，如图 4 - 33（a）、图 4 - 33（c）所示。G_4 可根据选用的构配件，在相应的标准图集中查得，轨道连接可按 1 ~ 2 kN/m 考虑。

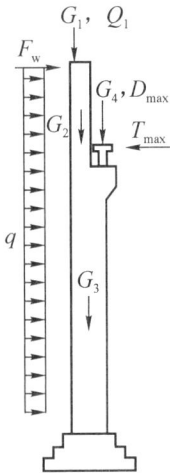

图 4－31　排架柱上的荷载

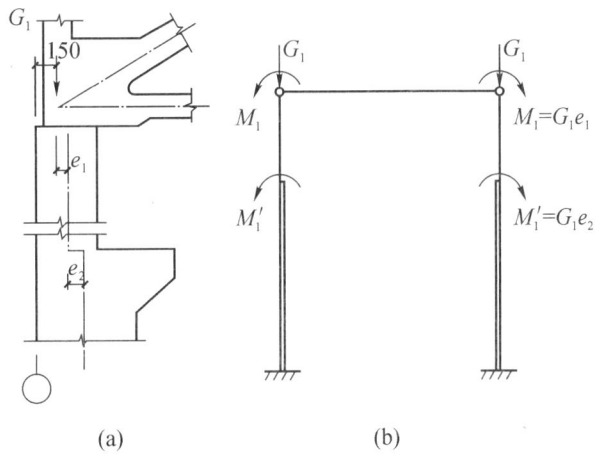

图 4－32　屋盖自重 G_1 作用位置及计算简图

（a）作用位置；（b）G_1 作用计算简图

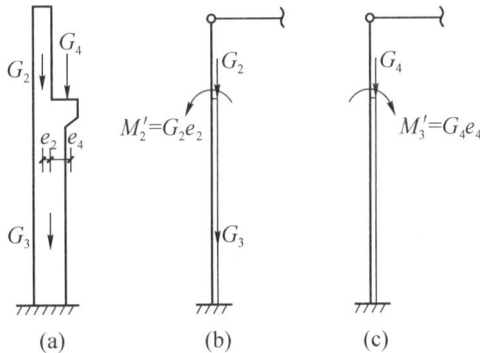

图 4－33　G_2、G_3 和 G_4 作用位置及计算简图

（a）G_2、G_3 和 G_4 作用位置；（b）G_2、G_3 对下柱中心线的作用示意图；

（c）G_4 对下柱中心线的作用示意图

（5）围护结构自重 G_5

当厂房高度较大时，围护结构的高度也很大，为保证围护结构的稳定性，需要在柱高范围内设置牛腿，并在牛腿上布置连系梁以分担上部一定范围内围护结构的荷载。此类牛腿的布置一般在下柱高度范围内，G_5 与下柱几何中心线的距离为 e_5。

2. 屋面活荷载 Q_1

屋面活荷载包括屋面均布活荷载、屋面积灰荷载及雪荷载三种。Q_1 的计算范围、作用形式及位置与屋盖自重 G_1 相同。

（1）屋面均布活荷载

屋面水平投影面上的均布活荷载根据《荷载规范》中的相应规定采用。不上人屋面的均布活荷载标准值取 0.5 kN/m²；当施工或维修荷载较大时，屋面均布活荷载应按实际情况采用。

（2）屋面积灰荷载

当厂房在生产过程中有大量的排灰或邻近排灰源时，应考虑屋面积灰荷载。屋面积灰荷载按《荷载规范》中的规定取值。

（3）雪荷载

屋面水平投影面上的雪荷载标准值 S_k 按下式计算：

$$S_k = \mu_r S_0 \tag{4-5}$$

式中：μ_r——屋面积雪分布系数，按《荷载规范》中的规定取值；

S_0——基本雪压，kN/m²，由《荷载规范》中的"全国基本雪压分布图"查得。

《荷载规范》规定，屋面均布活荷载不应与雪荷载同时考虑，仅取两者中的较大值。屋面积灰荷载应与雪荷载或不上人屋面均布可变荷载两者中的较大值同时考虑。

3. 吊车荷载

单层厂房中的吊车，按主要承重结构的形式分为单梁式吊车和桥式吊车；按吊钩的种类分为软钩吊车和硬钩吊车。在实际工程中应根据使用要求确定，目前多采用桥式吊车。吊车的起重量标有如 15 t/3 t 时，表明吊车的主钩额定起重量为 15 t，副钩额定起重量为 3 t，主、副钩的起重量不会同时出现。在厂房设计时，按主钩额定起重量考虑。

吊车按其工作的繁重程度划分为 A1～A8 共 8 个工作级别：A1～A3 对应于轻级工作制，如用于检修设备的吊车；A4、A5 对应于中级工作制；A6、A7 对应于重级工作制，如轧钢厂房中的吊车；A8 对应于超重级工作制。

桥式吊车由大车和小车组成，大车在吊车梁的轨道上沿着厂房纵向运行，每侧有两个（或两组）车轮；小车在大车的轨道上沿着厂房横向行驶，小车上设有滑轮和吊索用来起吊物品，如图 4-34 所示。

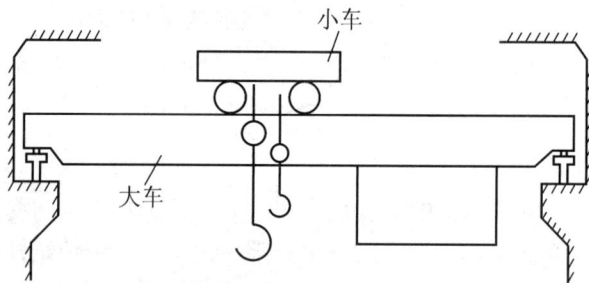

图 4-34 桥式吊车

桥式吊车作用在排架上的吊车荷载有吊车竖向荷载 D_{max} 与 D_{min}、吊车横向水平荷载 T_{max} 及吊车纵向水平荷载 T_0。

（1）吊车竖向荷载 D_{max} 与 D_{min}

吊车竖向荷载是指吊车满载运行时，经吊车梁传给排架柱的竖向移动荷载。当小车吊有额定最大起重量为 Q 的物品，行驶至大车一端的极限位置时，则该端大车的每个轮压达到

最大轮压标准值 $P_{\max}$，而大车另一端的各个轮压即为最小轮压标准值 $P_{\min}$，如图 4 - 35 所示。$P_{\max}$ 和 $P_{\min}$ 可根据所选用的吊车型号、规格在吊车产品样本中查得。

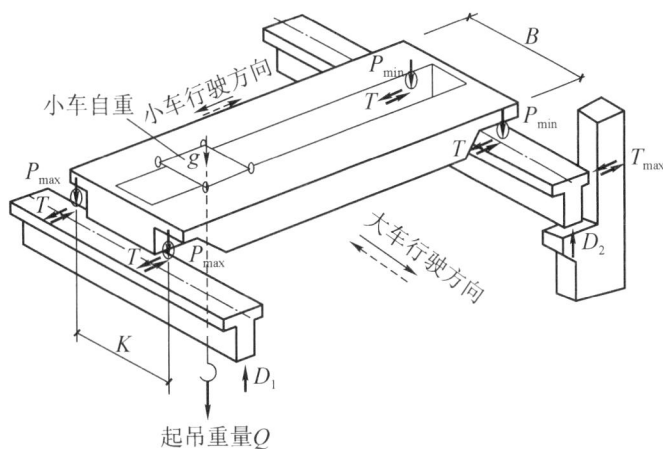

图 4 - 35　吊车荷载

对四轮吊车，$P_{\min}$ 可按下式计算：

$$P_{\min} = \frac{G_{\mathrm{k}} + g_{\mathrm{k}} + Q_{\mathrm{k}} + Q_{吊具}}{2} - P_{\max} \tag{4 - 6}$$

式中：G_{k} ——吊车大车的自重标准值；

　　　g_{k} ——吊车小车的自重标准值；

　　　Q_{k} ——吊车的额定最大起重量 Q 相对应的重力标准值；

　　　$Q_{吊具}$ ——吊具的重量。

当有两台满载吊车在吊车梁上做纵向行驶时，根据结构力学中影响线的概念，当其中一台（吨位不同时，取较大吨位的吊车）有一个轮子正好位于排架柱上、另一台吊车与它紧靠在一起时，吊车梁传给柱子的压力最大，如图 4 - 36 所示。由 $P_{\max}$ 与 $P_{\min}$ 同时在两侧排架柱上产生的吊车最大竖向荷载标准值 $D_{\max}$ 和最小竖向荷载标准值 $D_{\min}$，可根据吊车的最不利布置和吊车梁的支座反力影响线计算确定。如果单跨厂房中设有相同的两台吊车，则 $D_{\max}$ 和 $D_{\min}$ 可按下式计算：

$$\begin{aligned} D_{\max} &= P_{\max} \sum y_i \\ D_{\min} &= P_{\min} \sum y_i = \frac{P_{\min}}{P_{\max}} D_{\max} \end{aligned} \tag{4 - 7}$$

式中：$\sum y_i$ ——当吊车最不利布置时，各轮对应的支座反力影响线竖向坐标值之和，可根据吊车的宽度 B 和轮距 K 确定。

当厂房内设有多台吊车时，《荷载规范》规定：多台吊车的竖向荷载，对一层吊车的单跨厂房的每个排架，参与组合的吊车台数不宜多于两台；对一层吊车的多跨厂房的每个排架，不宜多于 4 台（每跨不多于两台）。

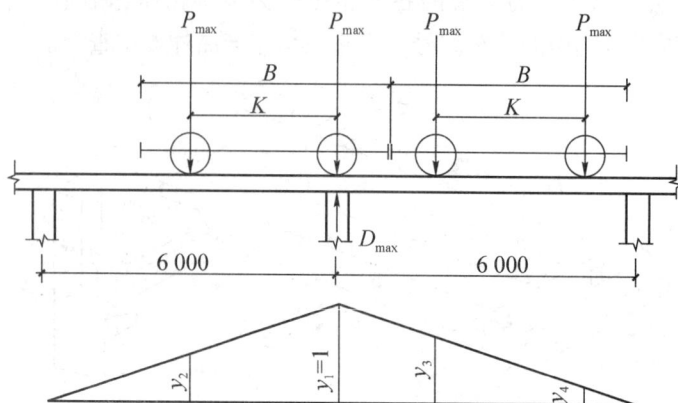

图 4 - 36 吊车的最不利布置和吊车梁的支座反力影响线

吊车竖向荷载 D_{max}、D_{min} 沿吊车梁的中心线作用在牛腿顶面，对下柱截面中心线的偏心距为 e_4，如图 4 - 37（a）所示，相应的力矩 M_{max}、M_{min} 为：

$$M_{max} = D_{max}e_4, \quad M_{min} = D_{min}e_4 \qquad (4-8)$$

排架结构在吊车竖向荷载作用下的计算简图如图 4 - 37（b）所示。

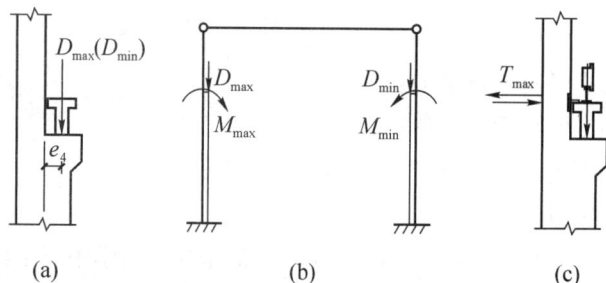

图 4 - 37 吊车竖向荷载作用位置及计算简图

（a）吊车竖向荷载作用位置；（b）吊车竖向荷载作用下的计算简图；（c）吊车横向水平荷载 T_{max} 作用位置

（2）吊车横向水平荷载 T_{max}

大车上吊有重物的小车在启动或制动时会产生横向水平惯性力，形成吊车横向水平荷载。它通过小车制动轮与桥架轨道之间的摩擦力传给大车，再经过大车轮及其下轨道传给两侧的吊车梁，然后由吊车梁上缘与柱间的连接钢板传至排架柱，如图 4 - 37（c）所示。吊车横向水平荷载对排架柱的作用位置是在吊车梁的顶面，且同时作用于吊车两侧的排架柱上，方向相同。

吊车的横向水平荷载标准值按《荷载规范》规定，可取小车重量 g 与额定最大起重量 Q 之和的百分数，并允许近似地平均分配给大车的各轮。对常用的四轮吊车，每个大车轮引起的横向水平荷载标准值为：

$$T = \frac{\alpha(g + Q)}{4} \qquad\qquad (4-9)$$

式中：α——横向制动力系数，对软钩吊车，当 $Q \leqslant 10$ t 时 $\alpha = 12\%$，当 $Q = 16 \sim 50$ t 时 $\alpha = 10\%$，当 $Q \geqslant 75$ t 时 $\alpha = 8\%$；对硬钩吊车，$\alpha = 20\%$。

吊车对排架柱产生的最大横向水平荷载标准值 T_{max}，可利用计算吊车竖向荷载 D_{max} 的方法求得，如图 4-38 所示。即：

$$T_{max} = T\sum y_i = T\frac{D_{max}}{P_{max}} \qquad\qquad (4-10)$$

当计算吊车横向水平荷载引起的排架结构内力时，《荷载规范》规定：对单跨或多跨厂房的每个排架，参与组合的吊车台数不应多于两台。

考虑小车往返运行，在两个方向都有可能启动或制动，故排架结构受到的吊车横向水平荷载方向也随着改变，其计算简图如图 4-39 所示。

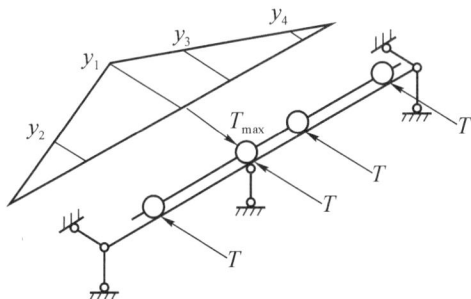

图 4-38　吊车最大横向水平荷载的计算

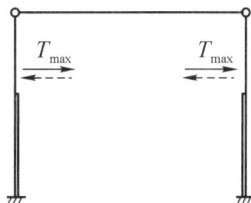

图 4-39　吊车横向水平荷载作用下的计算简图

（3）吊车纵向水平荷载 T_0

吊车纵向水平荷载是指当吊车沿厂房纵向运行时，由大车制动引起的纵向惯性力。它通过大车的制动轮与轨道间的摩擦，经吊车梁传到纵向柱列或柱间支撑。

吊车纵向荷载主要与大车制动轮的轮压、轮与轨道间的滑动摩擦系数有关，其作用点位于刹车轮与轨道的接触点，方向与轨道方向一致。《荷载规范》规定：吊车纵向水平荷载标准值 T_0 应按作用在一边轨道上所有刹车轮的最大轮压 P_{max} 之和的 10% 确定。对每侧各有一个制动轮的四轮吊车，可按下式计算：

$$T_0 = 0.1P_{max} \qquad\qquad (4-11)$$

计算多台吊车的纵向水平荷载时，对单跨或多跨厂房的每个排架，参与组合的吊车台数不应多于两台。厂房无柱间支撑时，T_0 由同一温度区段内的各柱共同承担，且按各柱沿厂房纵向的抗侧刚度大小进行分配；当厂房设有柱间支撑时，则 T_0 由柱间支撑承担。

在排架计算中，考虑到多台吊车同时满载，且小车又同时处于最不利位置的概率很小。故对多台吊车的竖向荷载标准值和水平荷载标准值，应乘以折减系数 β。β 按照表 4-3 取值。

表4-3　多台吊车的荷载折减系数 β

参与组合的吊车台数	吊车工作级别	
	A1～A5	A6～A8
2	0.90	0.95
3	0.85	0.90
4	0.80	0.85

4. 风荷载

单层厂房横向排架承担的风荷载按计算单元确定。为了简化计算，将沿厂房高度变化的风荷载分为如下两部分作用于横向排架结构：

①柱顶以下的风荷载标准值沿高度可以考虑为均匀分布，其值分别为 q_1、q_2，如图4-40（a）所示；此时的风压高度变化系数 μ_z 按柱顶标高确定。

②柱顶以上的风荷载标准值取其水平分力之和，并以水平集中风荷载 F_w 的形式作用于排架柱顶，如图4-40（b）所示。此时的风压高度变化系数 μ_z，对有天窗的可按天窗檐口标高确定，对无天窗的可按屋盖的平均标高或檐口标高确定。当两侧围护结构带女儿墙时，还应根据《荷载规范》的要求考虑女儿墙所承担的风荷载。

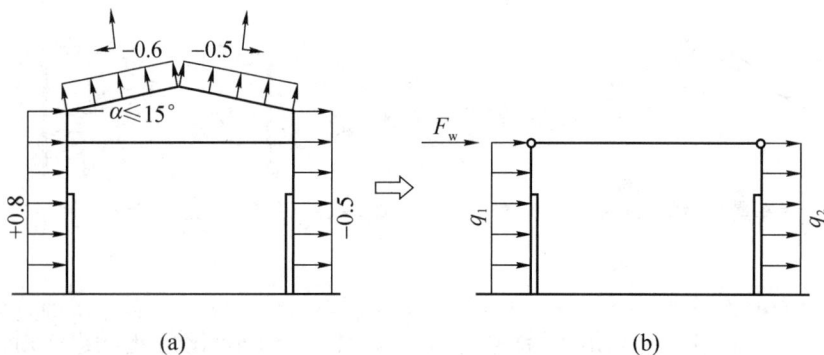

图4-40　排架风荷载体型系数和风荷载
（a）风荷载体型系数；（b）风荷载计算简图

风是变向的，因此，在分析排架内力时，既要考虑风从横向排架一侧吹来的受力情况，也要考虑风从横向排架另一侧吹来的受力情况。

4.4.3　内力分析

单层厂房排架结构的内力分析有不考虑厂房整体空间作用和考虑厂房整体空间作用两种方法，本节主要讨论不考虑厂房整体空间作用时的排架结构内力分析。

单层厂房排架结构一般为超静定结构，其超静定次数与其跨数相同。超静定结构的计算方法很多，一般多数使用力法。对于等高排架，使用剪力分配法计算比较简单。

在排架计算简图中，如果各柱柱顶标高相同，如图4-41（a）、图4-41（b）所示，或虽然柱顶标高不同，但柱顶通过倾斜横梁贯通相连，如图 4 - 41（c）所示，这两种排架称为等高排架。根据排架横梁刚度为无穷大的假定，排架受力后，横梁两端柱的水平位移相等。根据等高排架的这一特点，采用剪力分配法求出各柱的柱顶剪力，然后各柱就可以按照独立的悬臂柱在已知剪力和外荷载的情况下，计算任意截面的内力。

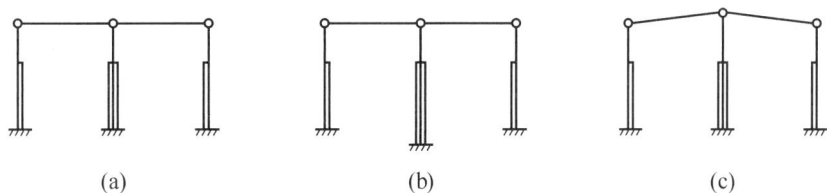

图 4 - 41　等高排架

（a）柱底与柱顶标高相同；（b）柱底标高不同；（c）柱顶采用斜梁连接

使用剪力分配法计算等高排架。

由结构力学可知，当单阶悬臂柱柱顶作用有单位水平荷载时，如图 4 - 42 所示，柱顶水平位移：

$$\delta = \frac{H^3}{3EI_l}\Big[1 + \lambda^3 \Big(\frac{1}{n} - 1 \Big) \Big] = \frac{H^3}{C_0 EI_l} \tag{4 - 12}$$

式中，$\lambda = \dfrac{H_u}{H}$，$n = \dfrac{I_u}{I_l}$；C_0 可通过查表 4 - 4 得到。

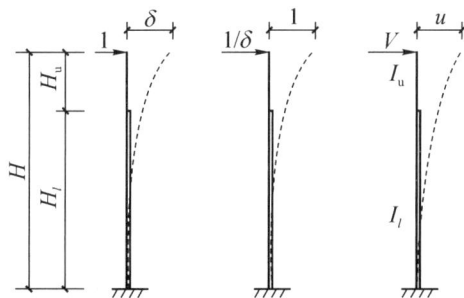

图 4 - 42　单阶悬臂柱的抗剪刚度

要使柱顶发生单位水平位移，需要在柱顶施加 $\dfrac{1}{\delta}$ 的水平力，如图 4 - 42 所示，当材料相同时，柱子截面尺寸越大，所需的水平力越大。$\dfrac{1}{\delta}$ 反映了柱抵抗侧移的能力，通常称之为柱的抗剪刚度（抗侧刚度）。使柱顶产生水平位移 u 所需的水平力（即柱顶剪力）$V = u\dfrac{1}{\delta}$（见图 4 - 42）。

（1）柱顶作用水平集中荷载 F

根据图 4 - 43，假设排架有 n 根柱，任一柱 i 的抗剪刚度为 $\dfrac{1}{\delta_i}$，其分担的柱顶剪力 V_i 可由力的平衡条件和变形条件求得：

$$V_i = \frac{1}{\delta_i}u, \quad \sum_{i=1}^{n} V_i = \sum_{i=1}^{n} \frac{1}{\delta_i}u = F, \quad u = \frac{1}{\sum_{i=1}^{n} \frac{1}{\delta_i}}F$$

$$V_i = \frac{\frac{1}{\delta_i}}{\sum_{i=1}^{n} \frac{1}{\delta_i}}F = \eta_i F \qquad (4-13)$$

式中，$\eta_i = \dfrac{\frac{1}{\delta_i}}{\sum_{i=1}^{n} \frac{1}{\delta_i}}$ 称为柱 i 的剪力分配系数，等于其自身抗剪刚度与所有柱抗剪刚度之和的比值。

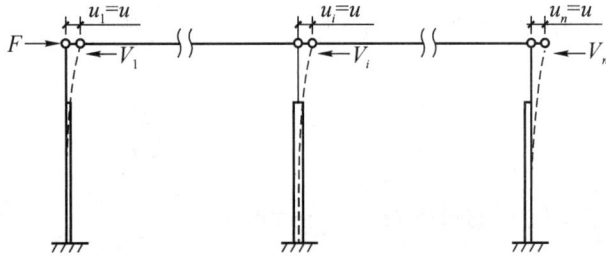

图 4-43 柱顶作用水平集中荷载时的剪力分配

求出剪力分配系数 η_i 之后，根据式（4-13）即可求出各柱的柱顶剪力 V_i。然后，按照独立悬臂柱，在已知柱顶剪力的条件下，可以求得各柱的内力。这种排架内力的计算方法，就称为剪力分配法。

（2）排架柱上作用任意荷载

由图 4-44 可以看出，排架柱上作用任意荷载与柱顶作用水平集中荷载的情况并非完全一致，无法直接进行剪力分配。为了利用上述的剪力分配系数，可以按照以下三个步骤计算：

① 在排架柱顶附加一个不动铰支座以阻止水平侧移，计算此不动铰支座的水平反力 R。

② 撤销附加的不动铰支座，在排架柱顶加上反向作用的力 R，以恢复原来的情况。

③ 叠加上述两个步骤中求出的排架柱内力，即为排架的实际内力。

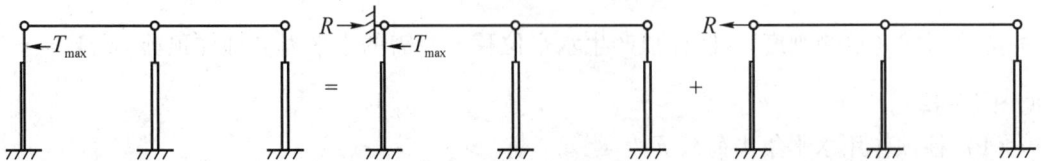

图 4-44 任意荷载作用下的剪力分配

表 4-4 中列出了单阶变截面柱在各种荷载作用下柱顶设置不动铰支座时的反力系数，计算时可查表取用。表中的 $\lambda = \dfrac{H_u}{H}$，$n = \dfrac{I_u}{I_l}$。

表 4-4　单阶变截面柱在各种荷载作用下的柱顶位移系数 C_0 和反力系数 $C_1 \sim C_6$

序号	简图	R	C	序号	简图	R	C
0			$\delta = \dfrac{H^3}{C_0 E I_l}$ $C_0 = \dfrac{3}{1 + \lambda^3(1/n - 1)}$	1		$C_1 \dfrac{M}{H}$	$C_1 = \dfrac{3}{2} \cdot \dfrac{1 - \lambda^2\left(1 - \dfrac{1 - a^2}{n}\right)}{1 + \lambda^3\left(\dfrac{1}{n} - 1\right)}$
2		$C_2 \dfrac{M}{H}$	$C_2 = \dfrac{3}{2} \cdot \dfrac{2b(1 - \lambda) - b^2(1 - \lambda)^2}{1 + \lambda^3\left(\dfrac{1}{n} - 1\right)}$				
3		$C_3 T$	$C_3 = \dfrac{2 - 3a\lambda + \lambda^3\left[\dfrac{(2 + a)(1 - a)^2}{n} - (2 - 3a)\right]}{2\left[1 + \lambda^3\left(\dfrac{1}{n} - 1\right)\right]}$				
4		$C_4 T$	$C_4 = \dfrac{b^2(1 - \lambda)^2\left[3 - b(1 - \lambda)\right]}{2\left[1 + \lambda^3\left(\dfrac{1}{n} - 1\right)\right]}$				
5		$C_5 qH$	$C_5 = \dfrac{\dfrac{a^4}{n}\lambda^4 - \left(\dfrac{1}{n} - 1\right)(6a - 8)a\lambda^4 - a\lambda(6a\lambda - 8)}{8\left[1 + \lambda^3\left(\dfrac{1}{n} - 1\right)\right]}$				
6		$C_6 qH$	$C_6 = \dfrac{3 - b^3(1 - \lambda)^3\left[4 - b(1 - \lambda)\right] + 3\lambda^4\left(\dfrac{1}{n} - 1\right)}{8\left[1 + \lambda^3\left(\dfrac{1}{n} - 1\right)\right]}$				

（3）常见荷载作用下排架的内力计算

单层厂房结构中的常见荷载有吊车荷载（包括竖向荷载和水平荷载）和风荷载，这些荷载作用下的排架内力可以按照上述的剪力分配法计算。

① 吊车竖向荷载作用的排架内力计算。

吊车竖向荷载 D_{max} 和 D_{min} 同时分别作用于两侧柱的排架柱的内力，根据力的叠加原理，可由图 4-45 的两个工况叠加而得。

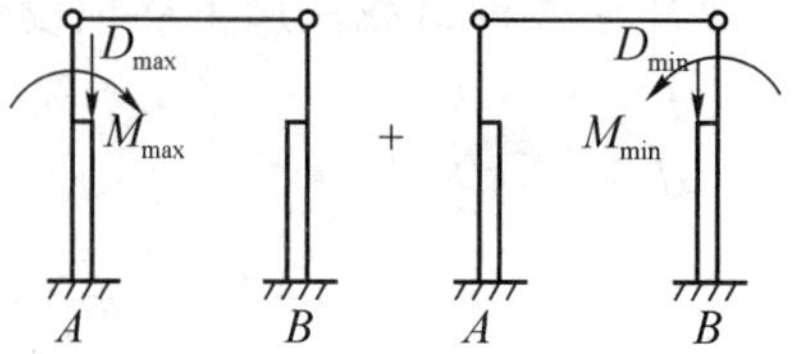

图 4 –45　D_{max} 和 D_{min} 作用下的计算简图

吊车竖向荷载 D_{max} 作用在 A 柱时（见图 4 –45），可以分解为作用于 A 柱下柱轴线上的轴向力 D_{max} 及作用于下柱截面中心的弯矩 M_{max}，后者可按图 4 –46 中的步骤计算排架柱的截面弯矩和剪力：

a. 在排架柱顶附加一个不动铰支座，按柱顶为不动铰支排架，计算牛腿顶面作用 M_{max} 时的柱顶反力 R_{Dmax} 和柱的内力。此时的 R_{Dmax} 为：

$$R_{Dmax} = C_1 \frac{M_{max}}{H} \tag{4 – 14}$$

按表 4 –4 计算 C_1 时，a 取 1.0。

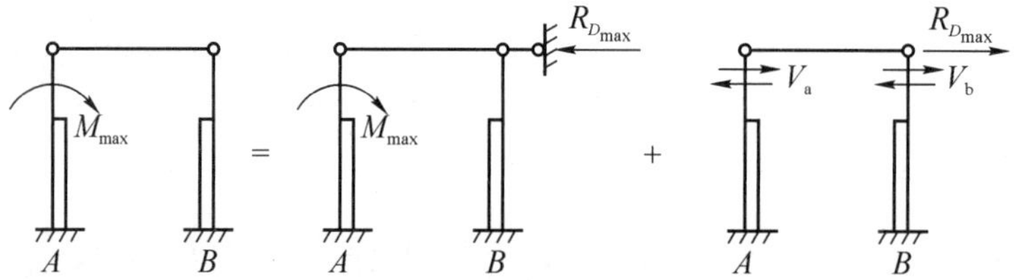

图 4 –46　M_{max} 作用在 A 柱时排架的内力计算

b. 为消除附加不动铰支座的影响，将柱顶反力 R_{Dmax} 反向作用于有侧移的铰接排架柱顶，按剪力分配法求得此时的柱顶剪力 V_i，即可按悬臂柱计算柱的内力。柱顶剪力 V_i 可由式（4 –13）得到，其中的柔度系数由式（4 –12）获得。

将上述两步所得柱的内力叠加，即为排架柱的内力。

同理，可求得吊车竖向荷载 D_{min} 作用在 B 柱时排架柱的内力。当吊车竖向荷载 D_{min} 作用于 A 柱、D_{max} 作用于 B 柱时，可得到与上述方法对称的计算结果。

② 吊车水平荷载作用的排架内力计算。

在吊车水平荷载 T_{max} 作用下，排架柱的内力也可利用柱顶附加不动铰支座和剪力分配法进行计算。如图 4 –47（a）所示为两跨等高排架承受 T_{max} 作用的计算简图，其排架柱的内力可由图 4 –47（b）和图 4 –47（c）所示的内力叠加得到，并与由图 4 –47（d）和图 4 –47（e）所示的内力叠加等效。

对于图 4 –47（b）所示的情况，可分别按上端为不动铰支座，下端为固定支座的变截面单根柱计算其柱顶反力 R_{Ti} 和柱的内力，各柱的柱顶反力 R_{Ti} 为：

$$R_{Ti} = C_3 T_{max} \tag{4 – 15}$$

式中，C_3 为吊车水平荷载 T_{max} 作用下的各柱顶反力系数，可由表 4 –4 查得。此时，排架柱

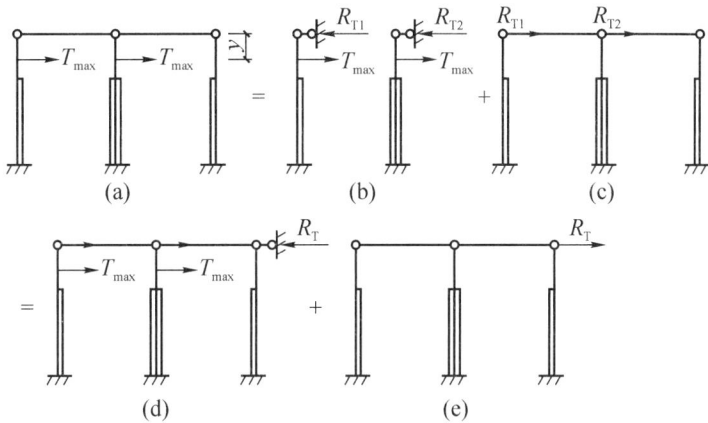

图 4 - 47　两跨等高排架 T_{max} 作用下的内力计算

顶总的反力 $R_T = \Sigma R_{Ti}$。

图 4 - 47（e）所示的情况，按照剪力分配法计算在 R_T 作用下各柱的柱顶剪力 V_i，并求得各柱内力。

当为单跨对称排架时，在 T_{max} 作用下的各柱内力，可按图 4 - 48 所示的悬臂柱直接计算。

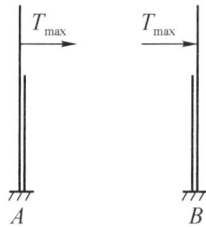

图 4 - 48　单跨对称排架在 T_{max} 作用下的内力计算

同理，当 T_{max} 的作用方向向左时，排架柱的内力也可以用上述方法计算。

③ 风荷载作用的排架内力计算。

在风荷载 F_w、q_1、q_2 作用下（见图 4 - 40）等高排架柱的内力可用图 4 - 49（a）、图 4 - 49（b）和图 4 - 49（c）所示的三种受力情况叠加得到。

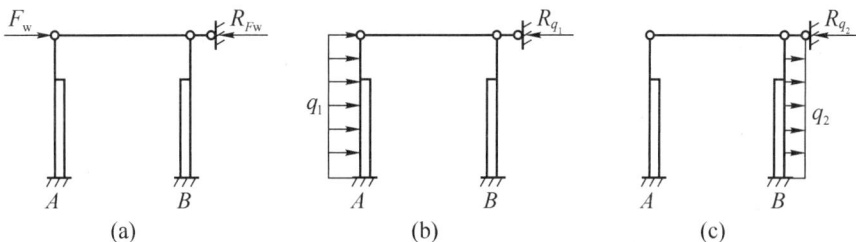

图 4 - 49　风荷载作用下单跨排架的内力计算

a. F_w 作用下的计算：由图 4 - 49（a）可知，此时的柱顶反力 $R_{Fw} = F_w$，且柱中不产生内力。

b. q_1 作用下的计算：在图 4-49（b）所示的情况下，因 B 柱上无荷载作用，其柱中内力为零，且不引起柱顶反力，故仅需对 A 柱按上端为不动铰支座，下端为固定支座的单根柱来计算柱顶反力 R_{q_1} 和柱中内力。此时的柱顶反力 R_{q_1} 为：

$$R_{q_1} = C_6 H q_1 \qquad (4-16)$$

式中，C_6 为均布风荷载作用下的柱顶反力系数，可由表 4-4 查得。

c. q_2 作用下的计算：对图 4-49（c）所示的情况，可采用与 q_1 作用时相同的方法分析计算。此时的柱顶反力 R_{q_2} 为：

$$R_{q_2} = C_6 H q_2 \qquad (4-17)$$

将 F_w、q_1 和 q_2 单独作用下的柱顶反力进行叠加，即可得到柱顶总的反力 R_w。将 R_w 反向作用于排架柱顶，由剪力分配法求得其排架柱的内力。再与图 4-49 中对应排架柱的内力叠加，即为原单跨排架在风荷载作用下的柱中内力。

当风荷载由右向左作用时，A 柱的内力与向右作用时 B 柱的内力符号相反、数值相等，不须另行计算。对不等高多跨排架，可用结构力学中所学的力法进行内力计算。

4.4.4　考虑空间作用时厂房排架的内力分析

厂房作为一个空间结构，当其纵向受到均匀分布的恒荷载、屋面活荷载及风荷载作用时，近似认为每榀横向排架所承担的荷载基本相同，通常不考虑厂房的整体空间作用，而近似地简化为平面排架计算。但当其横向的某一榀排架直接受到荷载作用时，整个厂房的其他排架都将或多或少地受到影响并产生内力。例如，当厂房有吊车荷载作用时，由于其仅发生在局部柱间，若仍按平面排架进行计算，则和结构工作的实际情况有较大差异。因此，在吊车荷载作用下，应该考虑厂房的整体空间作用。

1. 厂房排架整体空间作用的概念

如图 4-50 所示为单层厂房在柱顶水平荷载作用下，由于结构或荷载情况不同所产生的四种柱顶水平位移。

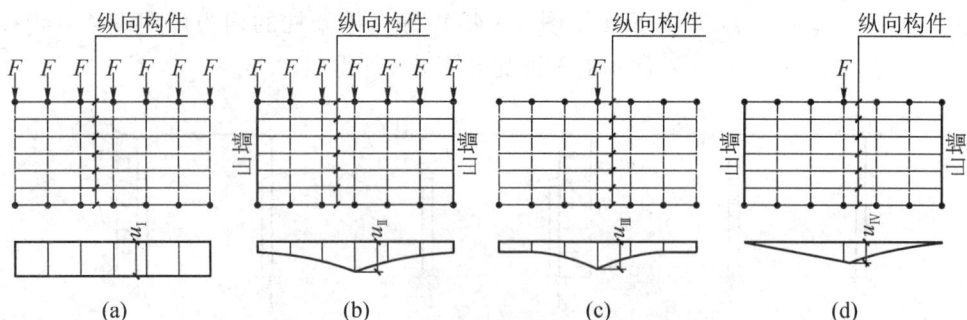

图 4-50　单层厂房的整体空间作用示意图

情况（a）：厂房两端部无山墙，各排架水平位移相同，互不牵制，属于平面排架，水平位移 u_1 对于每个排架均相同。

情况（b）：厂房两端部有山墙，且其平面刚度很大，山墙处水平位移很小，对其他排架有不同程度的约束作用，即 $u_{II} < u_I$，柱顶水平位移呈曲线形状。

情况（c）：厂房两端部无山墙，若其中某榀排架直接承受荷载 F 时，则其他未直接承受荷载的排架因受其牵动，亦将产生位移。

情况（d）：条件与情况（c）相同，但厂房两端有山墙，故各排架的位移都比情况（c）为小，即 $u_{IV} < u_{III}$。

从以上分析可以看出，在后三种情况中，各榀排架或山墙的变形都不是单独的，而是互相制约成一个整体。这种排架与排架、排架与山墙之间相互关联的整体作用，称为厂房的整体空间作用。一般来说，厂房在局部荷载作用下的整体空间作用要比均匀荷载作用下更为明显，一般只考虑吊车荷载作用下厂房排架整体空间的工作性能，当进行其他类型荷载作用下的排架内力分析时不考虑厂房排架整体空间作用。

2. 吊车荷载作用下厂房排架整体空间作用的计算

（1）单榀排架受荷时的厂房排架整体空间作用分配系数 m_k

当厂房某榀排架的柱顶作用集中荷载 F_k 时，如图 4-51 所示，因为屋盖及纵向联系构件等将相邻各排架联成一个空间整体，所以荷载 F_k 不仅由直接受荷排架承受，还通过屋盖沿纵向传给相邻的其他排架，由整个厂房共同承担。考虑厂房的空间作用后，受荷排架的位移 u_k' 和未考虑厂房排架整体空间作用的平面排架位移 u_k 相比，如图 4-52 所示，$u_k' < u_k$。不考虑空间作用时的平面排架柱要提供与外荷载 F_k 相平衡的全部反力，而考虑空间作用的平面排架只提供其中的一部分反力 F_k'，其余部分（$F_k - F_k'$）通过纵向联系构件的传递作用由其他排架和山墙提供。因此，当考虑空间作用后，直接受荷排架柱受到的剪力由 F_k 减小到 F_k'。F_k' 与 F_k 的比值，即为单个荷载作用下的厂房排架整体空间作用分配系数 m_k，即：

$$m_k = \frac{F_k'}{F_k} < 1 \qquad\qquad (4-18)$$

从上式可以看出，空间作用分配系数 m_k 的物理意义是：当 $F_k = 1\ kN$ 时，直接受荷排架所分担的实际荷载；m_k 越小，由其他榀分担的荷载越多，单个荷载作用下的空间作用越大。

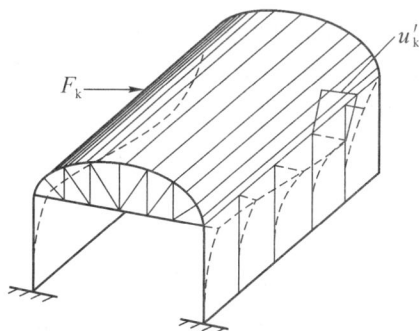

图 4-51　单榀排架受荷时厂房的变形

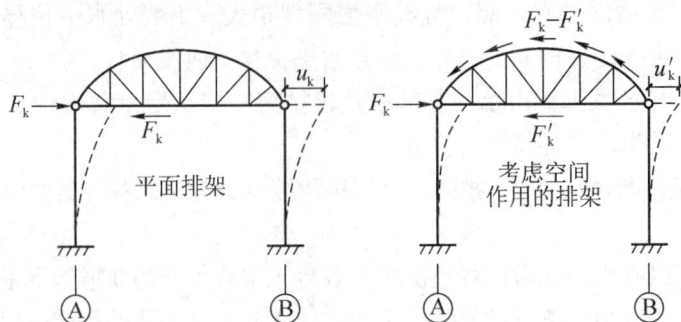

图 4 - 52 厂房的空间作用对位移的影响

目前，大多数工程使用以实测和模型试验为主的方法确定空间作用分配系数 m_k，而以理论分析为辅。但通过实测方法测定上述 F'_k 值非常困难，因此常采用测定位移的方法来确定 m_k 值。考虑到弹性结构排架的柱顶位移与该排架所受的荷载成正比，空间作用分配系数 m_k 可表示为：

$$m_k = \frac{F'_k}{F_k} = \frac{u'_k}{u_k} \tag{4 - 19}$$

实测资料和理论分析的结果表明，影响 m_k 值大小的主要因素有：

① 屋盖刚度。屋盖刚度越大，空间作用越显著，m_k 越小；厂房跨度越大，m_k 越小。屋盖无檩体系与轻型屋盖有檩体系相比，刚度较大，空间作用也较强。

② 山墙。根据实测资料，两端有山墙的厂房与两端无山墙的厂房，其 m_k 值相差几倍至十几倍。

③ 厂房长度。两端有山墙的厂房，厂房长度越长，山墙的作用相对减弱，m_k 值越大；两端无山墙或仅一端有山墙的厂房则相反，厂房长度越长，参与空间作用的排架榀数越多，m_k 值越小。

④ 排架刚度。排架本身的刚度越大，直接受荷排架承担的荷载越大，传递给其他榀排架的荷载就越小，厂房空间作用减小，m_k 值就越大。

实测资料表明，大型屋面板屋盖体系的单层厂房，当两端有山墙时，m_k 为 0.05 左右；当两端无山墙或仅一端有山墙时，$m_k = 0.3 \sim 0.5$。

（2）吊车荷载作用下单跨厂房排架的空间作用分配系数 m

上述空间作用分配系数 m_k，仅考虑了厂房某一榀排架承受集中荷载时的情况。实际上厂房在吊车荷载作用下，吊车梁将吊车荷载同时分配于相邻几榀排架上。如当吊车最大水平荷载 T_{max} 作用在某一榀排架上时，相邻两排架也受到大小不同的水平力。相应地，其他排架所受的力也要传到该榀计算排架上。在确定多个荷载作用下的 m 值时，需要考虑排架的相互作用，m 的设计控制值可通过查表 4 - 5 获得。

在下列情况下，计算排架时不考虑空间作用（取 $m = 1$）：

厂房一端有山墙或两端均无山墙，且厂房长度小于 36 m；当天窗架跨度大于厂房跨度的 1/2，或天窗布置使厂房屋盖沿纵向不连续时；当厂房柱距大于 12 m 时（包括一般柱距

表 4 – 5 单跨厂房空间作用分配系数 *m*

厂房情况		吊车重量/t	厂房长度/m			
			≤60		>60	
有檩屋盖	两端无山墙或一端有山墙	≤30	0.90		0.85	
	两端有山墙	≤30	0.85			
无檩屋盖	两端无山墙或一端有山墙	≤75	跨度/m			
			12 ~ 27	>27	12 ~ 27	>27
			0.90	0.85	0.85	0.80
	两端有山墙	≤75	0.80			

注: ① 厂房山墙应为实心砖墙, 如有开洞, 洞口对山墙水平截面积的削弱不应超过 50%, 否则应视为无山墙情况。
② 厂房设有伸缩缝时, 厂房长度应按一个伸缩缝区段长度计, 伸缩缝处可视为无山墙。

小于 12 m, 但个别柱距不相等, 且最大柱距超过 12 m); 当屋架下弦为柔性拉杆时。

多跨厂房排架等高或不等高布置时的空间作用影响可参考其他相关书籍。

(3) 吊车荷载作用下厂房排架整体空间作用的计算

吊车荷载作用下考虑空间作用时的厂房排架内力计算, 除引入空间作用分配系数 *m* 外, 与剪力分配法相同。

假定作用在计算榀排架及其相邻排架的吊车水平荷载分别为 T_{max}、T_1 和 T_2, 如图 4 – 53 (a) 所示; 在三个排架柱顶附加水平不动铰支座, 其反力分别为 $C_3 T_{max}$、$C_3 T_1$ 和 $C_3 T_2$, 如图 4 – 53 (b) 所示; 撤除所有附加的水平不动铰支座, 将反力 $C_3 T_{max}$、$C_3 T_1$ 和 $C_3 T_2$ 分别反向加到各个排架的柱顶处, 则厂房将在它们的作用下产生整体变形, 如图 4 – 53 (c) 所示, 其中计算榀排架产生的水平变形仅相当于该榀排架作用有 $R = m C_3 T_{max}$ 所产生的变形, 如图 4 – 53 (d) 所示。

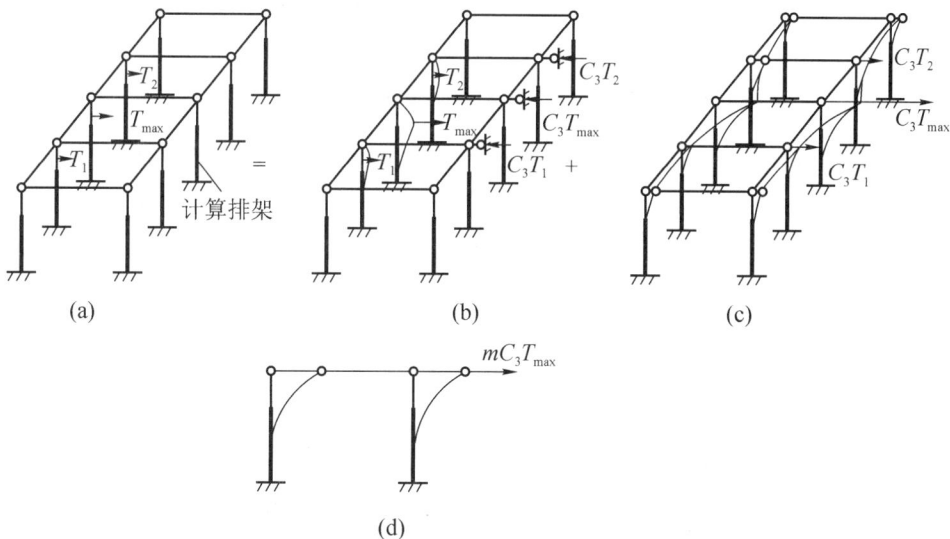

(a)　　　　　　　　　　　(b)　　　　　　　　　　　(c)

(d)

图 4 – 53 吊车荷载作用下厂房排架整体空间作用示意图

考虑整体空间作用时计算榀排架的内力即由上述两个步骤叠加形成。为了方便计算，把计算排架截离出来，如图 4 - 54（a）所示。同理，对于吊车竖向荷载，则如图 4 - 54（b）所示。

$$M = M_{max} - M_{min} \qquad [4-20(a)]$$

$$V_1 = -\left(1 - \frac{1}{2}m\right)C_3 T_{max} \qquad [4-20(b)]$$

$$V_2 = \frac{1}{2}mC_3 T_{max} \qquad [4-20(c)]$$

$$V_3 = -\left(1 - \frac{1}{2}m\right)\frac{C_1}{H}M_{max} + \frac{1}{2}m\frac{C_1}{H}M_{min} \qquad [4-20(d)]$$

$$V_4 = \frac{1}{2}m\frac{C_1}{H}M_{max} + \left(1 - \frac{1}{2}m\right)\frac{C_1}{H}M_{min} \qquad [4-20(e)]$$

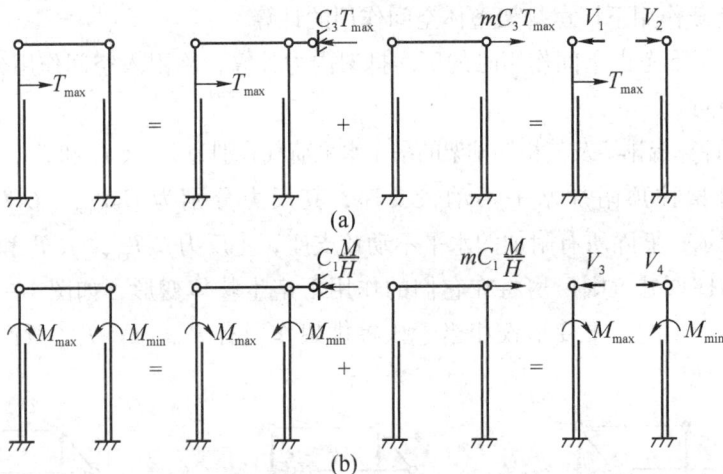

图 4 - 54　考虑厂房排架整体空间作用时单跨排架内力的计算示意图

计算单层厂房排架时，考虑厂房的空间作用后，排架上柱弯矩有所增加，相应的配筋量也增多，但下柱弯矩减少，总的用钢量有一定的减少。一般在屋盖无檩体系中，主筋可节约 5% ~ 20%，而在屋盖有檩体系中，可节约 5% ~ 10%。

4.4.5　内力组合

作用在厂房排架结构上的荷载，除结构自重以外，其他荷载均为可变荷载。在厂房的实际应用过程中，既可能受到几种可变荷载的共同作用，也可能受到某种可变荷载的单独作用。对排架柱的某一截面而言，全部荷载同时作用在排架上产生的内力并不一定是最不利的，而很可能是其中部分荷载同时作用引起该截面的作用为最不利情况。

因此，经过对排架进行内力分析，求得排架柱在永久荷载和各种可变荷载单独作用下的内力后，需要根据厂房排架实际可能同时承受的荷载情况进行内力组合，求出排架柱控制截面的最不利内力，作为柱配筋计算和基础设计的依据。

1. 排架柱的控制截面

排架柱的控制截面是指对柱的各区段配筋起控制作用的截面。对于图 4 - 55 所示的单阶排架柱，上柱的最大轴力和弯矩通常发生在上柱柱底 Ⅰ - Ⅰ 截面处，故上柱柱底为上柱的控制截面，上柱的纵向钢筋按此截面的钢筋用量配置；下柱牛腿顶面 Ⅱ - Ⅱ 在吊车竖向荷载作用下的弯矩最大，而下柱柱底截面（即基础顶面）Ⅲ - Ⅲ 在风荷载和吊车横向水平荷载作用下的弯矩最大，所以截面 Ⅱ - Ⅱ 和 Ⅲ - Ⅲ 均为下柱的控制截面，下柱的纵向钢筋按照这两个截面中钢筋用量较大者配置。同时，截面 Ⅲ - Ⅲ 的最不利内力也是基础设计的依据。

当柱上作用有较大的集中荷载（如墙体重量等）时，往往需要增加集中荷载作用处的截面作为控制截面。当柱子竖向高度较大或很大时，也可对下柱酌情增加一个或几个中间控制截面，以便控制下柱柱中纵向钢筋的变化。

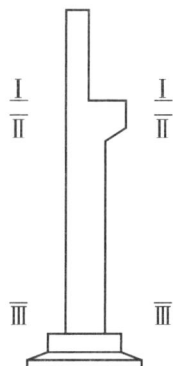

图 4 - 55　单阶排架柱的控制截面

2. 荷载效应组合

排架内力分析一般是分别算出各种荷载单独作用下柱的内力，为求得排架柱控制截面的最不利内力，首先，须找出哪几种荷载同时作用时才是最不利的，即考虑各单项荷载同时出现的可能性；其次，由于几种活荷载同时作用，又同时达到其设计值的可能性较小，为此，须对活荷载进行折减，即考虑活荷载组合值系数。

《荷载规范》规定：荷载基本组合的效应设计值 S_d，应按式（4 - 21）计算确定。

$$S_d = \gamma_0 \left(\gamma_G S_{G_k} + \gamma_{Q_1} \gamma_{L_1} S_{Q1k} + \sum_{i=2}^{n} \gamma_{Q_i} \gamma_{L_i} \psi_{ci} S_{Qik} \right) \qquad (4 - 21)$$

式中：　　γ_0 ——结构构件的重要性系数，与安全等级对应，对安全等级为一级或设计使用年限为 100 年及以上的结构构件不应小于 1.1；对安全等级为二级或设计使用年限为 50 年的结构构件不应小于 1.0；对安全等级为三级或设计使用年限为 5 年及以下的结构构件不应小于 0.9；在抗震设计中，不考虑结构构件的重要性系数。

γ_G、γ_{Q_1}、γ_{Q_i} ——永久荷载、第一种可变荷载、第 i 个可变荷载的分项系数。当永久荷载效应对结构不利时，γ_G 取 1.3，当永久荷载效应对结构有利时，取 $\gamma_G = 1.0$；可变荷载的分项系数 γ_{Q_1}、γ_{Q_i} 一般取 1.5，当可变荷载效应对结构构件的承载力有利时，取为 0（注：这里的 G 表示永久荷载，Q 表示可变荷载）。

S_{G_k}、S_{Q1k}、S_{Qik} ——分别为由永久荷载、第一种可变荷载、其他可变荷载的标准值所产生的效应，如荷载引起的弯矩、剪力、轴力和变形等。

γ_{L_i} ——第 i 个可变荷载考虑设计使用年限的调整系数，其中 γ_{L_1} 为主导可变荷载 Q_1 考虑设计使用年限的调整系数。当结构设计使用年限为 5 年时，$\gamma_L = 0.9$；

当为 50 年时，$\gamma_L = 1.0$；当为 100 年时，$\gamma_L = 1.1$。

　　ψ_{ci}——可变荷载的组合值系数，其值不应大于 1.0。

　　i——可变荷载的个数。

在对排架柱进行裂缝宽度验算时，需进行荷载准永久组合，其效应设计值 S_d 为：

$$S_d = S_{G_k} + \sum_{i=1}^{n} \psi_{qi} S_{Q_{ik}} \tag{4-22}$$

式中：ψ_{qi}——可变荷载准永久值系数。

《荷载规范》规定：厂房排架设计时，在荷载准永久组合中可不考虑吊车荷载；又由于屋面活荷载（不上人屋面）和风荷载的准永久值系数均为 0，所以按式（4-22）组合时，其效应设计值较小，一般不起控制作用。

当验算排架结构基础的地基承载力时，应采用荷载效应的标准组合，其效应设计值 S_d 为：

$$S_d = S_{G_k} + S_{Q_{1k}} + \sum_{i=2}^{n} \psi_{ci} S_{Q_{ik}} \tag{4-23}$$

3. 最不利内力组合

单层厂房的排架柱是偏心受压构件，一般采用对称配筋。柱的配筋计算受剪力 V 的影响较小，主要取决于弯矩 M 和轴力 N。由于弯矩和轴力组合种类较多，需要对组合结果进行比较后选用。对于矩形、工字形截面柱的每一个控制截面，一般应考虑以下四项不利内力组合：

① $+M_{max}$ 与相应的 N 和 V。

② $-M_{max}$ 与相应的 N 和 V。

③ N_{max} 与相应的 M 和 V。

④ N_{min} 与相应的 M 和 V。

在上述四项不利内力组合中，第①、②、④项组合的构件可能为大偏心受压情况；第③项组合的构件可能发生小偏心受压情况。按此四项进行组合，基本能够控制柱的配筋量，避免柱子产生任何一种形式的破坏，满足工程设计要求。

4. 内力组合时需要注意的问题

当对单层厂房排架柱的控制截面进行最不利内力组合时，应注意如下几点：

① 永久荷载参与每一种组合。

② 吊车竖向荷载 D_{max} 作用于柱和 D_{min} 作用于柱，只能选择其中一种参与组合；即内力组合时 D_{max} 和 D_{min} 不可能同时出现在同一根柱上。

③ 对吊车水平荷载 T_{max} 作用方向向右与向左，只能选择其中一种参与组合。

④ 有吊车竖向荷载 D_{max}（或 D_{min}）应同时考虑吊车水平荷载 T_{max} 作用的可能，要注意 D_{max}（或 D_{min}）与 T_{max} 的关系。

吊车横向水平荷载 T_{max} 不可能脱离其竖向荷载而单独存在，因此，一方面当取用 T_{max} 产生的内力时，就应该把同跨内 D_{max} （或 D_{min} ）产生的内力组合进去，即"有 T 必有 D"；另一方面，吊车竖向荷载可以脱离吊车横向水平荷载而单独存在，即"有 D 不一定有 T"，但因为 T_{max} 有既可向左又可向右的特性，如果取用了 D_{max} （或 D_{min} ）产生的内力，总是要同时取用 T_{max} （多跨时也只取一项）才能得到最不利内力，故在吊车荷载参与的内力组合时，要遵守"有 T_{max} 必有 D_{max} （或 D_{min} ），有 D_{max} （或 D_{min} ）也要有 T_{max}"的原则。

⑤ 风荷载作用方向向右与向左，只能选其中一种参与组合。

⑥ 组合 N_{max} 或 N_{min} 项时，对于轴向力为零，而弯矩不为零的荷载（如风荷载）也应考虑参与组合。

⑦ 柱底水平剪力对基础底面将产生弯矩，其影响不容忽视，因此，在组合截面Ⅲ-Ⅲ的内力时，要把相应的水平剪力值求出。

5. 内力组合值的评判

如图 4-56 所示给出了对称配筋矩形截面偏心受压构件的截面承载力 $N_u - M_u$ 的两条相关曲线，它们的截面尺寸和材料都相同，但每一侧纵向受力钢筋的数量不同，$A_{s2} > A_{s1}$ 。

由图 4-56 中的 a 点、b 点、c 点与 d 点可知：N_u 相同，M_u 大的配筋多；由 b 点、e 点、c 点与 f 点可知：M_u 相同，小偏心受压时 N_u 大的配筋多，大偏心受压时 N_u 大的配筋少。可以说，无论是大偏心受压，还是小偏心受压，弯矩对配筋总是不利的；轴向力在大偏心受压时对配筋有利，而在小偏心受压时对配筋不利。因此，可以按照以下规则来评判内力的组合值：

① 当 N 相差不多时，M 大的不利。

② 当 M 相差不多时，若判断为大偏压状态，则 N 越小越不利；若判断为小偏压状态，则 N 越大越不利。

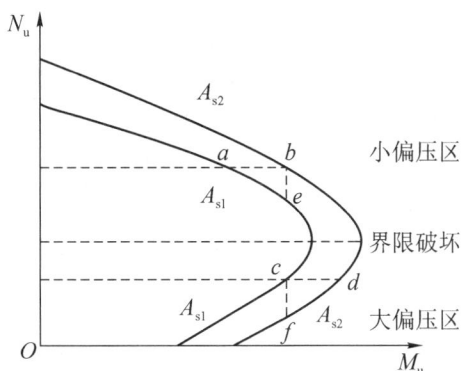

图 4-56　对称配筋矩形截面偏心受压柱的内力组合值评判

4.5 柱的设计

在前期完成柱形式的选择、外形尺寸的初步确定及排架柱的内力分析后，尚须对其进行以下的设计：

① 确定柱的配筋：在排架内力计算和内力组合的基础上，计算和布置能够保证强度和构造所需要的钢筋。

② 进行支承吊车梁和连系梁的牛腿设计；验算柱在吊装阶段的强度和抗裂性。

③ 进行连接构造设计：柱与屋架、吊车梁、柱间支撑等构件进行连接时，需要进行预留在柱中的预埋件设计。

上述第①、②部分及第③部分的排架内力计算和组合已经在前面内容中进行了详细的介绍，本节着重介绍柱的计算长度、柱的牛腿设计、柱的吊装验算、抗风柱设计及预埋件设计等。

4.5.1 柱的计算长度

柱的计算长度 l_0 与柱的支承条件和高度有关。当计算偏心受压构件的偏心增大系数 η 时，对单层厂房排架柱，根据理论分析和工程经验，其计算长度 l_0 可按表 4 - 6 取值。

表 4 - 6 采用刚性屋盖的单层工业厂房柱、露天吊车柱及栈桥柱的计算长度 l_0

柱的类别		l_0		
		排架方向	垂直排架方向	
			有柱间支撑	无柱间支撑
无吊车厂房柱	单跨	$1.5H$	$1.0H$	$1.2H$
	两跨及多跨	$1.25H$	$1.0H$	$1.2H$
有吊车厂房柱	上柱	$2.0H_u$	$1.25H_u$	$1.5H_u$
	下柱	$1.0H_l$	$0.8H_l$	$1.0H_l$
露天吊车柱和栈桥柱		$2.0H_l$	$1.0H_l$	—

注：① 表中 H 为从基础顶面算起的柱子全高；H_l 为基础顶面至装配式吊车梁底面或现浇式吊车梁顶面的柱子下部高度；H_u 为从装配式吊车梁底面或从现浇式吊车梁顶面算起的柱子上部高度。

② 表中有吊车厂房排架柱的计算长度，当计算中不考虑吊车荷载时，可按无吊车厂房柱的计算长度采用，但上柱的计算长度仍可按有吊车厂房采用。

③表中有吊车厂房排架柱的上柱在排架方向的计算长度，仅适用于 $H_u/H_l \geq 0.3$ 的情况；当 $H_u/H_l < 0.3$ 时，计算长度宜采用 $2.5H_u$。

4.5.2 柱的牛腿设计

单层厂房中的排架柱一般都设有牛腿，以支承屋架（或屋面梁）、托架、吊车梁、连系梁等构件，并将这些构件承受的荷载传给柱子，如图 4 - 57 所示，其目的是在不增大柱截面的情况下，加大支承面积，保证构件间的可靠连接，这样有利于构件的安装。

牛腿承受着很大的竖向荷载及由混凝土收缩、徐变、结构水平位移、风荷载、地震作用引起的水平荷载；支承吊车梁的牛腿，还要承受由吊车水平制动力产生的水平荷载，是单层工业厂房结构中一个非常重要的结构构件，在设计时必须予以足够的重视，以保证它的强度和抗裂要求。牛腿设计的内容包括确定牛腿的截面尺寸，进行配筋计算和构造设计。

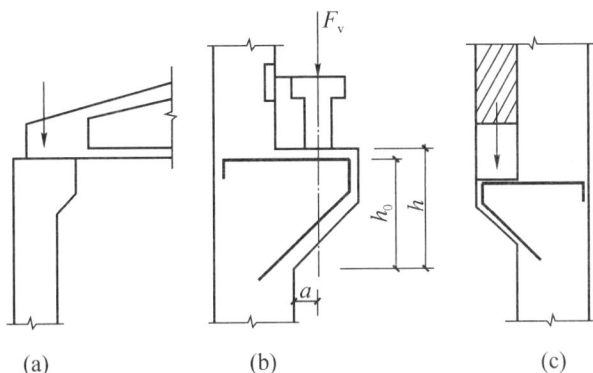

图 4 – 57 牛腿上的支承情况

（a）支承屋面梁；（b）支承吊车梁；（c）支承连系梁

1. 牛腿分类

牛腿按照其承受的竖向荷载 F_v 的作用点至下柱边缘的水平距离 a 与牛腿有效高度 h_0 之比［见图 4 – 57（b）］，可分为长牛腿和短牛腿。当 $a/h_0 > 1.0$ 时，称为长牛腿；当 $a/h_0 \leqslant 1.0$ 时，称为短牛腿。

长牛腿的受力性能与悬臂梁相近，可按悬臂梁进行设计。一般支承吊车梁等构件的牛腿均为短牛腿（以下简称牛腿），为一个变截面的悬臂深梁。

2. 牛腿弹性阶段的应力分布

从牛腿模型光弹试验得到的牛腿及其邻近区域应力迹线（见图 4 – 58）可以看出，混凝土开裂前，牛腿的应力状态处于弹性阶段；牛腿顶部区域内的主拉应力迹线基本与上边缘平行，且集中分布在牛腿顶部一个较窄的区域内，迹线间距变化不大，表明牛腿上表面的拉应力沿长度方向的分布比较均匀；主压应力迹线是倾斜的，大致与竖向力作用点到牛腿根部的连线平行，且大体均匀集中分布在这条连线附近一个较窄区域内；上柱根部与牛腿交界线处附近存在应力集中现象。

3. 牛腿裂缝的出现与开展

钢筋混凝土牛腿的加载试验表明，在竖向荷载达到极限荷载的 20% ~ 40% 时，由于上柱根部与牛腿交界处存在应力集中，首先在牛腿根部出现自上而下的第一条竖向裂缝①，如图 4 – 59 所示，裂缝①很细，开展得很缓慢，对牛腿的受力性能影响不大；当试验荷载加大至极限荷载的 40% ~ 60% 时，在加载垫板内侧附近出现第二条斜裂缝②，它的方向大体与图 4 – 58 所示的主压应力轨迹线平行；当继续加载时，裂缝②不断开展，但几乎不出现新的裂缝；当荷载增加到极限荷载的 80% 左右时，突然出现第三条斜裂缝③，预示着牛腿即将破坏。继续加载，牛腿逐渐发生破坏，随着 a/h_0 值的不同，牛腿的破坏形态有所不同。

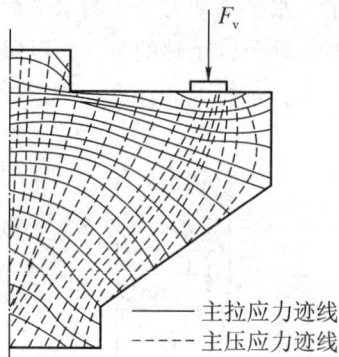

图 4 - 58　牛腿的应力分布

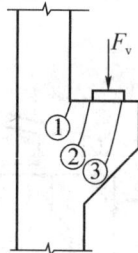

图 4 - 59　牛腿的裂缝开展

4. 牛腿的破坏形态

对牛腿进一步加载试验表明，在混凝土出现裂缝后，牛腿主要有如下几种破坏形态：

① 纯剪破坏。当 $a/h_0 \leqslant 0.1$，即当牛腿的截面尺寸较小时，或当牛腿中箍筋配置过少时，可能发生如图 4 - 60 （a）所示的剪切破坏，在牛腿与下部柱的交接面上出现一系列短而细的斜裂缝。最后在极限竖向荷载作用下，牛腿沿此裂缝由上而下地切下而发生破坏。

② 斜压/斜拉破坏。当 $a/h_0 = 0.1 \sim 0.75$，竖向力作用点与牛腿根部之间的主压应力超过混凝土的抗压强度时，将发生图 4 - 60 （b）、图 4 - 60 （c）所示的斜压、斜拉破坏。破坏过程：在斜裂缝②出现后，继续加载至临近破坏前，斜裂缝②以外靠近荷载一侧出现大量短而细的斜裂缝。当这些斜裂缝相互连接贯通时，斜裂缝②和③间的斜向主压应力超过混凝土的抗压强度，混凝土表面剥落，牛腿发生斜压破坏；有时牛腿中不出现短而细的斜裂缝，而是在加载板下部突然出现一条通长的斜裂缝④，牛腿沿此截面发生斜拉破坏。

③ 弯压破坏。当 $1.0 > a/h_0 > 0.75$ 或牛腿顶部的纵向受力钢筋配置不能满足要求时，可能发生如图 4 - 60 （d）所示的弯压破坏。破坏过程：在斜裂缝②出现后，随着荷载增加，裂缝不断向受压区延伸，同时纵向钢筋的拉应力不断增加以至于屈服。斜裂缝②以外靠近荷载一侧绕牛腿和下柱的交点转动，直至受压区混凝土压碎而引起破坏。

④ 局部受压破坏。当牛腿的宽度过小或支承垫板尺寸较小时，在竖向力作用下，可能在加载板下发生混凝土局部压碎的局部受压破坏，如图 4 - 60 （e）所示。

当牛腿上有水平荷载 F_h 与竖向荷载 F_v 同时作用时，裂缝的出现会提前，同时牛腿的承载力也会降低，但破坏状态与只作用有竖向荷载时的形态类似。

为防止牛腿发生上述破坏，牛腿不但要有足够的截面尺寸，还必须配置足够数量的钢筋。从弯压破坏和斜压破坏的形态来看，破坏裂缝的出现和开展是在斜裂缝②形成以后。所以，控制斜裂缝②的出现和开展，是确定牛腿截面尺寸和进行强度计算的主要依据。

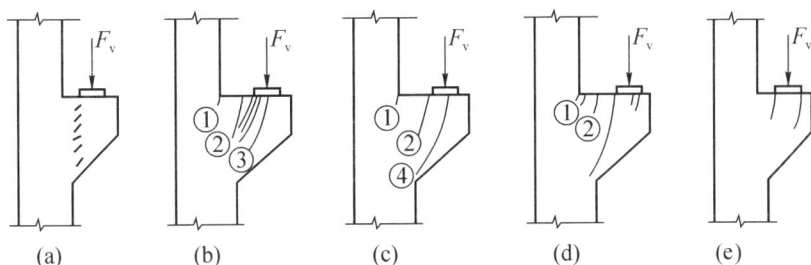

图 4 – 60　牛腿的破坏形态

（a）纯剪破坏；（b）斜压破坏；（c）斜拉破坏；（d）弯压破坏；（e）局部受压破坏

5. 牛腿截面尺寸的确定

牛腿在使用阶段一般要求不出现斜裂缝或仅出现很少的微细裂缝，一般以斜截面的抗裂性作为控制条件来确定牛腿的截面尺寸，如图 4 – 61 所示。根据裂缝控制要求，牛腿的截面尺寸应符合下式要求：

$$F_{vk} \leqslant \beta\left(1 - 0.5\frac{F_{hk}}{F_{vk}}\right)\frac{f_{tk}bh_0}{0.5 + a/h_0} \qquad (4-24)$$

式中：F_{vk}、F_{hk}——作用于牛腿顶部按荷载效应标准组合计算的竖向力和水平拉力。

f_{tk}——混凝土抗拉强度标准值。

β——裂缝控制系数，对支承吊车梁的牛腿，取 0.65；对其他牛腿，取 0.8。

a——竖向力作用点至下柱边缘的水平距离，应考虑安装偏差增大 20 mm，当考虑 20 mm 安装偏差后的竖向力作用点仍位于下柱截面以内时，取 $a = 0$。

b——牛腿的宽度，一般取与柱宽相同。

h_0——牛腿与下柱交接处的垂直截面有效高度，$h_0 = h_1 - a_s + c \cdot \tan\alpha$，当 $\alpha > 45°$时，取 $\alpha = 45°$。

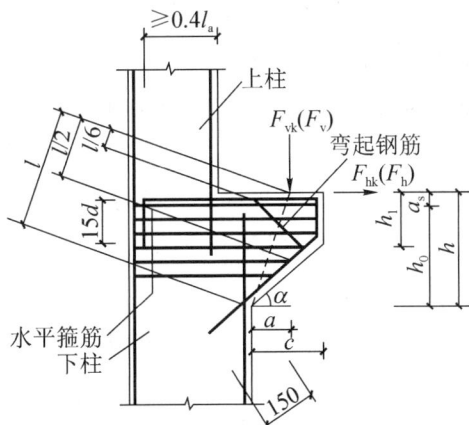

图 4 – 61　牛腿的截面尺寸和钢筋配置

为了避免斜裂缝不能向下发展与柱相交，而发生沿加载板内侧边缘的近似垂直截面的剪切破坏，牛腿的外边缘高度 h_1 不应小于其高度 h 的 $1/3$，且不应小于 200 mm。

为防止牛腿发生局部受压破坏，在牛腿顶部的局部受压面上，由竖向力 F_{vk} 引起的局部压应力不应超过 $0.75f_c$。

6. 牛腿的承载力计算

试验表明，第②条裂缝出现后，加载板内侧的钢筋拉应力突然增大，临近破坏时，沿钢筋全长的拉应力趋于均匀，如同桁架中的水平拉杆，当配筋率不大时，破坏时的钢筋应力可达其屈服强度；在第②条斜裂缝的外侧有一个不很宽的压力带，在整个压力带内，压应力分布比较均匀，如同桁架中的压杆，破坏时的混凝土应力可达其抗压强度。根据牛腿的上述受力特点，计算时可将牛腿简化为一个以顶部纵向受力钢筋为其水平拉杆，竖向力作用点与牛腿根部之间的受压混凝土为其斜向压杆的三角形桁架，如图 4 - 62 所示。

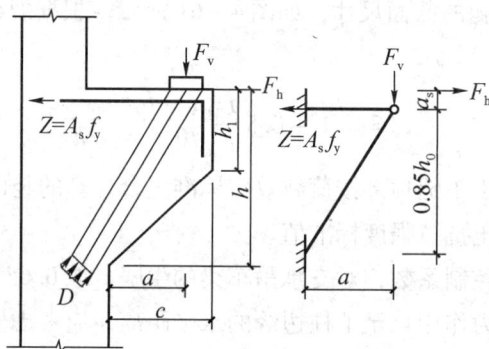

图 4 - 62 牛腿承载力的计算简图

在计算牛腿正截面受弯承载力时，由承受竖向力的受拉钢筋截面面积和承受水平拉力的锚筋截面面积组成的纵向受力钢筋总截面面积 A_s，可按下式计算：

$$A_s \geqslant \frac{F_v a}{0.85 f_y h_0} + 1.2 \frac{F_h}{f_y} \qquad (4-25)$$

式中：F_v——作用于牛腿顶部的竖向力设计值；

F_h——作用于牛腿顶部的水平拉力设计值，当 $a < 0.3h_0$ 时，取 $a = 0.3h_0$。

7. 牛腿局部承压验算

牛腿的支承面在竖向力 F_{vk} 作用下，其局部受压应力不应超过 $0.75f_c$，即：

$$F_{vk}/A \leqslant 0.75 f_c \qquad (4-26)$$

式中：A——牛腿支承面上的局部受压面积。

若不能满足上式要求，可以采用加大受压面积，提高混凝土强度等级或设置钢筋网等有效措施。

8. 牛腿钢筋的构造要求

① 牛腿顶部的纵向受力钢筋宜采用 HRB400 级或 HRB500 级钢筋。全部纵向受力钢筋

及弯起钢筋宜沿牛腿外边缘、沿斜边下弯伸入下柱内 150 mm 后截断，如图 4 - 61 所示。另一端在柱内的锚固长度按照梁上部钢筋的锚固要求执行，以免钢筋在达到其设计强度前就被拔出而降低牛腿的承载力。

② 承受竖向力 F_v 的受拉钢筋配筋率，按牛腿的有效截面计算不应小于 0.2% 及 $0.45f_t/f_y$，也不宜大于 0.6%；钢筋的数量不宜少于 4 根，直径不宜小于 12 mm。

③ 牛腿应设置水平箍筋，水平箍筋可采用 HPB300 级或 HRB400 级钢筋，直径宜为 6 ~ 12 mm，间距宜为 100 ~ 150 mm，且在牛腿上部 $2h_0/3$ 范围内的水平箍筋总截面面积不宜小于承受竖向力的受拉钢筋截面面积的 1/2。

④ 当牛腿的剪跨比 $a/h_0 \geq 0.3$ 时，宜设置弯起钢筋。弯起钢筋宜采用 HRB400 级或 HRB500 级钢筋，并宜使其与竖向力作用点到牛腿斜边下端点连线的交点位于牛腿上部 $l/6 ~ l/2$ 的范围内，其中 l 为该连线的长度（见图 4 - 61）。弯起钢筋的截面积不宜小于承受竖向力的受拉钢筋截面面积的 1/2，根数不宜少于两根，直径不宜小于 12 mm。纵向受拉钢筋不得兼作弯起钢筋。

4.5.3　柱的吊装验算

单层厂房钢筋混凝土排架柱一般为预制柱。由于预制柱在运输和吊装时的受力状态与其在使用阶段的受力状态不同，且混凝土强度等级可能尚未达到设计要求，需进行吊装时的承载力和裂缝宽度验算。

预制柱的吊装有翻身吊和平吊两种方式。因平吊比翻身吊施工简单，故在满足吊装时承载力和裂缝宽度要求的条件下，宜优先采用平吊。无论采用平吊，还是采用翻身吊，柱子的吊点一般设在牛腿的下边缘处，根据翻身吊和平吊时的吊点位置，其计算简图和弯矩图如图 4 - 63（a）和图 4 - 63（b）所示。在吊装验算时应注意以下问题：

① 吊装时柱承受的荷载为其自重乘以动力系数 1.5（根据吊装时的受力情况可以适当增减）。

② 吊装验算为临时性的施工阶段强度验算，构件的安全等级可较其使用阶段的安全等级降低一级取用。

③ 柱的混凝土强度一般按照其设计强度的 70% 考虑。当吊装验算要求高于设计强度值的 70% 方可吊装时，应在施工图中予以注明。

④ 当局部截面（一般为牛腿变阶处）吊装验算配筋不足时，可在该局部区段加配短钢筋。吊装验算时的截面形式与尺寸，按实际受力方向确定。对于平吊时的工字形截面 [见图 4 - 64（a）]，可以简化为宽度为 $2h_f$、高度为 b_f 的矩形截面 [见图 4 - 64（b）]。

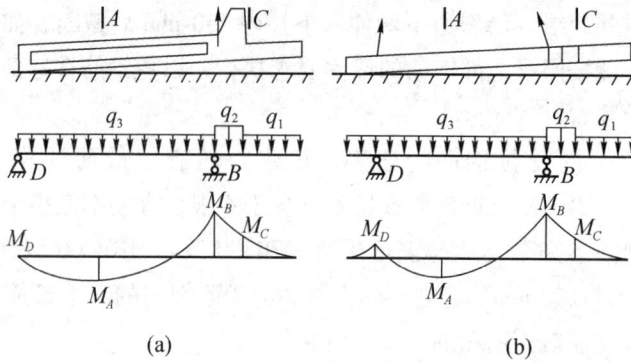

图 4－63　预制柱吊装的计算简图和弯矩图

（a）翻身吊；（b）平吊

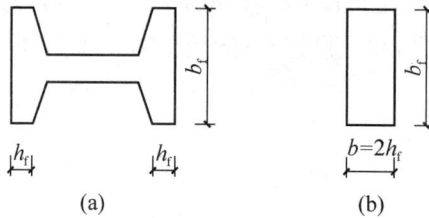

图 4－64　平吊时工字形截面的简化

（a）工字形截面；（b）矩形截面

4.5.4　抗风柱设计

抗风柱位于山墙处，其柱顶标高应低于屋架上弦中心线 50 mm，以使柱顶对屋架施加的水平力可以通过弹簧钢板传至屋架上弦中心线，不使屋架上弦杆受扭；同时抗风柱变阶处的标高应低于屋架下弦底边 200 mm，以防止屋架产生挠度时与抗风柱发生碰撞，如图 4－65（a）所示。

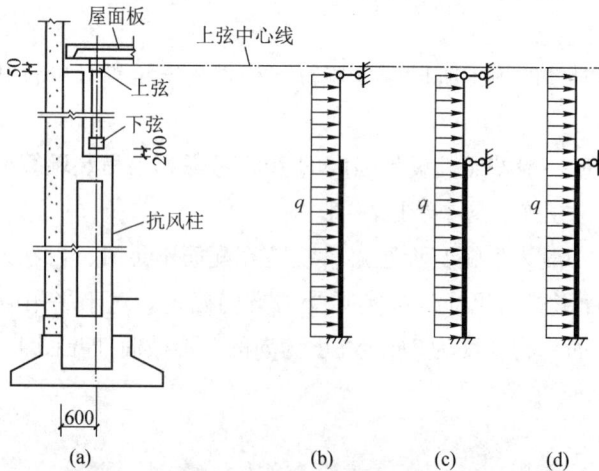

图 4－65　抗风柱计算简图

抗风柱顶部一般支承在端屋架的上弦节点处，由于屋盖的纵向水平刚度很大，故支承点可视为不动铰支座；柱底部固定于基础顶面，如图 4 - 65（b）所示。当屋架下弦设有横向水平支撑时，抗风柱亦可与屋架下弦相连，作为抗风柱的另一个不动铰支座，如图 4 - 65（c）、图 4 - 65（d）所示。当在山墙内侧设置水平抗风梁或抗风桁架时，则抗风梁（或桁架）也为抗风柱的一个支座。由于山墙的重量一般由基础梁承受，故抗风柱主要承受风荷载，若忽略抗风柱自重，则可按变截面受弯构件进行设计。当山墙处设有连系梁时，除风荷载外，抗风柱还承受由连系梁传来的墙体重量，则抗风柱可按变截面的偏心受压构件进行设计。

4.5.5　预埋件设计

单层厂房中的屋面板、屋架（屋面梁）、吊车梁、柱等预制构件之间常采用预埋件连接。为保证各预制构件连接后能整体工作，需要预埋件及其与混凝土构件的连接破坏晚于构件的破坏。预埋件的组成如图 4 - 66 所示。

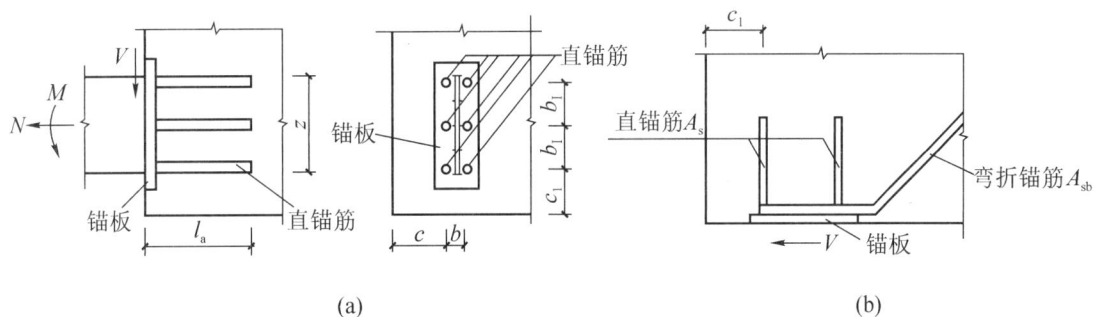

图 4 - 66　预埋件的组成

（a）由锚板和直锚筋组成；（b）由锚板、弯折锚筋及直锚筋组成

1. 由锚板和对称配置的直锚筋组成的受力预埋件

如图 4 - 66（a）所示，其锚筋的总截面面积 A_s 的计算分为以下两种情况。

① 当有剪力、法向拉力和弯矩共同作用时，可按如下两式计算，并取其中的较大值：

$$A_s \geqslant \frac{V}{\alpha_r \alpha_v f_y} + \frac{N}{0.8 \alpha_b f_y} + \frac{M}{1.3 \alpha_r \alpha_b f_y z} \qquad (4 - 27)$$

$$A_s \geqslant \frac{N}{0.8 \alpha_b f_y} + \frac{M}{0.4 \alpha_r \alpha_b f_y z} \qquad (4 - 28)$$

② 当有剪力、法向压力和弯矩共同作用时，可按如下两式计算，并取其中的较大值：

$$A_s \geqslant \frac{V - 0.3N}{\alpha_r \alpha_v f_y} + \frac{M - 0.4Nz}{1.3 \alpha_r \alpha_b f_y z} \qquad (4 - 29)$$

$$A_s \geqslant \frac{M - 0.4Nz}{0.4 \alpha_r \alpha_b f_y z} \qquad (4 - 30)$$

式中：V——剪力设计值；

　　　N——法向拉力或法向压力设计值，法向压力设计值不应大于 $0.5 f_c A$，A 为锚板的面积；

M——弯矩设计值，当 $M < 0.4Nz$ 时，取 $M = 0.4Nz$；

f_y——锚筋的抗拉强度设计值，不应大于 $300\ \text{N/mm}^2$；

α_r——锚筋层数的影响系数，当锚筋按等间距布置时，两层的锚筋取 1.0，三层的锚筋取 0.9，四层的锚筋取 0.85；

α_v——锚筋的受剪承载力系数，可按下式计算：

$$\alpha_v = (4.0 - 0.08d)\sqrt{\frac{f_c}{f_y}} \qquad (4-31)$$

当 $\alpha_v > 0.7$ 时，取 $\alpha_v = 0.7$。

d——锚筋的直径；

α_b——锚板的弯曲变形折减系数，可按下式计算：

$$\alpha_b = 0.6 + 0.25\frac{t}{d} \qquad (4-32)$$

t——锚板的厚度；

z——沿剪力作用方向最外层锚筋中心线之间的距离。

2. 由锚板、对称配置的弯折锚筋及直锚筋共同承受剪力的预埋件

如图 4-66（b）所示，其弯折锚筋的截面面积 A_{sb} 可按下式计算：

$$A_{sb} \geq 1.4\frac{V}{f_y} - 1.25\alpha_v A_s \qquad (4-33)$$

式中符号意义、取值及计算同前所述。当直锚筋按构造要求配置时，取 $A_s = 0$。

弯折锚筋与锚板之间的夹角不宜小于 15°，也不宜大于 45°。

3. 预埋件的构造要求

① 受力预埋件的锚板宜采用 Q235、Q345 级钢。锚筋应采用 HPB300 级或 HRB400 级钢筋，严禁采用冷加工钢筋。直锚筋与锚板应采用 T 形焊。当锚筋直径不大于 20 mm 时，宜采用压力埋弧焊；当锚筋直径大于 20 mm 时，宜采用穿孔塞焊。当采用手工焊时，焊缝高度不宜小于 6 mm 和 $0.5d$（HPB300 级钢筋）或 $0.6d$（HRB400 级钢筋）。

② 预埋件的受力直锚筋不宜少于 4 根，且不宜多于 4 排；其直径不宜小于 8 mm，且不宜大于 25 mm。受剪预埋件的直锚筋可采用 2 根。预埋件的锚筋应位于构件的外层主筋内侧。

③ 锚板厚度宜大于锚筋直径的 0.6 倍。受拉和受弯预埋件的锚板厚度宜大于锚筋间距 b [见图 4-66（a）] 的 1/8。锚筋中心至锚板边缘的距离不应小于 20 mm 和 $2d$（d 为锚筋的直径）。对受拉和受弯预埋件，其锚筋间距 b、b_1，以及锚筋至构件边缘的距离 c、c_1，均不应小于 $3d$ 和 45 mm [见图 4-66（a）]。对受剪预埋件，其锚筋间距 b 和 b_1 不应大于 300 mm，且 b_1 不应小于 $6d$ 和 70 mm；锚筋至构件边缘的距离 c_1 不应小于 $6d$ 和 70 mm，b、c 不应小于 $3d$ 和 45 mm [见图 4-66（a）]。

④ 受拉直锚筋和弯折锚筋的锚固长度不应小于受拉钢筋的锚固长度；当锚筋采用 HPB300 级钢筋时，其末端应按规定做弯钩。受剪和受压直锚筋的锚固长度不应小于 $15d$。

⑤ 预制构件上所设置的吊环应采用 HPB300 级钢筋制作，严禁使用冷加工钢筋。吊环埋入混凝土中的深度不应小于 $30d$，并应焊接或绑扎在钢筋骨架上。在构件自重标准值作用下，每个吊环按 2 个截面计算的吊环应力不应大于 $65\ \text{N/mm}^2$；当一个构件上设有 4 个吊环时，设计时仅取 3 个吊环进行计算。

4.6　柱下独立基础设计

基础设计的目的是保证厂房结构的可靠、耐久和正常使用，防止基础及其下地基发生破坏和过大的变形，确保上部结构承受的荷载安全可靠地传给地基。

单层厂房基础设计的内容和一般步骤：

① 根据使用要求和上部结构的布置，决定基础的类型，包括选用材料、构件形式、平面布置方式等。

② 选择基础的埋置深度。

③ 根据土的物理力学指标，确定地基承载力的标准值。

④ 估算基础的底面面积。

⑤ 进行必要的地基变形验算。

⑥ 进行基础的构件设计：包括确定基础底面形状和尺寸，确定基础高度，计算基础配筋，进行基础的构造设计并绘制施工图。

前五项可以根据土力学的有关知识进行选用式计算，本节主要对第六项的相关内容进行讨论。

4.6.1　轴心受压基础

1. 确定基础底面尺寸

基础底面尺寸应根据地基的承载力和变形条件确定。轴心受压基础在荷载作用下，假定基础底面处的压力为均匀分布，如图 4-67 所示，基础设计时应满足下式要求：

$$P_k = \frac{N_k + G_k}{A} \leq f_a \tag{4-34}$$

式中：P_k——在荷载标准值作用下，基础底面处的平均压力值；

　　　N_k——上部结构传至基础顶面的竖向压力标准值；

　　　G_k——基础及其上土的重力标准值，$G_k = \gamma_m A d$；

　　　γ_m——基础及其上土的平均重度，一般取 $\gamma_m = 20\ \text{kN/m}^3$；

　　　d——基础埋置深度；

　　　A——基础底面面积，$A = b \times l$，b、l 分别为基础底面的长度和宽度；

　　　f_a——经宽度和深度修正后的地基承载力特征值。

由式（4-34）可得：

$$A \geq \frac{N_k}{f_a - \gamma_m d} \tag{4-35}$$

基础底面为正方形时，$b = l = \sqrt{A}$；基础底面为长宽较接近的矩形时，先选定基础底面的一个边长 b，再依据 $l = A/b$ 确定另一个边长。

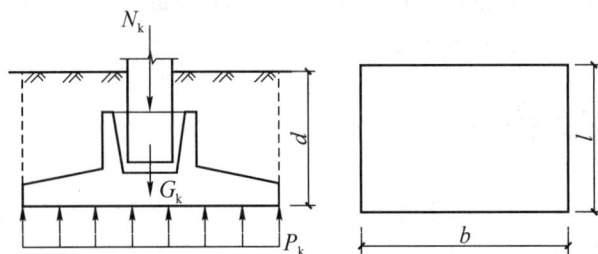

图4-67　轴心受压基础

2. 确定基础高度

柱下杯形基础的高度应满足构造要求和抗冲切承载力要求。设计时，一般先根据构造要求和工程经验初步确定基础的高度，然后验算其抗冲切承载力。

（1）构造要求

锥形基础的边缘高度 a_2 不宜小于 200 mm，如图4-68所示；阶形基础每阶高度宜为 300～500 mm；基础底面一般为矩形，其长、宽边长之比为 1～2。

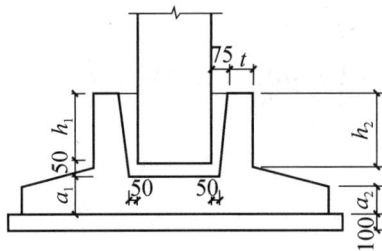

图4-68　杯口基础的构造

为保证预制钢筋混凝土柱与杯形基础的连接为刚接，柱插入基础杯口中的深度 h_1 应符合表4-7的要求，同时还应满足柱中受力钢筋的锚固长度要求和柱吊装时的稳定性要求（此时 h_1 不应小于柱吊装时长度的 5%）。基础杯口底部通常铺设 50 mm 厚的细石混凝土层，故杯口深度为（$h_1 + 50$） mm，如图4-68所示。

表4-7　柱插入基础杯口中的深度 h_1　　　　　　　　　　　　　mm

矩形或工字形截面柱				双肢柱
$h < 500$	$500 \leqslant h < 800$	$800 \leqslant h \leqslant 1\,000$	$h > 1\,000$	
$h \sim 1.2\,h$	h	$0.9\,h$ 且 $\geqslant 800$	$0.8\,h$ 且 $\geqslant 1\,000$	（1/3～2/3）h_a，（1.5～1.8）h_b

注：① h 为柱截面长边尺寸，h_a 为双肢柱全截面长边尺寸，h_b 为双肢柱全截面短边尺寸。
②当柱轴心受压或小偏心受压时，h_1 可适当减少；当偏心距大于 $2h$ 时，h_1 应适当增大。

为防止在柱的吊装过程中，柱冲击杯底底板，造成底板破坏，基础的杯底厚度 a_1 应符合表 4 - 8 的要求。柱吊装时杯壁将受到水平推力的作用,同时为保证杯壁具有足够的承载力,要求杯壁厚度 t 符合表 4 - 8 的规定。

表 4 - 8　基础的杯底厚度 a_1 和杯壁厚度 t 　　　　　　　　mm

柱截面长边尺寸 h	杯底厚度 a_1	杯壁厚度 t
$h < 500$	≥150	150 ~ 200
$500 \leqslant h < 800$	≥200	≥200
$800 \leqslant h < 1\,000$	≥200	≥300
$1\,000 \leqslant h < 1\,500$	≥250	≥350
$1\,500 \leqslant h < 2\,000$	≥300	≥400

注：① 双肢柱的杯底厚度值可适当加大。

② 当有基础梁时,基础梁下杯壁厚度应满足其支承宽度的要求。

③ 柱子插入杯口部分的表面应凿毛,柱子与杯口之间空隙应用比基础混凝土强度等级高一级的细石混凝土充填密实,当达到材料设计强度的 70% 以上时,方可进行上部结构吊装。

(2) 抗冲切验算

在基础承载力计算时采用地基净反力 P_n。对轴心受压基础,如图 4 - 69 (a) 所示,由上部结构传至基础顶面的竖向压力设计值 N 在基础底面产生的地基净反力 P_n 为:

$$P_n = \frac{N}{A} \tag{4 - 36}$$

当基础高度 h 较小时,在地基净反力 P_n 作用下,柱与基础交接处将产生与基础底面约为 45° 的斜裂缝而破坏,称为冲切破坏。此时,柱下将形成冲切破坏锥体,如图 4 - 69 (b)、图 4 - 69 (c) 所示。同样,对于阶形基础,当基础变阶处高度 h_1 较小时,也将发生冲切破坏,如图 4 - 69 (d) 所示。为防止发生这种破坏,应对柱与基础交接处及基础变阶处进行抗冲切验算,即符合下式要求:

$$F_l \leqslant 0.7 \beta_h f_t a_m h_0 \tag{4 - 37}$$

$$F_l = P_n A_l \tag{4 - 38}$$

$$a_m = \frac{a_t + a_b}{2} \tag{4 - 39}$$

式中：F_l——冲切荷载设计值；0.7 为锥体斜面上的拉应力不均匀系数。

β_h——截面高度影响系数,当 h 不大于 800 mm 时,取 1.0；当 h 不小于 2 000 mm 时,取 0.9,其间按线性内插法取用。

f_t——基础的混凝土轴心抗拉强度设计值。

h_0——基础冲切破坏锥体的有效高度,当计算柱与基础交接处的抗冲切承载力时,取基础的有效高度 h_0；当计算基础变阶处的抗冲切承载力时,取下阶的有效高度 h_{01} [见图 4 - 69 (d)]。

a_m——冲切破坏锥体最不利一侧的计算长度。

a_t——冲切破坏锥体最不利一侧斜截面的上边长,当计算柱与基础交接处的抗冲切承载力时，取柱宽；当计算基础变阶处的抗冲切承载力时，取上阶宽。

a_b ——冲切破坏锥体最不利一侧斜截面在基础底面积范围内的下边长，当冲切破坏锥体的底面落在基础底面以内［见图 4 – 69（b）、图 4 – 69（e）］，计算柱与基础交接处的抗冲切承载力时，取柱宽加两倍的基础有效高度；当计算基础变阶处的受冲切承载力时，取上阶宽加两倍该处的基础有效高度。

A_l ——在抗冲切验算时取用的部分基底面积，即图 4 – 69（b）和图 4 – 69（e）中的阴影面积。

当不能满足式（4 – 37）的要求时，应考虑增大柱与基础交接处的基础高度及基础变阶处下阶基础的高度。

（3）抗剪切验算

为保证柱下独立基础双向受力状态，基础底面两个方向的边长结合柱截面尺寸一般都保证在相同或相近的范围内，此类基础的冲切破坏锥体落在基础底面以内，截面高度由受冲切承载力控制。当基础底面短边尺寸小于或等于柱宽加两倍基础有效高度时（见图 4 – 70），此时基础的受力接近于单向受力，柱与基础交接处不存在受冲切问题，而需对基础进行斜截面的抗剪切验算。具体可按照《地基规范》的相关要求执行。

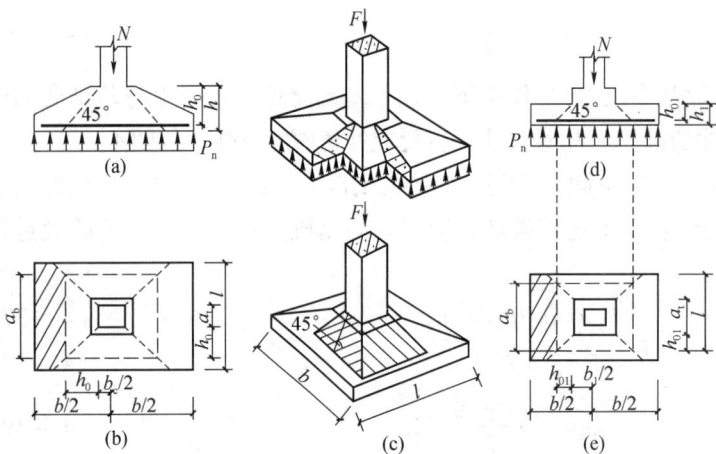

图 4 – 69　轴压基础抗冲切验算简图　　　　图 4 – 70　基础抗剪切验算

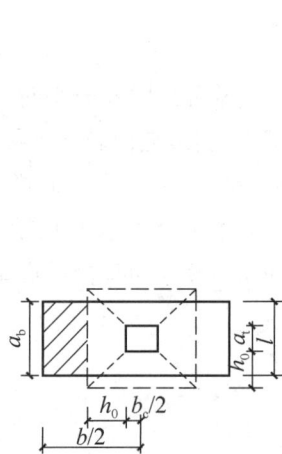

3. 计算基础配筋

柱下独立基础在地基净反力作用下，在两个方向都会产生向上的弯曲变形，底面的两个方向都要配置受力钢筋。计算截面一般取柱与基础交接处，阶梯形基础还需要计算变阶处截面。计算时把基础看成固结于柱底的倒悬臂板，如图 4 – 71 所示，将矩形基础底面沿对角线划分为四个梯形受荷面积（阴影部分所示），每个受荷面积上的总地基净反力乘以其面积形心至柱边截面的距离即得到计算截面的弯矩，则沿长边 b 方向的柱边截面 I – I 处的设计弯矩 M_I 与沿短边 l 方向的柱边截面 II – II 处的设计弯矩 M_{II} 分别为：

$$M_{\text{I}} = \frac{P_{\text{n}}}{24}(b - b_{\text{c}})^2(2l + l_{\text{c}}) \tag{4-40}$$

$$M_{\text{II}} = \frac{P_{\text{n}}}{24}(l - l_{\text{c}})^2(2b + b_{\text{c}}) \tag{4-41}$$

Ⅰ - Ⅰ和Ⅱ - Ⅱ截面所需钢筋用量 A_{sI} 和 A_{sII} 分别为:

$$A_{\text{sI}} = \frac{M_{\text{I}}}{0.9h_0 f_{\text{y}}} \tag{4-42}$$

$$A_{\text{sII}} = \frac{M_{\text{II}}}{0.9(h_0 - d)f_{\text{y}}} \tag{4-43}$$

基础短边方向的弯矩 M_{II} 较小,其受力钢筋 A_{sII} 置于 A_{sI} 上面,故在式(4-43)中用 h_0 减去钢筋 A_{sI} 的直径 d。

基础变阶处的弯矩及相应的配筋计算方法与上面相同,此时将基础的上阶视为柱,基础的配筋要按同方向柱与基础的交接处和基础变阶处的较大值配置。

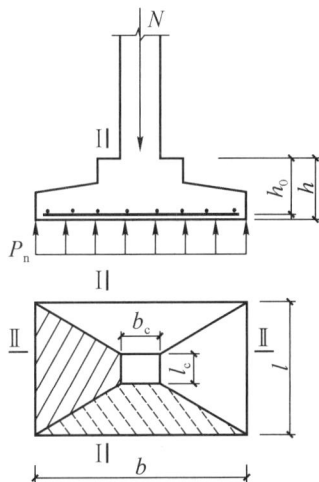

图 4 - 71　轴压基础配筋计算简图

4.6.2　偏心受压基础

厂房柱传至基础顶面的荷载,除竖向压力以外,一般还有弯矩与剪力,在这些荷载作用下,基础底面处的压力一般为非均匀分布,形成偏心受压基础。在确定基础底面尺寸、基础高度和基础配筋时,应依据基础底面压力较大的一侧来控制。如果基础顶部支承有基础梁,在计算基底反力时,还应考虑基础梁传来的力。

1. 确定基础底面尺寸

在基础顶面柱传来的竖向压力标准值 N_{k}、弯矩标准值 M_{k}、剪力标准值 V_{k}、基础及其上土的标准自重 G_{k} 作用下,如图 4 - 72(a)所示,基础底面处两边缘的最大和最小压力值可分别按下列公式计算:

$$\begin{aligned} P_{k,max} \\ P_{k,min} \end{aligned} = \frac{N_k + G_k}{A} \pm \frac{M_{kb}}{W} \qquad (4-44)$$

式中：M_{kb}——作用于基础底面的力矩标准组合值，$M_{kb} = M_k + V_k h$；

W——基础底面的抵抗矩，对矩形底面，$W = b^2 l / 6$；

A——基础底面面积，当为矩形底面时，$A = b \times l$。

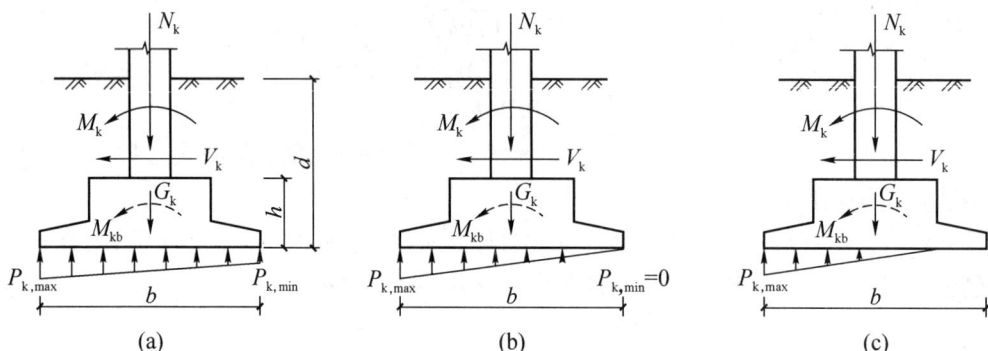

图 4 - 72　确定偏心受压基础底面尺寸

(a) $e_{0k} < b/6$ ；(b) $e_{0k} = b/6$ ；(c) $e_{0k} > b/6$

当基础底面为矩形，可以将竖向力和弯矩合成为一个偏心荷载，合力 $N_k + G_k$ 的偏心矩 $e_{0k} = M_{kb} / (N_k + G_k)$ 时，代入式（4-44）可得：

$$\begin{aligned} P_{k,max} \\ P_{k,min} \end{aligned} = \frac{N_k + G_k}{bl} \left(1 \pm \frac{6e_{0k}}{b} \right) \qquad (4-45)$$

由式（4-45）可见，当 $\left(1 - \frac{6e_{0k}}{b} \right) > 0$ ，$e_{0k} < \frac{b}{6}$ 时，$P_{k,min} > 0$ ，此时基础底面全部与地基密切接触，基底反力图形为梯形；当 $e_{0k} = \frac{b}{6}$ 时，$P_{k,min} = 0$ ，此时基础底面仍全部与地基密切接触，基底反力图形变为三角形，如图 4 - 72（b）所示；当 $e_{0k} > \frac{b}{6}$ 时，$P_{k,min} < 0$ ，基础底面部分产生拉应力，地基与基础的接触面不能承受拉应力，因此，这部分基础底面部分与地基脱开，基底反力图形呈三角形如图 4 - 72（c）所示，此时式（4-45）已不适用，根据力的平衡条件，基底边缘最大压应力 $P_{k,max}$ 为：

$$P_{k,max} = \frac{2(N_k + G_k)}{3 \left(\frac{b}{2} - e_{0k} \right) l} \qquad (4-46)$$

在确定偏心受压基础底面的尺寸时，应同时满足下列要求：

$$P_k = \frac{P_{k,max} + P_{k,min}}{2} \leqslant f_a \qquad (4-47)$$

$$P_{k,max} \leqslant 1.2 f_a \qquad (4-48)$$

式（4-48）中将地基承载力特征值提高 20%，这是因为 $P_{k,max}$ 只在基础边缘的局部范围内出现，而且 $P_{k,max}$ 中的大部分是由活荷载而不是恒荷载产生的。

偏心受压基础的底面常采用矩形，设计时通常采用试算法：首先按轴心受压公式（4-35）计算基础底面积，然后将其扩大 1.2~1.4 倍作为偏心受压基础的估算底面积；按照基础长、短边长之比 $b/l = 1.5 \sim 2.0$，确定基础长短边的尺寸；最后验算结果是否满足式（4-47）和（4-48）的要求，若不满足，则需调整基础尺寸。

2. 确定基础高度

确定偏心受压基础高度的方法与轴心受压基础相同，仍按式（4-37）验算基础的抗冲切承载力，考虑地基净反力分布不均匀的影响，F_l 按下式计算：

$$F_l = P_{n,max}A_l \tag{4-49}$$

式中：$P_{n,max}$——由柱传至基础顶面的竖向压力设计值 N、弯矩设计值 M 和剪力设计值 V（不包括其上土的自重）在基础底面产生的最大基底净反力设计值（见图4-73）；

A_l——抗冲切验算时取用的部分基底面积，即图4-73中的阴影部分。

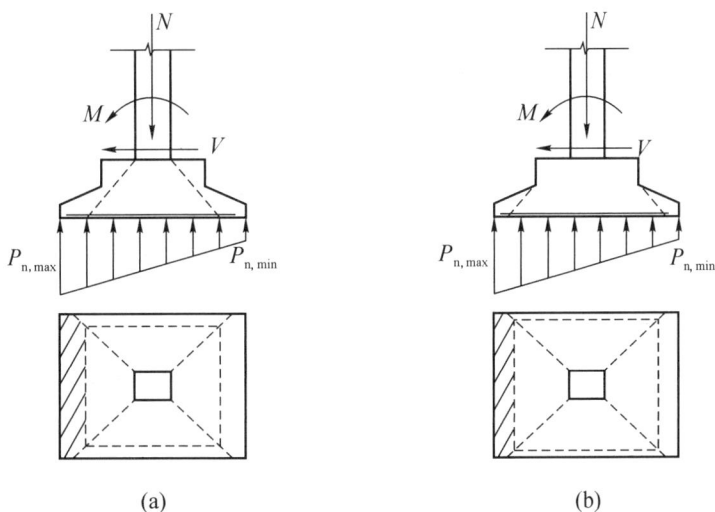

图4-73　偏压基础抗冲切验算简图

(a) 沿柱边；(b) 变阶处

3. 计算基础配筋

当偏心距小于或等于 1/6 基础长度 b 时，沿弯矩作用方向在任意截面Ⅰ-Ⅰ处，如图4-74所示，以及垂直于弯矩作用方向在任意截面Ⅱ-Ⅱ处相应于荷载效应基本组合时的弯矩设计值 $M_Ⅰ$、$M_Ⅱ$ 可分别按下列公式计算：

$$M_Ⅰ = \frac{1}{12}a_Ⅰ^2\left[(2l + l')(P_{n,max} + P_{n,Ⅰ}) + (P_{n,max} - P_{n,Ⅰ})l\right] \tag{4-50}$$

$$M_{II} = \frac{1}{48}(l - l')^2(2b + b')(P_{n,max} + P_{n,min}) \qquad (4-51)$$

式中：a_I——任意截面 I - I 至基底边缘最大反力处的距离；

$P_{n,max}$、$P_{n,min}$——分别为相应于荷载效应基本组合时，基础底面边缘的最大和最小地基净反力设计值；

$P_{n,I}$——相应于荷载效应基本组合时，在任意截面 I - I 处基础底面地基净反力设计值。

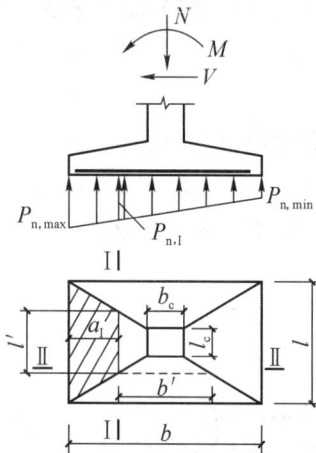

图 4 - 74 偏压基础配筋计算简图

当偏心距大于 1/6 基础长度 b、基础底面出现一部分零应力时，在沿弯矩作用方向上，任意截面 I - I 处相应于荷载效应基本组合时的弯矩设计值 M_I 仍可按式（4-50）计算；在垂直于弯矩作用方向上，任意截面处相应于荷载效应基本组合时的弯矩设计值 M_{II} 应按实际应力分布计算，在设计时，为简化计算，也可偏于安全地将基础底面边缘最小地基净反力设计值取 $P_{n,min} = 0$，然后按式（4-51）计算。

当按上式求得弯矩设计值 M_I、M_{II} 后，其相应的基础底板受力钢筋截面面积可近似地按式（4-42）和式（4-43）进行计算。对于阶形基础，尚应进行变阶截面处的配筋计算，并比较由上述所计算的配筋及变阶截面处的配筋，取两者中较大者作为基础底板的最后配筋。

为适当减少独立基础的配筋，设计时可根据阶形（或锥形）基础的实际面积，如图 4-75 所示，计算基础受力钢筋的最小配筋量，并将其配置在基础的全宽范围内。若独立基础的配筋不小于 φ10@200（双向均配置）时，可不考虑最小配筋率的要求。

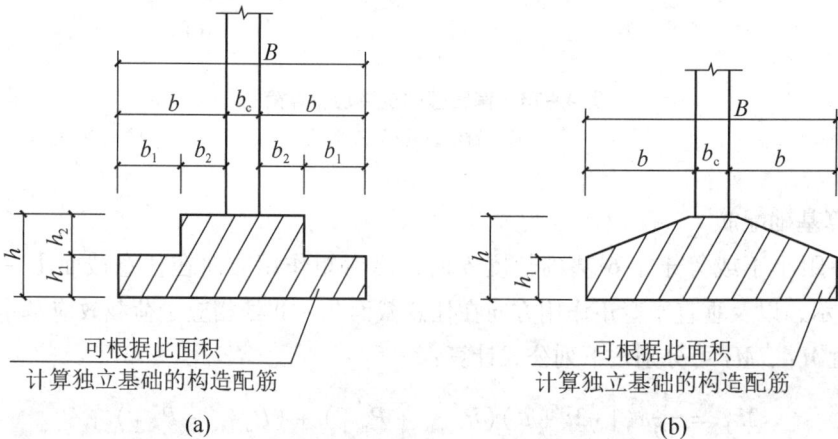

(a)

(b)

图 4 - 75 按实际面积确定独立基础的最小配筋

4.6.3　构造要求

柱下独立基础除需进行上述计算，满足有关尺寸要求外，还应满足下列构造要求：

① 基础的混凝土强度等级不应低于 C20；基础下的垫层混凝土强度等级不宜低于 C10，厚度不宜小于 70 mm（一般采用 100 mm）；垫层面积比基底面积大，一般每端伸出基础边 100 mm。

② 基底受力钢筋一般采用 HPB300 级或 HRB400 级钢筋，其最小直径不宜小于 10 mm，间距不宜大于 200 mm，也不宜小于 100 mm。当有垫层时，钢筋的保护层厚度不小于 40 mm；无垫层时不小于 70 mm。

③ 当基础的边长大于或等于 2 500 mm 时，如图 4 – 76 所示，沿该边长方向的受力钢筋长度可取边长的 0.9 倍，并宜交错布置。

④ 当柱为轴心受压或小偏心受压，且杯壁厚度 t 与杯壁高度 h_2 之比 $t/h_2 \geqslant 0.65$ 时，或柱为大偏心受压且 $t/h_2 \geqslant 0.75$ 时，杯壁可不配筋；当柱为轴心受压或小偏心受压，且 $0.5 \leqslant t/h_2 < 0.65$ 时，杯壁内可按表 4 – 9 构造配筋，钢筋位于杯口顶部，每边两根，如图 4 – 77 所示。其他情况下，应按计算配筋。

表 4 – 9　杯壁构造配筋　　　　　　　　　　　　mm

柱长边尺寸	$h < 1\ 000$	$1\ 000 \leqslant h < 1\ 500$	$1\ 500 \leqslant h \leqslant 2\ 000$
钢筋直径	8 ~ 10	10 ~ 12	12 ~ 16

⑤ 厂房伸缩缝处的双杯口基础，如图 4 – 78 所示，当两个杯口之间的宽度 $a_3 < 400$ mm 时，宜按图中所示的要求在中间杯壁内配筋。

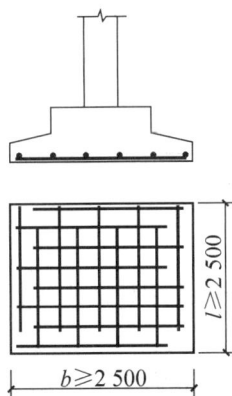

图 4 – 76　基底钢筋布置　　　　图 4 – 77　杯壁配筋　　　　图 4 – 78　双杯口基础中间杯壁配筋

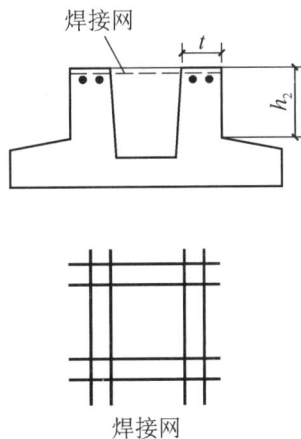

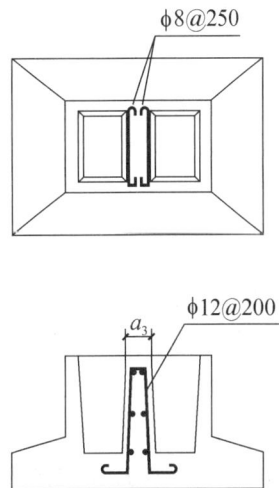

4.7 单层厂房抗震设计

4.7.1 单层厂房结构的震害

根据历次地震中厂房破坏的详细统计资料，不同地震烈度地区，未设防的单层钢筋混凝土厂房主要结构构件的震害特征见表 4－10。

表 4－10 未设防的单层钢筋混凝土厂房主要结构构件的震害特征

主要构件	抗震设防烈度				
	7 度	8 度	9 度	10 度	11 度
柱	基本完好	破坏轻微，有的上柱根部开裂	破坏严重，有的上柱根部酥裂或折断	破坏严重或倒塌	厂房普遍倾倒
矩形天窗架	局部地方混凝土开裂（立柱与侧板、支撑连接处）	裂缝较多，部分立柱根部折断（多数裂缝为纵向破坏）	大面积倾倒（较多倾倒方向为纵向）	几乎全部倒塌	
屋盖体系	基本完好，个别柱间支撑处的屋面板支座酥裂	屋面板错位、移位、震落，造成局部倒塌	屋架倾斜，屋面板大量错动、移位，屋盖部分塌落	大部分倒塌	
围护墙	破坏轻微，有不同程度的裂缝、外闪，个别封檐墙、山墙顶部倒塌	破坏普遍，封檐墙、山墙顶部、高侧悬臂墙部分倒塌	破坏严重，倒塌现象普遍	大面积倒塌	
支撑体系	基本完好，天窗架支撑易压弯	天窗架支撑破坏较重，柱间支撑、屋盖垂直支撑常被压弯，中列柱柱间支撑的破坏率比边列柱高	大量柱间支撑压弯，上柱支撑更严重，柱间支撑节点板扭折，锚筋拉脱，支撑失效，屋盖垂直支撑普遍失效，中列柱柱间支撑的破坏更为严重		

根据震害情况分析，未设防的单层钢筋混凝土厂房有以下弱点：

① 横向排架结构的抗震能力稍强，纵向排架结构的抗震能力很弱。

② 横向排架结构中，上柱根部（由于柱截面突然变化）和高低跨厂房中柱的支承低跨屋架处（由于高振型影响），为抗震的薄弱部位。

③ 突出屋面的天窗结构所受的地震作用较大，但其抗震能力较弱，其纵向抗震能力比横向更弱。

④ 支撑体系，尤其是厂房纵向支撑体系的抗震能力很弱，如果只按照一般构造要求设

置，则往往因间距过大、杆件的刚度和强度偏低而发生不同程度的破坏。

⑤ 预制构件间的连接构造单薄，在地震作用下往往强度和延性不足。

⑥ 屋盖体系较重，产生的地震作用较大，而屋盖结构的整体性不够，当发生强烈地震时，往往局部区段首先破坏和塌落。

⑦ 围护墙与柱子、屋盖拉结不牢，圈梁设置不足，圈梁与柱连接不强。

根据上述单层厂房震害的特征，要提高单层厂房的抗震性能，必须注意以下几个方面：

① 屋盖的整体刚度是保证厂房整体抗震能力的重要条件。

② 突出屋面的天窗架是厂房纵向抗震的薄弱环节，须增强其纵向抗震能力。

③ 不等高厂房高振型影响明显，震害普遍加重。

④ 上柱是保证厂房排架横向抗震能力的基本环节，要使上柱具有足够的抗震能力。

⑤ 重视连接节点的抗震能力，使节点不先于结构构件出现破坏。

⑥ 应考虑屋盖的纵向变形对厂房柱列纵向地震作用的影响。

⑦ 应考虑厂房的地震扭转效应。

单层厂房结构的抗震设计，主要是正确地进行单层厂房的概念设计，即进行结构布置时注意刚度协调，加强厂房整体性，同时进行地震作用下的结构抗震验算，以确保厂房结构的抗震能力，做好厂房各构件之间的连接构造。

由于地震的不确定性和复杂性，以及结构计算模型假定与实际情况的差异，抗震计算难以保证结构的薄弱部位不发生地震破坏。进行厂房结构抗震设计时，厂房结构抗震计算是在某些简化条件下的一种强度验算，有些简化条件和计算方法还不尽合理，因此，计算结果的可靠性尚待进一步研究，厂房的概念设计和构造措施尤为重要。本章重点介绍的是单层厂房的抗震概念设计和抗震构造措施。

4.7.2 单层厂房的抗震概念设计

正确的概念设计对于保证发生地震时单层厂房的安全性至关重要。尽管单层厂房的结构形式和材料有所不同，但有抗震设计要求的单层厂房均应遵守下列基本的设计原则。

1. 厂房选址

①厂址宜选择在对建筑物抗震有利的地段，如开阔平坦的坚硬场地土或密实均匀的中硬场地土。

②厂房建造时应避开对建筑物抗震不利的地段，如软弱场地土、易液化土、采空区、河岸和边坡边缘、故河道、半填半挖地基等。

③厂房不应该建造在危险的地段上，如发生地震时可能会引起滑坡、地陷、地表错位的地段。

2. 厂房的地基与基础

①同一结构单元的结构，宜采用同一类型的基础。

②同一结构单元的基础宜埋设在同一标高上；同一结构单元不宜设在性质截然不同的地

基土上。

3. 厂房的布置

单层厂房总的布置原则：平、立面布置宜规则、对称，质量和刚度变化均匀。厂房建筑物的重心尽可能降低，避免高低错落；多跨厂房当高度差不大时尽量做成等高；厂房屋面不做或少做女儿墙，必须做时，应尽量降低其高度；厂房平面避免凹凸曲折，当确有必要采用较为复杂的平、立面时，应采用防震缝将厂房分隔成规则的结构单元。

厂房布置的具体要求如下：

① 多跨厂房宜等高和等长。不等高多跨厂房有高振型反应，不等长多跨厂房有扭转效应，破坏较重，均对抗震不利。

② 厂房的贴建房屋和构筑物，不宜布置在厂房角部和紧邻防震缝处。在地震作用下，防震缝处排架柱的侧移量大，当有毗邻建筑时，相互碰撞或变位受约束的情况严重。

③ 当厂房体型复杂或有贴建的房屋和构筑物时，宜设防震缝。厂房纵横跨交接处、大柱网厂房或不设柱间支撑的厂房，在地震作用下侧移量较设置柱间支撑的厂房大，防震缝宽度可采用 100~150 mm，其他情况可采用 50~90 mm。

④ 两个主厂房之间的过渡跨至少应有一侧采用防震缝与主厂房脱开。在地震作用下，相邻两个独立的主厂房的振动变形可能不同步，与之相连接的过渡跨的屋盖常倒塌，造成破坏。

⑤ 厂房内上下吊车的钢梯不应靠近防震缝设置；多跨厂房不宜在同一横向轴线附近设置上下吊车的钢梯。

当排架附近停放吊车时，将增大该处排架的地震反应，特别是当多跨厂房各跨上下吊车的钢梯集中在同一横向轴线时，会导致震害加重。

⑥ 工作平台宜与厂房主体结构脱开。当工作平台或刚性内隔墙与厂房主体结构连接时，改变了主体结构的工作性状，加大了地震反应，导致应力集中，可能造成短柱效应，不仅影响排架柱，还可能涉及柱顶的连接和相邻的屋盖结构，计算和加强措施均较困难。

⑦ 厂房的同一结构单元内，不宜采用不同的结构形式；厂房端部应设屋架，不应采用山墙承重；厂房单元内不应采用横墙和排架混合承重。

不同形式的结构，振动特性不同，材料强度不同，侧移刚度不同。在地震作用下，往往由于荷载、位移、强度的不均衡，而造成结构破坏。山墙承重和中间有横墙承重的单层钢筋混凝土柱厂房和端部砖墙承重的天窗架，在地震中均造成较严重的破坏。

⑧ 厂房各柱列的侧移刚度宜均匀。两侧为嵌砌墙，中柱列设柱间支撑；一侧为外贴墙或嵌砌墙，另一侧为开敞；一侧为嵌砌墙，另一侧为外贴墙等各柱列纵向刚度严重不均匀的厂房，由于各柱列的地震作用分配不均匀，变形不协调，常导致柱列和屋盖的纵向破坏，在设计中应予以避免。

4. 抗震结构体系

① 结构体系应具有明确的计算简图和合理的地震作用传力途径。

② 结构体系应具备必要的强度，良好的变形能力。

③ 结构体系宜有多道抗震防线，避免因部分结构或构件失效而导致整个体系丧失抗震能力或丧失承载能力。

5. 结构选型

厂房构件的自重要减轻，结构构件选型要考虑其抗震能力，改善其变形性能。

（1）天窗

① 突出屋面的天窗架对厂房的抗震带来很不利的影响，而采用下沉式天窗的屋盖有良好的抗震性能。因此，有条件时均可采用突出屋面较小的避风型天窗，有条件或抗震设防烈度 9 度时宜采用下沉式天窗。

② 突出屋面的天窗宜采用钢天窗架，在抗震设防烈度 6～8 度时，可采用矩形截面杆件的钢筋混凝土天窗架。

③ 第二开间起开设天窗，将使端开间每块屋面板与屋架无法焊接或焊连的可靠性大大降低而导致地震时掉落，同时也大大降低屋面纵向水平刚度。因此，如果山墙能够开窗，或者采光要求不太高时，在抗震设防烈度 8 度和 9 度时，天窗架宜从厂房单元端部第三柱间开始设置。

④ 天窗屋盖、端壁板和侧板，宜采用轻型板材。

（2）屋架（屋面梁）

① 厂房宜采用钢屋架或重心较低的预应力混凝土、钢筋混凝土屋架。

② 当跨度不大于 15 m 时，可采用钢筋混凝土屋面梁。

③ 当跨度大于 24 m，或抗震设防烈度 8 度的Ⅲ类、Ⅳ类场地，以及 9 度时，应优先采用钢屋架。

④ 当柱距为 12 m 时，可采用预应力混凝土托架；当采用钢屋架时，亦可采用钢托架。

⑤ 预应力混凝土和钢筋混凝土空腹桁架的腹杆及其上弦节点均较薄弱，在天窗两侧竖向支撑的附加地震作用下，容易产生节点破坏、腹杆折断的严重破坏，所以有突出屋面天窗架的屋盖不宜采用预应力混凝土或钢筋混凝土空腹屋架。

（3）柱

① 抗震设防烈度 8 度、9 度地震区单层厂房柱的截面宜采用矩形、工字形截面柱或斜腹杆双肢柱，不宜采用薄壁开孔或预制腹板的工字形截面柱或管柱。

② 柱的根部（柱底至设计地坪以上 500 mm）和阶形柱的上柱宜采用矩形截面。

③ 柱间支撑宜采用型钢做成。

（4）围护墙体

在条件允许时，宜采用轻质材料或钢筋混凝土做成的大型墙板等轻型墙体。

6. 构件连接

加强厂房结构各构件间的连接，目的就是保证厂房结构的整体性。

① 对于屋面板与屋架、屋架与柱顶、支撑与主体结构构件之间的连接，埋设件的强度不应低于其连接构件的强度。

② 合理设置支撑体系，使厂房有较好的整体刚性，保证地震时厂房结构的稳定。

③ 合理设置钢筋混凝土圈梁、构造柱、芯柱及壁柱，注意这些构件中竖向钢筋的构造处理。

④ 非结构构件（如女儿墙、围护墙体、雨篷等）应与主体结构构件有可靠的连接和锚固，避免地震时倒塌伤人。

4.7.3　单层厂房的抗震构造措施

当地震发生时，单层厂房的振动情况非常复杂，《抗震规范》中采用如下抗震构造措施以保证厂房的抗震安全性。

1. 有檩屋盖构件的连接及支撑布置

有檩屋盖构件的连接及支撑布置应符合下列要求：

① 檩条应与混凝土屋架（屋面梁）焊牢，并应有足够的支承长度。

② 双脊檩应在跨度1/3处相互拉结。

③ 压型钢板应与檩条可靠连接，瓦楞铁、石棉瓦等应与檩条拉结。

④ 支撑布置宜符合表4-11的要求。

表4-11　有檩屋盖的支撑布置

支撑名称		抗震设防烈度		
		6度、7度	8度	9度
屋架支撑	上弦横向支撑	单元端开间各设一道	单元端开间及厂房单元长度大于66 m的柱间支撑开间各设一道；天窗开洞范围的两端各增设局部的支撑一道	厂房单元端开间及厂房单元长度大于42 m的柱间支撑开间各设一道；天窗开洞范围的两端各增设局部的上弦横向支撑一道
	下弦横向支撑	同非抗震设计，见4.2.2节		
	跨中竖向支撑			
	端部竖向支撑	屋架端部高度大于900 mm时，厂房单元端开间及柱间支撑开间各设一道		
天窗架支撑	上弦横向支撑	单元天窗端开间各设一道	单元天窗端开间及每隔30 m各设一道	单元天窗端开间及每隔18 m各设一道
	两侧竖向支撑	单元天窗端开间及每隔36 m各设一道		

2. 无檩屋盖构件的连接及支撑布置

无檩屋盖构件的连接及支撑布置应符合下列要求：

① 大型屋面板应与屋架（屋面梁）焊牢，靠柱列的屋面板与屋架（屋面梁）的连接焊缝长度不宜小于80 mm。

② 在抗震设防烈度6度和7度时，有天窗厂房单元的端开间，或在抗震设防烈度8度

和 9 度时各开间，宜将垂直屋架方向两侧相邻的大型屋面板的顶面彼此焊牢。

③ 在抗震设防烈度 8 度和 9 度时，大型屋面板端头底面的预埋件宜采用角钢并与主筋焊牢。

④ 非标准屋面板宜采用装配整体式接头，或将板四角切掉后与屋架（屋面梁）焊牢。

⑤ 屋架（屋面梁）端部顶面预埋件的锚筋，在抗震设防烈度 8 度时不宜少于 $4\phi10$，9 度时不宜少于 $4\phi12$。

⑥ 支撑的布置宜符合表 4 – 12 的要求，有中间井式天窗时宜符合表 4 – 13 的要求；8 度和 9 度跨度不大于 15 m 的屋面梁屋盖，可以仅在厂房单元两端各设竖向支撑一道。

表 4 – 12　无檩屋盖的支撑布置

支撑名称		抗震设防烈度		
		6 度、7 度	8 度	9 度
屋架支撑	上弦横向支撑	屋架跨度小于 18 m 时同非抗震设计，跨度不小于 18 m 时在厂房单元端开间各设一道	单元端开间及柱间支撑开间各设一道，天窗开洞范围的两端各增设局部的支撑一道	
	上弦通长水平系杆	同非抗震设计，见4.2.2 节	沿屋架跨度不大于 15 m 设一道，但装配整体式屋面可不设；围护墙在屋架上弦高度有现浇圈梁时，其端部处可以不另设	沿屋架跨度不大于 12 m 设一道，但装配整体式屋面可以不设；围护墙在屋架上弦高度有现浇圈梁时，其端部处可以不另设
	下弦横向支撑	同非抗震设计，见4.2.2 节		同上弦横向支撑
	跨中竖向支撑	当屋架跨度 >18 m 及 ≤30 m，且在单元两端第一或第二间及单元长度大于 66 m 时，在柱间支撑开间的屋架跨度中点，设置一道垂直支撑及下弦通长水平系杆；当有天窗时还应设置上弦通长水平系杆。屋架跨度 >30 m 时，在上述开间内的屋架跨度 1/3 左右处设置两道垂直支撑及下弦通长水平系杆	同上弦横向支撑	
	两端竖向支撑：屋架端部高度 ≤900 mm	可不设置	厂房单元端开间各设一道	厂房单元端开间及每隔 48 m 各设一道
	两端竖向支撑：屋架端部高度 >900 mm	厂房单元端开间各设一道	厂房单元端开间及柱间支撑开间各设一道	厂房单元端开间、柱间支撑开间及每隔 30 m 各设一道
天窗架支撑	天窗两侧竖向支撑	厂房单元天窗端开间及每隔 30 m 各设一道	厂房单元天窗端开间及每隔 24 m 各设一道	厂房单元天窗端开间及每隔 18 m 各设一道
	上弦横向支撑	同非抗震设计，见4.2.2 节	当天窗跨度 ≥9m 时，厂房单元天窗端开间及柱间支撑开间各设一道	厂房单元端开间及柱间支撑开间各设一道

表 4－13 中间井式天窗无檩屋盖支撑布置

支撑名称		抗震设防烈度		
		6度、7度	8度	9度
上弦横向支撑		厂房单元端开间各设一道	厂房单元端开间及柱间支撑开间各设一道	
下弦横向支撑				
上弦通长水平系杆		在天窗范围内屋架跨中上弦节点处设置		
下弦通长水平系杆		在天窗两侧及天窗范围内屋架下弦节点处设置		
跨中竖向支撑		有上弦横向支撑开间设置，位置与下弦通长水平系杆相对应		
两端竖向支撑	屋架端部高度≤900 mm	厂房单元端开间各设一道		有上弦横向支撑开间，且间距不大于48 m
	屋架端部高度>900 mm	厂房单元端开间各设一道	有上弦横向支撑开间，且间距不大于48 m	有上弦横向支撑开间，且间距不大于30 m

3. 屋盖支撑

屋盖支撑尚应符合下列要求：

① 天窗开洞范围内，在屋架脊点处应设上弦通长水平压杆；在8度Ⅲ类、Ⅳ类场地和9度时，梯形屋架端部上节点应沿厂房纵向设置通长水平压杆。

② 屋架跨中竖向支撑在跨度方向的间距，6～8度时不大于15 m，9度时不大于12 m；当仅在跨中设一道时，应设在跨中屋架屋脊处；当设两道时，应在跨度方向均匀布置。

③ 屋架上、下弦通长水平系杆与竖向支撑宜配合设置。

④ 柱距不小于12 m且屋架间距为6 m的厂房，托架（梁）区段及其相邻开间应设下弦纵向水平支撑。

⑤ 屋盖支撑杆件宜用型钢。

4. 天窗立柱与两侧墙板的连接

地震震害表明，采用刚性焊连构造时，天窗立柱普遍在下档和侧板连接处出现开裂和破坏，甚至倒塌，刚性连接仅在支撑很强的情况下才是可行的措施，突出屋面的混凝土天窗架，其两侧墙板与天窗立柱宜采用螺栓连接。

5. 混凝土屋架的截面和配筋

混凝土屋架的截面和配筋应符合下列要求：

① 屋架端竖杆和第一节间上弦杆，在静力分析中常作为非受力杆件而采用构造配筋，截面受弯、受剪承载力不足，须适当加强。屋架上弦第一节间和梯形屋架端竖杆的配筋，6度和7度时不宜少于$4\phi12$，8度和9度时不宜少于$4\phi14$。

② 梯形屋架的端竖杆截面宽度宜与上弦宽度相同。

③ 拱形和折线形屋架上弦端部支承屋面板的小立柱，要适当增大配筋和加密箍筋，以提高其拉弯剪能力，其截面不宜小于200 mm×200 mm，高度不宜大于500 mm，主筋宜采用

∏形，6 度和 7 度时不宜少于 4ϕ12，8 度和 9 度时不宜少于 4ϕ14，箍筋可采用 ϕ6，间距不宜大于 100 mm。

6. 厂房柱子的箍筋

（1）下列范围内柱的箍筋应加密

① 柱头，取柱顶以下 500 mm 高度范围内并不小于柱截面长边尺寸。

② 上柱，取阶形柱自牛腿面至吊车梁顶面以上 300 mm 高度范围内。

③ 牛腿（柱肩），取全高。

④ 柱根，取下柱柱底至室内地坪以上 500 mm 高度范围内。

⑤ 柱间支撑与柱连接节点和柱变位受平台等约束限制的部位，取节点上下各 300 mm 高度范围内。

（2）加密区箍筋间距不应大于 100 mm

另外，箍筋最大肢距和最小直径应符合表 4 - 14 的规定。

表 4 - 14　柱加密区箍筋最大肢距和最小箍筋直径　　　　　　　mm

烈度和场地类别		6 度和 7 度 Ⅰ 类、Ⅱ 类场地	7 度Ⅲ类、Ⅳ类场地和 8 度 Ⅰ 类、Ⅱ 类场地	8 度Ⅲ类、Ⅳ类场地和 9 度
箍筋最大肢距		300	250	200
箍筋最小直径	一般柱头和柱根	ϕ6	ϕ8	ϕ8（ϕ10）
	角柱柱头	ϕ8	ϕ10	ϕ10
	上柱牛腿和有支撑的柱根	ϕ8	ϕ8	ϕ10
	有支撑的柱头和柱变位受约束部位	ϕ8	ϕ10	ϕ12

注：括号内数值用于柱根。

7. 山墙抗风柱的配筋

山墙抗风柱的配筋应符合下列要求：

① 抗风柱柱顶以下 300 mm 和牛腿（柱肩）面以上 300 mm 范围内的箍筋，直径不宜小于 6 mm，间距不应大于 100 mm，肢距不宜大于 250 mm。

② 抗风柱的变截面牛腿（柱肩）处，宜设置纵向受拉钢筋。

8. 大柱网厂房柱的截面和配筋构造

大柱网厂房柱的截面和配筋构造应符合下列要求：

① 柱截面宜采用正方形或接近正方形的矩形，边长不宜小于柱全高的 1/18。

② 重屋盖厂房地震组合的柱轴压比，6 度、7 度时不宜大于 0.8，8 度时不宜大于 0.7，9 度时不宜大于 0.6。

③ 纵向钢筋宜沿柱截面周边对称配置，间距不宜大于 200 mm，角部宜配置直径较大的钢筋。

④ 柱头和柱根的箍筋应加密，并应符合下列要求：

a. 加密范围，柱根取基础顶面至室内地坪以上1 m，且不小于柱全高的1/6；柱头取柱顶以下500 mm，且不小于柱截面长边尺寸。

b. 箍筋直径、间距和肢距，应符合表4－14的规定。

9. 厂房柱间支撑的设置和构造

厂房柱间支撑的设置和构造应符合下列要求：

① 厂房柱间支撑的设置，应符合下列规定：

a. 一般情况下，应在厂房单元中部设置上、下柱间支撑，且下柱支撑应与上柱支撑配套设置；

b. 有吊车或抗震设防烈度8度和9度时，宜在厂房单元两端增设上柱支撑；

c. 厂房单元较长或在抗震设防烈度8度Ⅲ类、Ⅳ类场地和9度时，可在厂房单元中部1/3区段内设置两道柱间支撑。

② 柱间支撑应采用型钢，支撑形式宜采用交叉式，其斜杆与水平面的交角不宜大于55°。

③ 支撑杆件的长细比，不宜超过表4－15的规定。

④ 下柱支撑的下节点位置和构造措施，应保证将地震作用直接传给基础；当抗震设防烈度6度和7度不能直接传给基础时，应考虑支撑对柱和基础的不利影响。

⑤ 交叉支撑在交叉点应设置节点板，其厚度不应小于10 mm，斜杆与交叉节点板应焊接，与端节点板宜焊接。

表4－15　交叉支撑杆件的最大长细比

位置	抗震设防烈度和场地类别			
	6度和7度Ⅰ类、Ⅱ类场地	7度Ⅲ类、Ⅳ类场地和8度Ⅰ类、Ⅱ类场地	8度Ⅲ类、Ⅳ类场地和9度Ⅰ类、Ⅱ类场地	9度Ⅲ类、Ⅳ类场地
上柱支撑	250	250	200	150
下柱支撑	200	150	120	120

10. 水平压杆设置

抗震设防烈度8度时跨度不小于18 m的多跨厂房中柱和9度时多跨厂房各柱，柱顶宜设置通长水平压杆，此压杆可与梯形屋架支座处通长水平系杆合并设置，钢筋混凝土系杆端头与屋架间的空隙应采用混凝土填实。

11. 厂房结构构件的连接节点

厂房结构构件的连接节点应符合下列要求：

①屋架（屋面梁）与柱顶的连接，8度时宜采用螺栓，9度时宜采用钢板铰，亦可采用螺栓；屋架（屋面梁）端部支承垫板的厚度不宜小于16 mm。

②柱顶预埋件的锚筋，8度时不宜少于$4\phi14$，9度时不宜少于$4\phi16$；有柱间支撑的柱子，柱顶预埋件尚应增设抗剪钢板。

③山墙抗风柱的柱顶，应设置预埋板，使柱顶与端屋架的上弦（屋面梁上翼缘）可靠

连接。连接部位应位于上弦横向支撑与屋架的连接点处,不符合时可在支撑中增设次腹杆或设置型钢横梁,将水平地震作用传至节点部位。

④支承低跨屋盖的中柱牛腿(柱肩)的预埋件,应与牛腿(柱肩)中按计算承受水平拉力部分的纵向钢筋焊接,且焊接的钢筋,抗震设防烈度 6 度和 7 度时不应少于 $2\phi12$,8 度时不应少于 $2\phi14$,9 度时不应少于 $2\phi16$。

⑤柱间支撑与柱连接节点预埋件的锚件,抗震设防烈度 8 度 Ⅲ 类、Ⅳ 类场地和 9 度时,宜采用角钢加端板,其他情况可采用 HRB335 级或 HRB400 级热轧钢筋,但锚固长度不应小于 30 倍锚筋直径或增设端板。

⑥厂房中的吊车走道板、端屋架与山墙间的填充小屋面板、天沟板、天窗端壁板和天窗侧板下的填充砌体等构件应与支承结构有可靠的连接。

4.8　单层工业厂房结构设计实践

4.8.1　设计资料

1. 工程概况

某机修车间为两跨单层厂房,各跨跨度均为 21 m,柱距均为 6 m,车间总长度为 66 m。每跨设有起重量为 16 t/3.2 t 吊车各 2 台,吊车工作级别为 A5 级,轨顶标高不低于 8.40 m。厂房无天窗,采用卷材防水屋面,内天沟排水。围护墙为 250 mm 厚加气混凝土砌块墙(地面附近 500 mm 高为烧结页岩砖砌筑),内外侧抹灰 20 mm 专用砂浆并涂刷涂料,采用钢门窗,钢窗宽度为 3.6 m,室内外高差为 150 mm,素混凝土地面。建筑平面如图 4 - 79 所示。

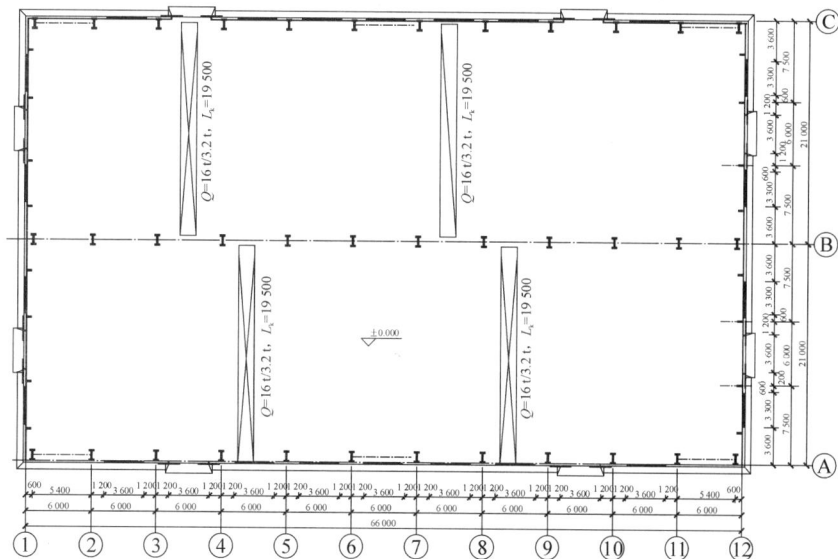

图 4 - 79　单层厂房平面布置图

2. 设计条件

厂房所在地的基本风压为 0.50 kN/m²，地面粗糙度为 B 类；基本雪压为 0.40 kN/m²，雪荷载准永久值系数分区为 Ⅱ 区；无积灰荷载。据《荷载规范》，风荷载的组合值系数为 0.6，其余可变荷载的组合值系数均为 0.7。场地土的标准冻结深度为 0.8 m，地基土为粉细砂，地基承载力特征值 $f_{ak} = 160$ kPa，地下水位在地面下 10 m。抗震设防烈度为 6 度。屋面系统的建筑做法及荷载如下：

① 两毡三油卷材防水层（上铺绿豆砂）　　　　　　　　　　　0.35 kN/m²
② 20 mm 厚水泥砂浆找平层　　　　　　　　　　$20 \times 0.02 = 0.40$（kN/m²）
③ 100 mm 厚水泥膨胀珍珠岩保温层　　　　　　　　$5 \times 0.1 = 0.50$（kN/m²）
④ 一毡两油隔气层　　　　　　　　　　　　　　　　　　　0.05 kN/m²
⑤ 20 mm 厚水泥砂浆找平层　　　　　　　　　　$20 \times 0.02 = 0.40$（kN/m²）
　　　　　　　　　　　　　　　　　　　　　　　　　　　　1.70 kN/m²

⑥ 结构屋面板。

⑦ 屋面支撑及吊挂。

天沟板处屋面建筑做法及荷载如下：

① 230 mm 高雨水荷载（按恒荷载计）　　　　　　$10 \times 0.23 = 2.30$（kN/m²）
② 三毡四油卷材防水层（上铺绿豆砂）　　　　　　　　　　0.40 kN/m²
③ 20 mm 厚水泥砂浆找平层　　　　　　　　　　$20 \times 0.02 = 0.40$（kN/m²）
④ 焦渣混凝土找坡层，12 m 排水坡，0.5% 排水

坡度，最低处 20 mm 厚，如图 4–80 所示，6 m
跨度内的平均厚度按 65 mm 计　　　　　　　　$14 \times 0.065 = 0.91$（kN/m²）

分析排架整体计算时，雨水荷载不与屋面活荷载同时考虑。

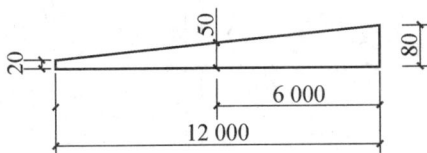

图 4 – 80　焦渣混凝土找坡层厚度示意图

卷材防水层应考虑高、低肋覆盖部分，其宽度按天沟平均内宽 b（b = 天沟宽度 − 190 mm）的 2.5 倍计算。天沟板承担的线荷载基本组合设计值为：$q = 1.3b \times (0.91 + 0.4 + 2.5 \times 0.40 + 2.3) = 6.0b$。

3. 材料

基础混凝土强度等级为 C25，柱混凝土强度等级为 C30。纵向受力钢筋采用 HRB400 级，箍筋与分布钢筋均采用 HPB300 级钢筋。基础底板受力钢筋采用 HPB300 级。

4. 设计要求

① 对结构上部的标准构件进行选型，并进行结构布置。

② 排架的荷载计算和内力分析。

③ 排架柱的设计。

④ 柱下独立基础的设计。

4.8.2　构件选型及屋盖系统布置

根据厂房跨度、柱顶标高、吊车起重量的大小及吊车的运行空间等要求，确定其结构形式采用钢筋混凝土排架结构。为保证屋盖的整体性，屋盖采用无檩体系。屋面采用卷材防水并利用结构找坡，采用上弦为折线的预应力混凝土折线形屋架并铺设预应力混凝土屋面板。吊车起重量不大，考虑维护方便及耐久性因素，选用普通钢筋混凝土吊车梁。主要承重构件选型见表 4 – 16。其中，屋面板的型号根据屋面的均布面荷载（不含屋面板自重）设计值确定；屋面采用有组织排水，布置内天沟，并选择嵌板与天沟板结合使用；屋架型号根据屋面外加面荷载设计值、天窗类别、悬挂吊车情况及檐口形状选定；吊车梁型号根据吊车的额定起重量、吊车的跨距及吊车的工作级别选定；基础梁型号根据跨度、墙体高度、有无门窗洞等选择确定，基础梁选用时考虑了梁上墙体材料加气混凝土砌块比图集中砖墙的重度降低较多的因素。

表 4 – 16　主要承重构件选型表

构件名称	标准图集	承受外部荷载	选用型号	自重标准值
屋面板	04G410 – 1，1.5 m×6 m 预应力混凝土屋面板（预应力混凝土部分）	恒荷载：1.70 kN/m² 活荷载：0.50 kN/m² 设计值：1.3×1.7 + 1.5×0.5 = 2.96（kN/m²）	Y – WB – 3Ⅲ（中间跨）Y – WB – 3Ⅲs（端跨）	1.5 kN/m²（包括灌缝重）
嵌板	04G410 – 1		Y – KWB – 2Ⅲ（中间跨）Y – KWB – 2Ⅲs（端跨）	1.8 kN/m²（包括灌缝重）
天沟板	04G410 – 2，1.5 m×6 m 预应力混凝土屋面板（钢筋混凝土部分）	线荷载设计值：6.0b = 2.34（kN/m）	TGB58	12 kN/块
屋架	04G415 – 1，预应力混凝土折线形屋架	设计值（按标准屋面板考虑即可）：1.3×（1.7 + 1.5）+ 1.5×0.5 = 4.91（kN/m²）	YWJ21 – 1Aa（跨度 21 m）	92.90 kN/榀 0.10 kN/m²（屋盖钢支撑）
吊车梁	04G323 – 2 钢筋混凝土吊车梁（吊车工作级别为 A4、A5）	大连重工，DQQD 型 16 t/3.2 t 起重机	DL – 8Z（中间跨）DL – 8B（边跨）	39.5 kN/根 40.8 kN/根
轨道连接	04G325 吊车轨道连接及车挡	钢轨型号 38 kg/m	轨道连接型号 DGL – 13，车挡 CD – 3	1.10 kN/m
基础梁	04G320 钢筋混凝土基础梁		JL – 1	16.1 kN/根

注：屋架选型还应根据屋面支撑设置情况，按标准图集的要求对基本型号加以完善。

工艺资料要求吊车的轨顶标高为 8.40 m。对起重量为 16 t/3.2 t、工作级别为 A5 的吊车，当厂房跨度为 21 m 时，可求得吊车的跨度 $L_k = 21 - 0.75 \times 2 = 19.5$（m），由附表 D-1 可查得吊车参数如表 4-17 所示。

表 4-17　吊车参数

吊车起重量 Q/t	吊车总重（包括小车）/kN	小车总重 g/kN	吊车宽度 B/mm	轮距 K/mm	P_{max}/kN	P_{min}/kN
16/3.2	263.84	62.27	5 944	4 100	168	52.1

注：此处，1 t 近似按 10 kN 考虑。

吊车轨顶以上高度为 2.185 m，选用轨道型号为 38 kg/m 钢轨；吊车梁 DL-8Z 的高度 $h_b = 1.20$ m，轨道顶面至吊车梁顶面的距离为轨道高度（134 mm）与轨道连接部分（约 40 mm）的高度和，即 $h_a = 0.174$ m，则牛腿顶面标高可按下式计算：

牛腿顶面标高 = 轨顶标高 $- h_a - h_b$ - 梁下垫板厚度 = 8.40 - 0.174 - 1.20 - 0.01 = 7.016（m）

由建筑模数的要求，牛腿顶面标高取为 7.20 m，则：

实际轨顶标高 = 7.20 + 0.01 + 1.20 + 0.174 = 8.584（m）＞8.40 m。

考虑吊车行驶所需空隙尺寸 $h_7 = 300$ mm，柱顶标高可按下式计算：

柱顶标高 = 轨顶标高 + 吊车高度 + h_7 = 8.584 + 2.185 + 0.30 = 11.069（m）

则柱顶标高取为 11.10 m。取室内地面至基础顶面的距离为 0.6 m，则计算简图中柱的总高度 H、上柱高度 H_u 和下柱高度 H_l 分别为 $H = 11.1 + 0.6 = 11.7$（m），$H_u = 11.1 - 7.2 = 3.9$（m），$H_l = 7.2 + 0.6 = 7.8$（m）。

根据柱的高度、吊车起重量及工作级别等条件，可由表 4-1 及表 4-2 确定柱截面尺寸，柱截面图如图 4-81 所示。

取Ⓐ、Ⓒ轴的上柱 $b \times h = 400$ mm $\times 400$ mm，

下柱 $b_f \times h \times b \times h_f = 400$ mm $\times 800$ mm $\times 100$ mm $\times 150$ mm；

Ⓑ轴的上柱 $b \times h = 400$ mm $\times 600$ mm，

下柱 $b_f \times h \times b \times h_f = 400$ mm $\times 900$ mm $\times 100$ mm $\times 150$ mm；

其中，当为矩形截面时 b 为柱宽，当为工字形截面时 b 为腹板宽度，h 为柱高，h_f 为工字形的翼缘高度，柱截面尺寸如图 4-81 所示。

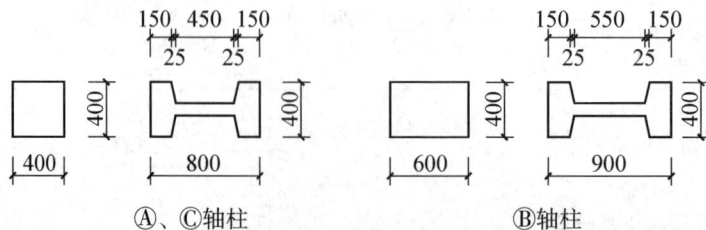

图 4-81　柱截面图

由附表 D – 1 查得轨道中心至端部距离 $B_1 = 260$ mm；吊车桥架外边缘至上柱内边缘的净宽度，一般取 $c \geq 80$ mm。对中柱，取纵向定位轴线为柱的几何中心，由图 4 – 11 知，$b = 300$ mm，故：

$$c = \lambda - B_1 - b = 750 - 260 - 300 = 190 （mm） > 80 \text{ mm}$$

符合要求。

对于边柱，取纵向定位轴线与柱外皮重合，由图 4 – 11 知，$b = 400$ mm，故：

$$c = \lambda - B_1 - b = 750 - 260 - 400 = 90 （mm） > 80 \text{ mm}$$

亦符合要求，即图 4 – 79 所示的单层厂房平面布置图满足吊车运行的设计要求。单层厂房剖面图如图 4 – 82 所示，屋架及屋面板布置如图 4 – 83 所示，吊车梁布置如图 4 – 84 所示。

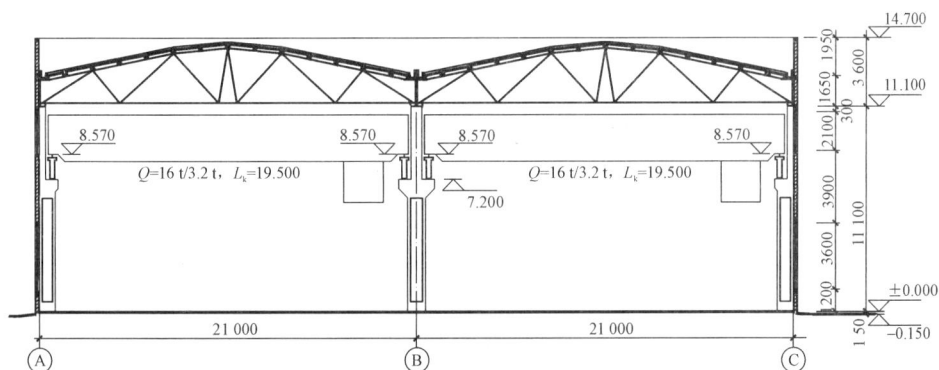

图 4 – 82　单层厂房剖面图

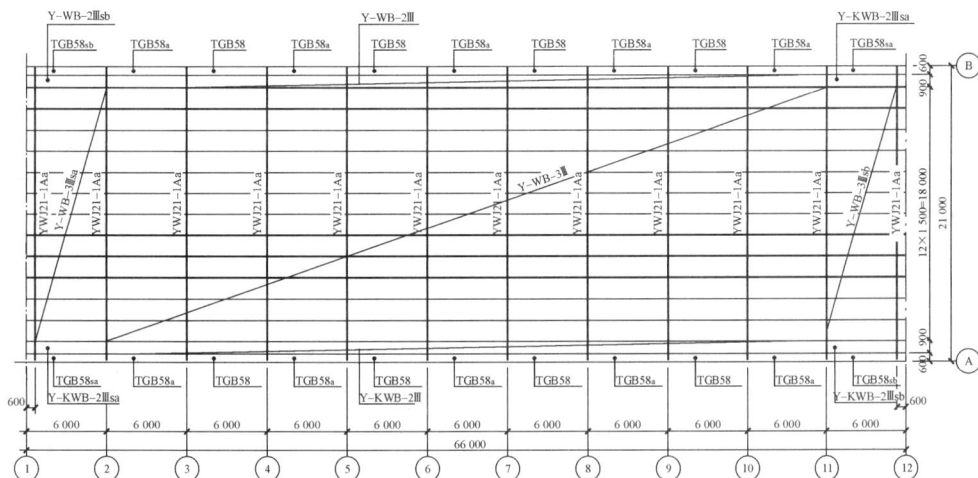

图 4 – 83　屋架及屋面板布置（Ⓑ～Ⓒ轴间布置参照Ⓐ～Ⓑ轴间布置）

设计采用大型屋面板，并要求屋面板不少于三点与屋架埋件焊接连接。根据《抗震规范》，对于 6 度设防的无檩屋盖单层厂房，当屋架跨度大于 18 m 时，在厂房单元的端开间分别设置屋架上弦支撑（SC）、下弦支撑（XC），并增强屋盖的整体性，如图 4 – 85 所示，并

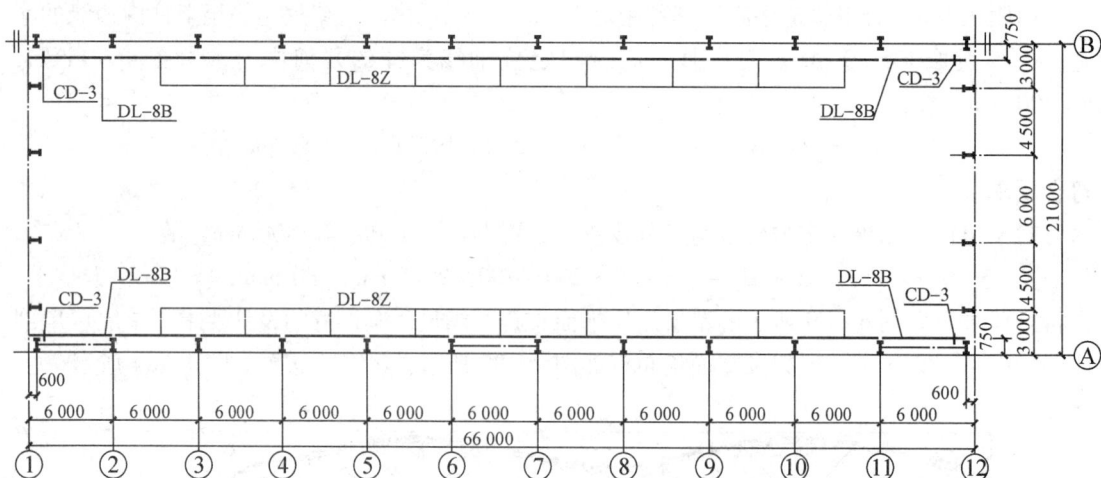

图 4 – 84　吊车梁布置（Ⓑ～Ⓒ轴间布置与Ⓐ～Ⓑ轴间布置对称）

在端开间的屋架端部和跨中设置三道垂直支撑（CC），其他跨相应部位设下弦系杆（GX）。具体构件型号详见标准图集 04G415 – 1 中第 14 页与第 16 页的支撑布置图示。

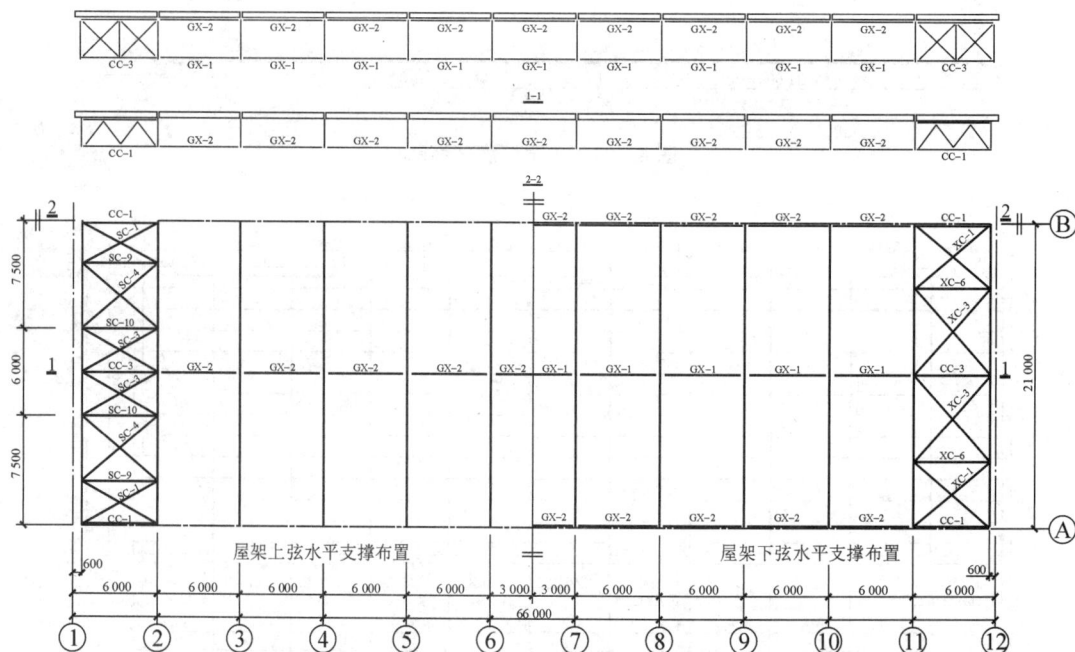

图 4 – 85　屋架支撑布置（Ⓑ～Ⓒ轴间布置与Ⓐ～Ⓑ轴间布置对称）

本设计吊车起重量大于 10 t，跨度 21 m，且柱高大于 8 m，因此，需要布置柱间支撑。根据上下柱的高度、风荷载及纵向吊车刹车荷载，以及截面尺寸等，按照标准图集 05G336 柱间支撑图集选择柱间支撑的具体型号。

纵向风荷载从屋盖部分的传递路线为：山墙──→抗风柱──→柱顶部分传给屋架上弦──→

纵向柱列（柱间支撑）——基础。当计算柱间支撑所承担的风荷载时，每侧纵向柱列近似取本跨内山墙面积的 1/4 所受的风荷载进行计算。风压高度变化系数 μ_z 近似按女儿墙顶高度 14.850 m 取值。由附表 E - 2 查得当 B 类地面粗糙度时，女儿墙顶（距地面高 14.850 m 处）的风压高度变化系数 $\mu_z = 1.126$。

可求得边柱列纵向排架承担的风荷载标准值为：

$$W_1 = \beta_z \mu_s \mu_z w_0 A = 1.0 \times (0.8 + 0.5) \times 1.126 \times 0.5 \times (14.85 \times 21)/4 = 57.1(\text{kN})$$

作用于每道上柱支撑上节点处的水平风荷载作用设计值：

$$V_{b1} = 1.5 W_1/3 = 1.5 \times 57.1/3 = 28.55(\text{kN})$$

按上柱支撑选用表，边柱列上柱支撑型号为 ZCs - 39 - 1a（中跨）和 ZCs - 39 - 1b（边跨）。

当选用下柱支撑考虑吊车水平制动力时，考虑同一柱列吊车梁上由两台起重量最大的吊车所有刹车轮（一般每台吊车的刹车轮数取吊车一侧轮数的一半）所产生的制动力。即：

$$T = 0.1 P_{\max} = 0.1 \times 168 \times 2 \times 0.9 = 30.24 \quad (\text{kN})$$

作用于下柱支撑上节点处的水平作用组合设计值：

$$V_{b2} = 1.5(W_1 + T) = 1.5 \times (57.1 + 30.24) = 131.01(\text{kN})$$

按下柱支撑选用表，边柱列下柱柱间支撑型号为 ZCx - 72 - 12。

对于两跨厂房的中间柱列，上柱支撑的上节点处水平风荷载增加为边跨的两倍，即 $V_{b1} = 57.1$ kN。中间柱列上柱支撑型号为 ZCs - 39 - 1a（中跨）和 ZCs - 39 - 1b（边跨）。

中间柱列下柱支撑上节点处的水平作用：

$$V_{b2} = 1.5(W_1 + T) = 1.5 \times (57.1 \times 2 + 30.24) = 216.66(\text{kN})$$

中间柱列下柱柱间支撑型号为 ZCx - 72 - 12。

柱间支撑布置示意图如图 4 - 86 所示。

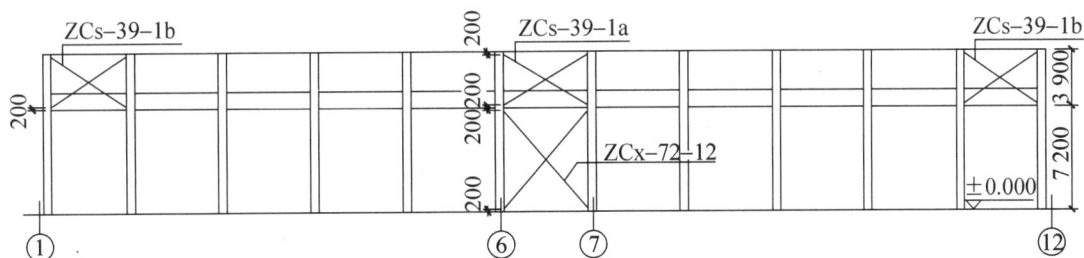

图 4 - 86 柱间支撑布置示意图（Ⓐ、Ⓑ、Ⓒ轴柱列均按此布置）

4.8.3 排架的荷载计算

1. 排架的计算简图

该机修车间，考虑结构布置及荷载分布均匀（吊车荷载除外），取一榀横向排架作为基本的计算单元，单元宽度为排架柱两侧各半个柱距的受荷范围，即受荷宽度为 6 m，如

图 4 - 87 所示；基础顶面考虑为室内地面下 600 mm。排架计算简图如图 4 - 88 所示。

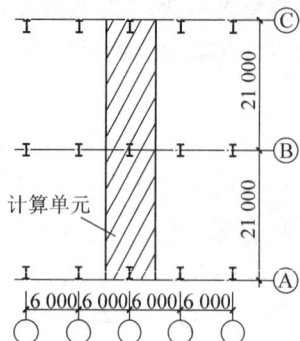

图 4 - 87　排架计算单元

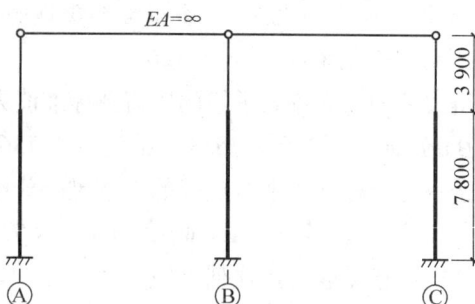

图 4 - 88　排架计算简图

由柱的截面尺寸，可求得柱的截面几何特征及自重标准值，见表 4 - 18。

表 4 - 18　柱的截面几何特征及自重标准值

柱号	计算参数	截面尺寸/mm	横截面积 /mm²	惯性矩/mm⁴	自重/ (kN·m⁻¹)
Ⓐ Ⓒ	上柱	400×400	$1.600×10^5$	$21.30×10^8$	4.00
	下柱	工 400×800×100×150	$1.775×10^5$	$143.80×10^8$	4.44
Ⓑ	上柱	400×600	$2.400×10^5$	$72.00×10^8$	6.00
	下柱	工 400×900×100×150	$1.875×10^5$	$195.38×10^8$	4.69

2. 荷载计算

（1）恒荷载计算

①屋盖结构自重标准值：

屋面建筑做法　　　　　　　　　　　　　　　　　　　1.70 kN/m²

　　屋面板及灌缝自重（每柱距内 24 块）　　1.50 kN/m²

　　嵌板及灌缝自重（每柱距内 4 块）　　　　1.80 kN/m² ｝平均按 1.63 kN/m²

　　天沟板及灌缝自重（每柱距内 4 块）　　　3.30 kN/m²

屋面支撑及吊挂　　　　　　　　　　　　　　　　　　0.10 kN/m²

柱距内平均　　　　　　　　　　　　　　　　　　　$g_k=3.43$ kN/m²

屋架自重　　　　　　　　　　　　　　　　　　　　　92.90 kN

则作用在一榀横向平面排架一端柱顶的屋盖自重标准值为：

$$G_1 = 3.43 × 6 × \frac{21}{2} + \frac{92.9}{2} = 262.54 \ (kN)$$

G_1 作用点与屋架端部纵向定位轴线之间的距离为 150 mm。

②柱自重标准值：

Ⓐ、Ⓒ轴上柱：$G_{2A} = G_{2C} = 4.0 \times 3.9 = 15.60$（kN）

上、下柱截面中心线之间的距离：$e_2 = \dfrac{h_l}{2} - \dfrac{h_u}{2} = \dfrac{800}{2} - \dfrac{400}{2} = 200$（mm）

下柱：$G_{3A} = G_{3C} = 4.44 \times 7.8 \times 1.1 = 38.10$（kN）

上式中，系数 1.1 为考虑下柱牛腿及部分矩形截面而乘的增大系数。

Ⓑ轴上柱：$G_{2B} = 6.0 \times 3.9 = 23.40$（kN）

下柱：$G_{3B} = 4.69 \times 7.8 \times 1.1 = 40.24$（kN）

③吊车梁及轨道自重标准值：

$$G_4 = 39.5 + 1.1 \times 6 = 46.10\ (\text{kN})$$

G_4 与纵向定位轴线之间的距离为 750 mm。

（2）屋面活荷载标准值

由《荷载规范》可知，不上人屋面均布活荷载为 $0.50\ \text{kN/m}^2$，比基本雪压大，则屋面活荷载在每侧柱顶产生的压力为：

$$Q_1 = 0.5 \times 6 \times 21/2 = 31.5\ (\text{kN})$$

（3）吊车荷载标准值

根据吊车参数表 4-17，对于两跨排架，当同一跨内同时有两台吊车时，根据 B 与 K 及支座反力影响线，如图 4-89 所示，可求得吊车竖向荷载标准值为：

$$D_{\max} = P_{\max}(y_1 + y_2 + y_3 + y_4) = 168 \times (6 + 1.9 + 4.156 + 0.056)/6$$
$$= 339.136\ (\text{kN})$$

$$D_{\min} = P_{\min}(y_1 + y_2 + y_3 + y_4) = 52.1 \times (6 + 1.9 + 4.156 + 0.056)/6$$
$$= 105.173\ (\text{kN})$$

作用于每一个轮子上的吊车横向水平制动力为：

$$T = \frac{1}{4}\alpha(Q + g) = \frac{1}{4} \times 0.1 \times (160 + 62.27) = 5.56\ (\text{kN})$$

作用于吊车两端每个排架柱上的吊车横向水平荷载标准值为：

$$T_{\max} = T(y_1 + y_2 + y_3 + y_4) = 5.56 \times (6 + 1.9 + 4.156 + 0.056)/6$$
$$= 11.22\ (\text{kN})$$

横向刹车荷载作用点到柱顶的距离：

$$y = H_u - h_b - \text{垫板厚度} = 3.9 - 1.2 - 0.01 = 2.69\ (\text{m})，\ a = y/H_u = \frac{2.69}{3.9} = 0.69$$

以上荷载均未考虑多台吊车的折减，在效应组合时应予以考虑。

（4）风荷载标准值

单层工业厂房的风振系数 β_z 可取 1.0，由于屋面坡度小于 15°，厂房的风荷载体型系数 μ_s 可取图 4-90（a）所示的数值。计算 q_1、q_2 时［见图 4-90（b）］，风压高度变化系数按

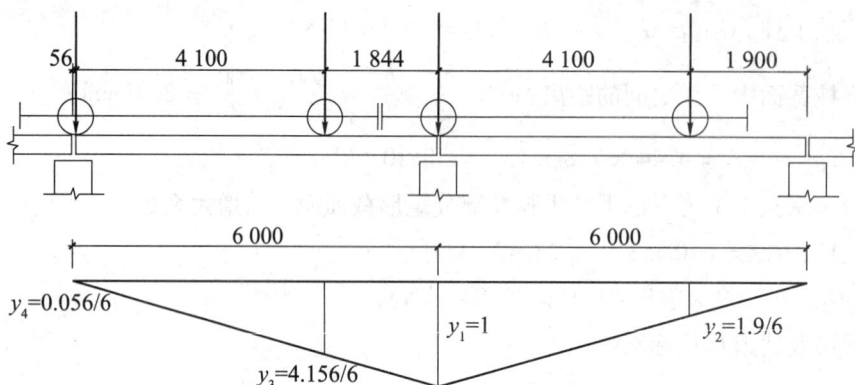

$$y_4=0.056/6$$
$$y_1=1$$
$$y_2=1.9/6$$
$$y_3=4.156/6$$

图 4 - 89 求 D_{max} 时的吊车位置图

柱顶离室外天然地坪的高度 11.1 + 0.15 = 11.25（m）取值。由于围护墙上设置有女儿墙，柱顶集中风荷载 F_w［见图 4 - 90（b）］取柱顶至女儿墙顶高度 h_1 范围内女儿墙承担的风荷载，以及檐口至坡屋面顶部高度 h_2 范围内屋面的风荷载之和。h_1 及 h_2 高度内风压高度变化系数 μ_z 近似按女儿墙顶高度 14.850 m 取值。由附表 E - 2 查得当 B 类地面粗糙度时，厂房各部分高度对应的风压高度变化系数 μ_z 为：

柱顶（距地面高 11.250 m 处）　　　$\mu_z = 1.033$

女儿墙顶（距地面高 14.850 m 处）　　$\mu_z = 1.126$

则可求得排架计算简图中迎风面及背风面的风载标准值为：

$$q_1 = \beta_z\mu_s\mu_z w_0 B = 1.0 \times 0.8 \times 1.033 \times 0.5 \times 6 = 2.48 \ (kN/m)(\rightarrow)$$

$$q_2 = \beta_z\mu_s\mu_z w_0 B = 1.0 \times 0.4 \times 1.033 \times 0.5 \times 6 = 1.24 \ (kN/m)(\rightarrow)$$

$$F_w = \beta_z[(0.8 + 0.4)h_1 + (0.5 - 0.6)h_2]\mu_z w_0 B$$

$$= 1.0 \times [1.2 \times 3.6 - 0.1 \times 1.65] \times 1.126 \times 0.5 \times 6$$

$$= 14.04(kN)(\rightarrow)$$

计算简图中，q_1、q_2 的作用范围近似包括地面下至基础顶面的柱段高度。

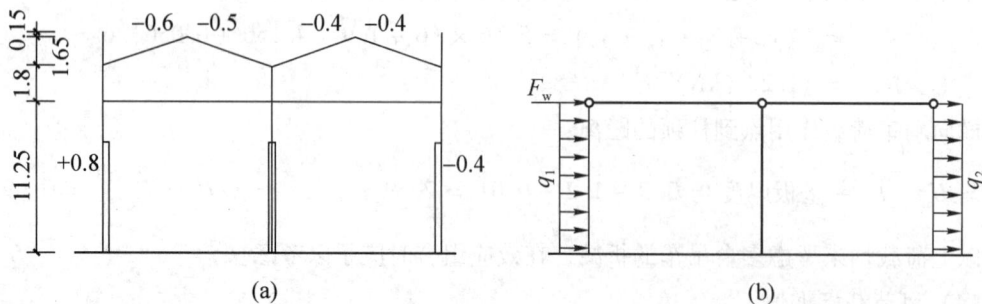

（a）　　　　　　　　　　　　　　（b）

图 4 - 90　风荷载体型系数及风荷载计算简图

（a）风荷载体型系数；（b）风荷载计算简图

排架的受荷示意图如图 4 – 91 所示。其中，横向刹车荷载仅考虑在一跨内出现，可以为左向刹车或右向刹车；风荷载为左向来风的布置示意，当为右侧风时，按对称布置。

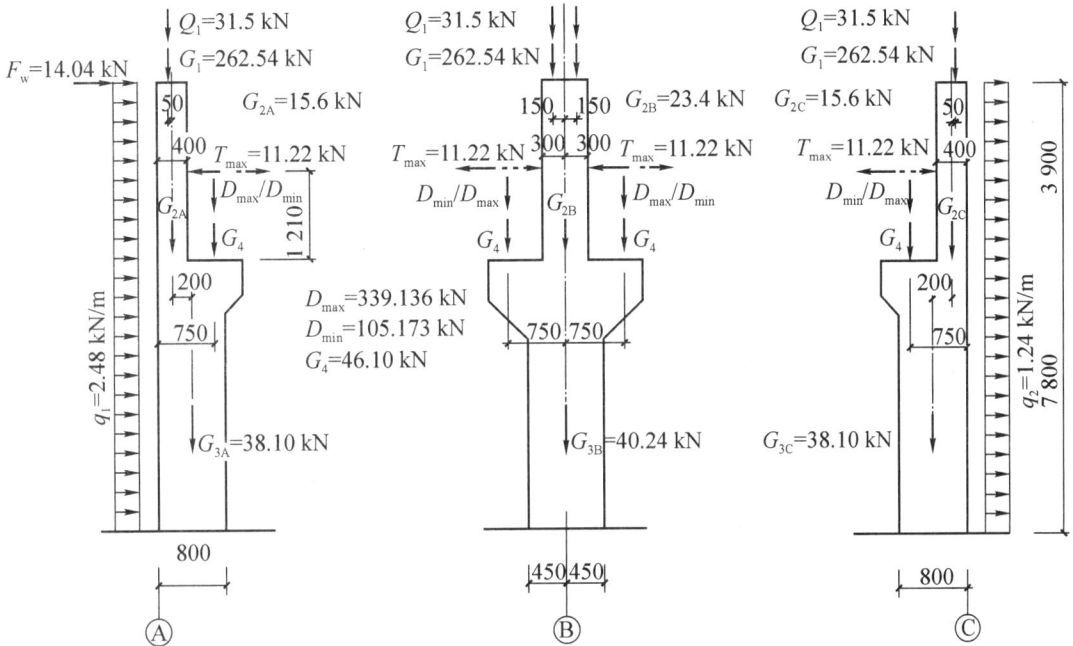

图 4 – 91　排架受荷示意图

4.8.4　排架的内力计算

1. 内力分析的有关系数

对于等高排架，运用剪力分配法进行内力分析。

（1）柱剪力分配系数

柱剪力分配系数见表 4 – 19。

表 4 – 19　柱剪力分配系数

柱号	$n = I_u/I_l$ $\lambda = H_u/H$	$C_0 = 3/[1 + \lambda^3(1/n - 1)]$ $\delta = \dfrac{H^3}{C_0 E I_l}$	$\eta_i = \dfrac{1/\delta_i}{\sum(1/\delta_i)}$
Ⓐ、Ⓒ轴	$n = 0.148$ $\lambda = 0.333$	$C_0 = 2.474$ $\delta = 2.810 \times 10^{-11} H^3/E$	$\eta_A = \eta_C = 0.282$
Ⓑ轴	$n = 0.369$ $\lambda = 0.333$	$C_0 = 2.821$ $\delta = 1.814 \times 10^{-11} H^3/E$	$\eta_B = 0.436$

（2）单阶变截面柱的柱顶反力系数

不同荷载作用下单阶变截面柱的柱顶反力系数见表4-20。

表4-20　单阶变截面柱的柱顶反力系数

简图	柱顶反力系数	Ⓐ、Ⓒ轴	Ⓑ轴
M R	$C_{1,a=0} = \dfrac{3}{2}\dfrac{1-\lambda^2\left(1-\dfrac{1}{n}\right)}{1+\lambda^3\left(\dfrac{1}{n}-1\right)}$	2.027	1.678
R M	$C_{1,a=1} = \dfrac{3}{2}\dfrac{1-\lambda^2}{1+\lambda^3\left(\dfrac{1}{n}-1\right)}$	1.100	1.254
aH_u R T	$C_3 = \dfrac{1}{2}\dfrac{2-3a\lambda+\lambda^3\left[\dfrac{(2+a)(1-a)^2}{n}-(2-3a)\right]}{1+\lambda^3\left(\dfrac{1}{n}-1\right)}$	0.567	0.629
q R	$C_{6,b=0} = \dfrac{3}{8}\dfrac{1+\lambda^4\left(\dfrac{1}{n}-1\right)}{1+\lambda^3\left(\dfrac{1}{n}-1\right)}$	0.331	—

2. 内力计算

计算内力时，取使柱截面左侧受拉的弯矩为正，剪力取使柱段发生顺时针转动的剪力为正，排架柱所受轴力一般为压力，规定为正值。后面各弯矩图与柱底剪力均未注明正、负号，弯矩图画在柱受拉一侧，当剪力为正时画在柱右侧。

（1）恒荷载作用下排架内力分析

单层厂房的一般装配过程，是在已有基础上吊装就位排架柱、吊装吊车梁及轨道等，然后再装配屋盖系统。对于排架柱，除吊装过程外，其他受力状态对其截面承载性能均不起控制作用。因此，柱的设计均在形成排架体系后，按所受荷载及作用进行内力计算。对于标准的一榀排架，恒荷载的作用方式是完全对称的。

恒荷载作用下排架的计算简图如图4-92（a）所示。图中的重力荷载 $\tilde{G}$ 及力矩 M 根据图4-91确定，即：

$$\tilde{G}_1 = G_1 = 262.54 \text{（kN）}$$

$$\tilde{G}_2 = G_{2A} + G_4 = 15.6 + 46.10 = 61.7 \ (\text{kN})$$

$$\tilde{G}_3 = G_{3A} = 38.10 \ (\text{kN})$$

$$\tilde{G}_{1B} = 2G_1 = 525.08 \ (\text{kN})$$

$$\tilde{G}_{2B} = G_{2B} + 2G_4 = 23.4 + 2 \times 46.10 = 115.6 \ (\text{kN})$$

$$\tilde{G}_{3B} = G_{3B} = 40.24 \ (\text{kN})$$

$$M_1 = G_1 e_1 = 262.54 \times 0.05 = 13.13 \ (\text{kN} \cdot \text{m})$$

$$M_2 = (G_1 + G_{2A}) e_2 - G_4 e_4 = (262.54 + 15.6) \times 0.20 - 46.1 \times 0.35 = 39.49 \ (\text{kN} \cdot \text{m})$$

对称排架在对称的恒荷载作用下，结构无侧移，故各柱可按柱顶为不动铰支座计算内力。按照表 4 - 20 计算的柱顶反力系数，柱顶不动铰支座反力 R_i 为：

$$R_A = C_{1,a=0} \frac{M_1}{H} + C_{1,a=1} \frac{M_2}{H} = 2.027 \times \frac{13.13}{11.7} + 1.100 \times \frac{39.49}{11.7} = 5.987 \ (\text{kN})(\rightarrow)$$

$$R_C = -5.987 \ (\text{kN})(\leftarrow)$$

$$R_B = 0$$

求得柱顶反力 R_i 后，根据平衡条件求得柱各截面的弯矩和剪力。柱各截面的轴力为该截面以上重力荷载之和。恒荷载作用下排架结构的内力图如图 4 - 92 所示。

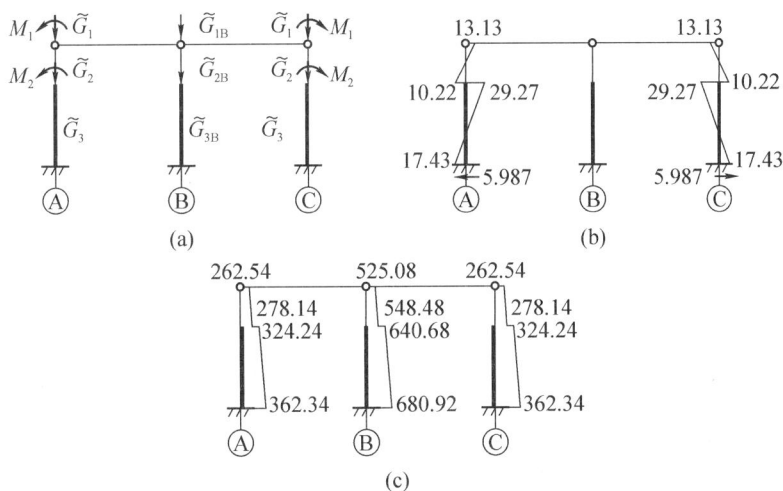

图 4 - 92　恒荷载作用下排架结构的内力图

（a）计算简图；（b）弯矩图及基础水平反力；（c）轴力图

（2）屋面活荷载作用下排架内力分析

AB 跨屋面活荷载作用：

排架计算简图如图 4 - 93（a）所示。屋架传至柱顶的集中荷载 $Q_1 = 31.5 \ \text{kN}$，它在柱顶及变阶处引起的力矩分别为：

$$M_{1A} = 31.5 \times 0.05 = 1.575 \ (\text{kN} \cdot \text{m})$$

$$M_{2A} = 31.5 \times 0.20 = 6.30 \ (\text{kN} \cdot \text{m})$$

$$M_{1B} = 31.5 \times 0.15 = 4.725 \ (\text{kN} \cdot \text{m})$$

按照表 4 - 20 计算的柱顶反力系数可求得柱顶不动铰支座反力 R_i，即：

$$R_A = C_{1,a=0} \frac{M_{1A}}{H} + C_{1,a=1} \frac{M_{2A}}{H} = 2.027 \times \frac{1.575}{11.7} + 1.100 \times \frac{6.30}{11.7} = 0.865 \ (\text{kN})(\rightarrow)$$

$$R_B = C_{1,a=0} \frac{M_{1B}}{H} = 1.678 \times \frac{4.725}{11.7} = 0.678 \ (\text{kN})(\rightarrow)$$

则排架柱顶不动铰支座总反力为：

$$R = R_A + R_B = 0.865 + 0.678 = 1.543 \ (\text{kN})(\rightarrow)$$

将 R 反向作用于排架柱顶，用式（4 - 13）计算相应的柱顶剪力，并与柱顶不动铰支座反力叠加，可得屋面活荷载作用于 AB 跨时的柱顶剪力，即：

$$V_A = R_A - \eta_A R = 0.865 - 0.282 \times 1.543 = 0.430 \ (\text{kN})(\rightarrow)$$

$$V_B = R_B - \eta_B R = 0.678 - 0.436 \times 1.543 = 0.005 \ (\text{kN})(\rightarrow)$$

$$V_C = -\eta_C R = -0.282 \times 1.543 = -0.435 (\text{kN})(\leftarrow)$$

屋面活荷载作用下排架柱的内力图如图 4 - 93 所示。

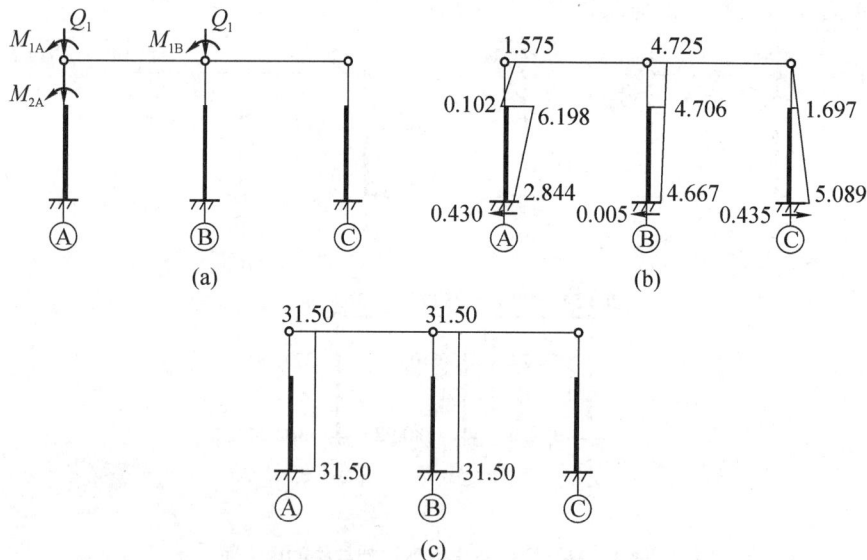

图 4 - 93 屋面活荷载作用下排架柱的内力图

（a）计算简图；（b）弯矩图及基础水平反力；（c）轴力图

对于对称结构，当仅 BC 跨作用有屋面活荷载时，与 AB 跨单独作用屋面活荷载时的内力图也呈对称分布。

（3）同一跨内两台吊车荷载作用下排架内力分析

厂房空间作用分配系数 $m = 0.8$。

① $D_{\max}$ 作用于Ⓐ柱：

计算简图如图 4-94 所示。吊车竖向荷载 $D_{\max}$、$D_{\min}$ 在牛腿顶面处引起的力矩分别为：

$$M_A = D_{\max}e_4 = 339.136 \times 0.35 = 118.70 \text{ (kN·m)}$$

$$M_B = D_{\min}e_4 = 105.173 \times 0.75 = 78.88 \text{ (kN·m)}$$

按照表 4-20 计算的柱顶反力系数可求得柱顶不动铰支座反力 R_i 分别为：

$$R_A = -C_{1,a=1}\frac{M_A}{H} = -1.10 \times \frac{118.70}{11.7} = -11.16 \text{ (kN)}(\leftarrow)$$

$$R_B = C_{1,a=1}\frac{M_B}{H} = 1.254 \times \frac{78.88}{11.7} = 8.45 \text{ (kN)}(\rightarrow)$$

排架柱顶不动铰支座总反力为：

$$R = R_A + R_B = -11.16 + 8.45 = -2.71 \text{ (kN)}(\leftarrow)$$

排架各柱顶剪力分别为：

$$V_A = R_A - \eta_A mR = -11.16 + 0.282 \times 0.8 \times 2.71 = -10.55 \text{ (kN)}(\leftarrow)$$

$$V_B = R_B - \eta_B mR = 8.45 + 0.436 \times 0.8 \times 2.71 = 9.40 \text{ (kN)}(\rightarrow)$$

$$V_C = -\eta_C mR = 0.282 \times 0.8 \times 2.71 = 0.61 \text{ (kN)}(\rightarrow)$$

$D_{\max}$ 作用于Ⓐ柱时排架柱的内力图如图 4-94 所示。

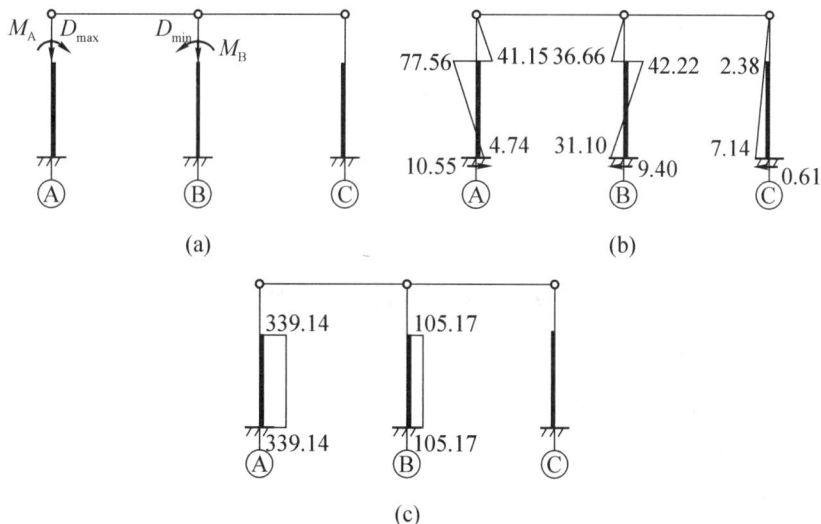

图 4-94　$D_{\max}$ 作用于Ⓐ柱时排架柱的内力图

（a）计算简图；（b）弯矩图及基础水平反力；（c）轴力图

② $D_{\max}$ 作用在Ⓑ柱左：

$$M_A = D_{\min}e_4 = 105.173 \times 0.35 = 36.81 \text{ (kN·m)}$$

$$M_B = D_{max} e_4 = 339.136 \times 0.75 = 254.352 \ (kN \cdot m)$$

则：

$$R_A = -C_{1,a=1} \frac{M_A}{H} = -1.100 \times \frac{36.81}{11.7} = -3.46 \ (kN)(\leftarrow)$$

$$R_B = C_{1,a=1} \frac{M_B}{H} = 1.254 \times \frac{254.352}{11.7} = 27.26 \ (kN)(\rightarrow)$$

$$R = R_A + R_B = -3.46 + 27.26 = 23.80 \ (kN)(\rightarrow)$$

排架各柱顶剪力分别为：

$$V_A = R_A - \eta_A mR = -3.46 - 0.282 \times 0.8 \times 23.80 = -8.83 \ (kN)(\leftarrow)$$

$$V_B = R_B - \eta_B mR = 27.26 - 0.436 \times 0.8 \times 23.80 = 18.96 \ (kN)(\rightarrow)$$

$$V_C = -\eta_C mR = -0.282 \times 0.8 \times 23.80 = -5.37 \ (kN)(\leftarrow)$$

D_{max} 作用于Ⓑ柱左时排架柱的内力图如图 4 - 95 所示。

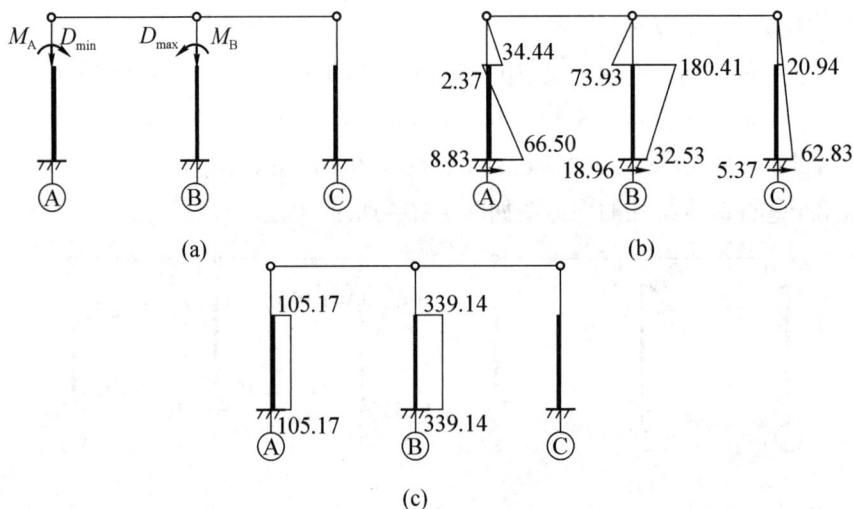

图 4 - 95 D_{max} 作用于Ⓑ柱左时排架柱的内力图

（a）计算简图；（b）弯矩图及基础水平反力；（c）轴力图

当两台吊车同时作用在 BC 跨时，根据 D_{max}、D_{min} 分别在Ⓑ轴柱、Ⓒ轴柱的布置，会有和上述 AB 跨布置时对称的内力分布。

③ T_{max} 作用于 AB 跨：

排架计算简图如图 4 - 96（a）所示。柱顶不动铰支座反力 R_i 分别为：

$$R_A = -C_3 T_{max} = -0.567 \times 11.22 = -6.36 \ (kN)(\leftarrow)$$

$$R_B = -C_3 T_{max} = -0.629 \times 11.22 = -7.06 \ (kN)(\leftarrow)$$

排架柱顶不动铰支座总反力为：

$$R = R_A + R_B = -6.36 - 7.06 = -13.42 \, (\text{kN})(\leftarrow)$$

柱顶剪力分别为:

$$V_A = R_A - \eta_A mR = -6.36 + 0.282 \times 0.8 \times 13.42 = -3.33 \, (\text{kN})(\leftarrow)$$

$$V_B = R_B - \eta_B mR = -7.06 + 0.436 \times 0.8 \times 13.42 = -2.38 \, (\text{kN})(\leftarrow)$$

$$V_C = -\eta_C mR = 0.282 \times 0.8 \times 13.42 = 3.03 \, (\text{kN})(\rightarrow)$$

T_{max} 作用于 AB 跨时排架柱的内力图如图 4-96 所示。当 T_{max} 反向作用时,弯矩图和剪力图只改变符号,数值不变。

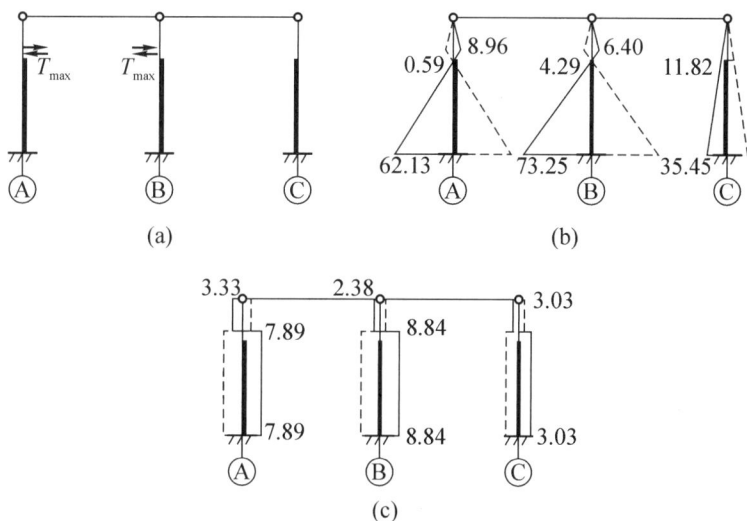

图 4-96　T_{max} 作用于 AB 跨时排架柱的内力图

(a) 计算简图;(b) 弯矩图;(c) 剪力图

当 T_{max} 作用于 BC 跨时,排架柱内力与上述内力分布呈对称布置。

(4) 风荷载作用下排架内力分析

当左风作用时,排架计算简图如图 4-97 (a) 所示。柱顶不动铰支座反力 R_i 分别为:

$$R_A = -C_6 q_1 H = -0.331 \times 2.48 \times 11.7 = -9.60 \, (\text{kN})(\leftarrow)$$

$$R_C = -C_6 q_2 H = -0.331 \times 1.24 \times 11.7 = -4.80 \, (\text{kN})(\leftarrow)$$

$$R = R_A + R_C + F_w = -9.6 - 4.8 - 14.04 = -28.44 \, (\text{kN})(\leftarrow)$$

柱顶剪力分别为:

$$V_A = R_A - \eta_A R = -9.60 + 0.282 \times 28.44 = -1.58 \, (\text{kN})(\leftarrow)$$

$$V_B = -\eta_B R = 0.436 \times 28.44 = 12.40 \, (\text{kN})(\rightarrow)$$

$$V_C = R_C - \eta_C R = -4.80 + 0.282 \times 28.44 = 3.22 \, (\text{kN})(\rightarrow)$$

风荷载作用下排架内力图如图 4-97 所示。

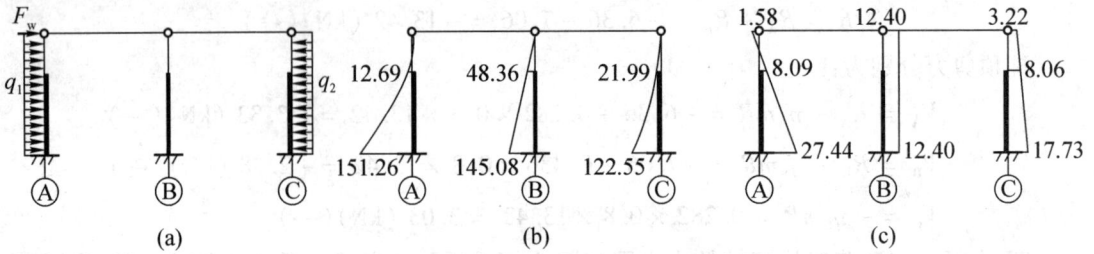

图 4 - 97　风荷载作用下排架内力图
（a）计算简图；（b）弯矩图；（c）剪力图

当右风作用时，排架柱内力与上述内力分布呈对称布置。

4.8.5　内力组合

由于排架为对称结构，可仅考虑Ⓐ柱与Ⓑ柱截面。对于Ⓐ柱，控制截面分别取上柱底部截面Ⅰ－Ⅰ、牛腿顶截面Ⅱ－Ⅱ和下柱底截面Ⅲ－Ⅲ，如图 4 - 55 所示。表 4 - 21 为各类荷载单独作用下Ⓐ柱各控制截面的内力标准值汇总表。表中控制截面及正号内力方向如表 4 - 21 中的例图所示。

荷载效应的基本组合按式（4 - 21）进行。在每种荷载效应组合中，对矩形截面和Ⅰ形截面柱均应考虑以下四种最不利内力，即：

① $+M_{max}$ 及相应的 N、V。

② $-M_{max}$ 及相应的 N、V。

③ N_{max} 及相应的 M、V。

④ N_{min} 及相应的 M、V。

由于排架柱的上柱与下柱截面均按对称配筋，故当其轴力设计值 $N \leqslant N_b = \xi_b \alpha_1 f_c bh_0$ 时，截面按大偏心受压状态进行设计或为构造配筋。对于大偏心受压截面，当弯矩相差不大时，轴力较小的内力组合起控制作用。本例中，混凝土采用 C30，钢筋采用 HRB400，则 $\xi_b = 0.518$。考虑纵筋合力中心距柱截面外缘 $a_s = 40 \text{ mm}$，则对于上柱：

$$N_b = \xi_b \alpha_1 f_c bh_0 = 0.518 \times 1.0 \times 14.3 \times 400 \times 360 = 1\,066.67 \text{ （kN）}$$

对于下柱：

$$N_b = \xi_b \alpha_1 f_c bh_0 + \alpha_1 f_c (b_f' - b) h_f'$$
$$= 0.518 \times 1.0 \times 14.3 \times 100 \times 860 + 1.0 \times 14.3 \times (400 - 100) \times 150 = 1\,280.54 \text{ （kN）}$$

由于本例工程为 6 度抗震设防，根据《抗震规范》规定，可以不进行地震作用的计算，仅对厂房的整体布置及构件设计要求满足抗震构造的相关规定即可。排架柱截面尺寸符合表 4 - 2 的要求后，一般不需要进行正截面使用极限状态的变形验算，仅需要进行承载力计算。

对柱进行裂缝宽度验算和基础地基承载力计算时，须分别采用荷载效应的准永久组合和标准组合，分别按式（4 - 22）和式（4 - 23）进行。表 4 - 22 为Ⓐ柱荷载效应的基本组合和相应的标准组合。

表 4-21　各类荷载单独作用下Ⓐ柱各控制截面的内力标准值汇总表

控制截面及正向内力	荷载类别	序号	恒久荷载效应	屋面可变荷载效应		吊车竖向荷载效应				吊车水平荷载效应		风荷载效应	
	弯矩图及柱底截面内力			作用在AB跨	作用在BC跨	D_{max}作用在Ⓐ柱	D_{max}作用在Ⓑ左	D_{max}作用在Ⓑ右	D_{max}作用在Ⓒ柱	T_{max}作用在AB跨	T_{max}作用在BC跨	左风	右风
			①	②	③	④	⑤	⑥	⑦	⑧	⑨	⑩	⑪
I-I	M_k		10.22	0.102	1.697	-41.15	-34.44	20.94	-2.38	0.59	11.82	12.69	-21.99
	N_k		278.14	31.5	0	0	0	0	0	0	0	0	0
	V_k		5.987	0.430	0.435	-10.55	-8.83	5.37	-0.61	7.89	3.03	8.09	-8.06
II-II	M_k		-29.27	-6.198	1.697	77.56	2.37	20.94	-2.38	0.59	11.82	12.69	-21.99
	N_k		324.24	31.5	0	339.14	105.17	0	0	0	0	0	0
	V_k		5.987	0.430	0.435	-10.55	-8.83	5.37	-0.61	7.89	3.03	8.09	-8.06
III-III	M_k		17.43	-2.844	5.089	-4.74	-66.5	62.83	-7.14	62.13	35.45	151.26	-122.55
	N_k		362.34	31.5	0	339.14	105.17	0	0	0	0	0	0
	V_k		5.987	0.430	0.435	-10.55	-8.83	5.37	-0.61	7.89	3.03	27.44	-17.73

注：M的单位为 kN·m，N的单位为 kN，V的单位为 kN。

表4-22　Ⓐ柱荷载效应组合表

基本组合：$S_d = \sum\limits_{j=1}^{m} \gamma_{G_j} S_{G_k} + \gamma_{Q_1}\gamma_{L_1} S_{Q_1k} + \sum\limits_{i=2}^{n} \gamma_{Q_i}\gamma_{L_i}\psi_{ci} S_{Q_ik}$

标准组合：$S_d = \sum\limits_{j=1}^{m} S_{G_jk} + S_{Q_1k} + \sum\limits_{i=2}^{n}\psi_{ci} S_{Q_ik}$

截面	内力组合	+M_{max} 及相应的 N、V	-M_{max} 及相应的 N、V	N_{max} 及相应的 M、V	N_{min} 及相应的 ±M、V
I-I	M	1.3×① +1.5×[0.7×③ +0.7×0.9×⑨ +0.6×⑩] = 65.93	1.0×① +1.5×0.8×(④+⑦) +1.5×[0.7×0.9×⑨ +0.6×⑪] = -72.98	1.3×① +1.5×(②+③) +0.7×0.9×⑨ +0.6×⑩ = 58.36	1.0×① +1.5×0.9×⑥ +1.5×[0.7×③ +0.7×0.9×⑨ +0.6×⑩] = 62.86
	N	361.58	278.14	408.83	278.14
	V	不考虑②时,弯矩变化不大,但轴力减少许多　25.63	-17.52	24.30	23.84
II-II	M	1.0×① +1.5×0.8×(④+⑥) +1.5×[0.7×③+0.7×0.9×⑨+0.6×⑩] = 113.30	1.3×①+1.5×⑪ +1.5×[0.7×⑦ +0.7×0.9×⑨] = -90.96	1.3×①+ 1.5×0.8×(④+⑥)+ 0.7×0.9×⑨+0.6×⑩ = 98.01	1.0×① +1.5×⑪ +1.5×0.7×0.9×(⑦+⑨) = -75.67
	N	731.21	454.59	861.56	324.24
III-III	M	1.3×①+1.5×⑪ +1.5×[0.7×②+0.7×0.9×⑧] 不考虑⑦时,折减系数为0.9,所计算弯矩更不利 = 362.40	1.0×①+1.5×⑪+ 1.5×[0.7×②+0.7×0.9×⑤ +0.7×0.9×⑧] = -290.83	1.3×① +1.5×0.8×(④+⑥) +1.5×[0.7×(②+③) +0.7×0.9×⑧] = 289.57	1.0×① +1.5×⑩ +1.5×[0.7×③ +0.7×0.9×⑥ +0.7×0.9×⑨] = 342.54
	N	755.92	494.80	911.09	362.34
	V	52.50	-35.96	34.63	55.54
	M_k	①+⑩ +[0.7×③ +0.7×0.8×(④+⑥) +0.7×0.9×⑧] = 243.92	①+⑪ +0.7×[②+0.9×⑤ +0.9×⑧] = -188.08	① +0.8×(④+⑥) +[0.7×(②+③) +0.7×0.9×⑧ +0.6×⑩] = 195.37	① +⑩ +[0.7×③ +0.7×0.9×⑥ +0.9×⑨] = 234.17
	N_k	552.26	450.65	655.70	362.34
	V_k	35.80	-21.98	23.88	39.02

注：ψ_{ci} 为活荷载组合值系数，见《荷载规范》。

4.8.6 排架柱的设计

对于Ⓐ柱，混凝土强度等级为 C30，$f_c = 14.3$ N/mm²；纵筋为 HRB400，$f_y = f'_y = 360$ N/mm²；箍筋为 HPB300，$f_y = 270$ N/mm²。

1. 截面最不利内力

根据表 4-22 的计算结果，各控制截面的设计轴力均小于其对称配筋截面对应的 N_b，则其仅能按大偏压构件进行截面设计或为构造配筋，按照大偏压构件"弯矩相近时，轴力越小越不利；轴力相近时，弯矩越大越不利"的原则，可确定上柱的最不利内力为：

$$M = 72.98 \text{ kN} \cdot \text{m}, \quad N = 278.14 \text{ kN}$$

下柱 Ⅱ-Ⅱ、Ⅲ-Ⅲ 截面采取相同的配筋。Ⅱ-Ⅱ 截面处弯矩较大、轴力较小的内力组合 $M = -90.96$ kN·m，$N = 454.59$ kN 及 $M = -75.67$ kN·m，$N = 324.24$ kN 与Ⅲ-Ⅲ 截面处弯矩较大、轴力较小的内力组合 $M = 342.54$ kN·m，$N = 362.34$ kN 相比较，选取Ⅲ-Ⅲ 截面处的控制内力为下柱的最不利内力。

2. 上柱配筋计算

由表 4-6，有吊车厂房排架方向上柱计算长度 $l_0 = 2.0H_u = 2.0 \times 3.9 = 7.8$(m)

$$e_0 = \frac{M}{N} = \frac{72.98 \times 10^6}{278.14 \times 10^3} = 262.4 \text{(mm)}$$

$$e_a = \max\left\{\frac{h}{30}, 20\right\} = \max\left\{\frac{400}{30}, 20\right\} = 20 \text{(mm)}$$

初始偏心距为：$e_i = e_0 + e_a = 262.4 + 20 = 282.4$(mm)

$$\zeta_c = \frac{0.5f_c A}{N} = \frac{0.5 \times 14.3 \times 160\,000}{278\,140} = 4.11 > 1.0，取 \zeta_c = 1.0。$$

$$\eta_s = 1 + \frac{1}{1\,500\frac{e_i}{h_0}}\left(\frac{l_0}{h}\right)^2 \zeta_c = 1 + \frac{1}{1\,500 \times \frac{282.4}{360}} \times \left(\frac{7\,800}{400}\right)^2 \times 1.0 = 1.323$$

截面受压区高度为：

$$x = \frac{N}{\alpha_1 f_c b} = \frac{278\,140}{1.0 \times 14.3 \times 400} = 48.6 \text{(mm)} < 2a'_s = 2 \times 40 = 80 \text{(mm)},$$

取 $x = 2a'_s = 80$(mm) 计算。对受压钢筋合力点取矩：

$$e' = \eta_s e_0 + e_a - \frac{h}{2} + a'_s = 1.323 \times 262.4 + 20 - \frac{400}{2} + 40 = 207.16 \text{(mm)}$$

$$A'_s = A_s = \frac{Ne'}{f_y(h_0 - a'_s)} = \frac{278\,140 \times 207.16}{360 \times (360 - 40)} = 500.17 \text{ (mm}^2\text{)}$$

选 2⚫18 + 2⚫12，$A'_s = A_s = 735$ mm² $> A_{s,min} = \rho_{min}bh = 0.2\% \times 400 \times 400 = 320$ (mm²)，满足要求。

由表 4-6 垂直于排架柱方向的上柱计算长度 $l_0 = 1.25H_u = 1.25 \times 3.9 = 4.875$(m)，则 $4\,875/400 = 12.19$，由附表 E-1，查得 $\varphi = 0.95$，则：

$$N_u = 0.9\varphi (f_c A + f'_y A'_s)$$

$$= 0.9 \times 0.95 \times (14.3 \times 400 \times 400 + 360 \times 735 \times 2) = 2\,408.71(kN) > N_{max} = 408.83\ kN$$

上柱满足弯矩平面外承载力要求。

3. 下柱配筋计算

排架平面内计算长度 $l_0 = 1.0 H_l = 1.0 \times 7.8 = 7.8(m)$

$$e_0 = \frac{M}{N} = \frac{342.54 \times 10^6}{362.34 \times 10^3} = 945.36(mm)$$

$$e_a = \max\left\{\frac{h}{30}, 20\right\} = \max\left\{\frac{800}{30}, 20\right\} = 26.67(mm)$$

初始偏心距为：$e_i = e_0 + e_a = 945.36 + 26.67 = 972.03(mm)$

$$\zeta_c = \frac{0.5 f_c A}{N} = \frac{0.5 \times 14.3 \times 177\,500}{362\,340} = 3.50 > 1.0，取 \zeta_c = 1.0。$$

$$\eta_s = 1 + \frac{1}{1\,500 \dfrac{e_i}{h_0}} \left(\frac{l_0}{h}\right)^2 \zeta_c = 1 + \frac{1}{1\,500 \times \dfrac{972.03}{760}} \times \left(\frac{7\,800}{800}\right)^2 \times 1.0 = 1.050$$

截面受压区高度为：

$$x = \frac{N}{\alpha_1 f_c b} = \frac{362\,340}{1.0 \times 14.3 \times 400} = 63.3(mm)，小于翼缘厚度 150\ mm，且 x < 2a'_s =$$
$80(mm)$。

取 $x = 2a'_s = 80(mm)$ 计算。对受压钢筋合力点取矩：

$$e' = \eta_s e_0 + e_a - \frac{h}{2} + a'_s = 1.050 \times 945.36 + 26.67 - \frac{800}{2} + 40 = 659.30(mm)$$

$$A'_s = A_s = \frac{Ne'}{f_y (h_0 - a'_s)} = \frac{362\,340 \times 659.30}{360 \times (760 - 40)} = 909.02(mm^2)$$

考虑截面形状及箍筋设置，选 $2\ \Phi 18 + 2\ \Phi 18$，$A'_s = A_s = 1\,018\ mm^2 > A_{s,min} = \rho_{min} A = 0.2\% \times 177\,500 = 355(mm^2)$，满足要求。

由表 4 - 6 垂直于排架柱方向的下柱计算长度 $l_0 = 0.8 H_l = 0.8 \times 7.8 = 6.24(m)$，截面在排架平面外的惯性矩 $I_x = 17.26 \times 10^8\ mm^4$，$i_x = \sqrt{I_x/A} = \sqrt{17.26 \times 10^8/177\,500} = 98.61(mm)$，
$l_0/i_x = 6\,240/98.61 = 63.28$，由附表 E - 1，查得 $\varphi = 0.80$，则：
$$N_u = 0.9\varphi (f_c A + f'_y A'_s)$$
$$= 0.9 \times 0.80 \times (14.3 \times 177\,500 + 360 \times 1\,018 \times 2) = 2\,355.27(kN) > N_{max} = 911.09\ (kN)$$
下柱满足弯矩平面外承载力要求。

由钢筋混凝土柱类构件斜截面承载力设计规定，当符合 $V \leqslant \dfrac{1.75}{\lambda + 1} f_t b h_0 + 0.07N$ 时，可不进行斜截面受剪承载力验算。根据表 4 - 22，控制截面的剪力设计值均较小，经复核后按构造要求配置箍筋。此处选配 φ8@200（非加密区）/100（加密区），满足箍筋间距不大于 400 mm 及截面短边尺寸、且不大于 $15d_{min}$（$15 \times 16\ mm = 240\ mm$）的要求，箍筋直径也不

小于 $d_{max}/4$（18 mm/4 = 4.5 mm）及 6mm 的构造要求。

4. 裂缝宽度验算

裂缝宽度应按内力设计值的准永久组合进行验算，风荷载的准永久值系数为 0，不上人屋面的活荷载准永久值系数亦为 0，改为考虑屋面雪荷载，Ⅱ区雪荷载准永久值系数为 0.2。《荷载规范》规定了排架设计时准永久组合中不考虑吊车荷载，此处考虑吊车荷载的准永久值系数为 0.6 作为对比。Ⓐ柱各控制截面的准永久组合设计值见表 4 - 23。不利组合均按较大弯矩及较小轴力的原则进行选择。

表 4 - 23　Ⓐ柱各控制截面的准永久组合设计值

截面	内力 组合	准永久组合：$S_d = S_{G_k} + \sum_{i=1}^{n} \psi_{qi} S_{Q_{ik}}$					
		$+ M_{max}$ 及相应的 N、V		$- M_{max}$ 及相应的 N、V		N_{min} 及相应的 $\pm M$、V	
Ⅰ - Ⅰ	M	① +0.2×0.4/0.5×(②+③) +0.6×0.9×⑥ +0.6×0.9×⑨	28.20	① +0.6×0.8×(④+⑦) +0.6×0.9×⑨	-17.06	① +0.6×0.9×⑥ +0.6×0.9×⑨	27.91
	N	雪荷载在两屋面同时出现，故考虑②③同时出现	283.18		278.14		278.14
Ⅱ - Ⅱ	M	① +0.6×0.8×(④+⑥) +0.6×0.9×⑨	24.39	① +0.2×0.4/0.5×(②+③) +0.6×0.9×⑦ +0.6×0.9×⑨	-37.66	① +0.6×0.9 ×(⑦+⑨)	-36.94
	N		487.03		329.28		324.24
Ⅲ - Ⅲ	M	① +0.2×0.4/0.5×(②+③) +0.6×0.8×(④+⑥) +0.6×0.9×⑧	79.22	① +0.6×0.9×⑤ +0.6×0.9×⑧	-51.97	① +0.6×0.9×⑥ +0.6×0.9×⑨	70.50
	N		530.17	不考虑⑦时，折减系数为0.9，所计算弯矩更不利	419.13		362.34

上柱截面：

取 $M = 27.91$ kN·m，$N = 278.14$ kN 为上柱的最不利内力组合。

$$e_0 = \frac{M_q}{N_q} = \frac{27.91 \times 10^6}{278.14 \times 10^3} = 100.3(\text{mm}), \frac{e_0}{h_0} = \frac{100.3}{360} = 0.28 < 0.55，可以不验算裂缝宽度。$$

下柱截面：

取 $M = 70.50$ kN·m，$N = 362.34$ kN 为下柱的最不利内力组合。

$$e_0 = \frac{M_q}{N_q} = \frac{70.50 \times 10^6}{362.34 \times 10^3} = 194.6(\text{mm}), \frac{e_0}{h_0} = \frac{194.6}{760} = 0.26 < 0.55，可不验算裂缝宽度。$$

5. 牛腿设计

（1）牛腿的几何尺寸

牛腿宽度与柱同宽 $b = 400$ mm，取吊车梁外侧至牛腿外边缘的距离为 100 mm，吊车梁下部宽度为 300 mm，则牛腿水平截面高度 $= 750 + \dfrac{300}{2} + 100 = 1\,000\,(\mathrm{mm})$；牛腿外边缘高度 $h_1 = 400\,\mathrm{mm}$，倾角 $\alpha = 45°$，牛腿高度 $h = 400 + 200 = 600$（mm）。

（2）截面尺寸验算

牛腿外形尺寸：$h_1 = 400\,\mathrm{mm}$，$h = 600\,\mathrm{mm}$，$c = 200\,\mathrm{mm}$，$h_0 = 560\,\mathrm{mm}$，牛腿详图如图 4 – 98 所示。

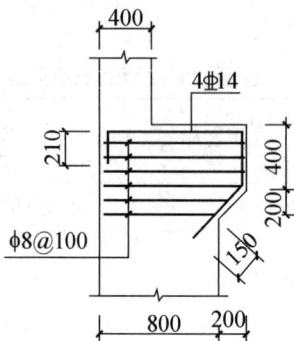

图 4 – 98　牛腿详图

裂缝控制系数：$\beta = 0.65$，$f_{tk} = 2.01\,\mathrm{N/mm^2}$。

作用于牛腿顶部按荷载标准效应组合计算的竖向力值为：

$$F_{vk} = D_{max} + G_4 = 339.14 + 46.1 = 385.24\,(\mathrm{kN})$$

牛腿顶面无水平荷载，即 $F_{hk} = 0$；$a = 750 - 800 + 20 = -30\,(\mathrm{mm}) < 0$，取 $a = 0$。

$$\beta\left(1 - 0.5\dfrac{F_{hk}}{F_{vk}}\right)\dfrac{f_{tk}bh_0}{0.5 + \dfrac{a}{h_0}} = 0.65 \times \left(1 - 0.5 \times \dfrac{0}{385.24}\right) \times \dfrac{2.01 \times 400 \times 560}{0.5 + 0} = 585.312\,(\mathrm{kN}) > F_{vk}$$

牛腿截面尺寸满足要求。

（3）牛腿配筋（正截面承载力计算和配筋构造）

牛腿纵筋采用 HRB400 级钢筋，$f_y = 360\,\mathrm{N/mm^2}$。

由于吊车垂直荷载作用于下柱截面内，即 $a < 0$，且 $F_{hk} = 0$，故该牛腿可按构造配筋：

$$A_s \geq \rho_{min}bh = 0.2\% \times 400 \times 600 = 480\,(\mathrm{mm^2}), \quad A_s \geq 0.45\dfrac{f_t}{f_y}bh = 0.45 \times \dfrac{1.43}{360} \times 400 \times$$

$600 = 429$（$\mathrm{mm^2}$）

纵向钢筋取 4Φ14，$A_s = 616\,\mathrm{mm^2}$。因为 $a/h_0 < 0.3$，故牛腿可不设弯起钢筋，箍筋选用 $\phi8@100$，满足牛腿上部 $2h_0/3$ 范围内的箍筋总截面面积不小于承受竖向力的纵向受拉钢筋截面面积 1/2 的要求。在 $2h_0/3$ 范围，即 $2 \times 560/3 = 373.3\,(\mathrm{mm})$ 内有 4 根箍筋，则：

$$50.3 \times 2 \times 4 = 402.4\,(\mathrm{mm^2}) > \dfrac{A_s}{2} = \dfrac{616}{2} = 308\,(\mathrm{mm^2})$$

（4）牛腿局部承压验算

吊车梁端部宽度为 300 mm，梁端与牛腿顶面间设置钢垫板——160 mm × 10 mm × 400 mm（图 4 - 99 中的②号零件），钢垫板下为 10 mm 厚预埋件，考虑其刚性扩散角为 45°，局部承压的受荷面积为（160 × 2 + 5 × 2 + 20）×（300 + 20 × 2）= 119 000（mm²）。故局部压应力：

$$\frac{F_{vk}}{A} = \frac{385\ 240}{119\ 000} = 3.24\ (\text{N/mm}^2) < 0.75f_c = 10.73\ (\text{N/mm}^2)$$

满足要求。

牛腿的尺寸与配筋详图，如图 4 - 98 所示。

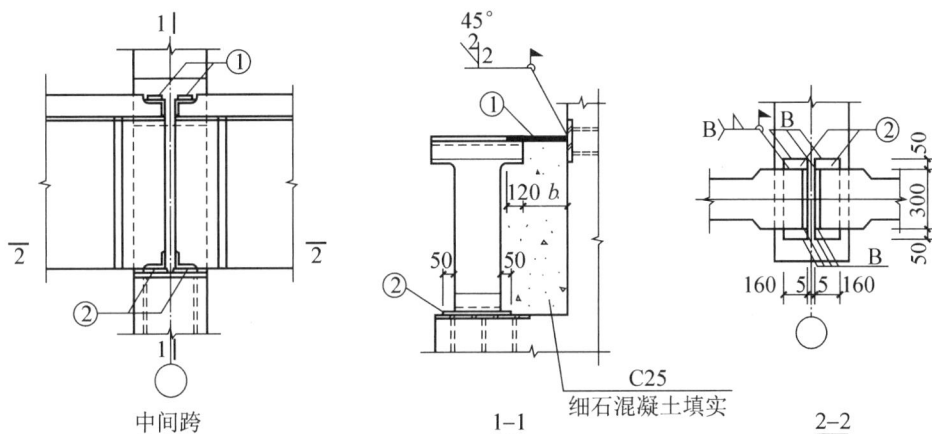

图 4 - 99　吊车梁与上柱及牛腿连接示意图

6. 柱的吊装验算

柱的吊装采用翻身吊，吊点设在牛腿与下柱交接处，待混凝土达到设计强度 75% 时起吊。

柱插入杯口深度为：

$h_1 = 0.9 \times h = 0.9 \times 800 = 720\ (\text{mm}) < 800\ (\text{mm})$，取 $h_1 = 800\ (\text{mm})$；

则柱的总长为：3.9 + 7.8 + 0.8 = 12.5（m）

其计算简图如图 4 - 100 所示。

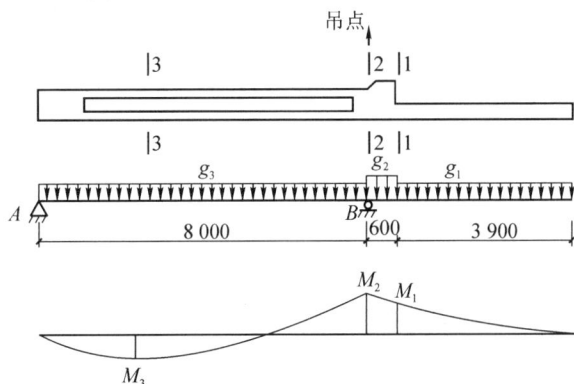

图 4 - 100　柱吊装验算计算简图

289

（1）荷载计算

吊装阶段的荷载为柱的自重，且因考虑动力系数 $\mu = 1.5$，则：

①上柱自重 $g_1 = 1.3 \times 1.5 \times 4.0 = 7.8$（kN/m）

②牛腿自重 $g_2 = 1.3 \times 1.5 \times 25 \times \dfrac{(0.6 \times 1.0 - 0.5 \times 0.2 \times 0.2)}{0.6} \times 0.4 = 18.85$（kN/m）

③下柱自重 $g_3 = 1.3 \times 1.5 \times 4.44 = 8.66$（kN/m）

（2）内力计算

取结构重要性系数 $\gamma_0 = 0.9$，则：

$M_1 = 0.9 \times 0.5 \times 7.8 \times 3.9^2 = 53.39$（kN·m）

$M_2 = 0.9 \times \left[\dfrac{1}{2} \times 7.8 \times 4.5^2 + \dfrac{1}{2} \times (18.85 - 7.8) \times 0.6^2 \right] = 72.87$（kN·m）

$R_A = \left[0.9 \times \dfrac{1}{2} \times 8.66 \times 8.0^2 - M_2 \right] / 8.0 = 22.07$（kN）

$M_3 = R_A \dfrac{R_A}{g_3} - \dfrac{1}{2} g_3 \left(\dfrac{R_A}{g_3} \right)^2 = 22.07 \times \dfrac{22.07}{8.66} - \dfrac{1}{2} \times 8.66 \times \left(\dfrac{22.07}{8.66} \right)^2 = 28.12$（kN·m）

M_2 为下柱的控制弯矩，柱的吊装弯矩图如图 4 - 100 所示。

（3）截面承载力验算

①1 - 1 截面：

$M_u = A_s f_y (h_0 - a'_s) = 735 \times 360 \times (360 - 40) = 84.67$（kN·m）$> 53.39$ kN·m

②2 - 2 截面：

$M_u = A_s f_y (h_0 - a'_s) = 1\,018 \times 360 \times (760 - 40) = 263.87$（kN·m）$> 72.87$ kN·m

满足要求。

（4）裂缝宽度验算

比较 1 - 1 截面与 2 - 2 截面的承载力计算，对 1 - 1 截面进行裂缝验算即可。吊装验算无准永久组合设计值，按标准值组合进行裂缝宽度的验算，并不考虑裂缝计算中长期荷载作用下的裂缝宽度扩大系数 $\tau_l = 1.5$。

钢筋应力如下：

$$\sigma_s = \frac{M_k}{0.87 A_s h_0} = \frac{53.39 \times 10^6 / 1.3}{0.87 \times 735 \times 360} = 178.40 \text{（N/mm}^2\text{）}$$

$$\rho_{te} = \frac{A_s}{0.5bh} = \frac{735}{0.5 \times 400 \times 400} = 0.009\,2 < 0.01，取 \rho_{te} = 0.01$$

$$d_{eq} = \frac{\sum n_i d_i^2}{\sum n_i \nu_i d_i} = \frac{2 \times 18^2 + 2 \times 12^2}{2 \times 1 \times 18 + 2 \times 1 \times 12} = 15.6 \text{（mm）}$$

裂缝间纵向受拉钢筋应变不均匀系数 ψ：

$$\psi = 1.1 - 0.65 \frac{f_{tk}}{\rho_{te} \sigma_s} = 1.1 - 0.65 \times \frac{0.75 \times 2.01}{0.01 \times 178.40} = 0.551$$

故最大裂缝宽度为：

$$w_{max} = \frac{\alpha_{cr}}{\tau_l}\psi\frac{\sigma_s}{E_s}\left(1.9c_s + 0.08\frac{d_{eq}}{\rho_{te}}\right)$$

$$= \frac{1.9}{1.5} \times 0.551 \times \frac{178.40}{2.1 \times 10^5} \times \left(1.9 \times 30 + 0.08 \times \frac{15.6}{0.01}\right) = 0.108 \text{（mm）} < 0.2 \text{（mm）}$$

满足要求。

Ⓐ柱模板及配筋图如图 4 – 101 所示。其中，预埋件 M – 1 用于与屋架的连接，M – 2 用于与吊车梁的侧向连接，以传递横向刹车力，M – 3 用于吊车梁与牛腿顶面的连接，M – 4 ~ M – 6 用于围护墙及墙体圈梁与柱的拉结，M – 7 和 M – 8 分别用于上柱支撑和下柱支撑的连接。各连接预埋件均需另行设计或可以在排架柱标准图集中查得。柱箍筋加密区的设置满足 6 度抗震设防时的要求。

4.8.7　基础设计

根据本例的柱距、厂房跨度、吊车起重量以及地基承载力特征值等，本例结构属《地基规范》中规定可不做地基变形验算的结构，故本例只进行地基承载力的验算及基础设计。

对于Ⓐ柱基础，混凝土强度等级取 C25，$f_c = 11.9 \text{ N/mm}^2$，$f_t = 1.27 \text{ N/mm}^2$；钢筋采用 HPB300 级钢筋，$f_y = 270 \text{ N/mm}^2$；采用 C10 素混凝土垫层。

1. 基础设计时不利内力的选取

作用于基础顶面上的荷载包括柱底（Ⅲ – Ⅲ截面）传给基础的 M、N、V 及围护墙自重荷载两部分。根据《地基规范》的规定，采用荷载效应的标准组合验算基础的地基承载力，采用荷载效应的基本组合验算基础的受冲切承载力及底板配筋。两者的控制内力需要竖向力及弯矩均较大的内力组合。由于外围护墙的荷载对Ⓐ柱基础及地基产生的弯矩为负值，故较小的负弯矩组合也需和围护墙荷载效应组合后再进行验算。经对表 4 – 22 中的柱底截面不利内力进行分析，地基验算及基础设计时的不利内力如表 4 – 24。

表 4 – 24　地基验算及基础设计时的不利内力

组别	荷载效应标准组合			荷载效应基本组合		
	$M_k/$（kN·m）	N_k/kN	V_k/kN	$M/$（kN·m）	N/kN	V/kN
第一组	243.92	552.26	35.80	362.40	755.92	52.50
第二组	– 188.08	450.65	– 21.98	– 290.83	494.80	– 35.96
第三组	195.37	655.70	23.88	289.57	911.09	34.63

2. 围护墙自重重力荷载计算

如图 4 – 102 所示，每个基础承受的围护墙总宽度为 6.0 m，基础梁上的墙体总高度为 14.70 m，墙体为 250 mm 厚加气混凝土砌块砌筑，考虑两侧面层后重度为 8 kN/m³；钢框玻璃窗自重，按 0.45 kN/m² 计算，每根基础梁自重为 16.1 kN，则每个基础承受的由墙体传来的重力荷载标准值为：

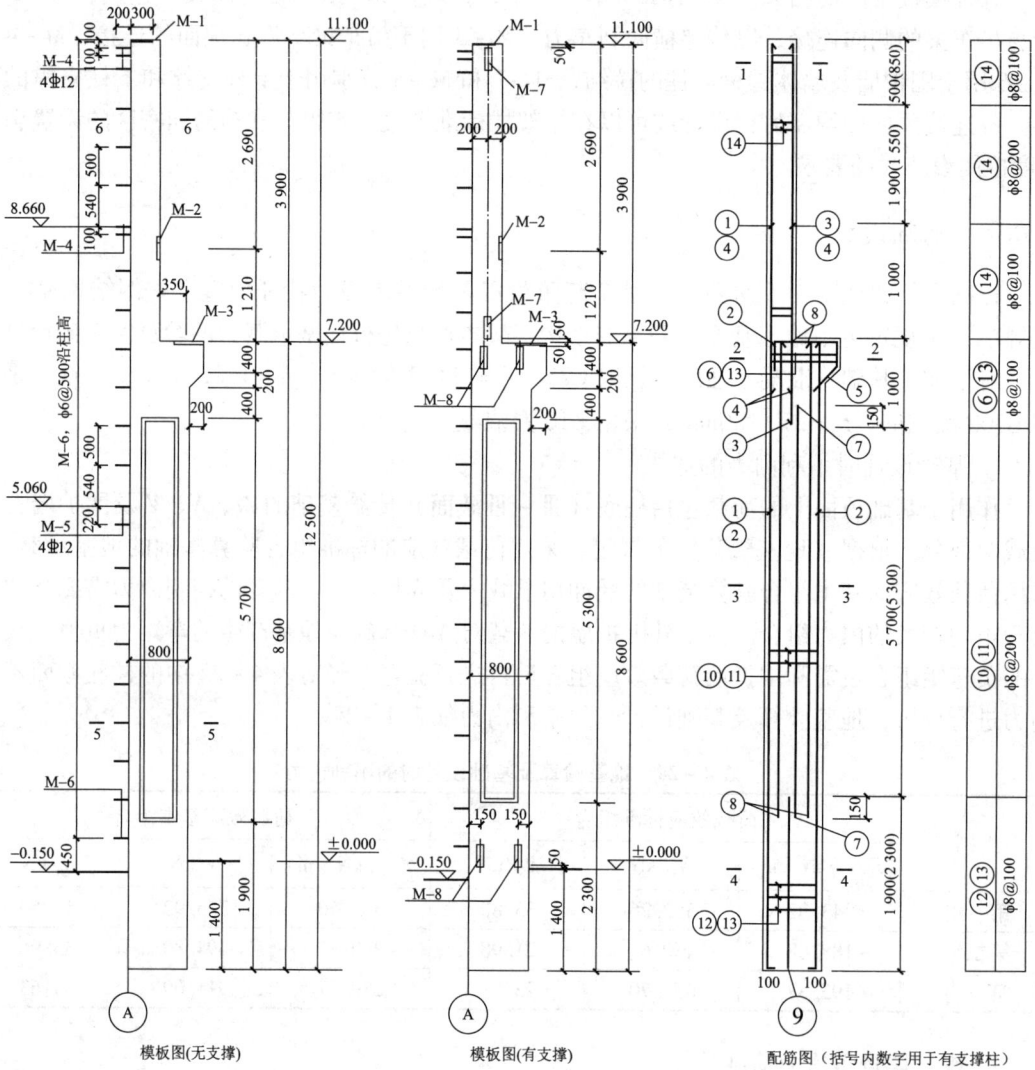

模板图(无支撑)　　　模板图(有支撑)　　　配筋图（括号内数字用于有支撑柱）

图 4－101　Ⓐ柱

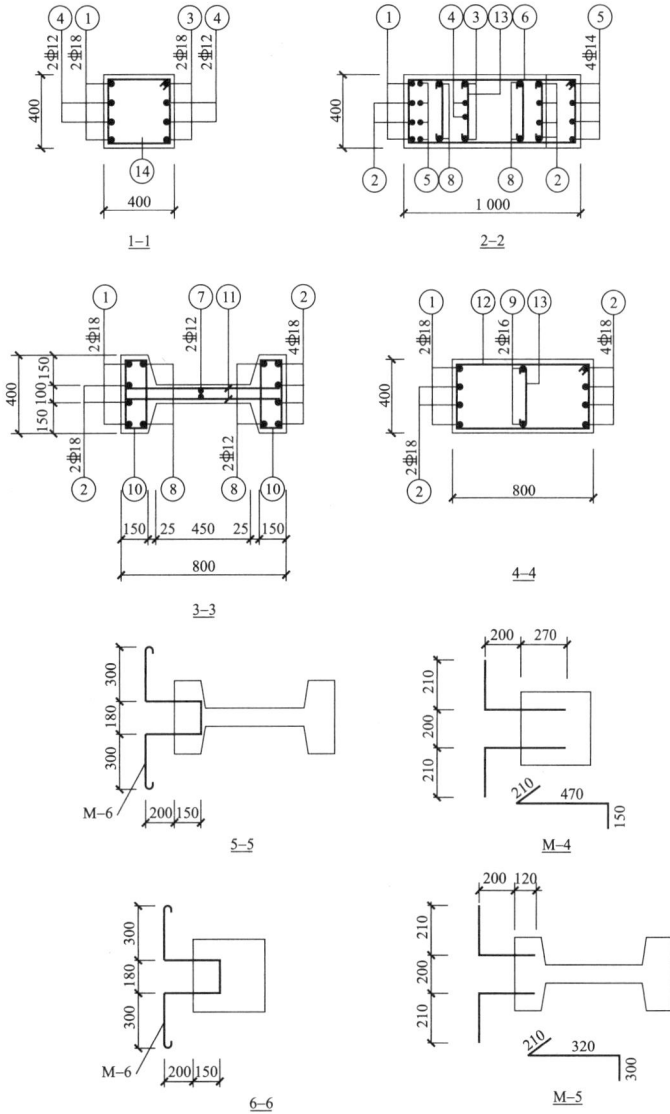

1-1

2-2

3-3

4-4

5-5

M-4

6-6

M-5

注：1.混凝土C30，钢筋HRB400(Φ)，HPB300(φ)。

模板及配筋图

基础梁自重	16. 10 kN
500 mm 高页岩砖砌体自重	$19 \times 0.25 \times 0.5 \times 6 = 14.25 \, (\mathrm{kN})$
加气混凝土砌块墙体自重	$8 \times 0.25 \times [6 \times 14.25 - 3.6 \times (3.6 + 2.1)] = 129.96 \, (\mathrm{kN})$
钢窗自重	$0.45 \times 3.6 \times (3.6 + 2.1) = 9.23 \, (\mathrm{kN})$

$$G_5 = 169.54 \, \mathrm{kN}$$

围护墙对基础产生的偏心距为：

$$e_5 = 125 + 400 = 525 \, (\mathrm{mm})$$

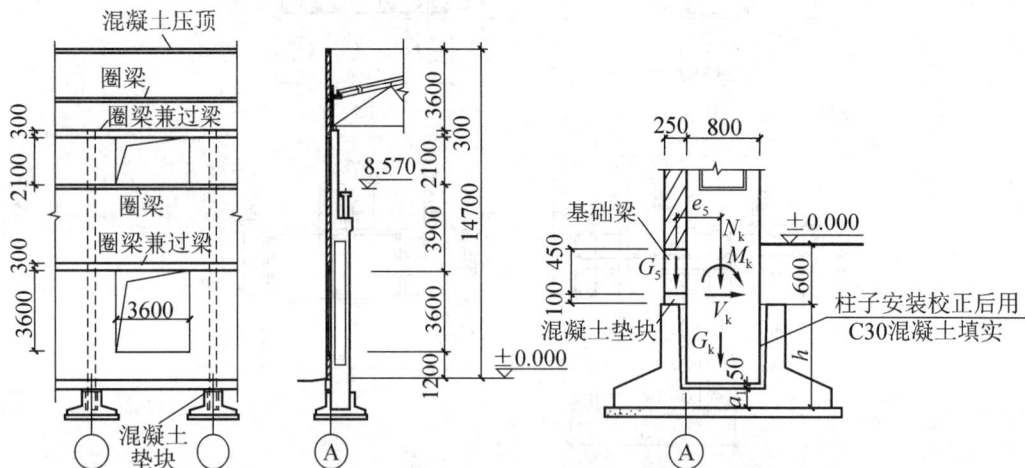

图 4 – 102　围护墙自重计算简图

3. 基础底面尺寸及地基承载力验算

（1）基础高度和埋置深度的确定

由构造要求可知，基础高度为 $h = h_1 + a_1 + 50\mathrm{mm}$ ，其中 $h_1 = 800 \, \mathrm{mm}$ ， a_1 为杯底厚度；由表 4 – 8 可知， $a_1 \geqslant 200 \, \mathrm{mm}$ ，取 $a_1 = 250 \, \mathrm{mm}$ ， $h = 800 + 250 + 50 = 1\,100 \, (\mathrm{mm})$ ，则基础埋置深度为：

$$d = 1\,100 + 600 - 150 = 1\,550 \, (\mathrm{mm})$$

（2）基础底面尺寸的拟定

基础底面面积按地基承载力计算确定，并取用荷载效应标准组合。由《地基规范》可查得粉细砂的承载力修正系数 $\eta_\mathrm{b} = 2.0$ ， $\eta_\mathrm{d} = 3.0$ ，取基础底面以上土及基础的平均重度为 $\gamma_\mathrm{m} = 20 \, \mathrm{kN/m^3}$ ，假定基础宽度不超过 3 m，则深度修正后的地基承载力特征值 f_a 按下式计算：

$$f_\mathrm{a} = f_\mathrm{ak} + \eta_\mathrm{d} \gamma_\mathrm{m} (d - 0.5) = 160 + 3 \times 20 \times (1.55 - 0.5) = 223 \, (\mathrm{kPa})$$

由式（4 – 35）按轴心受压估算基础底面尺寸，则：

$$A = (1.1 \sim 1.4) \times \frac{N_\mathrm{k,max} + G_5}{f_\mathrm{a} - \gamma_\mathrm{m} d} = (1.1 \sim 1.4) \times \frac{655.7 + 169.54}{223 - 20 \times 1.55} = 4.73 \sim 6.02 \, (\mathrm{m^2})$$

由于柱截面的长宽两向尺寸相差 400 mm，取：

$$A = l \times b = 2.2 \times 2.8 = 6.16 \, (\mathrm{m^2})$$

基础底面的截面抵抗矩为:

$$W = \frac{1}{6}lb^2 = \frac{1}{6} \times 2.2 \times 2.8^2 = 2.87 \ (\text{m}^3)$$

(3) 地基承载力验算

基础自重和土重为:

$$G_k = \gamma_m dA = 20 \times 1.55 \times 6.16 = 190.96(\text{kN})$$

按表 4-24 中效应的标准值组合进行验算:

第一组内力:

$$N_{bk} = N_k + G_5 + G_k = 552.26 + 169.54 + 190.96 = 912.76(\text{kN})$$

$$M_{bk} = M_k + V_k h - G_5 e_5 = 243.92 + 35.80 \times 1.1 - 169.54 \times 0.525 = 194.29(\text{kN} \cdot \text{m})$$

由式 (4-44) 可得基础底面边缘的压应力为:

$$\begin{matrix} P_{k,max} \\ P_{k,min} \end{matrix} = \frac{N_{bk}}{A} \pm \frac{M_{bk}}{W} = \frac{912.76}{6.16} \pm \frac{194.29}{2.87} = \begin{matrix} 215.87 \\ 80.48 \end{matrix} (\text{kPa}) < f_a = 223 \ \text{kPa}$$

满足要求。

第二组内力:

$$N_{bk} = N_k + G_5 + G_k = 450.65 + 169.54 + 190.96 = 811.15(\text{kN})$$

$$M_{bk} = M_k + V_k h - G_5 e_5 = -188.08 - 21.98 \times 1.1 - 169.54 \times 0.525 = -301.27(\text{kN} \cdot \text{m})$$

由式 (4-44) 可得基础底面边缘的压应力为:

$$\begin{matrix} P_{k,max} \\ P_{k,min} \end{matrix} = \frac{N_{bk}}{A} \pm \frac{M_{bk}}{W} = \frac{811.15}{6.16} \pm \frac{301.27}{2.87} = \begin{matrix} 236.65 \\ 26.71 \end{matrix} (\text{kPa}) < 1.2f_a = 1.2 \times 223 = 267.6(\text{kPa})$$

$$P_k = \frac{P_{k,max} + P_{k,min}}{2} = \frac{236.65 + 26.71}{2} = 131.68(\text{kPa}) < f_a = 223(\text{kPa})$$

满足要求。

第三组内力:

$$N_{bk} = N_k + G_5 + G_k = 655.70 + 169.54 + 190.96 = 1\,016.2(\text{kN})$$

$$M_{bk} = M_k + V_k h - G_5 e_5 = 195.37 + 23.88 \times 1.1 - 169.54 \times 0.525 = 132.63(\text{kN} \cdot \text{m})$$

由式 (4-44) 可得基础底面边缘的压应力为:

$$\begin{matrix} P_{k,max} \\ P_{k,min} \end{matrix} = \frac{N_{bk}}{A} \pm \frac{M_{bk}}{W} = \frac{1\,016.2}{6.16} \pm \frac{132.63}{2.87} = \begin{matrix} 211.18 \\ 118.75 \end{matrix} (\text{kPa}) < f_a = 223 \ \text{kPa}$$

满足要求。

荷载标准组合下基础底面压应力分布, 如图 4-103 所示。

(4) 基础受冲切承载力验算

考虑基础所承受的附加应力, 按表 4-24 中效应的基本值组合进行验算, 并将围护墙荷载予以组合。经对比计算, 围护墙恒载分项系数按 1.3 考虑较为不利。

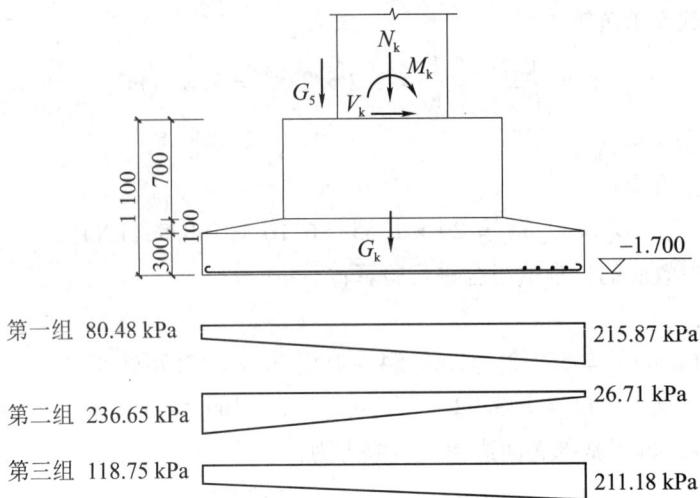

图 4 - 103　荷载标准组合下基础底面压应力分布示意图

第一组：

$$N_b = N + \gamma G_5 = 755.92 + 1.3 \times 169.54 = 976.32(\text{kN})$$

$$M_b = M + Vh - \gamma G_5 e_5 = 362.40 + 52.5 \times 1.1 - 1.3 \times 169.54 \times 0.525 = 304.44(\text{kN} \cdot \text{m})$$

由式（4 - 44）可得基础底面边缘的压应力为：

$$\begin{array}{c} P_{n,max} \\ P_{n,min} \end{array} = \frac{N_b}{A} \pm \frac{M_b}{W} = \frac{976.32}{6.16} \pm \frac{304.44}{2.87} = \begin{array}{c} 264.57 \\ 52.42 \end{array}(\text{kPa})$$

第二组：

$$N_b = N + \gamma G_5 = 494.80 + 1.3 \times 169.54 = 715.20(\text{kN})$$

$$M_b = M + Vh - \gamma G_5 e_5 = -290.83 - 35.96 \times 1.1 - 1.3 \times 169.54 \times 0.525 = -446.10(\text{kN} \cdot \text{m})$$

由式（4 - 44）可得基础底面边缘的压应力为：

$$\begin{array}{c} P_{n,max} \\ P_{n,min} \end{array} = \frac{N_b}{A} \pm \frac{M_b}{W} = \frac{715.20}{6.16} \pm \frac{446.10}{2.87} = \begin{array}{c} 271.54 \\ -39.33 \end{array}(\text{kPa})$$

由于最小净反力为负值，故基础底面净反力按式（4 - 46）计算 [见图 4 - 72（c）]。

$$e_0 = \frac{M_b}{N_b} = \frac{446.10}{715.20} = 0.624(\text{m})$$

$$P_{n,max} = \frac{2N_b}{3\left(\frac{b}{2} - e_0\right)l} = \frac{2 \times 715.20}{3 \times \left(\frac{2.8}{2} - 0.624\right) \times 2.2} = 279.29(\text{kPa})$$

第三组：

$$N_b = N + \gamma G_5 = 911.09 + 1.3 \times 169.54 = 1131.49(\text{kN})$$

$$M_b = M + Vh - \gamma G_5 e_5 = 289.57 + 34.63 \times 1.1 - 1.3 \times 169.54 \times 0.525 = 211.95(\text{kN} \cdot \text{m})$$

由式（4 - 44）可得基础底面边缘的压应力为：

$$\begin{aligned} P_{n,max} \\ P_{n,min} \end{aligned} = \frac{N_b}{A} \pm \frac{M_b}{W} = \frac{1\ 131.49}{6.16} \pm \frac{211.95}{2.87} = \begin{aligned} 257.53 \\ 109.83 \end{aligned} (kPa)$$

其中基础顶面突出柱边的宽度主要取决于杯壁厚度 t，由表 4 - 8 查得 $t \geqslant 300$ mm，取 $t = 325$ mm，则基础顶面突出柱边的宽度为 $t + 75$ mm $= 325$ mm $+ 75$ mm $= 400$ mm。锥形基础的外缘高度 $a_2 \geqslant a_1$，取 $a_2 = 300$ mm。锥形面的坡度不宜大于 1∶3，则取杯壁高度 $h_2 = 700$ mm。由柱边作出的 45° 斜线与杯壁外侧线相交，则不考虑从柱边产生的冲切破坏。对变阶处进行受冲切承载力验算。冲切破坏锥面如图 4 - 104 中的虚线所示。

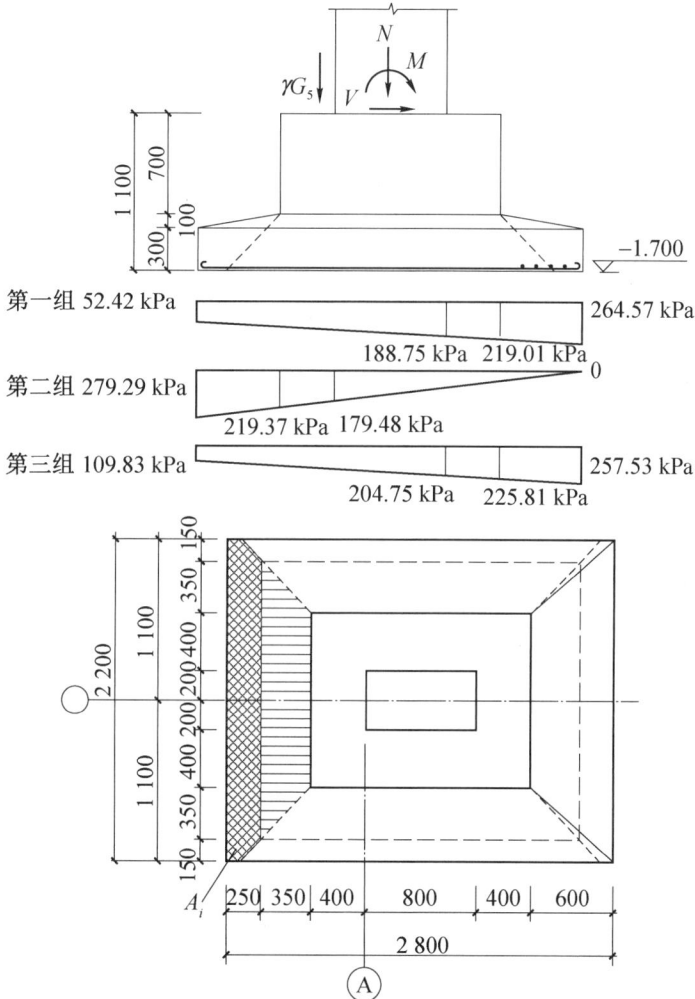

图 4 - 104　基础抗冲切验算简图

$$a_t = b_c + 800 = 400 + 800 = 1\ 200\ (mm)$$

取净保护层厚度为 40 mm，考虑基础底面两向配筋叠放因素，则基础变阶处截面的有效高度为：

$$h_0 = 1\ 100 - 700 - 40 - 10 = 350\ （mm）$$

$$a_b = a_t + 2\ h_0 = 1\ 200 + 2 \times 350 = 1\ 900\ （mm）\quad < 2\ 200\ （mm）$$

按抗冲切进行验算。取 $a_b = 1\ 900$ mm，由式（4 - 39）可得：

$$a_m = （a_b + a_t）/2 = （1\ 200 + 1\ 900）/2 = 1\ 550\ （mm）$$

$$A_l \approx （\frac{b}{2} - 0.4 - 0.4 - h_0）l = （2.8/2 - 0.8 - 0.35）\times 2.2 = 0.55\ （m^2）$$

因为变阶处的截面高度 $h = 400$ mm < 800 mm，故 $\beta_h = 1.0$。由式（4 - 37）和式（4 - 49），近似可得：

$$F_l = P_{n,max}A_l = 279.29 \times 0.55 = 153.61（kN）$$

$$0.7\beta_h f_t a_m h_0 = 0.7 \times 1.0 \times 1.27 \times 1\ 550 \times 350 = 482.28（kN）> F_l = 153.61（kN）$$

（5）基础配筋验算

基础变阶处台阶的宽高比为：

$$（2.8 - 0.8 - 2 \times 0.4）/（2 \times 0.4）= 1.5 < 2.5$$

对于第二组内力组合，由于基础偏心距大于 1/6 基础宽度，则在沿弯矩作用方向上，任意截面 I – I 处相应于荷载效应基本组合时的弯矩设计值 M_I 可按式（4 - 50）计算；在垂直于弯矩作用方向上，假定基础边缘最小地基反力为 0，柱边截面或截面变高度处相应于荷载效应基本组合时的弯矩设计值 M 也可近似地按式（4 - 51）计算。三组内力作用下效应基本组合引起的控制截面地基反力分布见表 4 - 25。

表 4 – 25　基底净反力

基底净反力/kPa		第一组	第二组	第三组
	$P_{n,max}$	264.57	279.29	257.53
控制截面净反力值 P_n	柱边处（距最大反力处 1.0 m）	188.75	179.48	204.75
	变阶处（距最大反力处 0.6 m）	219.01	219.37	225.81
	$P_{n,min}$	52.42	0.00	109.83

则：

$$M_I = \frac{1}{12}a_1^2\big[（2l + l'）（P_{n,max} + P_n）+（P_{n,max} - P_n）l\big]$$

$$M_{II} = \frac{1}{48}（l - l'）^2（2b + b'）（P_{n,max} + P_{n,min}）$$

各控制截面弯矩设计值见表 4 - 26。

表 4 – 26　各控制截面弯矩设计值

控制截面		第一组	第二组	第三组
柱边处 $l' = 0.4$ m，$a_1 = 1.0$ m，$b' = 0.8$ m	M_I	195.13	201.75	194.52
	M_{II}	136.94	120.61	158.70
变阶处 $l' = 1.2$ m，$a_1 = 0.6$ m，$b' = 1.6$ m	M_I	84.21	87.71	83.27
	M_{II}	47.55	41.88	55.10

基础底板受力钢筋采用 HPB300 级（$f_y = 270$ N/mm²），则基础底板沿长边 b 方向的受力钢筋截面面积可由式（4 - 42）计算：

$$A_{sI} = \frac{M_I}{0.9 f_y h_0} = \frac{201.75 \times 10^6}{0.9 \times 270 \times (1\,100 - 45)} = 786.96 \ (\text{mm}^2)$$

$$A_{sI} = \frac{M_I}{0.9 f_y h_0} = \frac{87.71 \times 10^6}{0.9 \times 270 \times 355} = 1\,016.75 \ (\text{mm}^2)$$

选用 φ10@150 布置在基础全宽范围内，可不考虑最小配筋率的要求。当基础底板沿短边方向配筋计算时，内力臂取（$h_0 - d$），受力钢筋计算后按 φ10@200 进行配置。

基础模板及配筋如图 4 - 105 所示，基础及基础梁布置如图 4 - 106 所示。其中，JL - 3 为用于门下基础梁，JL - 1a、JL - 1b 的长度分别为 4 500 mm、3 000 mm（标志尺寸），由 JL - 1 改制而成。J - 2 ~ J - 5 与 J - 1 不同，须另行设计。

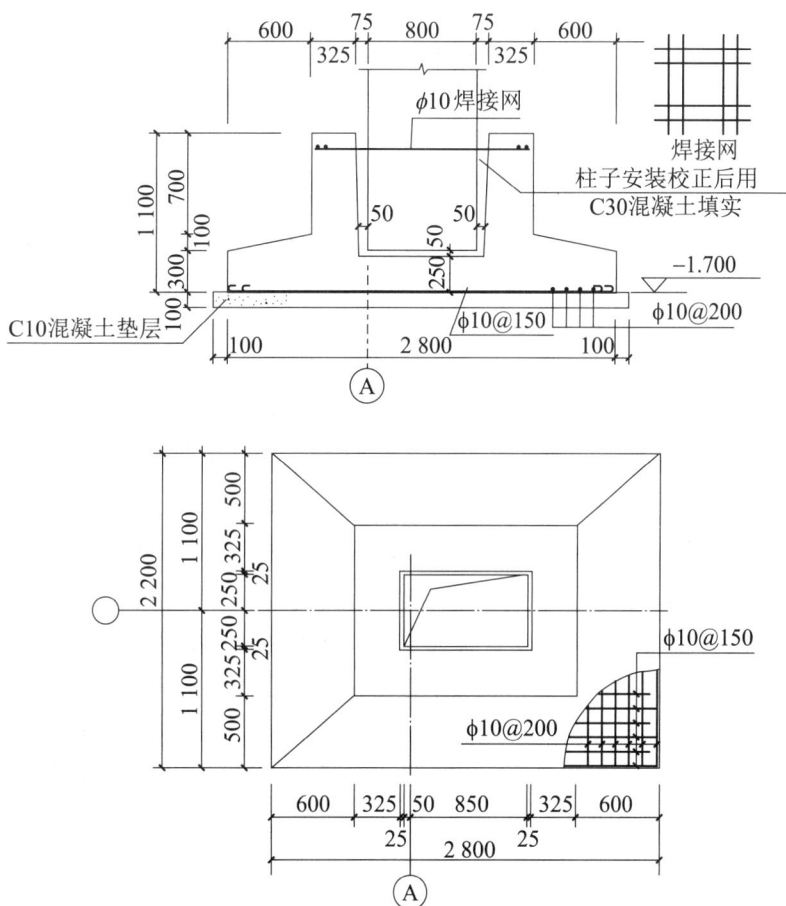

图 4 - 105 基础模板及配筋图（J - 1）

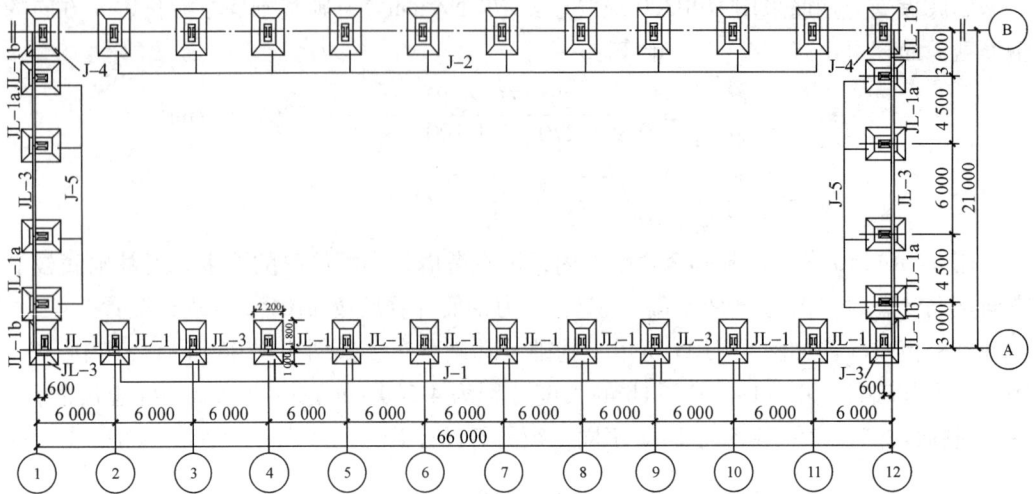

图 4 - 106　基础及基础梁布置图

小　结

1. 钢筋混凝土排架结构是单层工业厂房中应用较为广泛的一种结构形式。它主要由屋面板、屋架、支撑、吊车梁、柱和基础等组成，为空间受力体系。根据其构件组成及荷载作用方式，进行结构分析时一般近似地将其简化为横向平面排架和纵向平面排架分别进行计算。横向平面排架主要由横梁（屋架或屋面梁）和横向柱列（包括基础）组成，承受全部竖向荷载和横向水平荷载；纵向平面排架由连系梁、吊车梁、纵向柱列（包括基础）和柱间支撑等组成，它不仅承受厂房的纵向水平荷载，而且保证厂房结构的纵向刚度和稳定性。

2. 单层厂房排架结构布置包括柱网尺寸和厂房高度的确定、变形缝设置，以及支撑系统和围护结构布置等。装配式排架结构中，支撑体系（包括屋盖支撑和柱间支撑）联系各主要受力构件，保证了厂房的整体刚度和稳定性，并有效地传递水平荷载至地基基础。

3. 借助标准图集进行厂房构件的选型可有效减少排架结构构件设计的重复性，提高效率并减少错误。对屋面板、檩条、屋面梁或屋架、天窗架、托架、吊车梁、连系梁和基础梁等受力工况较简单的构件，可根据荷载水平直接在标准图集中查找到相应构件；排架柱和基础等构件，则须经内力分析和截面设计后绘制施工图或从图集中选用合适的构件。柱截面形式的确定与柱截面高度有关，柱截面高度则取决于厂房高度、吊车起重量及承载力和刚度要求等条件。柱下独立基础是单层厂房结构中较为常用的一种基础形式。

4. 排架分析包括纵、横两向平面排架结构分析。横向平面排架结构分析的主要内容有：确定排架计算简图、统计作用在排架上的各种荷载、排架内力分析和柱控制截面最不利内力组合等，最终根据内力分析结果进行排架柱和基础设计。纵向平面排架结构分析主要是计算水平荷载下纵向柱列中各构件的内力，据此进行柱间支撑设计。在非抗震设计时，纵向柱间支撑等一般根据工程经验确定，不必进行计算。

5. 横向平面排架结构一般采用力法进行结构内力分析。对于等高排架，可采用剪力分配法计算内力，该法将作用于柱顶的水平集中力按各柱的抗剪刚度进行分配。对承受任意荷载的等高排架，先在排架柱顶部附加不动铰支座并求出相应的支座反力，然后用剪力分配法进行计算。

6. 单层厂房是空间结构，当各榀抗侧移结构（排架或山墙）的刚度或承受的外荷载不同时，排架与排架、排架与山墙之间存在相互制约作用，称为厂房的整体空间作用。厂房空间作用的大小主要取决于屋盖刚度、山墙刚度、山墙间距、荷载类型等。一般来说，无檩屋盖比有檩屋盖、局部荷载比均布荷载、有山墙比无山墙，厂房的空间作用要大。在吊车荷载作用下可考虑厂房的整体空间作用。

7. 作用于排架上的各单项荷载同时出现的可能性较大，但各单项荷载都同时达到其规定标准值的可能性较小。应按照《荷载规范》规定的效应（荷载）组合原则确定柱控制截面的最不利内力，即内力组合。内力组合是结构设计中一项技术性和实践性很强的基本内容，应在熟练掌握排架结构内力分布特点的基础上，通过课程设计予以巩固。

8. 对于预制钢筋混凝土排架柱，除按偏心受压构件计算以保证使用阶段的承载力要求和裂缝宽度限值外，还要按受弯构件进行验算以保证施工阶段（吊装、运输）的承载力要求和裂缝宽度限值。抗风柱主要承受风荷载，可按变截面受弯构件进行设计。

9. 牛腿为一种变截面悬臂深梁，其截面高度一般以不出现斜裂缝作为控制条件来确定，其纵向受力钢筋一般由计算确定，水平箍筋和弯起钢筋按构造要求设置。

10. 装配式钢筋混凝土排架结构通过预埋件将各构件连接起来。预埋件由锚筋和锚板两部分组成。锚板一般按构造要求确定；锚筋一般对称布置，可根据不同预埋件的受力特点通过计算确定。

11. 柱下独立基础一般为扩展基础，根据受力可分为轴心受压基础和偏心受压基础，根据基础的形状可分为阶形基础和锥形基础。独立基础的底面尺寸可按地基承载力要求确定，基础高度由构造要求和抗冲切承载力要求确定，底板配筋按固定在柱边的倒置悬臂板计算。

12. 地震区的单层厂房排架结构除进行在地震作用下的内力分析外，还需满足《抗震规范》规定的各项抗震措施和抗震构造措施。通过结构布置和构件截面构造、构件连接节点构造等要求来满足相应设防烈度下装配式结构的整体性和可靠性。

思 考 题

4.1　单层厂房排架结构中的主要承重构件有哪些？各自的作用是什么？

4.2　试述横向平面排架承受的竖向荷载和水平荷载的传力途径，以及纵向平面排架承受的水平荷载的传力途径。

4.3　单层厂房排架结构中的支撑分几类？其主要作用和设置原则是什么？

4.4　确定单层厂房排架结构的计算简图时做了哪些假定？连接构造如何保证这些假定的合理性？

4.5 作用于横向平面排架上的荷载有哪些？这些荷载的作用位置如何确定？试画出各单项荷载作用下排架结构的计算简图。

4.6 吊车荷载计算时竖向荷载 D_{max}、D_{min} 和水平荷载 T_{max} 如何取值？

4.7 什么是等高排架？如何用剪力分配法计算等高排架的内力？试述在任意荷载作用下等高排架内力的计算步骤。

4.8 何谓单层厂房的整体空间作用？影响单层厂房的整体空间作用的因素有哪些？考虑整体空间作用对柱内力有何影响？

4.9 以单阶排架柱为例说明如何选取控制截面。简述内力组合原则、组合项目及注意事项。

4.10 简述柱牛腿的几种主要破坏形态。牛腿设计有哪些内容？设计中如何考虑？

4.11 说明抗风柱的设计计算简图，其内力分析和排架柱有何不同？

4.12 简述单层厂房排架柱的设计步骤和注意事项。

4.13 对预制排架柱的杯口基础，基础底面尺寸和基础高度如何确定？基础底板配筋如何计算？简述设计步骤和注意事项。

习 题

4.1 某机械车间，外形尺寸及风荷载体型系数如图 4-107 所示。厂房跨度为 18 m，基本风压为 0.40 kN/m²，柱顶标高为 9.3 m，室外地坪标高为 -0.45 m，地面粗糙度类别为 B 类，排架的计算宽度为 6 m。计算排架所受风荷载的设计值。

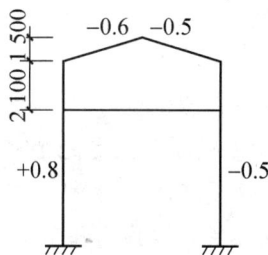

图 4-107 习题 4.1 图

4.2 某单跨单层厂房，跨度 18 m，柱距 6 m，厂房内设有两台 10 t 工作级别 A5 的吊车，吊车的有关数据如表 4-27 所示。

表 4-27 吊车的有关数据

吊车跨度 L_k/mm	吊车最大宽度 B/m	大车轮距 K/mm	轨道中心至端部距离 B_1/mm	大车质量 m_1/t	小车质量 g/t	最大轮压 P_{max}/t	最小轮压 P_{min}/t
16 500	5 100	3 800	230	15	3.8	11	3.4

计算排架柱承受的吊车竖向荷载 D_{max}、D_{min} 和横向水平荷载 T_{max}。

4.3　某两跨单层厂房，如图 4 - 108 所示，已知 $I_1 = 4.17 \times 10^9 \, mm^4$，$I_2 = 7.2 \times 10^9 \, mm^4$，$I_3 = 2.86 \times 10^{10} \, mm^4$，$I_4 = 4.44 \times 10^{10} \, mm^4$，$T_{max} = 24 \, kN$。用剪力分配法计算排架的内力。

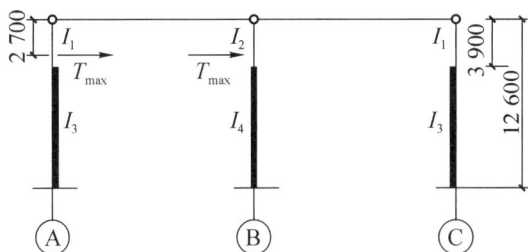

图 4 - 108　习题 4.3 图

4.4　若习题 4.3 中排架所受风荷载为图 4 - 109 所示，排架柱的各项参数与习题 4.3 相同（见图 4 - 108），用剪力分配法计算排架的内力。

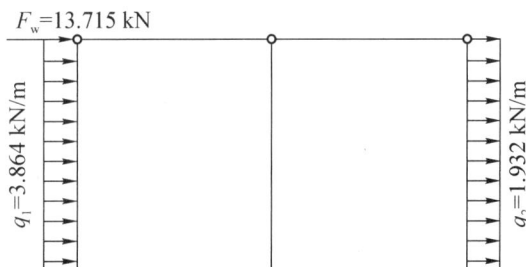

图 4 - 109　习题 4.4 图

4.5　图 4 - 110 所示牛腿，柱子宽度 $b = 400 \, mm$，已知竖向力标准值 $F_{vk} = 400 \, kN$，设计值 $F_v = 480 \, kN$，水平拉力标准值 $F_{hk} = 100 \, kN$，设计值 $F_h = 120 \, kN$，采用 C40 混凝土，纵筋采用 HRB400 钢筋，箍筋采用 HPB300 钢筋。试验算牛腿的截面尺寸并计算牛腿的纵向钢筋和箍筋。

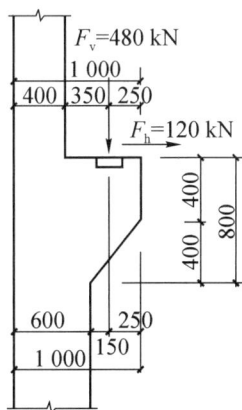

图 4 - 110　习题 4.5 图

4.6 某单层厂房排架柱采用现浇式锥形柱下独立基础，由柱传到基础顶面的轴向压力 $N_k = 968$ kN，弯矩 $M_k = 310$ kN·m，剪力 $V_k = 38$ kN。排架柱的截面尺寸为 700 mm × 400 mm，修正后的地基承载力特征值 $f_a = 220$ kN/m^2，基础埋深 1.2 m。基础混凝土为 C30，钢筋为 HRB400 级。设计此柱下独立基础。

参 考 文 献

［1］中华人民共和国住房和城乡建设部．建筑地基基础设计规范：GB 50007—2011．北京：中国建筑工业出版社，2012．

［2］中华人民共和国住房和城乡建设部．建筑结构荷载规范：GB 50009—2012．北京：中国建筑工业出版社，2012．

［3］中华人民共和国住房和城乡建设部．混凝土结构设计规范（2015 年版）：GB 50010—2010．北京：中国建筑工业出版社，2011．

［4］中华人民共和国住房和城乡建设部，中华人民共和国国家质量监督检验检疫总局．建筑抗震设计规范（附条文说明）（2016 年版）：GB 50011—2010．北京：中国建筑工业出版社，2010．

［5］吕晓寅，刘林，周长东，等．混凝土建筑结构设计．北京：中国建筑工业出版社，2012．

［6］梁兴文，史庆轩．混凝土结构设计．4 版．北京：中国建筑工业出版社，2019．

［7］东南大学，同济大学，天津大学．混凝土结构：混凝土结构与砌体结构设计：中册．7 版．北京：中国建筑工业出版社，2019．

［8］邱洪兴．建筑结构设计：第二册：设计示例．3 版．北京：高等教育出版社，2020．

附　　录

附录 A　等截面等跨连续梁在均布荷载和集中荷载作用下的内力系数表

说明：

①在均布荷载作用下 M = 表中系数 × ql^2，V = 表中系数 × ql。

②在集中荷载作用下 M = 表中系数 × Gl，V = 表中系数 × G。

③内力正、负号的规定：M——使截面上部受压、下部受拉为正。

V——对邻近截面所产生的力矩沿顺时针方向者为正。

附表 A－1　两跨梁

序号	荷载简图	跨内最大弯矩		支座弯矩	支座剪力			
		M_1	M_2	M_B	V_A	V_{Bl}	V_{Br}	V_C
1		0.070	0.070	−0.125	0.375	−0.625	0.625	−0.375
2		0.096	−0.025	−0.063	0.437	−0.563	0.063	0.063
3		0.156	0.156	−0.188	0.312	−0.688	0.688	−0.312
4		0.203	−0.047	−0.094	0.406	−0.594	0.094	0.094
5		0.222	0.222	−0.333	0.667	−1.334	1.334	−0.667
6		0.278	−0.056	−0.167	0.833	−1.167	0.167	0.167

注：V_{Bl}、V_{Br} 分别为支座 B 左、右截面的剪力。

附表 A－2　三跨梁

序号	荷载简图	跨内最大弯矩		支座弯矩		支座剪力					
		M_1	M_2	M_B	M_C	V_A	V_{Bl}	V_{Br}	V_{Cl}	V_{Cr}	V_D
1		0.080	0.025	−0.100	−0.100	0.400	−0.600	0.500	−0.500	0.600	−0.400

序号	荷载简图	跨内最大弯矩		支座弯矩		支座剪力					
		M_1	M_2	M_B	M_C	V_A	V_{Bl}	V_{Br}	V_{Cl}	V_{Cr}	V_D
2	q　q M_1 M_2 M_3	0.101	−0.050	−0.050	−0.050	0.450	−0.550	0.000	0.000	0.550	−0.450
3	q	−0.025	0.075	−0.050	−0.050	−0.050	−0.050	0.500	−0.500	0.050	0.050
4	q	0.073	0.054	−0.117	−0.033	0.383	−0.617	0.583	−0.417	0.033	0.033
5	q	0.094	—	−0.067	0.017	0.433	−0.567	0.083	0.083	−0.017	−0.017
6	G G G	0.175	0.100	−0.15	−0.15	0.350	−0.65	0.50	−0.50	0.650	−0.35
7	G　G	0.213	−0.075	−0.075	−0.075	0.425	−0.575	0.000	0.000	0.575	−0.425
8	G	−0.038	0.175	−0.075	−0.075	−0.075	−0.075	0.500	−0.500	0.075	0.075
9	G G	0.162	0.137	−0.175	−0.050	0.325	−0.675	0.625	−0.375	0.050	0.050
10	G	0.200	—	−0.100	0.025	0.400	−0.600	0.125	0.125	−0.025	−0.025
11	$GGGGGG$	0.244	0.067	−0.267	−0.267	0.733	−1.267	1.000	−1.000	1.267	−0.733
12	G G　G G	0.289	−0.133	−0.133	−0.133	0.866	−1.134	0.000	0.000	1.134	−0.866
13	G G	−0.044	0.200	−0.133	−0.133	−0.133	−0.133	1.000	−1.000	0.133	0.133
14	$GGGG$	0.229	0.170	−0.311	−0.089	0.689	−1.311	1.222	−0.778	0.089	0.089
15	G G	0.274	—	−0.178	0.044	0.822	−1.178	0.222	0.222	−0.044	−0.044

注：V_{Bl}、V_{Br} 分别为支座 B 左、右截面的剪力；V_{Cl}、V_{Cr} 分别为支座 C 左、右截面的剪力。

附表 A-3 四跨梁

序号	荷载简图	跨内最大弯矩 M_1	M_2	M_3	M_4	支座弯矩 M_B	M_C	M_D	支座剪力 V_A	V_{Bl}	V_{Br}	V_{Cl}	V_{Cr}	V_{Dl}	V_{Dr}	V_E
1	q（满跨）$A\ B\ C\ D\ E$，$l_0\ l_0\ l_0\ l_0$	0.077	0.036	0.036	0.077	−0.107	−0.071	−0.107	0.393	−0.607	0.536	−0.464	0.464	−0.536	0.607	−0.393
2	q（1、3 跨）	0.100	−0.045	0.081	−0.023	−0.054	−0.036	−0.054	0.446	−0.554	0.018	0.018	0.482	−0.518	0.054	0.054
3	q（1、2、4 跨）	0.072	0.061	—	0.098	−0.121	−0.018	−0.058	0.380	−0.620	0.603	−0.397	−0.040	−0.040	0.558	−0.442
4	q（2、3 跨）	—	0.056	0.056	—	−0.036	−0.107	−0.036	−0.036	−0.036	0.429	−0.571	0.571	−0.429	0.036	0.036
5	q（1 跨）	0.094	—	—	—	−0.067	0.018	−0.004	0.433	−0.567	0.085	0.085	−0.022	−0.022	0.004	0.004
6	q（2 跨）	—	0.071	—	—	−0.049	−0.054	0.013	−0.049	−0.049	0.496	−0.504	0.067	0.067	−0.013	−0.013
7	$G\ G\ G\ G$（满跨）	0.169	0.116	0.116	0.169	−0.161	−0.107	−0.161	0.339	−0.661	0.554	−0.446	0.446	−0.554	0.661	−0.339
8	$G\ G$（1、3 跨）	0.210	−0.067	0.183	−0.040	−0.080	−0.054	−0.080	0.420	−0.580	0.027	0.027	0.473	−0.527	0.080	0.080
9	$G\ G\ G$（1、2、4 跨）	0.159	0.146	0.142	0.206	−0.181	−0.027	−0.087	0.319	−0.681	0.654	−0.346	−0.060	−0.060	0.587	−0.413
10	$G\ G$（2、3 跨）	—	0.142	—	—	−0.054	−0.161	−0.054	−0.054	−0.054	0.393	−0.607	0.607	−0.393	0.054	0.054
11	G（1 跨）	0.200	—	—	—	−0.100	0.027	−0.007	0.400	−0.600	0.127	0.127	−0.033	−0.033	0.007	0.007
12	G（2 跨）	—	0.173	—	—	−0.074	−0.080	0.020	−0.074	−0.074	0.493	−0.507	0.100	0.100	−0.020	−0.020

续表

序号	荷载简图	跨内最大弯矩				支座弯矩			支座剪力							
		M_1	M_2	M_3	M_4	M_B	M_C	M_D	V_A	V_{Bl}	V_{Br}	V_{Cl}	V_{Cr}	V_{Dl}	V_{Dr}	V_E
13		0.238	0.111	0.111	0.238	-0.286	-0.191	-0.286	0.714	-1.286	1.095	-0.905	0.905	-1.095	1.286	-0.714
14		0.286	-0.111	0.222	-0.048	-0.143	-0.095	-0.143	0.857	-1.143	0.048	0.048	0.952	-1.048	0.143	0.143
15		0.226	0.194	—	0.282	-0.321	-0.048	-0.155	0.679	-1.321	1.274	-0.726	-0.107	-0.107	1.155	-0.845
16		—	0.175	0.175	—	-0.095	-0.286	-0.095	-0.095	-0.095	0.810	-1.190	1.190	-0.810	0.095	0.095
17		0.274	—	—	—	-0.178	0.048	-0.012	0.822	-1.178	0.226	0.226	-0.060	-0.060	0.012	0.012
18		—	0.198	—	—	-0.131	-0.143	0.036	-0.131	-0.131	0.988	-1.012	0.178	0.178	-0.036	-0.036

附表 A－4　五跨梁

序号	荷载简图	跨内最大弯矩			支座弯矩				支座剪力									
		M_1	M_2	M_3	M_B	M_C	M_D	M_E	V_A	V_{Bl}	V_{Br}	V_{Cl}	V_{Cr}	V_{Dl}	V_{Dr}	V_{El}	V_{Er}	V_F
1	（荷载简图）	0.078	0.033	0.046	-0.105	-0.079	-0.079	-0.105	0.394	-0.606	0.526	-0.474	0.500	-0.500	0.474	-0.526	0.606	-0.394
2	（荷载简图）	0.100	-0.046	0.085	-0.053	-0.040	-0.040	-0.053	0.447	-0.553	0.013	0.013	0.500	-0.500	-0.013	-0.013	0.553	-0.447
3	（荷载简图）	-0.026	0.079	-0.040	-0.053	-0.040	-0.040	-0.053	-0.053	-0.053	0.513	-0.487	0.000	0.000	0.487	-0.513	0.053	0.053
4	（荷载简图）	0.073	0.059	—	-0.119	-0.022	-0.044	-0.051	0.380	-0.620	0.598	-0.402	-0.023	-0.023	0.493	-0.507	0.052	0.052
5	（荷载简图）	—	0.055	0.064	-0.035	-0.111	-0.020	-0.057	-0.035	-0.035	-0.424	-0.576	0.591	-0.409	-0.037	-0.037	0.557	-0.443
6	（荷载简图）	0.094	—	—	-0.067	0.018	-0.005	0.001	0.433	-0.567	0.085	0.085	-0.023	-0.023	0.006	0.006	-0.001	-0.001
7	（荷载简图）	—	0.074	—	-0.049	-0.054	0.014	-0.004	-0.049	-0.049	0.495	-0.505	0.068	0.068	-0.018	-0.018	0.004	0.004
8	（荷载简图）	—	—	0.072	0.013	-0.053	-0.053	0.013	0.013	0.013	-0.066	-0.066	0.500	-0.500	0.066	0.066	-0.013	-0.013
9	（荷载简图）	0.171	0.112	0.132	-0.158	-0.118	-0.118	-0.158	0.342	-0.658	0.540	-0.460	0.500	-0.500	0.460	-0.540	0.658	-0.342
10	（荷载简图）	0.211	-0.069	0.191	-0.079	-0.059	-0.059	-0.079	0.421	-0.579	0.020	0.020	0.500	-0.500	-0.020	-0.020	0.579	-0.421
11	（荷载简图）	0.039	0.181	-0.059	-0.079	-0.059	-0.059	-0.079	-0.079	-0.079	0.520	-0.480	0.000	0.000	0.480	-0.520	0.079	0.079
12	（荷载简图）	0.160	0.144	—	-0.179	-0.032	-0.066	-0.077	0.321	-0.679	0.647	-0.353	-0.034	-0.034	0.489	-0.511	0.077	0.077
13	（荷载简图）	—	0.140	0.151	-0.052	-0.167	-0.031	-0.086	-0.052	-0.052	0.385	-0.615	0.637	-0.363	-0.056	-0.056	0.586	-0.414

续表

序号	荷载简图	跨内最大弯矩 M_1	M_2	M_3	支座弯矩 M_B	M_C	M_D	M_E	支座剪力 V_A	V_{Bl}	V_{Br}	V_{Cl}	V_{Cr}	V_{Dl}	V_{Dr}	V_{El}	V_{Er}	V_F
14	G_1	0.200	—	—	-0.100	0.027	-0.007	0.002	0.400	-0.600	0.127	0.127	-0.034	-0.034	0.009	0.009	-0.002	-0.002
15	G_1	—	0.173	—	-0.073	-0.081	0.022	-0.005	-0.073	-0.073	-0.493	-0.507	0.102	0.102	-0.027	-0.027	0.005	0.005
16	G_1	—	—	0.171	0.020	-0.079	-0.079	0.020	0.020	0.020	-0.099	-0.099	0.500	-0.500	0.099	0.099	-0.020	-0.020
17	$G G G G G G G G G G$	0.240	0.100	0.122	-0.281	-0.211	-0.211	-0.281	0.719	-1.281	1.070	-0.930	1.000	-1.000	0.930	-1.070	1.281	-0.719
18	$G_1 G\ G_1 G\ G_1 G$	0.287	-0.117	0.228	-0.140	-0.105	-0.105	-0.140	0.860	-1.140	0.035	0.035	1.000	-1.000	-0.035	-0.035	1.140	-0.860
19	$G_1 G\ G_1 G$	-0.047	0.216	-0.105	-0.140	-0.105	-0.105	0.140	-0.140	-0.140	1.035	-0.965	0.000	0.000	0.965	-1.035	0.140	0.140
20	$GGGG\ GG$	0.227	0.189	—	-0.319	-0.057	-0.118	-0.137	0.681	-1.319	1.262	-0.738	-0.061	-0.061	0.981	-1.019	0.137	0.137
21	$GGGG\ GG$	—	0.172	0.198	-0.093	-0.297	-0.054	-0.153	-0.093	-0.093	0.796	-1.204	1.243	-0.757	-0.099	-0.099	1.153	-0.847
22	$G_1 G$	0.274	—	—	-0.179	0.048	-0.013	0.003	0.821	-1.179	0.227	0.227	-0.061	-0.061	0.016	0.016	-0.003	-0.003
23	$G_1 G$	—	0.198	—	-0.131	-0.144	-0.038	-0.010	-0.131	-0.131	0.987	-1.013	0.182	0.182	-0.048	-0.048	0.010	0.010
24	$G_1 G$	—	—	0.193	0.035	-0.140	-0.140	0.035	0.035	0.035	-0.175	-0.175	1.000	-1.000	0.175	0.175	-0.035	-0.035

311

附录 B　双向板在均布荷载作用下的挠度和弯矩系数表

说明：

① 板单位宽度的截面抗弯刚度按下列公式计算（按弹性理论计算方法）：

$$B_c = \frac{Eh^3}{12(1 - \nu_c^2)}$$

式中：B_c——板宽 1 m 的截面抗弯刚度；

E——弹性模量；

h——板厚；

ν_c——泊松比。

② 表中符号表示的意义如下：

f, f_{max}——分别为板中心点的挠度和最大挠度；

M_x, M_{xmax}——平行于 l_x 方向板中心点单位板宽内的弯矩和板跨内最大弯矩；

M_y, M_{ymax}——平行于 l_y 方向板中心点单位板宽内的弯矩和板跨内最大弯矩；

M_x^0——固定边中点沿 l_x 方向单位板宽内的弯矩；

M_y^0——固定边中点沿 l_y 方向单位板宽内的弯矩。

③ 板支承边的符号为：

固定边 ┴┴┴┴┴┴┴┴┴　　　简支边 ----------

④弯矩和挠度的正、负号的规定如下：

弯矩——使板的受荷面受压者为正；

挠度——变位方向与荷载作用方向相同者为正。

⑤附图 B-1~附图 B-6 分别对应附表 B-1~附表 B-6。附表 B-1~附表 B-6 中各表的弯矩系数按 $\mu = 0$ 计算。对于钢筋混凝土，μ 一般可取为 1/6，此时，对于挠度、支座中点弯矩，仍可按表中系数计算；对于跨中弯矩，一般也可按表中系数计算（近似地认为 $\mu = 0$）。必要时，可按下式计算：

$$M_x^{(\mu)} = M_x + \mu M_y$$
$$M_y^{(\mu)} = M_y + \mu M_x$$

⑥挠度 = 表中系数 × $\dfrac{ql_0^4}{B_c}$

弯矩 = 表中系数 × ql_0^2

式中 l_0 取用 l_x 和 l_y 中较小者。

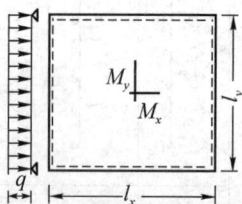

附图 B-1　四边简支的双向板示意图

附表 B－1 四边简支的双向板

l_x/l_y	f	M_x	M_y	l_x/l_y	f	M_x	M_y
0.50	0.010 13	0.096 5	0.017 4	0.80	0.006 03	0.056 1	0.033 4
0.55	0.009 40	0.089 2	0.021 0	0.85	0.005 47	0.050 6	0.034 9
0.60	0.008 67	0.082 0	0.024 2	0.90	0.004 96	0.045 6	0.035 8
0.65	0.007 96	0.075 0	0.027 1	0.95	0.004 49	0.041 0	0.036 4
0.70	0.007 27	0.068 3	0.029 6	1.00	0.004 06	0.036 8	0.036 8
0.75	0.006 63	0.062 0	0.031 7				

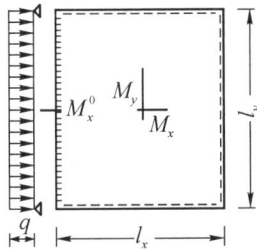

附图 B－2 三边简支、一边固定的双向板示意图

附表 B－2 三边简支、一边固定的双向板

l_x/l_y	l_y/l_x	f	f_{max}	M_x	M_{xmax}	M_y	M_{ymax}	M_x^0
0.50		0.004 88	0.005 04	0.058 3	0.064 6	0.006 0	0.006 3	－0.121 2
0.55		0.004 71	0.004 92	0.056 3	0.061 8	0.008 1	0.008 7	－0.118 7
0.60		0.004 53	0.004 72	0.053 9	0.058 9	0.010 4	0.011 1	－0.115 8
0.65		0.004 32	0.004 48	0.051 3	0.055 9	0.012 6	0.013 3	－0.112 4
0.70		0.004 10	0.004 22	0.048 5	0.052 9	0.014 8	0.015 4	－0.108 7
0.75		0.003 88	0.003 99	0.0452 7	0.049 6	0.016 8	0.017 4	－0.104 8
0.80		0.003 65	0.003 76	0.042 8	0.046 3	0.018 7	0.019 3	－0.100 7
0.85		0.003 43	0.003 52	0.040 0	0.043 1	0.020 4	0.021 1	－0.096 5
0.90	0.0219	0.003 21	0.003 29	0.037 2	0.040 0	0.021 9	0.022 6	－0.092 2
0.95		0.002 99	0.003 06	0.034 5	0.036 9	0.023 2	0.023 9	－0.088 0
1.00	1.00	0.002 79	0.002 85	0.031 9	0.034 0	0.024 3	0.024 9	－0.083 9
	0.95	0.003 16	0.003 24	0.032 4	0.034 5	0.028 0	0.028 7	－0.088 2
	0.90	0.003 60	0.003 68	0.032 8	0.034 7	0.032 2	0.033 0	－0.092 6
	0.85	0.004 09	0.004 17	0.032 9	0.034 7	0.037 0	0.037 8	－0.097 0
	0.80	0.004 64	0.004 73	0.032 6	0.034 3	0.042 4	0.043 3	－0.101 4
	0.75	0.005 26	0.005 36	0.031 9	0.033 5	0.048 5	0.049 4	－0.105 6
	0.70	0.005 95	0.006 05	0.030 8	0.032 3	0.055 3	0.056 2	－0.109 6
	0.65	0.006 70	0.006 80	0.029 1	0.030 6	0.062 7	0.063 7	－0.113 3
	0.60	0.007 52	0.007 62	0.026 8	0.028 9	0.070 7	0.071 7	－0.116 6
	0.55	0.008 38	0.008 48	0.023 9	0.027 1	0.079 2	0.080 1	－0.119 3
	0.50	0.009 27	0.009 35	0.020 5	0.024 9	0.088 0	0.088 8	－0.121 5

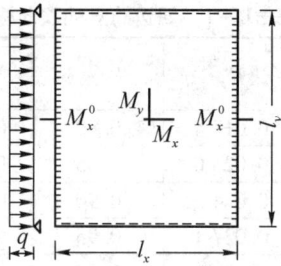

附图 B-3　两对边简支、两对边固定的双向板示意图

附表 B-3　两对边简支、两对边固定的双向板

l_x/l_y	l_y/l_x	f	M_x	M_y	M_x^0
0.50		0.002 61	0.041 6	0.001 7	-0.084 3
0.55		0.002 59	0.041 0	0.002 8	-0.084 0
0.60		0.002 55	0.040 2	0.004 2	-0.083 4
0.65		0.002 50	0.039 2	0.005 7	-0.082 6
0.70		0.002 43	0.037 9	0.007 2	-0.081 4
0.75		0.002 36	0.036 6	0.008 8	-0.079 9
0.80		0.002 28	0.035 1	0.010 3	-0.078 2
0.85		0.002 20	0.033 5	0.011 8	-0.076 3
0.90		0.002 11	0.031 9	0.013 3	-0.074 3
0.95		0.002 01	0.030 2	0.014 6	-0.072 1
1.00	1.00	0.001 92	0.028 5	0.015 8	-0.069 8
	0.95	0.002 23	0.029 6	0.018 9	-0.074 6
	0.90	0.002 60	0.030 6	0.022 4	-0.079 7
	0.85	0.003 03	0.031 4	0.026 6	-0.085 0
	0.80	0.003 54	0.031 9	0.031 6	-0.090 4
	0.75	0.004 13	0.032 1	0.037 4	-0.095 9
	0.70	0.004 82	0.031 8	0.044 1	-0.101 3
	0.65	0.005 60	0.030 8	0.051 8	-0.106 6
	0.60	0.006 47	0.029 2	0.030 4	-0.111 4
	0.55	0.007 43	0.026 7	0.069 8	-0.115 6
	0.50	0.008 44	0.023 4	0.079 8	-0.119 1

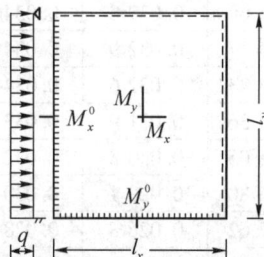

附图 B-4　两邻边简支、两邻边固定的双向板示意图

附表 B－4　两邻边简支、两邻边固定的双向板

l_x/l_y	f	f_{max}	M_x	M_{xmax}	M_y	M_{ymax}	M_x^0	M_y^0
0.50	0.004 68	0.004 71	0.055 9	0.056 2	0.007 9	0.013 5	− 0.117 9	− 0.078 6
0.55	0.004 45	0.004 54	0.052 9	0.053 0	0.010 4	0.015 3	− 0.114 0	− 0.078 5
0.60	0.004 19	0.004 29	0.049 6	0.049 8	0.012 9	0.016 9	− 0.109 5	− 0.078 2
0.65	0.003 91	0.003 99	0.046 1	0.046 5	0.015 1	0.018 3	− 0.104 5	− 0.077 7
0.70	0.003 63	0.003 68	0.042 6	0.043 2	0.017 2	0.019 5	− 0.099 2	− 0.077 0
0.75	0.003 35	0.003 40	0.039 0	0.039 6	0.018 9	0.020 6	− 0.093 8	− 0.076 0
0.80	0.003 08	0.003 13	0.035 6	0.036 1	0.020 4	0.021 8	− 0.088 3	− 0.074 8
0.85	0.002 81	0.002 86	0.032 2	0.032 8	0.021 5	0.022 9	− 0.082 9	− 0.073 3
0.90	0.002 56	0.002 61	0.029 1	0.029 7	0.022 4	0.023 8	− 0.077 6	− 0.071 6
0.95	0.002 32	0.002 37	0.026 1	0.026 7	0.023 0	0.024 4	− 0.072 6	− 0.069 8
1.00	0.002 10	0.002 15	0.023 4	0.024 0	0.023 4	0.024 9	− 0.067 7	− 0.067 7

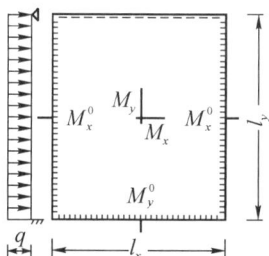

附图 B－5　一边简支、三边固定的双向板示意图

附表 B－5　一边简支、三边固定的双向板

l_x/l_y	l_y/l_x	f	f_{max}	M_x	M_{xmax}	M_y	M_{ymax}	M_x^0	M_y^0
0.50		0.002 57	0.002 58	0.040 8	0.040 9	0.002 8	0.008 9	− 0.083 6	− 0.056 9
0.55		0.002 52	0.002 55	0.039 8	0.039 9	0.004 2	0.009 3	− 0.082 7	− 0.057 0
0.60		0.002 45	0.002 49	0.038 4	0.038 6	0.005 9	0.010 5	− 0.081 4	− 0.057 1
0.65		0.002 37	0.002 40	0.036 8	0.037 1	0.007 6	0.011 6	− 0.079 6	− 0.057 2
0.70		0.002 27	0.002 29	0.035 0	0.035 4	0.009 3	0.012 7	− 0.077 4	− 0.057 2
0.75		0.002 16	0.002 19	0.033 1	0.033 5	0.010 9	0.013 7	− 0.075 0	− 0.057 2
0.80		0.002 05	0.002 08	0.031 0	0.031 4	0.012 4	0.014 7	− 0.072 2	− 0.057 0
0.85		0.001 93	0.001 96	0.028 9	0.029 3	0.013 8	0.015 5	− 0.069 3	− 0.056 7
0.90		0.001 81	0.001 84	0.026 8	0.027 3	0.015 9	0.016 3	− 0.066 3	− 0.056 3
0.95		0.001 69	0.001 72	0.024 7	0.025 2	0.016 0	0.017 2	− 0.063 1	− 0.055 8
1.00	1.00	0.001 57	0.001 60	0.022 7	0.023 1	0.016 8	0.018 0	− 0.060 0	− 0.055 0
	0.95	0.001 78	0.001 82	0.022 9	0.023 4	0.019 4	0.020 7	− 0.062 9	− 0.059 9
	0.90	0.002 01	0.002 06	0.022 8	0.023 4	0.022 3	0.023 8	− 0.065 6	− 0.065 3

l_x/l_y	l_y/l_x	f	f_{max}	M_x	M_{xmax}	M_y	M_{ymax}	M_x^0	M_y^0
	0.85	0.002 27	0.002 22	0.022 5	0.023 1	0.025 5	0.027 3	− 0.068 3	− 0.071 1
	0.80	0.002 56	0.002 62	0.021 9	0.022 4	0.029 0	0.031 1	− 0.070 7	− 0.077 2
	0.75	0.002 86	0.002 94	0.020 8	0.021 4	0.032 9	0.035 4	− 0.072 9	− 0.083 7
	0.70	0.003 19	0.003 27	0.019 4	0.020 0	0.037 0	0.040 0	− 0.074 8	− 0.090 3
	0.65	0.003 52	0.003 65	0.017 5	0.018 2	0.041 2	0.044 6	− 0.076 2	− 0.097 0
	0.60	0.003 86	0.004 03	0.015 3	0.016 0	0.045 4	0.049 3	− 0.077 3	− 0.103 3
	0.55	0.004 19	0.004 37	0.012 7	0.013 3	0.049 6	0.054 1	− 0.078 0	− 0.109 3
	0.50	0.004 49	0.004 63	0.009 9	0.010 3	0.053 4	0.058 8	− 0.078 4	− 0.114 6

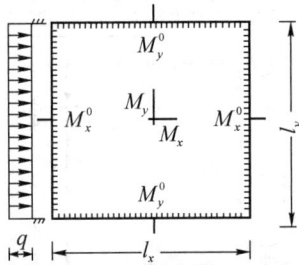

附图 B-6 四边固定的双向板示意图

附表 B-6 四边固定的双向板

l_x/l_y	f	M_x	M_y	M_x^0	M_y^0
0.50	0.002 53	0.040 0	0.003 8	− 0.082 9	− 0.057 0
0.55	0.002 46	0.038 5	0.005 6	− 0.081 4	− 0.057 1
0.60	0.002 36	0.036 7	0.007 6	− 0.079 3	− 0.057 1
0.65	0.002 24	0.034 5	0.009 5	− 0.076 6	− 0.057 1
0.70	0.002 11	0.032 1	0.011 3	− 0.073 5	− 0.056 9
0.75	0.001 97	0.029 6	0.013 0	− 0.070 1	− 0.056 5
0.80	0.001 82	0.027 1	0.014 4	− 0.066 4	− 0.055 9
0.85	0.001 68	0.024 6	0.015 6	− 0.062 6	− 0.055 1
0.90	0.001 53	0.022 1	0.016 5	− 0.058 8	− 0.054 1
0.95	0.001 40	0.019 8	0.017 2	− 0.055 0	− 0.052 8
1.00	0.001 27	0.017 6	0.017 6	− 0.051 3	− 0.051 3

附录 C　各种荷载作用下柱的标准反弯点高度比及修正值

附表 C-1　均布水平荷载下各层柱标准反弯点高度比 y_0

n	j \ K	0.1	0.2	0.3	0.4	0.5	0.6	0.7	0.8	0.9	1.0	2.0	3.0	4.0	5.0
1	1	0.80	0.75	0.70	0.65	0.60	0.60	0.60	0.60	0.60	0.55	0.55	0.55	0.55	0.55
2	2	0.45	0.40	0.35	0.35	0.35	0.35	0.40	0.40	0.40	0.40	0.45	0.45	0.45	0.45
	1	0.95	0.80	0.75	0.70	0.65	0.65	0.65	0.60	0.60	0.60	0.55	0.55	0.55	0.50
3	3	0.15	0.20	0.20	0.25	0.30	0.30	0.30	0.35	0.35	0.35	0.40	0.45	0.45	0.45
	2	0.55	0.50	0.45	0.45	0.45	0.45	0.45	0.45	0.45	0.45	0.45	0.50	0.50	0.50
	1	1.00	0.85	0.80	0.75	0.70	0.70	0.65	0.65	0.65	0.60	0.55	0.55	0.55	0.55
4	4	-0.05	0.05	0.15	0.20	0.25	0.30	0.30	0.35	0.35	0.35	0.40	0.45	0.45	0.45
	3	0.25	0.30	0.30	0.35	0.35	0.40	0.40	0.40	0.40	0.45	0.45	0.50	0.50	0.50
	2	0.65	0.55	0.50	0.50	0.45	0.45	0.45	0.45	0.45	0.45	0.50	0.50	0.50	0.50
	1	1.10	0.90	0.80	0.75	0.70	0.70	0.55	0.65	0.55	0.60	0.55	0.55	0.55	0.55
5	5	-0.20	0.00	0.15	0.20	0.25	0.30	0.30	0.30	0.35	0.35	0.40	0.45	0.45	0.45
	4	0.10	0.20	0.25	0.30	0.35	0.35	0.40	0.40	0.40	0.40	0.45	0.45	0.50	0.50
	3	0.40	0.40	0.40	0.40	0.40	0.45	0.45	0.45	0.45	0.50	0.50	0.50	0.50	0.50
	2	0.65	0.55	0.50	0.50	0.50	0.50	0.50	0.50	0.50	0.50	0.50	0.50	0.50	0.50
	1	1.20	0.95	0.80	0.75	0.75	0.70	0.70	0.65	0.65	0.65	0.55	0.55	0.55	0.55
6	6	-0.30	0.00	0.10	0.20	0.25	0.25	0.30	0.30	0.35	0.35	0.40	0.45	0.45	0.45
	5	0.00	0.20	0.25	0.30	0.35	0.35	0.40	0.40	0.40	0.40	0.45	0.45	0.50	0.50
	4	0.20	0.30	0.35	0.35	0.40	0.40	0.40	0.45	0.45	0.45	0.45	0.50	0.50	0.50
	3	0.40	0.40	0.40	0.45	0.45	0.45	0.45	0.45	0.45	0.45	0.50	0.50	0.50	0.50
	2	0.70	0.60	0.55	0.50	0.50	0.50	0.50	0.50	0.50	0.50	0.50	0.50	0.50	0.50
	1	1.20	0.95	0.85	0.80	0.75	0.70	0.70	0.65	0.65	0.65	0.55	0.55	0.55	0.55
7	7	-0.35	-0.05	0.10	0.20	0.20	0.25	0.30	0.30	0.35	0.35	0.40	0.45	0.45	0.45
	6	-0.01	0.15	0.25	0.30	0.35	0.35	0.35	0.40	0.40	0.40	0.45	0.45	0.50	0.50
	5	0.01	0.25	0.30	0.35	0.40	0.40	0.40	0.45	0.45	0.45	0.50	0.50	0.50	0.50
	4	0.30	0.35	0.40	0.40	0.40	0.45	0.45	0.45	0.45	0.45	0.55	0.50	0.50	0.50
	3	0.50	0.45	0.45	0.45	0.45	0.45	0.45	0.45	0.45	0.50	0.50	0.50	0.50	0.50
	2	0.75	0.60	0.55	0.50	0.50	0.50	0.50	0.50	0.50	0.50	0.50	0.50	0.50	0.50
	1	1.20	0.95	0.85	0.80	0.75	0.70	0.70	0.65	0.65	0.65	0.55	0.55	0.55	0.55
8	8	-0.35	-0.15	0.10	0.10	0.25	0.25	0.30	0.30	0.35	0.35	0.40	0.45	0.45	0.45
	7	-0.10	0.15	0.25	0.30	0.35	0.35	0.40	0.40	0.40	0.40	0.45	0.50	0.50	0.50
	6	0.05	0.25	0.30	0.35	0.40	0.40	0.45	0.45	0.45	0.45	0.50	0.50	0.50	0.50
	5	0.20	0.30	0.35	0.40	0.40	0.45	0.45	0.45	0.45	0.45	0.50	0.50	0.50	0.50
	4	0.35	0.40	0.40	0.45	0.45	0.45	0.45	0.45	0.45	0.45	0.50	0.50	0.50	0.50
	3	0.50	0.45	0.45	0.45	0.45	0.45	0.45	0.45	0.50	0.50	0.50	0.50	0.50	0.50
	2	0.75	0.60	0.55	0.55	0.50	0.50	0.50	0.50	0.50	0.50	0.50	0.50	0.50	0.50
	1	1.20	1.00	0.85	0.80	0.75	0.70	0.70	0.65	0.65	0.65	0.55	0.55	0.55	0.55

续表

n	j \\ K	0.1	0.2	0.3	0.4	0.5	0.6	0.7	0.8	0.9	1.0	2.0	3.0	4.0	5.0
9	9	-0.40	-0.05	0.10	0.20	0.25	0.25	0.30	0.30	0.35	0.35	0.45	0.45	0.45	0.45
	8	-0.15	0.15	0.25	0.30	0.35	0.35	0.35	0.40	0.40	0.40	0.45	0.45	0.50	0.50
	7	0.05	0.25	0.30	0.35	0.40	0.40	0.40	0.45	0.45	0.45	0.50	0.50	0.50	0.50
	6	0.15	0.30	0.35	0.40	0.40	0.45	0.45	0.45	0.45	0.45	0.50	0.50	0.50	0.50
	5	0.25	0.35	0.40	0.40	0.45	0.45	0.45	0.45	0.45	0.45	0.50	0.50	0.50	0.50
	4	0.40	0.40	0.40	0.45	0.45	0.45	0.45	0.45	0.45	0.45	0.50	0.50	0.50	0.50
	3	0.55	0.45	0.45	0.45	0.45	0.45	0.45	0.45	0.50	0.50	0.50	0.50	0.50	0.50
	2	0.80	0.65	0.55	0.55	0.50	0.50	0.50	0.50	0.50	0.50	0.50	0.50	0.50	0.50
	1	1.20	1.00	0.85	0.80	0.75	0.70	0.70	0.65	0.65	0.65	0.55	0.55	0.55	0.55
10	10	-0.40	-0.05	0.10	0.20	0.25	0.30	0.30	0.30	0.30	0.35	0.40	0.45	0.45	0.45
	9	-0.15	0.15	0.25	0.30	0.35	0.35	0.40	0.40	0.40	0.40	0.45	0.50	0.50	0.50
	8	-0.00	0.25	0.30	0.35	0.40	0.40	0.40	0.45	0.45	0.45	0.50	0.50	0.50	0.50
	7	-0.10	0.30	0.35	0.40	0.40	0.40	0.45	0.45	0.45	0.45	0.50	0.50	0.50	0.50
	6	0.20	0.35	0.40	0.40	0.45	0.45	0.45	0.45	0.45	0.45	0.50	0.50	0.50	0.50
	5	0.30	0.40	0.40	0.45	0.45	0.45	0.45	0.45	0.45	0.50	0.50	0.50	0.50	0.50
	4	0.40	0.40	0.45	0.45	0.45	0.45	0.45	0.45	0.45	0.50	0.50	0.50	0.50	0.50
	3	0.55	0.50	0.45	0.45	0.45	0.50	0.50	0.50	0.50	0.50	0.50	0.50	0.50	0.50
	2	0.80	0.65	0.55	0.55	0.55	0.50	0.50	0.50	0.50	0.50	0.50	0.50	0.50	0.50
	1	1.30	1.00	0.85	0.80	0.75	0.70	0.70	0.65	0.65	0.65	0.60	0.55	0.55	0.55
11	11	-0.40	0.05	0.10	0.20	0.25	0.30	0.30	0.30	0.35	0.35	0.40	0.45	0.45	0.45
	10	-0.15	0.15	0.25	0.30	0.35	0.35	0.40	0.40	0.40	0.40	0.45	0.45	0.50	0.50
	9	0.00	0.25	0.30	0.35	0.40	0.40	0.40	0.45	0.45	0.45	0.45	0.50	0.50	0.50
	8	0.10	0.30	0.35	0.40	0.40	0.45	0.45	0.45	0.45	0.45	0.50	0.50	0.50	0.50
	7	0.20	0.35	0.40	0.45	0.45	0.45	0.45	0.45	0.45	0.45	0.50	0.50	0.50	0.50
	6	0.25	0.35	0.40	0.45	0.45	0.45	0.45	0.45	0.45	0.45	0.50	0.50	0.50	0.50
	5	0.35	0.40	0.40	0.45	0.45	0.45	0.45	0.45	0.45	0.45	0.50	0.50	0.50	0.50
	4	0.40	0.45	0.45	0.45	0.45	0.45	0.45	0.50	0.50	0.50	0.50	0.50	0.50	0.50
	3	0.55	0.50	0.50	0.50	0.50	0.50	0.50	0.50	0.50	0.50	0.50	0.50	0.50	0.50
	2	0.80	0.65	0.60	0.55	0.55	0.50	0.50	0.50	0.50	0.50	0.50	0.50	0.50	0.50
	1	1.30	1.00	0.85	0.80	0.75	0.70	0.70	0.65	0.65	0.65	0.60	0.55	0.55	0.55

续表

n	j \ K	0.1	0.2	0.3	0.4	0.5	0.6	0.7	0.8	0.9	1.0	2.0	3.0	4.0	5.0
12 及以上	自上 1	−0.40	−0.05	0.10	0.20	0.25	0.30	0.30	0.30	0.35	0.35	0.40	0.45	0.45	0.45
	2	−0.15	0.15	0.25	0.30	0.35	0.35	0.40	0.40	0.40	0.40	0.45	0.45	0.50	0.50
	3	0.00	0.25	0.30	0.35	0.40	0.40	0.40	0.45	0.45	0.45	0.50	0.50	0.50	0.50
	4	0.10	0.30	0.35	0.40	0.40	0.45	0.45	0.45	0.45	0.45	0.50	0.50	0.50	0.50
	5	0.20	0.35	0.30	0.40	0.45	0.45	0.45	0.45	0.45	0.45	0.50	0.50	0.50	0.50
	6	0.25	0.35	0.30	0.45	0.45	0.45	0.45	0.45	0.45	0.45	0.50	0.50	0.50	0.50
	7	0.30	0.40	0.40	0.45	0.45	0.45	0.45	0.45	0.50	0.50	0.50	0.50	0.50	0.50
	8	0.35	0.40	0.45	0.45	0.45	0.45	0.45	0.50	0.50	0.50	0.50	0.50	0.50	0.50
	中间	0.40	0.40	0.45	0.45	0.45	0.45	0.50	0.50	0.50	0.50	0.50	0.50	0.50	0.50
	4	0.45	0.45	0.45	0.45	0.50	0.50	0.50	0.50	0.50	0.50	0.50	0.50	0.50	0.50
	3	0.60	0.50	0.50	0.50	0.50	0.50	0.50	0.50	0.50	0.50	0.50	0.50	0.50	0.50
	2	0.80	0.65	0.60	0.55	0.55	0.50	0.50	0.50	0.50	0.50	0.50	0.50	0.50	0.50
	自下 1	1.30	1.00	1.85	0.80	0.75	0.70	0.70	0.65	0.65	0.65	0.55	0.55	0.55	0.55

附表 C－2　倒三角形荷载下各层柱标准反弯点高度比 y_0

n	j \ K	0.1	0.2	0.3	0.4	0.5	0.6	0.7	0.8	0.9	1.0	2.0	3.0	4.0	5.0
1	1	0.80	0.75	0.70	0.65	0.65	0.60	0.60	0.60	0.50	0.55	0.55	0.55	0.55	0.55
2	2	0.50	0.45	0.40	0.40	0.40	0.40	0.40	0.40	0.40	0.45	0.45	0.45	0.45	0.50
	1	1.00	0.85	0.75	0.70	0.70	0.65	0.65	0.65	0.60	0.60	0.55	0.55	0.55	0.55
3	3	0.25	0.25	0.25	0.30	0.30	0.35	0.35	0.35	0.50	0.40	0.45	0.45	0.45	0.50
	2	0.60	0.50	0.50	0.50	0.50	0.45	0.45	0.45	0.45	0.45	0.50	0.50	0.55	0.50
	1	1.15	0.90	0.80	0.75	0.75	0.70	0.70	0.65	0.65	0.85	0.60	0.55	0.55	0.55
4	4	0.10	0.15	0.20	0.25	0.30	0.30	0.30	0.35	0.35	0.40	0.45	0.45	0.45	0.45
	3	0.35	0.35	0.35	0.40	0.40	0.40	0.40	0.45	0.45	0.45	0.50	0.50	0.50	0.50
	2	0.70	0.60	0.55	0.50	0.50	0.50	0.50	0.50	0.50	0.50	0.50	0.50	0.50	0.50
	1	1.20	0.95	0.85	0.80	0.75	0.70	0.70	0.70	0.65	0.65	0.55	0.55	0.55	0.50
5	5	−0.05	0.10	0.20	0.25	0.30	0.30	0.35	0.35	0.35	0.35	0.40	0.45	0.45	0.45
	4	0.20	0.25	0.35	0.35	0.40	0.40	0.40	0.40	0.40	0.45	0.45	0.50	0.50	0.50
	3	0.45	0.40	0.45	0.45	0.45	0.45	0.45	0.45	0.45	0.45	0.50	0.50	0.50	0.50
	2	0.75	0.60	0.55	0.55	0.50	0.50	0.50	0.60	0.50	0.50	0.50	0.50	0.50	0.50
	1	1.30	1.00	0.85	0.80	0.75	0.70	0.70	0.65	0.65	0.65	0.65	0.55	0.55	0.55

n	K / j	0.1	0.2	0.3	0.4	0.5	0.6	0.7	0.8	0.9	1.0	2.0	3.0	4.0	5.0
6	6	−0.15	0.05	0.15	0.20	0.25	0.30	0.30	0.35	0.35	0.35	0.40	0.45	0.45	0.45
	5	0.10	0.25	0.30	0.35	0.35	0.40	0.40	0.40	0.45	0.45	0.45	0.50	0.50	0.50
	4	0.30	0.35	0.40	0.40	0.45	0.45	0.45	0.45	0.45	0.45	0.50	0.50	0.50	0.50
	3	0.50	0.45	0.45	0.45	0.45	0.45	0.45	0.45	0.45	0.50	0.50	0.50	0.50	0.50
	2	0.80	0.65	0.55	0.55	0.55	0.55	0.50	0.50	0.50	0.50	0.50	0.50	0.50	0.50
	1	1.30	1.00	0.85	0.80	0.75	0.70	0.70	0.65	0.65	0.65	0.60	0.55	0.55	0.55
7	7	−0.20	0.05	0.15	0.20	0.25	0.30	0.30	0.35	0.35	0.35	0.45	0.45	0.45	0.45
	6	0.05	0.20	0.30	0.35	0.35	0.40	0.40	0.40	0.40	0.45	0.45	0.50	0.50	0.50
	5	0.20	0.30	0.35	0.40	0.40	0.45	0.45	0.45	0.45	0.45	0.45	0.50	0.50	0.50
	4	0.35	0.40	0.40	0.45	0.45	0.45	0.45	0.45	0.45	0.45	0.50	0.50	0.50	0.50
	3	0.55	0.50	0.50	0.50	0.50	0.50	0.50	0.50	0.50	0.50	0.50	0.50	0.50	0.50
	2	0.80	0.65	0.60	0.55	0.55	0.55	0.50	0.50	0.50	0.50	0.50	0.50	0.50	0.50
	1	1.30	1.00	0.90	0.80	0.75	0.70	0.70	0.70	0.65	0.65	0.60	0.55	0.55	0.55
8	8	−0.20	0.05	0.15	0.20	0.25	0.30	0.30	0.35	0.35	0.35	0.45	0.45	0.45	0.45
	7	0.00	0.20	0.30	0.35	0.35	0.40	0.40	0.40	0.40	0.45	0.45	0.50	0.50	0.50
	6	0.15	0.30	0.35	0.40	0.40	0.45	0.45	0.45	0.45	0.45	0.50	0.50	0.50	0.50
	5	0.30	0.45	0.40	0.45	0.45	0.45	0.45	0.45	0.45	0.45	0.50	0.50	0.50	0.50
	4	0.40	0.45	0.45	0.45	0.45	0.45	0.45	0.50	0.50	0.50	0.50	0.50	0.50	0.50
	3	0.60	0.50	0.50	0.50	0.50	0.50	0.50	0.50	0.50	0.50	0.50	0.50	0.50	0.50
	2	0.85	0.65	0.60	0.55	0.55	0.55	0.50	0.50	0.50	0.50	0.50	0.50	0.50	0.50
	1	1.30	1.00	0.90	0.80	0.75	0.70	0.70	0.70	0.65	0.65	0.60	0.55	0.55	0.55
9	9	−0.25	0.00	0.15	0.20	0.25	0.30	0.30	0.35	0.35	0.40	0.45	0.45	0.45	0.45
	8	−0.00	0.20	0.30	0.35	0.35	0.40	0.40	0.40	0.40	0.45	0.45	0.50	0.50	0.50
	7	0.15	0.30	0.35	0.40	0.40	0.45	0.45	0.45	0.45	0.45	0.50	0.50	0.50	0.50
	6	0.25	0.35	0.40	0.40	0.45	0.45	0.45	0.45	0.45	0.45	0.50	0.50	0.50	0.50
	5	0.35	0.40	0.45	0.45	0.45	0.45	0.45	0.45	0.50	0.50	0.50	0.50	0.50	0.50
	4	0.45	0.45	0.45	0.45	0.45	0.50	0.50	0.50	0.50	0.50	0.50	0.50	0.50	0.50
	3	0.65	0.50	0.50	0.50	0.50	0.50	0.50	0.50	0.50	0.50	0.50	0.50	0.50	0.50
	2	0.80	0.65	0.65	0.55	0.55	0.55	0.55	0.50	0.50	0.50	0.50	0.50	0.50	0.50
	1	1.35	1.00	1.00	0.80	0.75	0.75	0.70	0.70	0.65	0.65	0.60	0.55	0.55	0.55

续表

n	j	K 0.1	0.2	0.3	0.4	0.5	0.6	0.7	0.8	0.9	1.0	2.0	3.0	4.0	5.0
10	10	−0.25	0.00	0.15	0.20	0.25	0.30	0.30	0.35	0.35	0.40	0.45	0.45	0.45	0.45
	9	−0.05	0.20	0.30	0.35	0.35	0.40	0.40	0.40	0.40	0.45	0.45	0.50	0.50	0.50
	8	0.10	0.30	0.35	0.40	0.40	0.40	0.45	0.45	0.45	0.45	0.50	0.50	0.50	0.50
	7	0.20	0.35	0.40	0.40	0.45	0.45	0.45	0.45	0.45	0.50	0.50	0.50	0.50	0.50
	6	0.30	0.40	0.40	0.45	0.45	0.45	0.45	0.45	0.45	0.50	0.50	0.50	0.50	0.50
	5	0.40	0.45	0.45	0.45	0.45	0.45	0.45	0.50	0.50	0.50	0.50	0.50	0.50	0.50
	4	0.50	0.45	0.45	0.45	0.50	0.50	0.50	0.50	0.50	0.50	0.50	0.50	0.50	0.50
	3	0.60	0.55	0.50	0.50	0.50	0.50	0.50	0.50	0.50	0.50	0.50	0.50	0.50	0.50
	2	0.85	0.65	0.60	0.55	0.55	0.55	0.55	0.50	0.50	0.50	0.50	0.50	0.50	0.50
	1	1.35	1.00	0.90	0.80	0.75	0.75	0.70	0.70	0.65	0.65	0.60	0.55	0.55	0.55
11	11	−0.25	0.00	0.15	0.20	0.25	0.30	0.30	0.30	0.35	0.35	0.45	0.45	0.45	0.45
	10	−0.05	0.20	0.25	0.30	0.35	0.40	0.40	0.40	0.40	0.45	0.45	0.50	0.50	0.50
	9	0.10	0.30	0.35	0.40	0.40	0.40	0.45	0.45	0.45	0.45	0.50	0.50	0.50	0.50
	8	0.20	0.35	0.40	0.40	0.45	0.45	0.45	0.45	0.45	0.45	0.50	0.50	0.50	0.50
	7	0.25	0.40	0.40	0.45	0.45	0.45	0.45	0.45	0.45	0.50	0.50	0.50	0.50	0.50
	6	0.35	0.40	0.45	0.45	0.45	0.45	0.45	0.50	0.50	0.50	0.50	0.50	0.50	0.50
	5	0.40	0.44	0.45	0.45	0.45	0.50	0.50	0.50	0.50	0.50	0.50	0.50	0.50	0.50
	4	0.50	0.50	0.50	0.50	0.50	0.50	0.50	0.50	0.50	0.50	0.50	0.50	0.50	0.50
	3	0.65	0.55	0.50	0.50	0.50	0.50	0.50	0.50	0.50	0.50	0.50	0.50	0.50	0.50
	2	0.85	0.65	0.60	0.55	0.55	0.55	0.55	0.50	0.50	0.50	0.50	0.50	0.50	0.50
	1	0.35	1.50	0.90	0.80	0.75	0.75	0.70	0.70	0.65	0.65	0.60	0.55	0.55	0.55
12 及以上	自上 1	−0.40	0.00	0.15	0.20	0.25	0.30	0.30	0.30	0.35	0.35	0.40	0.45	0.45	0.45
	2	−0.10	0.20	0.25	0.30	0.35	0.40	0.40	0.40	0.40	0.40	0.45	0.45	0.45	0.50
	3	0.05	0.25	0.35	0.40	0.40	0.40	0.45	0.45	0.45	0.45	0.45	0.50	0.50	0.50
	4	0.15	0.30	0.40	0.40	0.45	0.45	0.45	0.45	0.45	0.45	0.45	0.50	0.50	0.50
	5	0.25	0.30	0.40	0.45	0.45	0.45	0.45	0.45	0.45	0.45	0.50	0.50	0.50	0.50
	6	0.30	0.40	0.40	0.45	0.45	0.45	0.45	0.50	0.50	0.50	0.50	0.50	0.50	0.50
	7	0.35	0.40	0.40	0.45	0.45	0.45	0.50	0.50	0.50	0.50	0.50	0.50	0.50	0.50
	8	0.35	0.45	0.45	0.45	0.50	0.50	0.50	0.50	0.50	0.50	0.50	0.50	0.50	0.50
	中间	0.45	0.45	0.50	0.45	0.50	0.50	0.50	0.50	0.50	0.50	0.50	0.50	0.50	0.50
	4	0.55	0.50	0.50	0.50	0.50	0.50	0.50	0.50	0.50	0.50	0.50	0.50	0.50	0.50
	3	0.65	0.55	0.50	0.50	0.50	0.50	0.50	0.50	0.50	0.50	0.50	0.50	0.50	0.50
	2	0.70	0.70	0.60	0.55	0.55	0.55	0.55	0.50	0.50	0.50	0.50	0.50	0.50	0.50
	自下 1	1.35	1.05	0.70	0.80	0.75	0.70	0.70	0.70	0.65	0.65	0.60	0.55	0.55	0.55

附表 C-3　上、下梁相对刚度变化时的修正值 y_1

α_1 \ K	0.1	0.2	0.3	0.4	0.5	0.6	0.7	0.8	0.9	1.0	2.0	3.0	4.0	5.0
0.4	0.55	0.40	0.30	0.25	0.20	0.20	0.20	0.15	0.15	0.15	0.05	0.05	0.05	0.05
0.5	0.45	0.30	0.25	0.20	0.15	0.15	0.15	0.10	0.10	0.10	0.05	0.05	0.05	0.05
0.6	0.30	0.20	0.20	0.15	0.10	0.10	0.10	0.10	0.05	0.05	0.05	0.05	0.00	0.00
0.7	0.20	0.15	0.15	0.10	0.10	0.05	0.05	0.05	0.05	0.05	0.05	0.00	0.00	0.00
0.8	0.15	0.10	0.10	0.05	0.05	0.05	0.05	0.05	0.05	0.00	0.00	0.00	0.00	0.00
0.9	0.05	0.05	0.05	0.05	0.00	0.00	0.00	0.00	0.00	0.00	0.00	0.00	0.00	0.00

附表 C-4　上、下层柱高度变化时的修正值 y_2 和 y_3

α_2	α_3 \ K	0.1	0.2	0.3	0.4	0.5	0.6	0.7	0.8	0.9	1.0	2.0	3.0	4.0	5.0
2.0		0.25	0.15	0.15	0.10	0.10	0.10	0.10	0.10	0.05	0.05	0.05	0.05	0.0	0.0
1.8		0.20	0.15	0.10	0.10	0.10	0.05	0.05	0.05	0.05	0.05	0.05	0.0	0.0	0.0
1.6	0.4	0.15	0.10	0.10	0.05	0.05	0.05	0.05	0.05	0.05	0.05	0.05	0.0	0.0	0.0
1.4	0.6	0.10	0.05	0.05	0.05	0.05	0.05	0.05	0.05	0.05	0.0	0.0	0.0	0.0	0.0
1.2	0.8	0.05	0.05	0.05	0.0	0.0	0.0	0.0	0.0	0.0	0.0	0.0	0.0	0.0	0.0
1.0	1.0	0.0	0.0	0.0	0.0	0.0	0.0	0.0	0.0	0.0	0.0	0.0	0.0	0.0	0.0
0.8	1.2	−0.05	−0.05	−0.05	0.0	0.0	0.0	0.0	0.0	0.0	0.0	0.0	0.0	0.0	0.0
0.6	1.4	−0.10	−0.05	−0.05	−0.05	−0.05	−0.05	−0.05	−0.05	−0.05	−0.05	0.0	0.0	0.0	0.0
0.4	1.6	−0.15	−0.10	−0.10	−0.05	−0.05	−0.05	−0.05	−0.05	−0.05	−0.05	0.0	0.0	0.0	0.0
	1.8	−0.20	−0.15	−0.10	−0.10	−0.10	−0.05	−0.05	−0.05	−0.05	−0.05	−0.05	0.0	0.0	0.0
	2.0	−0.25	−0.15	−0.15	−0.10	−0.10	−0.10	−0.10	−0.10	−0.05	−0.05	−0.05	−0.05	0.0	0.0

注：y_2—上层层高变化的修正值，按照 α_2 求得，上层较高时为正值，但对于最上层 y_2 可不考虑；y_3—下层层高变化的修正值，按照 α_3 求得，对于最上层 y_3 可不考虑。

附录D 大连起重集团有限公司DQQD型吊钩起重机技术规格

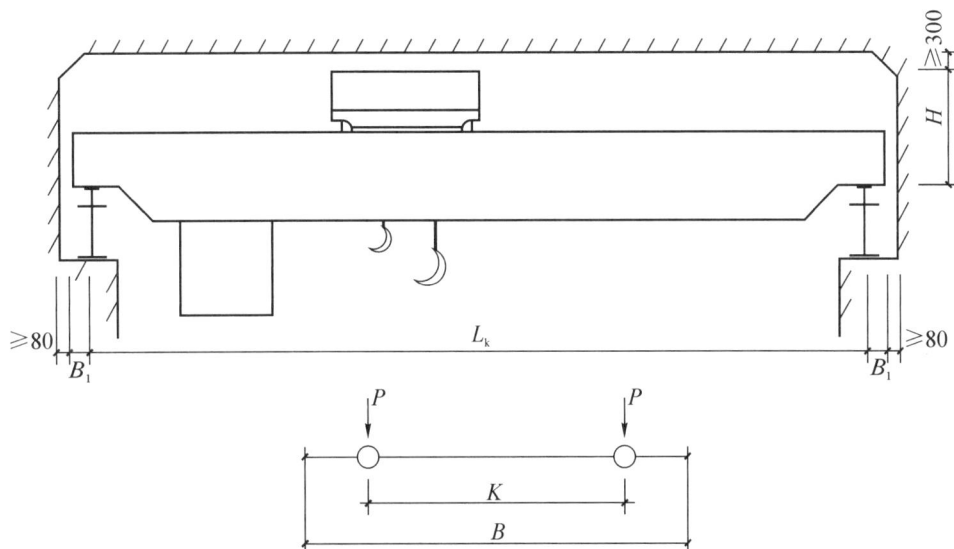

附图 D-1 大连 DQQD 型吊车技术规格图

附表 D-1 大连 DQQD 型吊钩起重机技术规格

起重量 Q/t	工作制度	跨度 L_k/m	起升高度/m		基本尺寸/mm				重量/t		轮压/kN	
			主钩	副钩	宽度 B	轮距 K	轨顶以上高度 H	轨道中心至端部距离 B_1	小车重	吊车总重	P_{max}	P_{min}
10	A5	10.5	16	—	5 700	4 050	1 876	230	3.424	14.270	102	27.8
		13.5								16.151	109	32.6
		16.5								18.881	118	39.0
		19.5			5 930					20.677	123	43.2
		22.5								23.175	130	49.2
		25.5			6 284	5 000	1 926			27.605	142	59.9
		28.5								30.986	151	68.1
		31.5								34.405	160	76.4
	A6	10.5	16	—	5 704	4 050	1 876	230	3.562	14.719	104	28.7
		13.5								16.600	111	33.5
		16.5								19.330	120	39.9
		19.5			5 934					21.034	125	43.9
		22.5								23.523	132	49.8
		25.5			6 504	5 000	1 926			27.889	144	60.4
		28.5								31.280	152	68.6
		31.5								34.699	162	76.9

323

起重量 Q/t	工作制度	跨度 L_k/m	起升高度/m 主钩	副钩	基本尺寸/mm 宽度 B	轮距 K	轨顶以上高度 H	轨道中心至端部距离 B_1	重量/t 小车重	吊车总重	轮压/kN P_{max}	P_{min}
16/3.2	A5	10.5	16	18	5 940	4 000	2 095	230	6.227	19.128	141	34.0
		13.5								20.344	148	38.6
		16.5								23.391	155	41.9
		19.5			5 944	4 100	2 185	260		26.384	168	52.1
		22.5								28.810	175	57.7
		25.5			6 434	5 000				33.103	187	68.0
		28.5								36.372	196	78.7
		31.5								39.428	205	83.1
	A6	10.5	16	18	6 274	4 400	2 095	230	6.427	20.045	145	35.9
		13.5					2 097			21.474	152	40.1
		16.5								23.629	160	44.8
		19.5					2 187	260		27.912	172	55.1
		22.5								30.413	180	58.1
		25.5			7 004	5 000				34.464	191	67.8
		28.5								37.967	202	76.2
		31.5								41.315	211	84.3
20/5	A5	10.5	12	14	5 940	4 000	2 097	230	6.856	19.947	163	34.8
		13.5								21.375	169	39.0
		16.5								23.541	178	43.7
		19.5			5 944	4 100	2 187	260		27.705	191	53.9
		22.5								30.304	199	60.0
		25.5			6 434	5 000				34.660	211	70.4
		28.5								38.325	222	79.2
		31.5								41.497	231	86.8

起重量 Q/t	工作制度	跨度 L_k/m	起升高度/m		基本尺寸/mm				重量/t		轮压/kN	
			主钩	副钩	宽度 B	轮距 K	轨顶以上高度 H	轨道中心至端部距离 B_1	小车重	吊车总重	P_{max}	P_{min}
20/5	A6	12	10.5	14	6 274	4 400	2 097	230	7.180	20.984	167	36.8
			13.5				2 099			22.802	174	41.8
			16.5							25.190	183	47
			19.5				2 189	260		29.689	197	57.5
			22.5		7 004	5 000				32.426	205	61.4
			25.5							36.791	218	74.3
			28.5							40.589	229	84.4
			31.5							44.225	239	92.2
32/5	A5	16	10.5	18	6 474	4 650	2 343	260	10.877	26.901	237	47.3
			13.5				2 345			29.037	250	52.1
			16.5							32.121	262	58.5
			19.5		6 620	4 700	2 475	300		35.522	275	67.4
			22.5							39.844	289	75.9
			25.5		6 924	5 000				44.962	305	88
			28.5							49.211	317	98.3
			31.5							52.748	327	106.4
	A6	16	10.5	18	6 574	4 650	2 347	260	11.652	28.061	242	48.4
			13.5							30.292	255	53.8
			16.5							33.412	268	60.1
			19.5		6 744	4 700	2 477	300		38.607	285	71.9
			22.5							42.832	299	81.7
			25.5		7 044	5 000				47.023	312	91.4
			28.5							50.586	322	99.7
			31.5							55.272	335	110.9

附录 E 钢筋混凝土轴心受压构件的稳定系数及风压高度变化系数

附表 E-1 钢筋混凝土轴心受压构件的稳定系数

l_0/b	≤8	10	12	14	16	18	20	22	24	26	28
l_0/d	≤7	8.5	10.5	12	14	15.5	17	19	21	22.5	24
l_0/i	≤28	35	42	48	55	62	69	76	83	90	97
φ	1.00	0.98	0.95	0.92	0.87	0.81	0.75	0.70	0.65	0.60	0.56
l_0/b	30	32	34	36	38	40	42	44	46	48	50
l_0/d	26	28	29.5	31	33	34.5	36.5	38	40	41.5	43
l_0/i	104	111	118	125	132	139	146	153	160	167	174
φ	0.52	0.48	0.44	0.40	0.36	0.32	0.29	0.26	0.23	0.21	0.19

注：表中 l_0 为构件的计算长度，钢筋混凝土柱可按《混凝土结构设计规范》（GB 50010—2010）第 6.2.20 条的规定取用；b 为矩形截面的短边尺寸；d 为圆形截面的直径；i 为截面的最小回转半径。

附表 E-2 风压高度变化系数 μ_z

离地面或海平面平均高度/m	地面粗糙度类别				离地面或海平面平均高度/m	地面粗糙度类别			
	A	B	C	D		A	B	C	D
5	1.09	1.00	0.65	0.51	100	2.23	2.00	1.50	1.04
10	1.28	1.00	0.65	0.51	150	2.46	2.25	1.79	1.33
15	1.42	1.13	0.65	0.51	200	2.64	2.46	2.03	1.58
20	1.52	1.23	0.74	0.51	250	2.78	2.63	2.24	1.81
30	1.67	1.39	0.88	0.51	300	2.91	2.77	2.43	2.02
40	1.79	1.52	1.00	0.60	350	2.91	2.91	2.60	2.22
50	1.89	1.62	1.10	0.69	400	2.91	2.91	2.76	2.40
60	1.97	1.71	1.20	0.77	450	2.91	2.91	2.91	2.58
70	2.05	1.79	1.28	0.84	500	2.91	2.91	2.91	2.74
80	2.12	1.87	1.36	0.91	≥550	2.91	2.91	2.91	2.91
90	2.18	1.93	1.43	0.98					

注：A、B、C、D 表示下列四类地面粗糙度：A 类是指近海海面、海岛、海岸、湖岸及沙漠地区；B 类是指田野、乡村、丛林、丘陵以及房屋比较稀疏的乡镇；C 类是指有密集建筑群的城市市区；D 类是指有密集建筑群且房屋较高的城市市区。

附录 F　排架柱水平位移限值

附表 F　排架柱水平位移限值

项次	变形的种类	按平面结构图形计算	按空间结构图形计算
1	厂房柱的横向位移	$H_c/1\ 250$	$H_c/2\ 000$
2	露天栈桥柱的横向位移	$H_c/2\ 500$	—
3	厂房和露天栈桥柱的纵向位移	$H_c/4\ 000$	—